Rupert Riedl

Neugierde und Staunen

Rupert Riedl

Neugierde und Staunen

Autobiographie

Seifert Verlag

Umwelthinweis:

Dieses Buch und der Schutzumschlag wurden auf chlorfrei gebleichtem Papier gedruckt. Die Einschrumpffolie – zum Schutz vor Verschmutzung – ist aus umweltverträglichem und recyclingfähigem PE-Material.

1. Auflage

Umschlaggestaltung: Rubik Creative Supervision
Logo © Padhi Frieberger
Coverfoto: © A. Hartleben's Verlag, 1875 (Jules Verne)
Satz: Hannes Strobl, Satz·Grafik·Design, 2620 Neunkirchen
Druck und Bindung: Theiss Druck, A-9431 St. Stefan i. L.
ISBN: 3 902406-12-7
Printed in Austria

Inhalt

Vorwort

Eine Autobiographie zu schreiben setzt einiges Selbstwertgefühl voraus. Entweder wird dem Autor gesagt, etwas geleistet zu haben, oder er kommt selbst zu ehrenden Ansichten. Jedenfalls verfügt er sich in auffallende Gesellschaft, weil Biographien von solcherart Personen oft voll aufschlussreicher Geschichten sind.

Ich sollte mich nach solchem Bekenntnis zurücknehmen, tue das aber nur beschränkt. Denn ich referiere jene drei Viertel des 20. Jahrhunderts, in welchen Wissenschaften voll der opferbereiten Hingabe und eines Ethos der Wahrheitsfindung für alle in eine Zeit eingetreten sind, in der man nun machtvolle Forschung von Orchideenfächern unterscheidet, deren Produkte man entweder in Industrie-Tresors verschließt und patentiert auf den Markt bringt oder aber für verdientermaßen absterbenden Luxus hält. Auch habe ich, ahnungsvoll, das mit vorbereitet, was man heute in der Erkenntnislehre, sogar in der Philosophie, eine 'naturalistische Wende' nennt.

Die Bruchlinie, welche die Kultur unserer Wissenschaften teilt, geht mitten durch die heute aufgewachsene Biologie, trennt die kausalistischen 'Macher' von den nachdenklichen 'Geschichtenerzählern', Physiologen von Morphologen, Anorganiker von Kulturwissenschaftlern und verdirbt den Sinn für Komplexität und für Verantwortung. Da muss sich ein Biologe zu Wort melden, um Hergänge und Entdeckungen aus diesen Jahrzehnten aus der Nähe vorzuführen und darüber nachzudenken zu machen.

Es geht um Spätfolgen der Aufklärung, wie sie von der Suche nach einem befreienden Weltbild in den Zwang zur Gewinnmaximierung und in eine Wirtschafts- und Wissenschaftstheorie führten, die zusammen das Umweltproblem heraufbeschworen haben; nämlich auch in die unwiederholbar historisch gewordenen Komplexe dieser Welt, von der wir leben, einzugreifen: Kreaturen, Biotope, Biosphäre so lange im Konzept zu vereinfachen, bis es legitimiert erscheint, sie zu eigenem Nutzen und zum Schaden aller zu manipulieren.

Wie die meisten hatte ich das lange nicht erkannt. Nur meine angeborene Freude an der Entdeckung, an der Vielfalt des Lebendigen und daran, über das Denken nachzudenken, hat mich in diesem Strom nicht mittreiben lassen. Und mit der steten Frage, wie sich das, was ich denke und tue, in einer weiteren Perspektive rechtfertige, hat mir dies in aller Unbefangenheit von der Praxis der Systematik und Ökologie zu den Theorien der Evolution, der Erkenntnis und der Gesellschaft den Rahmen erweitert. Es mag die Geschichte lebendiger machen, sie aus der Nähe zu sehen, wie man sich freihalten kann und wie wissenschaftliche Einsicht entsteht und sich verantwortlich erweitern muss.

Eine bunte, verlässliche Welt hat mich dabei begleitet, von physischen zu geistigen Abenteuern, wie man es nur jedem wünschen kann. Auch ist, in aller Unbefangenheit, eine neue Beziehung zwischen Wissenschaft und Erkenntnis entstanden, die man nun, nach Jahrzehnten, die 'naturalistische Wende' nennt. Dass ich allmählich auf die 'Abschussliste' unliebsamer Wissenschaftler geriet, habe ich lange nicht bemerkt. Aber, was soll das schon sein?

Ich wünsche mir, dass sich die Freunde, die Studiosi wie Kapazitäten der Biologie, für die Expansion wie den Zusammenhalt der Teile dieses Faches einsetzen und meine weitsichtigen Leser sich – ihrem Ethos, unseren Enkeln und dem Vielfältigen und Schönen unserer Welt zuliebe – ebenfalls jenem Strom der Entzweiung widersetzen.

„Ich bild' mir nicht ein, ich könnte was lehren – die Menschen zu bessern und zu bekehren ..." Das lässt bekanntlich Goethe seinen Faust sagen. Konrad Lorenz im Gespräch darüber: „Das ist feige. Natürlich bilde ich mir ein, ich könnte was lehren – die Menschen zu bessern und zu bekehren. Wozu sonst sollten wir gut sein?"

Rupert Riedl
Wien, Sommer 2004

P.S.: Vieles meiner Geschichten von unserer Natur draußen und drinnen habe ich bildlich aufgefasst. Der Ablauf lässt sich, in Bildtafeln zusammengefasst, illustrieren. Dokumente habe ich, wie hier oben, und Reflexionen, ihrer anderen Funktion wegen, im Druck abgesetzt.

Woher das alles kommen konnte

„Was du ererbt von deinen Vätern hast …“

Heute meinen wir erwarten zu können, dass von den Anlagen eines Menschen im Durchschnitt höchstens die Hälfte durch seine Umgebung aktiviert wird – und auch das noch beschränkt auf sensible Phase – und was nicht da ist, auch nicht gefördert werden kann. Das betrifft nicht nur die üblicherweise gemessene Intelligenz, sondern auch was Psychologen zurückhaltender soziale und motivationale 'Kompetenz' nennen.

Nun sieht der Leser schon voraus, dass das Folgende ohne seinen Autor nicht abgehen kann. Denn auch meine Bemühung, nur das zu erzählen, was zu einem Wandel von Entdeckungen führen konnte, setzt sich aus Ausstattungen und Weckungen, Behinderungen und Erfahrungen, vielleicht sogar Prägungen und 'Selbst-Prägungen' zusammen. Von unserer Ausstattung ist daher nicht abzusehen; so wenig wir auch allgemein darüber wissen. So geht es auch mir.

Was wir in der Regel noch kennen, das sind Berufe unserer Voreltern; und bei den meinen gibt es über fünf und sechs Generationen eine Häufung von Bauen, Bilden und Gestalten. Die Berufe der BAYER, der Familie meiner Mutter, entwickelten sich vom Maurer und Polier mit einem Bildhauer dazwischen zu Baumeistern und betuchten Stadtbaumeistern und Architekten, die sieben Generationen der RIEDLs vom Schullehrer über Zimmermann, Tischler, Kunsttischler und Holzbildhauer zum Bildhauer; und fällt mit mir wieder auf eine Art Lehrer zurück. Aber die hohen Akademien waren zu Recht misstrauisch und nahmen mich als Künstler in den Gremien der Wissenschaften erst gar nicht auf.

Geografisch spielt sich das meiste im engen Kreis nördlich von Wien ab. Frühe Dokumente stammen aus dem Waldviertel, aus Pulkau nahe der heutigen tschechischen Grenze. Es hieß ehemals 'Volks-Au', weil der Lehnsherr den Leibeigenen gestattete, in den Auen der Pulkau, dem Flüsschen, das auch das Städtchen durchfließt, Wasser zu nehmen (sic!).

Von dort stammen auch die FRÜHMANNs, die Ahnen meiner Frau. Aus diesem christ-katholischen 'Hinterwald' zogen die RIEDLs allmählich über Eggenburg und Klosterneuburg nach Währing, damals ein Straßendorf im Nordwesten Wiens, und wurden von dem aufklärerisch werdenden Wien des Kaiser JOSEF allmählich eingemeindet.

Ist dem etwas über meine Ausstattung zu entnehmen? Wenn, dann nicht viel. Jedenfalls mag es lebendiger sein, zu erzählen, was daraus geworden ist.

1. Die Welt erhellt sich (1925–1935)

Wie man weiß tauchen frühe Dinge aus einem Nebel auf. Oder doch 'wie' aus einem Nebel. Einfach weil man sie nicht deutlich wahrnehmen kann. Das gilt für die eigenen ersten Erinnerungen wohl gleichermaßen wie für die frühen Entdeckungen. Und es ist schwer zu sagen, wie viele von diesen so genannten ersten Erinnerungen durch Erzählungen der Familie gestützt oder durch eigene Nacherzählungen in eine gewissermaßen subjektive Art von Realität gewandelt sind; Realitäten insofern, als sie immerhin, wie sich's zeigen wird, ein ganzes Leben begleiten.

Ich will ihnen dennoch nachgehen, weil man ihnen jene Art von Eigenleben zubilligen muss, die mit dem vergleichbar sein dürfte, was man seit LORENZ' Gänsen als Prägung kennen gelernt hat. Wiewohl man über Prägung beim Menschen noch wenig weiß, kann es aber sein, dass nichts so sehr eine Lebenshaltung lenkt wie dieses Einprägsame der früh in die Seele gesunkenen Dinge. Ein Bild will ich anschließen, von dem ich nicht weiß, wie viel eigene Erinnerung durch spätere Erzählungen aufgefrischt oder überhaupt erzeugt wurde. Drei episodische Bilder lasse ich folgen, die wahrscheinlich nur mir gehörten.

Das Bild, das ich glaube in Erinnerung zu haben, schließt einen Weg zu einem Strand oder Bootsplatz ein. Wie ich später erfuhr in Calceranica zum Lago di Caldonazzo, wo ich, etwa zweieinhalbjährig, mit der Mutter einen Sommer verbrachte und der Vater, wie üblich, nachkam. Das Bild enthält verschwommen die Figur meines Vaters, vor mir marschierend, mit Rudern auf der Schulter; deutlicher mich selbst (?) mit je einem goldenen Mond in jeder Hand. Es waren die Messinghalterungen, die, in die Bordwand gesteckt, die Lager für die Ruder bildeten. Das Bild enthält dann aber auch, nicht minder abenteuer- und lustbetont, das tüchtig angetriebene Boot, das mit Schwung rauschend ins Schilf eindrang.

Weihnachtsbescherung. Das Christkind, fester Bestandteil vorübergehender Lebensaussichten. Und zwar noch lange nicht in Form erhoffter Spielsachen. Vielmehr etwas wie die Erwartung zu erfahren, was etwas 'ganz Außergewöhnliches' sein werde: Gewiss übertragen aus der Stimmung meiner Umgebung. Baum und Lichterglanz stehen blass in meiner Erinnerung. Ganz fest aber das Bild eines roten Apfels, der – ich lag am Rücken – von unten gesehen, dicht über meinen Augen, wohl an einem der untersten Äste, einen Sternenhimmel von Kerzenlichtern und Flitter zum Hintergrund hatte. So, dürfte ich heute das Erlebnis übersetzen, muss ein großes Glück aussehen. Nie mehr blieb ein 'Apfel' ohne Hintergrund.

Ein anderes, ein Sommerbild mit dem Vater. Ein übermooster, zerfallender Baumstrunk in einem Fichtenwald, wahrscheinlich der Voralpen, gesehen aus der Froschperspektive, wurde zur Burg. Einige Moosarten. Die eine machte einen Wald um die Türme der Burg, oben auf deren Zinnen kleine Formen, gedrängt stehende Verteidiger. Aber an den Flanken ein Lanzenheer von Angreifern. Sie müssen voll der Sporenträger gestanden haben.

Wie viele solch kleiner Träumereien erlebt worden waren, weiß ich freilich nicht mehr. Diese eine haftet, weil mein Vater meinem Bericht darüber auffallende Beachtung schenkte. – Ich mag aus seiner Bibliothek DÜRERS 'Alexanderschlacht' vor Augen gehabt haben. Ich bin dessen freilich nicht gewiss. Aber das Original besuchte ich später in der Alten Pinakothek, mit Andacht und Moosgedanken immer wieder, sooft ich nach München kam. BÖCKLINS 'Im Spiel der Wellen' sollte sich anschließen.

Noch ein Bild aus diesem episodisch Vergänglichen. Nach dem Mittagstisch musste geschlafen werden, wohl auch um mich zur Ruhe zu verhalten, mit meiner Mutter, in sommerlich leichter Hülle auf einer pölsterumsäumten Bettbank. Wie man sich denken kann, schien es mir nicht leicht, einzuschlafen, und doch schlief ich wahrscheinlich immer schon vor der Mutter ein und gewiss länger als sie. Einmal muss ich vor ihr aus einem ganz 'warmen' Traum erwacht sein. Ihr Hemd war verschoben, ich lag mit der Wange an ihren Brüsten und betrachtete mir darauf diese Schönheit ganz wach. Die Möglichkeit eines solchen Körperteils kannte ich von zahlreichen Akten und figuralen Kompositionen, die in Öl und Rahmen die Wände zierten. Aber dass es das warm, duftend und wirklich gäbe, gab mir sehr lange zu denken. – Alles in allem eine glückliche Zeit.

Glaubt man an Prägungen, dann müssen auch nichtepisodische erwähnt sein, wie sie als etwas scheinbar Naturgemäßes und in einer eher osmotischen Weise in die Seele sinken. Das Bild der Eltern noch eher verwischt. Die Umgebung macht sich dagegen breit.

Erstes Bild: Vaters Bibliothek. An der Stirnseite des letzten von vier

1927

1925/26

Die Eltern,
ca. 1924

Abb. 1: Die immer geliebten Eltern. Bilder aus 1925 und 1927, meiner Baby- und Kleinkindzeit.

Räumen, durch die ein 'Läufer' geradewegs auf sie zulief. Ein Nussholz-Triptychon auf einer Eferdinger Truhe, zwei für mich fast kopfhohe Leuchter an den Seiten. Heute weiß ich, dass diese Bibliothek nicht mehr als acht oder neun Meter Bücher enthielt. Aber die Bedeutsamkeit, die ich ihr zumaß, machte sie zu etwas wie einem Tor zur Welt. Für Wohlverhalten durfte ich später je ein Buch ansehen. Da ich noch lange nicht lesen konnte, waren es stets Bildbände über einzelne Künstler, Schulen und Epochen. Das schönste war eines über BÖCKLIN. Seine Faune, Wogen und Inseln, vor allem aber die Najaden, waren wunderbar anzusehen.

Daher mag meine gehobene Achtung von Büchern kommen und die Ansicht, dass sie, als ein Tor zur Welt, unentbehrlich wären. Um mich von dieser Überschätzung zu heilen, habe ich mir schon seit langem vorgenommen, ein billiges Taschenbuch unter der Bedingung zu lesen, jedes gelesene Blatt abzureißen und wegzuwerfen. Ich hab's bislang noch nicht geschafft.
Welch merkwürdige Lebensentscheidung durch BÖCKLINs Bilder eingeleitet wurde, ist bald zu erzählen.

Selbst besaß ich auch Bücher. Fast alle sind, auch in meinem Gedächtnis, den Weg alles Irdischen gegangen. Zwei sind übrig geblieben, eines nur im Gedächtnis, eines sogar physisch.

Das verlorene war ein Märchenbuch mit wunderbaren, farbigen Illustrationen, auf satiniertem Papier eingeklebt. Später erfuhr ich: von einem bekannten englischen Aquarellisten. Natürlich konnte ich nichts lesen. Aber die vorgelesenen Geschichten hafteten und ich konnte die Erinnerung stundenlang mit jenen prächtigen Waldbächen, ihren Kieseln und Stromschnellen vergleichen. Heute noch zählen Waldbäche zu meinen Lieblingsplätzen und ich beobachte mich dabei, ihnen so lange zu folgen, bis ich eine vergleichbar schöne Stelle finde (was heute immer schwieriger wird).

Das zweite enthielt vierzig Bilderbogen, mit je sechs Bildern und Vierzeilern von Uriel BIRNBAUM. Lauter moderne, liebe, gescheite und richtige Tiergeschichten. Ich kannte sie vom Vorlesen alle auswendig und kann heute noch den Beginn mehrerer zitieren. Die Wirkung muss beträchtlich gewesen sein. Ich war von diesen Kenntnissen so angetan, dass ich so machte, als könne ich sie Neulingen vorlesen. Beispielsweise den Bauern in der Sommerfrische. Bis sich's herausstellte, dass ich nicht lesen konnte, weil ich das Buch verkehrt hielt.

Hunderte Kinder mag Uriel BIRNBAUM zur Natur gelenkt haben. Er ist verschollen. Meine Recherchen lassen in ihm einen oberösterreichischen Lehrer aus der frühen Zwischenkriegszeit vermuten. Aber weiter kam ich noch nicht. Er hat wahrscheinlich Entscheidendes für das Naturgefühl meiner Generation getan. Die Folgewirkung auf mich muss fundamental geworden sein.

Ein anderes Bild. Das unmittelbare Tor zur Welt war natürlich der Garten; und voll der Wunder ohne Zahl. Dass sich manchmal ein Vogel an den Scheiben des Gartenhauses zu Tode stieß, war erschreckend. Jeder erhielt ein Grab. Dass Igelbabys weiche Stacheln hatten, die erwachsenen aber verlauste, dass sie beim Futtern aus der Schale mit Milch und Brot, die ich ihnen bringen durfte, schmatzten, was wieder ich nicht durfte, war überlegenswert. Dass ich dünne Bäume nicht schütteln durfte, große aber nicht konnte, ebenfalls. Aber auch, dass Wassertropfen im Sand eilig versinken, im Staub aber rollen wie auf der heißen Herdplatte; dass der restliche Schnee um die Schneeglöckchen eher schmolz als zwischen ihnen usf. Der Wunder war eben kein Ende.

Da kaum eine meiner Tätigkeiten so gerne gesehen wurde wie diese Art Herumgucken in der Natur, mag mir die eigentümliche Ansicht geblieben sein, dass jene Mischung aus stiller Neugierde und Träumerei der natürlichste Lebensinhalt des Menschen sein müsse.
Und heute noch leide ich mit jeder neuen Erfahrung, die mir zeigt, dass diese Haltung selten honoriert wird, und jene Erwartung nicht verallgemeinert werden darf.

Vielleicht auch noch zwei kleine Erinnerungen, um die Beständigkeit meines projektivischen Menschenbilds rechtzeitig aufzudecken. Einer der armen Malerfreunde meiner Eltern, Otto SCHATZ, hatte mich zu den Großeltern zu bringen. Und an seiner Hand dahintrabend bemerkte ich zu meinem Entsetzen, dass er etwas von sich gab, das wir Selbstgespräche nennen. Was Unbegreifliches musste dahinterstecken? Es war derselbe Otto SCHATZ, der die Wände meines Kinderzimmers ausgemalt hatte. Den guten Mond und den bösen Mond habe ich in deutlicher Erinnerung. Zusammen waren es aber viele fantastische Gestalten. War sein Gespräch deren Folge?

Ein andermal, auf dem Weg mit der Mutter, bekam ich den Auftrag, aus ihrer Geldbörse einem Bettler eine Münze in den Hut zu legen. Unter den Münzen gefiel mir eine besonders. Diese legte ich in seinen Hut. Aber Sekunden danach war er aufgesprungen und uns nachgelaufen. Das schmutzige, unrasierte Gesicht! Ein Unheil! Er aber gab der Mutter das Geldstück zurück. Es war eine zu wertvolle Münze gewesen. Konnte es etwas Böses an den Münzen geben?

Da ich derlei niederschreibe, frage ich mich freilich, warum das geschieht. In einer kleinen Seele beginnt sich eine Welt zusammenzusetzen. Sie hat sich in Millionen Seelen zusammengesetzt und ist wieder zerfallen. „Was ist daran zu lesen?, es ist so gut als wär' es nie gewesen", lässt GOETHE den Mephisto spotten, „und dreht sich doch im Kreis als ob es wäre. Da lob ich mir das ewig Leere." Eben dieses Leere darf man nicht loben.

Auch wenn das, was sich in dieser kleinen Seele zusammensetzt, nichts anderes sein kann als sein Träger selbst, eine Anzahl von Molekülen, die nach einem stammesgeschichtlich endlos getesteten Programm ihn aus zwei Molekülketten haben entstehen lassen, Moleküle, die nun beginnen, diese Welt nochmals abzubilden, ist's doch nichts Leeres; ein Teil dieser Welt, wenn auch ein sehr kleiner und hinfälliger, doch ein neuer.

Und wie sich solch eine Welt zusammenzusetzen beginnt, wie sie und über wie viele Irrtümer doch immer noch etwas von der großen Welt enthüllt, das ist eines der spannendsten Abenteuer. Und da ich wie kein anderer bei diesem einen Menschen dabei war, will ich das schildern; als das Aufmachen entlang einer Zeitgeschichte.

Lichte Gestalten

Nun muss etwas Wesentliches ins Bild kommen: die Menschen um mich. Ihre Welt muss sich besonders still übertragen haben. Ich sagte schon: nachgerade osmotisch. Und so unverlässlich es sein mag, aus einem Kinder-Weltbild ihr Wesen darzustellen, kommt es doch weniger auf Objektivität und mehr auf das an, was sich übertrug. Den Vater kannte ich vom Frühstück – wenn immer möglich im Garten – und stets war er mit allerlei Rätsel zur Hand oder doch mit Dingen, die sich nur durch rechtes Überlegen aufklären ließen.

Die Mutter war gewissermaßen immer da, ohne Rätsel, kalmierend, was auch immer den Kummer ausgelöst haben mochte: eine zerschrammte Nase oder ein zerbrochenes Spielzeug. Man kennt das. An stillen Nachmittagen hat sie zum Klavier Lieder gesungen: „Ja heute noch und morgen, da bin ich noch bei dir. Wenn aber kommt der dritte Tag, dann muss ich fort von hier." Das war sehr schön und vielleicht ein bisschen traurig.

Böcklins Najaden
'Im Spiel der Wellen'

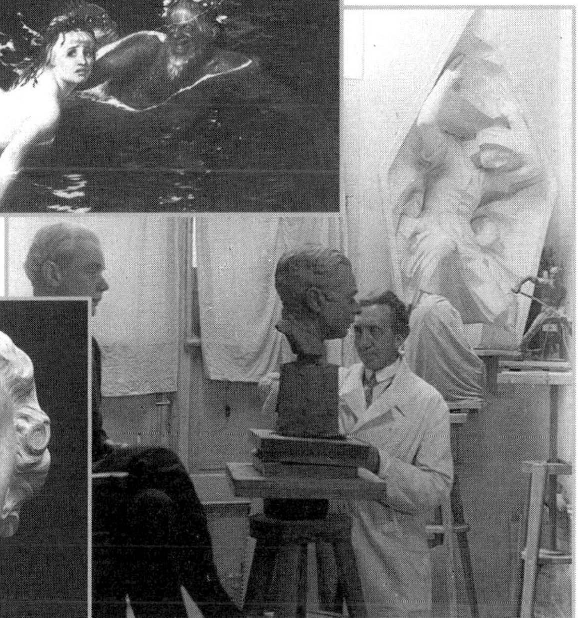

Atelierszene 1930; Vater beim Porträtieren

Mein Porträt von 1928

Abb. 2: Wahrscheinlich prägende Kindheitseindrücke aus Vaters Bibliothek und seiner Bildhauer-Werkstatt.

Und ich wusste nicht, warum. Und ich wusste nicht, wohin sie fort musste. Sie sang das auch russisch. Das war noch trauriger.

Aber da gab es etwas noch Merkwürdigeres: Madame ALBER. Eine, wie ich später erfuhr, in Sievering allmählich vertrocknende Französin, die zweimal die Woche kam, um mit der Mutter französische Konversation zu machen. Sie war grau und klein gegen meine färbige, schöne Mutter und legte beim Teetrinken nur einen Handschuh ab und den Schleier des Hütchens schob sie nur so weit auf die Nase, dass er nicht nass wurde. Das war lustig. Weniger lustig war, dass sie mich aus dem Garten holen durfte, wo ich nackt in einer Wanne planschte, damit ich mich anzog und französische Kinderlieder lernen musste. Ich kann sie im Ansatz heute noch alle.

Das war mit dem Vater schon anders. Er hatte ein so genanntes Atelier, in dem er immer war. Und manchmal durfte ich dort sein. Da gab es riesengroße Figuren, durch deren Beine man nicht durchklettern sollte, wändelange Kartons mit Zeichnungen, deren Linien mit kleinen Löchern gesäumt waren (zum Durchstäuben für Sgraffiti). Dann gab es viele große, nasse Tücher zum 'Einfeuchten' (Feuchthalten der Tonmodelle), aber besonders viel gab es Nägel und Ton und Hämmer und Schwämme und Draht und gefährliche Zangen und Werkbänke mit Staub, der daheim nicht sein durfte. Es war wunderbar. Und ich durfte überall – sogar auf Ton – hämmern und Nägel mit Draht umwickeln, nur in die Schwämme stecken durfte ich sie nicht.

An einigen Tagen musste ich still sitzen. Das war nicht so lustig. Aber auch schön, weil der Vater dabei besonders lange Geschichten erzählte und ich immer sagen musste, was das Schöne und das Garstige an der Geschichte war, und weil ich auf meinem Sessel stets ein Stück gedreht wurde, wobei mich der Vater von rundherum ansehen musste und mir etwas Neues zum Spielen in die Hände gab. Die Kinderbüste, die entstand, gibt es noch. Und eine Geschichte dazu. Es wird erzählt, dass ich nach zwei Sitzungen nun auch aufmerksam auf das wurde, was da geschah, und, indem ich zuerst auf die Büste und dann auf mich deutete, fragte: „Du Papa, ist das Sowas?"

Das 'Ich' war noch nicht zur Hand. Die Welt war noch immer dabei, sich von mir und ich mich von ihr zu trennen. Ich glaube, dass das 'Ich' erst mit dem Wunsche entstand, mit seiner Hilfe lebhafte Wünsche durchzusetzen.

Dann aber gab es noch einige lichte Gestalten. Onkel 'Gackihaarli', den lieben Maler Karl ENGEL, der seinen Familiennamen gewiss zu Recht getragen haben muss. Den unglücklichen Kosenamen, der mir entschlüpfte und der tradiert wurde, verdankte der quirlige Mann seinem schwarzen, wirren Krauskopf. Sein Atelier war ein Dorado. Nicht nur gab es Farben und Pinsel, Kartons, auf welchen ich viel größer malen, wahrscheinlich klecksen, durfte als daheim. Es gab wunderbare Einrichtungen: eine sich drehende Scheibe, auf der ein Stift so schöne Muster zeichnete wie auf einer Banknote, und jedes Mal neue; es gab ein Windrad, das sich über der Wärme eines Kachelofens von selbst drehte und dabei ein Männchen bewegte, das so tat, als würde es Holz sägen; es gab eine sternförmig gesprungene Fensterscheibe, die nicht ersetzt wurde, vielmehr so bemalt, als machten die Sprünge eine Sonne. Das Schönste aber war ihm zuzusehen, wie er große Märchenbilder malte: Feen, Einhörner und Frösche, die zu Prinzen wurden. Einige davon kannte ich aus meinen Kinderbüchern. Aber ich dachte nicht, dass man derlei selber machen konnte. Diese Einsicht hat mir das dritte Tor zur Welt geöffnet.

Fast 50 Jahre später (1976), wir hatten uns Jahrzehnte nicht mehr gesehen, schrieb er mir.

„Lieber Herr Professor!

Als Onkel Gackihaarli darf ich wohl so sagen. Durch 'Zufall' fielen mir am gleichen Tage Ihr Kurier-Artikel und Ihre Kinderzeichnung in die Hände. Rückkoppelnd (Anm.: eine Anspielung auf mein Thema in dem Artikel) verkürzte sich aus diesem Zusammentreffen die Zeit um etliche Jahrzehnte. Vertraut klingt mir Ihre Stimme im Ohr.

Ihr Artikel scheint zwar bei flüchtigem Lesen das Ergebnis eines glasklaren Intellekts zu sein, aber zwischen den Zeilen, Ihnen wahrscheinlich gar nicht bewusst, klingt etwas an, als ob Sie trotz Zufall und Rückkoppelung Ihrer Sache, die Zeit betreffend, doch nicht ganz sicher wären. In Ihren Chromosomen spukt das Künstlerblut und erschwert dem Rationalismus seine Existenz. Das kam auch in den Fernsehsendungen zum Ausdruck, wo Sie, anders als die Mitbeteiligten, sich sehr an der Grenze des Materiellen bewegten."

Und bald war ich wieder in seinem Atelier. Was für eine Begegnung! Er war 90. Und noch viel später zeigte sich's, wie Recht er hatte.

Wie sich die kleine Welt weitet

Und natürlich gab es Großeltern. Eigentlich nur Großmütter, aber zwei Welten. Jene, zu der mich Otto SCHATZ zu führen hatte, wurde Mamá genannt. Es gab ein unübersichtlich großes Haus, einige Tanten und viele Boxerhunde, weil eine der Tanten sie, wie man mir sagte, züchtete. Die Hunde bettelten, wenn ich ein Schmalzbrot bekommen hatte. Aber ich durfte ihnen nichts geben. Anders als bei den Igeln. Und Tante Wetti las mir lange Geschichten vor. Manchmal wirklich sehr lange; und ich erfuhr, warum eine Kapelle am Ende der Straße stand, wann der Teufel durch diese geritten war und andere Dinge, die zu denken gaben. Die Großmutter war, wie der Name sagt, sehr groß – man sagte: korpulent – und ihre langen Haare wurden von den Tanten lange frisiert, zu Zöpfen geflochten und mit Nadeln (!) um den Kopf befestigt. Zu Festtagen war dort immer lautes Gedränge.

Ich meinte daraus zu erfahren, dass viele Leute, wenn sie zusammen sind, auch entsprechend viel durcheinander zu reden haben. So viel, dass sie für einen kleinen Wicht erst dann wieder Zeit haben, wenn sie allein sind.

Später, bei meinen Seminarien, fiel mir das wieder ein. Nachdem ich einmal schon zu lange, achtungsvoll herumgedrängt, Welträtsel zu lösen gehabt hatte, die im Gedränge schon gar nicht zu lösen waren, fand ich mich auf der Toilette. Und dort fand ich es so schön, dass ich mich unnötigerweise setzte. Und als ich saß, fragte ich mich, warum ich es hier so schön fand, und ich entdeckte: weil ich allein war.

Zu den schönsten Dingen um das Haus der Mamá zählte der Abendspaziergang. Der Hauswart, Herr OPPOLZER, Hilfsarbeiter, war gleichzeitig Laternenanzünder in der Allee vor dem Haus. Vor der Dämmerung marschierte er mit einer kurzen Leiter über der Schulter von einer Gaslaterne zur nächsten, sein Töchterchen trug eine Kanne (?), ich die Putzlappen. Was für ein schöner Beruf, Licht zu machen.

Die andere Großmutter war nicht groß. Sie war klein und wohnte 'ganz in der Stadt'. Sie saß immer gekrümmt und nähte. Und auch ihre Finger waren krumm und hart, wenn sie mich streichelte. Sie war die Mutter des Vaters und ich liebte sie ganz besonders. Ich glaube, weil sie immer still und fast immer allein war. Aber an ihrer Hand öffnete sich eine vierte Welt.

In einer nahen, großen Straße gab es zwei besondere Geschäfte. Bei einem war das Wichtige außen, beim anderen innen. Im 'Außengeschäft' gab es hinter einer großen Scheibe Lokomotiven und Autos aus Holzklötzchen und ein Männchen, auch aus Holzklötzchen, das mit einem Hammer an die Scheibe klopfte. In das andere Geschäft musste man hineingehen. Da gab es in Fensterchen komplizierte Brötchen auf einer Drehscheibe und wenn jemand bei einem ein Geldstück hineinsteckte, dann drehten sich die Brötchen und er konnte eines haben. Nie kam ich auf die Idee, eines haben zu wollen. Dann gab es in dieser Stadt noch einen Fußgängersteig über einen großen Bahnhof. Immer wieder konnte man vom Dampf und Rauch einer Lokomotive eingehüllt werden und aus ihm wieder auftauchen; einmal etwas sehen und dann wieder nicht. Da standen wir manchmal wunderbar lange. Und nie hat diese Großmutter 'Jetzt komm aber!' gesagt wie andere.

Ich erzähle hier etwas langatmig. Aber die Öffnung ins vierte Tor zur Welt ist nicht einfach zu schildern. Vielleicht mit noch einem Bild. In der Vorstadt gab es ein Ringelspiel mit Holzpferden, auf welchen die Mäderln ritten, und eine Drehorgel. Feiner waren die Schaukeln. Sie sahen aus wie Schiffchen und ein Mann im Leibchen setzte sie in Schwung. Da schwang nun die Welt um einen herum und die Haare flogen und es war so schön, weil es ein bisschen unheimlich war. Das Beste aber war die Schokolade, die ich mir zum Heimweg erbitten durfte. Ganz dünn und klein wie meine Hand. Die Schokolade war bald im Mund und an den Fingern geschmolzen, das Stanniolpapier zur Kugel geformt und eingesteckt. Was übrig blieb, war das Ziel der Wünsche: die rosarote Zellophanhülle. An fester Hand geführt konnte man sie den ganzen Heimweg vor die Augen halten. Was für eine Wunderwelt. Fast wie bei Onkel Gackihaarli.

Wenn mir Jahrzehnte später in den Meereshöhlen die ganze Welt blau und silbern wurde oder in größerer Tiefe das Blut einer kleinen Verletzung wie grauer Rauch aus der Hand stieg, kam mir diese Zellophanhülle in Erinnerung, zusammen mit einer festen, verlässlichen, stillen Hand.

Die Geschichte von den Prägungen kann ich mit den frühesten Musikerlebnissen schließen. Zum einen sind sie wieder verlässlich, weil sie gewissermaßen nur mir gehören, zum anderen liegen sie wahrscheinlich auch in etwas spätere Zeit gestreut. Ich mag vielleicht schon ein Schulbub gewesen sein. Aber das weiß ich nicht mehr.

Das erste Erlebnis: mit dem Vater im Dom von Passau. Der Dom dürfte leer gewesen sein und ein befreundeter Organist mag für den Vater gespielt haben. Er saß, ich stand und hatte das Pult der Betbank gerade in Augenhöhe. Als die riesige Orgel aufrauschte, tanzte der Staub vor meinen Augen und ich vibrierte auf dem Bretterboden, auf welchem ich stand. – Mancherlei Musik ist mir ein physisches Erlebnis geblieben.

Das zweite gehört in die Kategorie Militärmusik, die es in meiner Kinderzeit noch reichlich gab; bei Umzügen, vor Kasinos. Der 'Glanz der Montur' mag eine Rolle gespielt haben, vor allem aber die Bewegung, die ich an meinem Vater beobachtete, wenn ein ganz besonderes Stück gespielt wurde: der 'Hoch- und Deutschmeister-Marsch', wie man mir erklärte. Vater war Leutnant der Deutschmeister gewesen. Das Gefühl hat sich übertragen. Und heute noch kenne ich die ersten Zeilen des Textes und staune über das Sträuben der Rückenhaare, wenn dieser Marsch erklingt.

Das dritte Erlebnis: mit dem Vater in der Wiener Hofburg-Kapelle. Nach den sonntäglich üblichen Museumsbesuchen, in deren Ablauf ich BRUEGHELS Bauernkinder ebenso schätzte wie dort ausgestopfte Gorillas, war, wann immer nun die Zeit passte, die Hofkapelle ein Abschluss. Das mochte ich auch. Die Wiener Sängerknaben waren ein Begriff. Damals ging man zu deren Messen wie in jede andere Kirche, nur dass es gewöhnlich voll war und man hinten stehen musste. So auch damals. Wie ich rekonstruierte: HAYDN, Theresienmesse. Beim Solo eines der Knaben wurde mir ganz seltsam: ein Freude-Schmerz-Durcheinander. Ich war ratlos. Ein Blick auf den Vater, an dessen übrigens nicht existentem Bauch ich lehnte, würde das Rätsel lösen. Der Blick hinauf ergab ein strahlendes Gesicht, dem Tränen über die Wangen liefen. Ab da wusste ich's.

Das vierte Erlebnis gehört sicher schon in den Anfang der Schulzeit. Mutters alte Liebe zur Ukraine brachte uns beide zu einer Aufführung der Don Kosaken. Sergej JAROW mag sie persönlich gekannt haben. Da waren wir also. Vielleicht in der Wiener Urania? Das weiß ich nicht mehr. Ich mochte zunächst bedauert haben, dem Garten entzogen zu sein, aber als die Bässe aufbrausten, war ich völlig gefangen. Von kräftigen Männerchören werde ich's noch immer. Und das führte vielleicht später auch noch dazu, dass mich sangeskräftige Schüler umgaben und wir mit dalmatinischen Fischern um die Wette sangen.

Um es gleich vorwegzunehmen: Aus meiner Musikausbildung ist nichts geworden. Was mir heute Leid tut. Die Mutter spielte, wie ich glaube, recht gut Klavier. Das sollte ich auch erlernen und wurde bei der Frau eines der Malerfreunde angemeldet, die als Klavierpädagogin galt, aber wahrscheinlich keine war. Es folgte das Übliche. Fingerübungen, dann Beyerschule. Als ich achtseitige Stücke von GRIEG schon passabel spielte, stellte sich heraus, dass ich das Notenlesen nicht erlernt hatte. Ich hatte mir die Stücke gemerkt und die Stellen, an welchen man umblättern musste. Der Versuch brach also zusammen. Später war eine Zeit lang die Ziehharmonika wichtig. Aber nur die Gitarre spiele ich als Autodidakt heute noch gerne; die alten Balladen ebenso wie etwas, worunter ich mir improvisierte Barockmusik vorstelle.

Daheim wurde viel musiziert. Ich erinnere mich an 'Onkeln' – man sagte mir, es seien Pianisten – die sich gegenseitig vom Klavier verdrängten, um einander zu zeigen, wie man etwas spielen müsse. Oder 'Onkel' Erich (LEISCHNER) sang Balladen zur Gitarre. Die vom 'Bandelwurm' war die beste.

Einige Zeilen daraus:
Es hauste einst in schaudervollen Schlüften
Ein Bandwurm dreiunddreißig Meter lang.
Der kam des Nachts, um sich mal auszulüften,
Das Bettgesims des Herrn Baron entlang. …

Natürlich hatte ich keine Ahnung, um welche Kapazität es sich auch bei Prof. Erich LEISCHNER handelte. Er war Stadtplaner und Wien verdankt ihm die Pionierleistung des sozialen Wohnbaus der 1920er- und 1930er-Jahre. Vater war sein wichtigster Bildhauer.

Und 'Onkel' Mirko JELUSICH – der wieder war ein Dichter – las vor und ich erfuhr, wie CAESAR fechten lernen musste. Das gefiel mir noch besser. Die meisten 'Onkeln' aber waren Maler und Architekten. Und die mochte ich, weil sie mir oft etwas Lustiges zeichneten.

Anderes erfuhr ich erst durch den Vergleich. Onkel 'Ali', Alois ZIRPS, ein Bruder der kleinen Großmutter, bewohnte, wie man sagte, ein Schlösschen bei Baden; und nicht, wie wir, ein altes Winzerhaus.

Mit ihm fuhren wir in seinem Auto, das gab es bei uns zu Hause nicht, und er hatte ein Grammophon und ein Badezimmer, das gab es bei uns auch nicht. Er zeigte uns auch eine riesige Grube, die er graben ließ. Die gab es schon gar nicht. Wir fuhren in ihr auf Draisinen zwischen Baggern herum. Unter den Baggern fuhren Züge, die Erdreich wegführten. Und wenn ein Bagger an der Wand an eine Höhle geriet, aus der ein Skelett herausfiel, dann ließ er ihn anhalten und andere Männer sammelten die Knochen ein. – Es war sein Braunkohlen-Tagbau. Der lief später voll Wasser und wurde der Neufeldersee, in dem ich Tauchexperimente machte.

Das gab es bei uns alles nicht. Bei uns kam das warme Wasser aus einer versenkten Wanne im Küchenherd. Mutter oder Frau Anna (PETRATOR), die Haushilfe (verkehrt: rotar-tep), machten am Abend kleines Holz, das sie in den Herd steckten. Morgens wurde es angezündet und jeder bekam einen Krug heißes Wasser zum Mischen in seinen Biedermeier-Waschtisch.

Die kleine Welt wird hinausgestellt

Es muss nun so recht der Schulbeginn folgen; und ich bin weiter voll der guten Absicht, nur dasjenige an Anekdotik zuzulassen, das in die kleine Seele etwas Steuerndes festgeschrieben haben muss.

Eltern warteten am Gang. Einige Mäderln weinten. Mir war auch nicht ganz geheuer. Aber ich wusste nicht, warum sie weinten. Keine Nase war zerschrammt, kein Spielzeug zerbrochen. „Ich möchte kein Fräulein als Lehrerin!", weinte eines der Mädchen. Das Fräulein Lehrerin hob darauf ihren Rock, drehte sich herum und zeigte deutlich: „Schaut, auch ich habe eine Hose." Das war mir noch nicht untergekommen und jedenfalls staunenswert.

Es mag am selben Tag gewesen sein, als sie von Bank zu Bank ging und jedes Kind nach seinem Namen fragte (die sie gewusst haben muss). Ich hatte längst das 'R' zu sprechen gelernt und das dumme 'Hupidi Hidi' in ein rechtes 'Rupert RIEDL' verwandelt. Als sie bei meinem Nachbarn ankam, sagte der Bub: „Ich heiße Wewe Staubsauger." Das Fräulein zeigte sich unberührt und fragte die Nächsten. Und als sie vorbei war, neigte er sich zu mir und sagte „Weißt du, in Wirklichkeit heiße ich Peter BERGEL, aber das braucht sie nicht zu wissen."

Wann immer ich später über Selbstwertgefühl von Menschen zu reflektieren hatte, fiel mir diese Geschichte ein. Wir wurden übrigens bald Freunde. Er ein ungelenker Old Shatterhand, ich Winnetou.

Bedenkenswerter aber als solche Beiläufigkeiten wurden andere Ereignisse, die mich so beschäftigten, dass ich sie sogar meinem Vater zur Beurteilung vorlegte, weil ich wusste, dass Eltern in wichtigen Dingen in der Schule vorsprachen: Ungerechtigkeiten. Nicht solche, die mich betrafen, aber die ich doch in meiner Umgebung beobachtet hatte. Ich erwartete, dass er auch Zorn empfände. Aber er guckte mir mit lustigen Augen ins Gesicht und sagte: „Mein Lieber, du musst rechtzeitig erfahren, was von dieser Welt zu halten ist."

Ich wüsste zu gerne, was ich damals darüber empfand, aber ich weiß es nicht mehr. Ich weiß aber freilich, dass mir das noch oft und situationsgerecht eingefallen ist. Ein Dilemma. War denn nicht stille Neugierde und Träumerei der wesentlichste Lebensinhalt der Menschen?

Eine ähnliche Erinnerung von abends daheim. Hans MOLISCH, Onkel der Mutter, und, wie ich später erfuhr, Ordinarius für Botanik, der heute noch wie ein Heiliger verehrt wird, lehrte mich eine ganz unheilige Ergänzung zum Gute-Nacht-Gebet. 'Lieber Gott, ich geh zur Ruh – schließe meine Äuglein zu – alle Menschen auf der Erden – können mir gestohlen werden – Amen.' Die Mutter war entsetzt, viele fanden's lustig, ich daher auch.

Bald erwies sich diese Perspektive als Utopie. Und nicht nur für das zarte Knabenalter. Auch späterhin. So bedenkenswert sie mir auch oft geblieben sein mochte.

Eine andere Anregung konnte jedoch sogleich in die Tat umgesetzt werden. Vater schenkte mir Ende eines Winters ein dickes Heft von der Art, in der er Aquarellskizzen machte, mit dem Rat, ich sollte je eine Blume, wie sie nach dem Schnee nacheinander im Garten auftreten, pressen und einkleben. Er zeigte mir, wie man herbarisiert und gab mir ein Naturkundebuch, in dem ich sie finden konnte. Das machte viel Freude. Vor allem, wenn ich die Neueinfügungen vorweisen konnte. Mit dem Lesen ging's noch nicht so gut. Aber ich fand alle Blumen nach den einfachen Strichzeichnungen und malte die Buchstaben nach, die darunter standen.

Dies war das erste synoptische 'Werk' in meinem Leben. Es sollten mehrere, professionellere folgen. Man wird vielleicht überhaupt finden, dass meine Produkte fast ausschließlich auf synoptischen Leistungen beruhen. Die Misserfolge und Zurücksetzungen, die natürlich auch zu erleben waren, merkwürdigerweise aber ebenso. Ob das der Vater damals geahnt haben konnte? Wenn überhaupt, so doch in einer sehr unbestimmten Weise. Seine Wertschätzung der Kunst als Vorreiter der Kultur mag, wie man noch sehen wird, dahinter gestanden haben.

Die schönste Schulstunde hieß Religion. Da kam Pater MEINRAD aus der Karmeliterkirche. In Sandalen wie ich, aber in einer braunen Kutte mit Kapuze und einem ganz weißen Seil als Gürtel. Er erzählte uns Geschichten, die so schön waren wie jene des Vaters, aber manchmal auch traurig. Einmal erzählte er, es hätte so stark geregnet, dass alle Tiere ertrunken wären, hätte man nicht je zwei von jeder Art auf ein Schiff genommen. Nun gibt es aber mehr als zwei Igeln. Vor allem viele kleine. Und es gibt Enten und meinen Goldfisch, die nicht ertrinken. Aber er sagte, das wäre Gottes Ratschluss gewesen. Und Maria sei in den Himmel gefahren. Da wäre ich freilich gerne dabei gewesen. Ich hätte dann unseren Garten von oben sehen können. Und es gab Kain und Abel und noch vieles mehr.

Er betete mit uns und segnete uns und oft griff er in seine Kutte, holte von der einen Seite ein Pulverschächtelchen hervor, von dem er etwas auf den Handrücken stäubte, daran roch, dann von der anderen Seite ein riesiges, fein gebügeltes Taschentuch, in das er sich ungeheuer schnäuzte. Dann legte er wieder alles säuberlich zusammen, steckte es ein und wir beteten wieder. Gottes Welt war merkwürdig.

Ein Ereignis besonderer Art war die heilige Kommunion: Im Eigentlichen die Vorbereitung. Wir mussten Gewissen erforschen. Und das Problem bestand darin, dass keines der zehn Gebote richtig passte, obwohl Pater MEINRAD sie uns gewiss geduldig auseinandergesetzt hatte. Natürlich waren wir oft ungezogen gewesen, aber das war kein rechtes Gebot. Ich erforschte gemeinsam mit meinem Klassenkameraden Peter PRINZ. Da schien sich zunächst eine saftige Sünde dinghaft machen zu lassen. Nach einem Blick auf Aktbilder an der Wand meinte er kryptisch, ich würd' es schwer haben bei der Beichte. Aber was man tun müsse, um Unkeuschheit zu 'treiben', das wusste ich nicht. War also auch nichts.

Endlich, im neunten Gebot, fand ich für mich eine Lösung. Es lautete damals: „Du sollst nicht begehren deines Nächsten Hausfrau". Die Hausfrau unseres Nachbarn, also unzweifelhaft unseres Nächsten, war Frau FASCHING. Mit ihrem Buben Franzi, meines Alters, spielte ich oft am Gartenzaun. Wir hatten eine gemeinsame, nur durch den Zaun getrennte Laubhütte und derlei mehr. Da erschien, gar nicht so selten, Frau FASCHING und steckte uns beiden eine Süßigkeit zu, was meiner Mutter nicht eingefallen wäre. Also begehrte ich Frau FASCHING. Da war kein Zweifel. Die Leckereien waren einfach zu gut. Folglich beichtete ich Tage darauf *'arte legis'*: „Ich habe begehrt meines Nachbarn Hausfrau."

Das Gesicht des Beichtvaters war nicht sichtbar. Das Holzgitter des Beichtstuhles war zu dicht und drinnen war's zu finster. Das hat nicht geschadet. Nur heute tut es mir Leid, damals seine Reaktion nicht gesehen zu haben. Mit der Buße zweier Vaterunser und Ave Maria wurde ich absolviert und – gottlob – die konnte ich. Nur auf den weiteren Süßigkeiten der Nachbarin lag späterhin ein gewisser Schatten.

Es war viel Geheimnisvolles an der Religion. Einiges kannte ich von den Fronleichnamsprozessionen. Ich wusste zwar nicht, warum ein Leichnam froh war, aber man konnte auch nicht alles fragen, denn oft forderten die Antworten nur noch mehr Fragen heraus. Man kam nicht recht weiter. Immerhin gab es in der Prozession Buben in feinen weißen Hemden, die Silberkännchen schwenkten, aus denen Weihrauch kam, und Soldaten, die auf Kommando gemeinsam in die Luft schossen. Und wir Kinder liefen, um einige der heißen Patronenhülsen zu ergattern, bevor der Soldat, der sie einsammeln sollte, alle hatte.

Kurz, es gab viel Geheimnisvolles in der Religion. Eine Einsicht, die sich mir, mit kleinen Veränderungen, bis zu den viel späteren Plaudereien mit Kardinal Franz KÖNIG stets bestätigt hat. Von den Tagen mit Papst WOITYLA werde ich auch noch erzählen. Nichts geht, so werde ich zu finden haben, ohne Metaphysik.

Natürlich gab es auch Dinge, die einen gar nicht freuten. Beispielsweise beim Schreiben. Immer wieder wurde geklagt, dass ich die Blockbuchstaben, die wir schon konnten, gelegentlich verkehrt herum schrieb. Zum Beispiel den Bauch des 'D' mal rechts, aber auch mal links herum. Und man sagte mir: „Du hast das 'D' schon wieder falsch geschrieben, das kann niemand lesen." Aber sie wussten ja doch, dass es ein 'D' war. Warum konnte sein Bauch, wie bei allen Menschen, nicht einmal rechts und einmal links herum zu sehen sein? Ich erfuhr aber, dass so etwas nur schlimme Buben fragen.

Für Legasthenie scheint man damals noch keinen Begriff gehabt zu haben. Heute weiß ich, dass sie schwer loszuwerden ist und dass mein Vater und auch meine armen Töchter unter solchen Hindernissen litten und leiden. Und man weiß auch heute noch nicht genau welche Begabungen sie kompensieren. Ich werde über diese Art meiner Ausstattung noch reflektieren, weil auch sie den Lebensweg meiner Weltsicht verständlich machen können.

Ich war aber nicht nur Legastheniker, ich stotterte auch und immer gerade dann, wenn es in der Schule darauf ankam, etwas Schwieriges schnell zu sagen. Es gab auch andere Stotterer. Selbst in anderen Klassen. Und diese mussten alle am Nachmittag in die Hauptschule zum Stotterer-Unterricht des Herrn Lehrer WURST. Dort saßen wir zu zwanzigst im Umkleideraum vor dem Turnsaal an der Wand im Kreis, jeder unter einem Kleiderhaken. Jeder bekam einen Karton in die Hand, wie einen Buchdeckel, auf dem ein Blatt aufgeklebt war, mit zwei Kolonnen von Worten, die mit Verschlusslauten begannen. An den Rändern waren die Kartons ganz braun von angstverschwitzten Kinderfingern. Diese Worte mussten wir im Chor herunterstottern.

Ich habe diese Geschichte später oft befreundeten Logotherapeuten erzählt. Sie haben Tränen gelacht. Ich überwand dieses Hindernis, indem ich mir vorstellte, den Satz singend zu beginnen. Weil mir aufgefallen war, dass ich beim Singen nie stotterte. Ich hatte gelernt darauf zu achten, was gesagt wurde, nicht wie es gesagt wurde. Wortflüssigkeit hat mich nie mehr beeindruckt.

Freilich gab's auch neben der Schule Freud und Leid. Es blieb aber überwiegend schulüberdeckt und nicht viel ist daraus zu lernen. Vielleicht mit Ausnahme der Kinderfeste im Garten. Jedes Kind bekam eine von den Eltern bemalte Zauberertüten-Mütze. Alle zauberten und bekamen beim Heimgehen die Tüte mit Weintrauben von der Pergola gefüllt. Und mit der Ausnahme, dass ich in der vierten Klasse Keuchhusten hatte und mit der Mutter, wie mir's scheint, wochenlang in der Wachau war. Wir hatten einige Bändchen Wilhelm BUSCH mit uns und bald dichtete auch ich Bildergeschichten. Sie waren mehr komisch als schön, aber Mutter gefielen sie sehr.

Dann gab es noch einen 'Schiffswunsch'. Im Spätherbst landeten Flöße am Donaukanal, bis zum Schüttwinkel beladen mit Äpfeln. Das war die Zeit, da die Mutter mit einem großen, ich mit einem kleinen Rucksack

Die Döblinger Schulklasse mit dem
Karmeliter-Pater Meinrad, ca. 1931

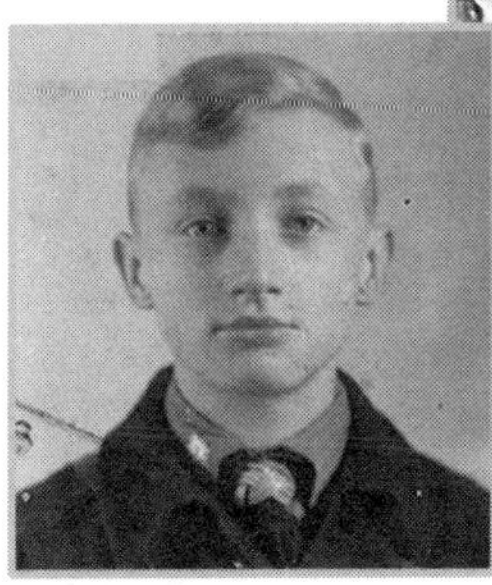

Unter den 'Pimpfen';
Ausweisfoto, ca. 1939

Wandern mit dem
Vater, ca. 1934

Abb. 3: Bubenzeit der Dreißigerjahre, in welchen mich die Geschichten Pater Meinrads und Wandererlebnisse mit dem Vater beschäftigten.

marschierten um einzukaufen. Dort lag 'mein Schiff': eine der ausgedienten Zillen. Das waren einfache, derbe Ruderboote mit flachem Boden. Eine solche wünschte ich mir und zeichnete Pläne, die sie mit Koje und Steuerraum ausbauten für meine Reise zum Schwarzen Meer. Vater lobte den Plan, gab aber zu bedenken, dass für solch ausgreifende Unternehmungen dreidimensionale Modelle geboten wären. Monate füllten dann Modellbauten, tropfdick mit Ölfarbe überzogen, die mich zu den kühnsten Traumreisen führten.

Dass mich Boote und Schiffe späterhin begleiten würden, konnte ich nicht ahnen, und noch weniger, dass die Reisen stets mit Traumreisen untermischt bleiben würden. Die Laterne vom Mastlicht unseres gesunkenen Forschungsschiffes 'Bios' steht noch immer vor mir auf meinem Schreibtisch.

Und schließlich gab es noch einen bescheidenen, wenn auch sensiblen Wandel. Die Haltung von uns Buben, alle Mädeln blöd zu finden, muss ihre erste Relativierung erfahren haben, nämlich durch die imponierende Gestalt der Erika HOLZER. Klassenkameradin, frühreif und vor allem Töchterchen des Wirtes an der Ecke am Schulweg, die bereits von der Schank aus mit den Kutschern herumkommandieren durfte. Sie war bereits umworben; auch von Peter PRINZ und mir, konnte davon aber nichts bemerkt haben. Die Werbung war eine mehr innerliche. Da ich wusste, wie man Telefonnummern wählt, ohne eine Verbindung zu bekommen, reifte der Plan, Peter ordentlich zu beeindrucken. Ich führte ihm ein Telefongespräch mit Erika vor, wie es keiner von uns gewagt hätte, und wurde von ihm, angesichts dieser völlig unglaubhaften Kühnheit sofort des Schwindels überführt.

2. Unsicheres Licht überm Land (1935–1945)

Eine Geschichte, die nicht mehr so recht in die Kinderzeit passt, nehme ich in diesen nächsten Lebensabschnitt. An einem Morgen kam ein Mann herein mit einem Stahlhelm, wie ich ihn von der Fronleichnamsprozession kannte (Februar 1934). Er bat die Mutter, die Fenster zu öffnen, sie müssten nun schießen. An den Rest erinnere ich mich nicht. Ich glaube, ich wurde zu 'Mama' geschickt. Aber ich sah noch die Kanonen in unserer kleinen Nusswaldgasse.

Ich erfuhr, dass Bürgerkrieg ist und dass von unserer Gasse aus auf den Karl-Marx-Hof, einen großen Gemeindebau, geschossen wurde. Tage darauf sagte man, dass es wieder ruhig wäre, und Vater musste die Bescherung ansehen gehen. Er hatte große Plastiken für den Bau gefertigt und überhaupt an der künstlerischen Gestaltung dieser Bauten mitgewirkt. Ich drängte und durfte mitgehen.

Also marschierten wir zum nahe gelegenen Karl-Marx-Hof, einem kilometerlangen Wohnbau der Stadt. Gaffer auf der Straße, im Bau Gelaufe. Vaters Plastiken waren unbeschädigt. Wir auch hinein. Tatsächlich waren dicke Betonwände kaum durchschlagen, Schutt auf den Stiegen. Und bevor ich's mir versah und erfuhr, dass das Geknatter Maschinengewehrfeuer war, hatte mich der Vater schon niedergerissen und wir lagen mit der Nase in einer Stiegenecke. Dann sahen wir doch zu, dass wir fort kamen. Der Heimweg durch die Gärten war dann aufregend. Und als es nochmals knatterte, wusste ich schon, was zu tun sei, und wir lagen hintereinander neben dem Weg im Graben. Mutter war böse über unser Abenteuer.

Ich konnte mir damals freilich nicht vorstellen, dass ich solcherart Erfahrungen bald würde brauchen können.

Tage später war Vater, wie ich glaube, eingesperrt, ebenso seine Freunde, die Architekten LEISCHNER und EHN, die gemeinsam jenen Karl-Marx-Hof geplant hatten. Man hatte ihnen vorgeworfen, den Bau zu einer Festung ausgebaut zu haben. Der erwies sich freilich nur als gut gebaut und alle drei waren bald wieder da.

Viel dunkler habe ich den Umstand in Erinnerung, dass ein Mord geschehen war (DOLLFUSS, Juli 1934). Deutlich in Erinnerung habe ich dagegen, dass wir in der Schule eine neue Hymne zu lernen hatten: „Die Mörderkugel, die ihn traf, die riss das Volk aus Zank und Schlaf“ usf. Das war merkwürdig. Als wir das Lied konnten, wurden wir in ein Stadion geführt. Jeder musste eine Zeitung mithaben zum Draufsetzen und bekam ein Papierfähnchen. Dort wurde aber nicht Fußball gespielt, vielmehr war auch die Wiese voll von Kindern, die in Reih und Glied turnten, und Leute hielten aufgeregt Reden, weit unten auf einem Podium, die man aber über Lautsprecher sehr laut hören konnte.

Warum das Volk geschlafen hatte, wusste ich nicht. Aber ich erfuhr, dass eine Hymne ein wichtiges Lied ist, das man deshalb nicht oft singt. Und dabei fiel mir auf, dass ich solche Lieder schon kannte. Das eine hieß Bundeshymne, das andere begann mit: „Gott erhalte, Gott beschütze unsern Kaiser“. Das war wahrscheinlich lustiger, denn es wurde von den Erwachsenen immer dann erwähnt, wenn sie etwas komisch fanden.

Im Rückblick fällt mir auf, dass ich keinerlei Kommentar zu all diesen Ereignissen in Erinnerung habe. Ich kann nicht annehmen, dass man in meiner Gegenwart politische Gespräche vermied. Vielmehr dürfte all das einen kleinen Buben gar nicht interessiert haben und glitt, wie wahrscheinlich Jegliches, was ein Kind nicht beschäftigt, an mir vorbei. Ich war neun Jahre alt.

Nachdem ich späterhin drei weitere Hymnen zu lernen hatte – „Deutschland, Deutschland über alles ...“, „SA marschiert ...“ und „Land der Berge ...“ – weiß ich über solch wichtige Lieder mehr. Aber noch ein weiteres möchte ich nicht mehr lernen müssen.

Wie selektiv Wahrnehmung und Erinnerung sind, lernte ich viel später verstehen. Besonders wenn wir Freunde über unsere Jahrzehnte zurückliegenden Expeditionen plauderten. Trivialitäten kannte noch jeder; alles Differenzierte dagegen war etwas wie Privatbesitz. Was ausgefiltert wird, ist von Interessen gesteuert und dominiert unbemerkt einen Großteil der Konflikte in unserer Gesellschaft.

Fenster in die Imagination

Bevor ich von der Realschule berichten muss, noch eine Erfahrung, die mir wertvoll wurde. Wenn große Steine ins Atelier transportiert wurden, hatte auch ich Schulbub Funktionen. Jede Hand wurde gebraucht. Die Frächter, Steinmetze und der Vater drängten den Block, der auf Rollen lag, mit Keilen und Winden in seine Richtung. Mein Geschäft war es, von den schweren hölzernen Rollen jene, die hinter dem Stein frei wurde, vorne im richtigen Winkel wieder unterzusetzen. Endlich stand der Koloss auf seiner Drehscheibe. Frächter und Steinmetze gingen, der Vater im weißen Kittel, die Arme am Rücken, ging um den Block herum. Ich auch.

Da fiel dem Vater ein, dass etwas fehlte. Talkum? Federweiß? Ich weiß es nicht mehr. Eine Kleinigkeit, aber eine halbe Stunde Weg, um den mich Vater bat. Als ich zurückkam, traute ich meinen Augen nicht. Vater war der fleißigste Mensch, den man sich denken kann, immer emsig tätig. Was war geschehen? Er hatte nichts getan, ging immer noch mit den Händen am Rücken um den Stein herum.

Als er meine Überraschung sah, winkte er mich zu sich. „Schau", sagte er und hielt einen Finger an den Block, „an dieser Stelle muss ich aufpassen. Das Knie des Spielbeins hat da nur mehr einige Millimeter Platz. Da, bei den Schultern habe ich Raum, besonders bei der linken. Aber da", den Finger an einer Stelle hoch oben, „die Nase, knapp, sehr knapp" usf. In einer halben Stunde befand sich die Figur schon so komplett im Stein, dass er an jeder Stelle anfangen konnte. Fast sah ich sie auch schon, so suggestiv war der Vortrag.

Es überraschte mich damals auch nicht, dass Vater an jeder Stelle des Blockes mit der Arbeit beginnen konnte, da ein Knie, dort die Stirne der Plastik aus dem Stein zu holen, denn man müsse wohl nur das Ganze im Auge haben. Es schien mir, wenn ich mich recht erinnere, dass das eben Aufmerksamkeit bedürfe, man das können müsse, und ahnte nicht, dass das wenige können.

Viel später erst begriff ich das Maß dieser Leistung. Ich entdeckte mir MICHELANGELOs 'Sklaven' in der Accademia in Florenz, die, unfertig wie sie sind, da den Kopf, dort eine Schulter, ein Bein, aus dem Stein kommen lassen; und die damit den Zustand der Imagination des Meisters für eine Ewigkeit konservieren. Sie wurden mir zu einer meiner Pilgerstätten der Dankbarkeit für die Demonstration zusammenhängender Weltsicht. Durch die Jahrzehnte kam ich immer wieder einmal, stellte mich vor die Figuren; und sobald die Augen nass wurden, ging ich wieder.

Ich hatte vielleicht schon bisher mit solch imaginären Bildern gelebt. Aber nun wüsste ich, wie man sie macht und wozu sie gut sind.

Als ich drei Jahrzehnte darauf einmal meinem väterlichen Freund Paul Weiss das Inhaltsverzeichnis eines geplanten Buches zur Beurteilung vorlegte, sagte er lachend: „Das ist kein Inhaltsverzeichnis, das ist Architektur." Wir wussten damals noch nicht, was ein 'Rechtshemisphäriker' ist. Ich komme später darauf zurück. Heute aber weiß ich, dass unsere ganze Familie in diese Sippe gehört.

Manchmal ist mir dieses fortgesetzte 'Hineinsehen' sogar im Wege. So ertappe ich mich gelegentlich bei dem Wunsch – was man nicht tut –, eine Bändereihe am Regal von rechts nach links zu ordnen, weil nur dann der Kontext auch eine ungebrochene Abfolge bildet. Kann man sich's vorstellen?

Zu lesen bekam ich offenbar ab dieser Zeit nacheinander *Gullivers Reisen*, *Die Höhlenkinder*, *Robinson Crusoe*. Das waren schöne Bücher. Darauf, wahrscheinlich von einer Tante, *Winnetou* und ich las den ersten Band. Keine erfreuliche Erinnerung. Als der zweite folgte, kannte ich mich nach vielleicht dreißig Seiten nicht mehr aus und verlor die Freude daran. Das wurde bemerkt und ich erhielt Jules VERNEs *Zwanzigtausend Meilen unter dem Meer*, ein Augenöffner! Was für eine Welt! Schlossen hier nicht auch die BÖCKLINschen Najaden an? Sie kamen nur nicht vor.

Damit tat sich die ganze VERNEsche Welt auf, wo Gut und Böse trefflich sortiert, in wohl bestehbare Abenteuer mit der Natur locken. Zunächst identifizierte ich mich wahrscheinlich mit dem beherzten Harpunier Ned-land, aber allmählich wurde er von meiner Identifikation mit Professor Arronax verdrängt.

Was ich nicht ahnen konnte: Mein Lebensweg war für Jahrzehnte bestimmt. Das, zumal bald noch Professor Lidenbrock hinzukam, der mir bei seiner *Reise zum Mittelpunkt der Erde* eine Höhlenwelt öffnete. Denn nichts von alledem konnte für einen Binnenländer nahe liegen. Es muss eben etwas wie Prägungen auch beim Menschen geben. Der Stahlstich 'Kapitän Nemo mit seinen Getreuen wandernd im Korallenriff' auf Türformat vergrößert begleitet stets den Zugang zu meinen wechselnden Professorenzimmern.

Eine Geschichte mag noch anschließen, die meine Legasthenie und die Reduktion meines Selbstwertgefühles betrifft. Ein Schulschikurs war angesagt. Wenige hatten damals die Ausrüstung und die Mittel, sich das zu leisten. So kam aus allen acht Klassen nur ein Grüppchen von etwa zwanzig Buben zustande. Ich, schon als Knirps auf Bretteln gestellt, war einer der Kleinsten. Im Salzburgischen waren wir im Matratzenlager eines Berggasthofes untergebracht und eines Abends wurde beschlossen etwas vorzulesen, das Buch reihum weiterzureichen. Ich wusste, dass ich das fließend nicht können würde; und als die Reihe an mich kam, erzählte ich die Geschichte, gelegentlich umblätternd, weiter, und offenbar so treffend, dass alle mit ihrer Entwicklung sehr zufrieden waren. Dann aber wurde mir heiß; ich musste weitergeben, der Schwindel kam an den Tag und ich wurde als Dummerchen vermöbelt, das nicht lesen konnte.

Von Legasthenie wusste man eben noch immer wenig und von Lateralität nichts. Anstelle die Legasthenie, die 'Leseschwäche', was die Sache auch nicht gut bezeichnet, als einen Teil der Persönlichkeitsstrukur zu nehmen, die auch Schreibschwächen, Wechselsymmetrien und Abhebungen der Aufmerksamkeit erhält, sagte man nur, „das Kind kann nicht lesen". Ich selbst war auch nicht auf den Gedanken gekommen, dass es einfach eine andere Begabung war, eine Geschichte kontext- und stilgetreu weiterzuspinnen.

Tatsächlich weiß man auch heute noch nicht genau, welche Kompensationen durch andere Formen der Intelligenz mit Legasthenie verbunden sein können und in welchem Maße ein Erbgang vorliegt, Anlagen also weitergegeben werden können, wie das in meiner Familie den Anschein hat.

Das gilt auch für die 'Lateralisation', auf die ich bald zurückkomme; und ich erwähnte schon hier beide Erscheinungen, weil ich einen Zusammenhang vermute, ohne dass sich die 'Kognitive Psychologie' dafür besonders interessiert hätte.

Noch ein Fenster, hinaus aus der Schulzeit: Wandern mit den Eltern, in den Voralpen, wahrscheinlich über verlängerte Wochenenden. Was da über Vegetation, Fels- und Bergformen, Bauernhöfe, Almen und Wirtshausbetten alles zu erfahren war! Wenn wir in die Nacht kamen, wurde eine Wanderlaterne aufgeklappt und eine Kerze eingefügt, die man in dem Maße, in dem sie niederbrannte, nachschieben konnte. Und einmal musste ich hinauf auf den Pfosten eines Wegweisers klettern und die Laterne wurde nachgereicht, damit die Tafel lesbar wurde. Auch das war abenteuerlich, weil die Mutter besorgt war und sogar etwas weinte.

Wie sehr derlei prägt, bemerkte ich erst viel später. In der drückenden Lebensphase der sich nun anschließenden Realschule wird sich mein erster deutlicher Berufswunsch formen. Ich wollte zur Marine. Schiffsarzt wäre die beste Lösung, aber Matrose auch noch besser als alles andere. Nichts wurde daraus. Ich wurde ein Wanderer.

Erstes Fenster ins Durcheinander

Bei der Aufnahmsprüfung in die Realschule fiel ich gleich einmal durch. Die Eltern meinten, weil ich zu viel von der vierten Volksschulklasse versäumt hatte, ich glaube, weil ich zu aufgeregt war. Ich hatte Mühe, überhaupt zu verstehen, was man von mir wollte. Eine genauere mündliche Prüfung – oder war's eine schriftliche ? – musste folgen.

Dieser Mittag, an dem ich, gedemütigt und mit schwimmenden Augen, mit der Mutter heimging, ist völlig unvergessen. Als sie Jahrzehnte später zu Grabe zu tragen war und mir ihre tausend Liebesbeweise durch die Seele strichen, war es dieser Mittag, der sich immer wieder in den Vordergrund drängte.

Dabei war an ihm nichts Außergewöhnliches. Sie war um mich. Mit einem kleinen, längst vorbereiteten Lieblingsessen, dem frühen Sommer entsprechend im geliebten Gartenhaus. Ich kann mich nicht erinnern, dass sie mich getröstet oder mir Zuversicht vorgeredet hätte. Sie war da. Man sagte mir, dass sterbende Soldaten nach der Mutter rufen. Das verstehe ich.

Dagegen war der Nachmittag belanglos. Ich wurde nochmals geprüft und aufgenommen: fertig.

Von den acht oder sieben Jahren der Realschule habe ich wenig behalten. Es gab weniger zu denken, so schien es mir, als in den vier Jahren Volksschule. Es gab zu lernen. Und es war schwer zu verstehen, warum nach einer Französischdeklination Kaiser KARL auftrat, gefolgt von Integralrechnung, LESSINGs *Laokoon* und CAESARs *De bello gallico*. Wenn ich darüber nachsann, welchen Sinn das machen könnte, und vielleicht doch einen fantastischen Zusammenhang fand, hatte ich schon wieder nicht aufgepasst, war nicht bei der Sache und ganz einfach ein schlechter Schüler.

Und meine Mutter musste immer wieder einmal in die Sprechstunde kommen. Das mussten andere Eltern auch, aber meist wegen schlechten Betragens der Sprösslinge, was ja noch eher ehrenhaft war; jedenfalls nach Ansicht der Klasse. Meiner Mutter hingegen wurde nahe gelegt, mich aus der Schule zu nehmen, ich würde sie nicht bestehen. Aber es hat nichts geholfen, denn ausgerechnet diese Mutter war vielleicht überhaupt der einzige Mensch, der überzeugt war, dass ich noch ganz anderes bestehen werde; und meine Lehrer hätten gestaunt zu erfahren, dass selbst ich Lehrer geworden bin.

Das alles hat mit 'Lateralisation' zu tun, von welcher man in meiner Schulzeit eben

Ausschnitte aus
Jules Vernes *Zwanzigtausend Meilen unter dem Meer*

und
Reise nach dem Mittelpunkt der Erde

Abb. 4: Blicke in große Wunder der Welt – etwa ab 1935 –, die mir, wie sich's zeigen wird, nachhaltigen Eindruck gemacht haben.

noch so gut wie nichts wusste, heute aber doch schon eine gewisse Vorstellung hat.

Unter Lateralisation versteht man eine Spezialisierung der Hirnhälften, die, wie es scheint, sich erst beim Menschen so recht entfaltet hat; eine Spezialisierung in einigen speziellen Aufgaben. Die Ursache für diese Entwicklung kennen wir nicht. Man kann aber vermuten, dass ein Prinzip der Raum- oder Verrechnungs-Ökonomie dahinter steckt. Die rechte Hemisphäre ist stumm, hat sogar einmal 'die leere Hemisphäre' geheißen, operiert vorwiegend unbewusst und produziert induktive, heuristische, synthetische Leistungen. Das heißt, sie bildet aus Fällen schöpferisch Erwartungen, versuchsweise Hypothesen und Theorien, und trachtet gestaltend Zusammenhänge und Problemlösungen anzubieten. Die linke Hemisphäre operiert in vielen Dingen bewusst, enthält das Sprachzentrum und produziert vorzüglich logisch-deduktive und analytische Leistungen. Das heißt, sie wirkt wie eine kritische Kontrollinstanz.

Man kann das über das 'BÜHLERsche AHA-Erlebnis' miterleben. Die rechte Hemisphäre produziert den Vorschlag für eine Lösung, der, wie von fremder Hand kommend, mit AHA im Bewusstsein der linken Hemisphäre aufgenommen und dort kritisch geprüft wird.

Menschen, vor allem Männer, sind nun nach der Dominanz ihrer Hemisphären verschieden, und zwar in dem Sinne, dass sie den Suggestionen der linken oder aber der rechten eher vertrauen, beziehungsweise deren Wahrnehmungen unterschiedliche Beachtung schenken. Man kann von analytischen und synthetischen Typen sprechen, die, bei aller Streuung, so verschieden sein können, dass sie einander in ihren Weltsichten wechselweise misstrauen.

Da das gerade für Wissenschaftler gilt, war das oft mit Konrad LORENZ besprochen. Wir hatten gute Gründe, uns beide für Rechtshemisphäriker zu halten, fühlten uns von unserer 'Gestaltwahrnehmung' so sicher geleitet, dass viele unserer Kollegen, wenn überhaupt, nur zögernd folgten. Auch darauf ist zurückzukommen.

Wenn ich litt, und das tat ich, litt ich meiner Eltern wegen. Wie hatten sie sich einen solchen Dummian verdient! Als ich später, als ältlich werdender Dozent, den Titel Universitätsprofessor erhielt und mir nicht vormachte, dass das etwas bedeutete, hatte ich einen Anfall von Kleinmut. Ich zerstörte meinen Eltern ihren Glauben an seine Bedeutsamkeit nicht. Mögen sie mir's verzeihen.

Das war insofern merkwürdig, als mein Vater längst einen Professorentitel, verliehen vom Bundespräsidenten, hatte, lange schon bei allen 'der Professor' hieß, sodass ich samt meinem Titel, wenn nach dem Professor RIEDL gefragt wurde, noch über Jahre erwartete, dass mein Vater gefragt war. Dieser Professor war aber nun selbst überzeugt, dass sein Titel nichts bedeutete, dass man ihn umgangssprachlich 'Bofésa' schreiben müsse und er vor allem dazu diente, seinem Trafikanten und Friseur das Niveau der Klientel akademisch anzuheben.

Zu den Schulereignissen, die der Fantasie bedurften, hatte ich mehr beizutragen, zur so genannten STUVAG, der 'Stunden-Verkürzungs-Aktien-Gesellschaft'. Als die Klasse ebenerdig, straßenseitig untergebracht war und wir uns im Deutschunterricht von 10–11 Uhr der vorgeschriebenen 'Stimmung' wegen besonders geplagt fühlten, fanden wir auch einmal eine stilvolle Lösung. Wir sammelten Geld und verpflichteten einen Leierkastenmann, von 10–11 Uhr unter den Fenstern zu leiern. Bis der Schuldiener gefunden und der Musikus endgültig vertrieben war, war auch die Stunde vergnüglich vergangen.

Aber zurück zum 'Ernst der Schule'. Ich halte sie für eine Institution, die in der Lage wäre, die Art der Intelligenz der kleinen Kreaturen fördernd herauszufinden. Das wusste ich lange nicht und auch meine Lehrer mochten dies nicht für ihre vorzüglichste Aufgabe gehalten haben.

Dass ich ein schlechter Schüler war, sagte ich schon. Und das wäre auch nicht sonderlich bemerkenswert, böte es nicht auch eine Quelle von Einsichten. Wie man sich aus der Schilderung meiner Vor- und Elementarschulzeit erinnern mag, waren aus dieser mehr als einige Prägemöglichkeiten zu entnehmen; und sollte die Schilderung stellenweise etwas Charme besessen haben, so verdankt sie diesen der noch leicht durchschaubaren Naivität des kleinen Buben.

Derlei Lesehilfe wird nun immer unverlässlicher werden. Und zwar nicht deshalb, weil weiterhin nicht mehr von Naivitäten die Rede sein wird, vielmehr, weil dieselben immer schwerer durchschaubar werden und sich notwendigerweise bis zu einer Art Kulturkritik wandeln müssen.

Das beginnt schon an dieser Stelle, an der Anlass gegeben ist, über Begabung und die Formen von Intelligenz zu reflektieren. Natürlich hat der Schulbub anders reflektiert. Ich erinnere mich sehr genau, mit welcher Art von Grausen den vorherzusehenden schlechten Leistungen entgegenzusehen war. Die Technik, eine Unpässlichkeit vorzutäuschen, ein Thermometer so zu reiben, dass es beachtlich, aber nicht zu hoch stieg, wird bekannt sein. Seltener wird man die Lasten analysiert haben, die derlei einer kleinen Seele appliziert.

Zu den Grenzen meiner Intelligenz (oder Motivation?) zählt es, Zusammenhänge, wie nach Schulart häufig, nach vorgegebenen Codices zu erlernen. Dazu gehört der Sprachunterricht. Man erinnere sich unserer

Madame ALBER. Sie begleitete die Bildungsbemühungen meiner Mutter noch durch meine vier Jahre in der Elementarschule, an welche sich sieben oder acht Jahre Französischunterricht an der Realschule anschlossen. Und dennoch blieben meine Kenntnisse schwach. Von den vier Jahren Latein ganz zu schweigen, die mich kaum dazu befähigen, Inschriften zu entziffern.

Da wurde ich noch beim Lesen ägyptischer Texte, jedenfalls des Alten Reiches, besser. Der Bildcharakter der Zeichen mochte geholfen haben. Und auf die nicht geringe Bedeutung dieser kleinen Kenntnis für mein wissenschaftliches Leben komme ich später ausführlich zurück.

Dagegen hatte ich in Italienisch wie Englisch nie eine Stunde systematischen Unterricht, erlernte diese Sprachen im Land mit dem Ohr und spreche beide gern und passabel. Französisch verwende ich nur in verzweifelten Fällen von Kommunikationsbarrieren und ausschließlich gegenüber den konzilianteren Nichtfranzosen. Aber selbst im Deutschen blieb mir eine Schreibschwäche, die mich Alten noch dazu zwingt, das Wörterbuch in der Nähe zu halten.

Ähnlich ging's mir in Chemie. Die chemischen Bindungen erklärte man uns damals noch nicht aus den Strukturen der Elektronenschalen der Elemente, es wurde erwartet, die Formeln auswendig zu lernen. So blieben sie auch auswendig.

Aufschlussreicher die Mathematik. Auf sie wurde in Realschulen Wert gelegt. Auf Arithmetik und Geometrie in gleicher Weise und Darstellende Geometrie schloss als eigenes Fach an. Ein guter Testfall. Da trennten sich nun meine Leistungen. In Arithmetik schwach, in Geometrie sehr gut, in Darstellender Geometrie Klassenprimus. Professor KNIES, den wir in allen drei Fächern 'hatten', ein Kauz, den wir aber liebten, wurde auf dieses Unverhältnis aufmerksam und befreundete sich darüber sogar mit meinem schulscheuen Vater. Er bestand zum Beispiel darauf, dass wir so taten, als wüssten wir die vielen Formeln in der Geometrie nicht auswendig, könnten aber jede ableiten. Ich hingegen konnte sie wirklich nicht auswendig, aber behende ableiten. Das kann ich noch heute.

Diese lange Passage der Selbstbeleuchtung hat mit der Überlegung zu tun, dass sich die Prüfungen im späteren Leben nicht mehr so vorwiegend auf kognitive Prozesse beziehen. In viel größerem Masse wird, wie ich glaube, soziale Intelligenz abgeprüft, das, was man Anpassungsfähigkeit und Pfiffigkeit im Umgang mit Menschen nennt; das Bilden von Seilschaften und Koalitionen. All das ist von einer anderen und mir fremden Art.

Nachdem ich auch im ‘Zeichnen’ (heute Kunsterziehung) beste Noten hatte, und offenbar so ausgesprochen, dass sich mein Vater für mich eine Laufbahn als Maler zu wünschen begann, rundet sich dieser Teil einer Persönlichkeitsstruktur. Künstler wurde ich nicht. Und wie das kam, wird leicht zu berichten sein.

Weniger leicht wird aufzuklären sein, welche Vorteile ich durch meinen Intelligenztyp im Laufe meines Lebens als Wissenschaftler hatte und welche Nachteile und Aussperrungen die Folge waren, weil man mich später in der Kollegenwelt eben als Künstler deklassierte.

Kurzum, ich halte mich für einen Rechtshemisphäriker. Aber begreiflicherweise tat nichts von alledem irgendeine Wirkung auf meine Lebensumstände oder Befindlichkeiten. Ich blieb ein schlechter Schüler und die Mutter all diese Jahre um mich besorgt. Der Vater nahm es gelassen, desinteressiert, wollte es mir damals erscheinen. Heute weiß ich, dass er analoge Schulerfahrungen hatte und Werte andernorts sah.

Das Durcheinander draußen

Noch einmal ist von Zeitgeschichte zu berichten, wenn auch nur aus der Perspektive eines Zehn- bis Zwölfjährigen. Nimmt man’s aber genau, dann tun sich auch schon aus diesem kleinen Bildwinkel Erfahrungen auf. Sie haben, will man es grob bezeichnen, etwas mit Geschichtsfälschung zu tun; weniger grob mit jenem offenbar unvermeidlichen Wandel der Interpretation historischer Umstände, welchen jede Generation offenbar zu ihren eigenen Gunsten vornehmen muss. Vieles geht dabei auf mangelnde Kenntnis zurück, aber auch der Wunsch nach einer Rechtfertigung und Begründung dessen, was man den Zeitgeist zu nennen pflegt, steckt dahinter. Und das gelingt am schmerzlosesten durch Schuldzuweisungen. Man muss mehr als eine Generation mit Aufmerksamkeit erlebt haben, um das für richtig zu halten.

Die Schule war keineswegs das ganze Leben. Buben zeigten mir im Garten, was eine Erektion bedeutet. Und von den größeren, draußen am Lande, die sich als besonders kenntnisreich erwiesen, erfuhr ich, dass man am Wege zum Mädchen ein Salzstangerl und eine Krampfnadel (sic!) bei sich haben müsse. Das war gewiss staunenswert.

Interessanter aber waren Geländespiele. Ich kam zur 'Bündischen Jugend'. Wie, weiß ich nicht mehr. Ich erhielt eine grobe dunkelblaue Kluft, wie diese Jacke oder Bluse genannt wurde. Es wurde gewandert und viel gesungen; viele russische Lieder, von welchen ich heute noch einige kann. Und es gab eben Geländespiele, bei welchen eine Gruppe eine andere mit Stöcken zu vertreiben hatte. Bei der Essenverteilung gab es das gerechte Prinzip: einer teilt, einer wählt. Aber so richtig 'toll' war das 'Rundholzschlafen'. Ging eine Unternehmung über Nacht, dann wurden gefällte Baumstämme aufgesucht, auf welchen man in einer ausgeklügelten Stellung am Bauche liegend zu schlafen hatte. Pfadfinder erschienen dagegen als Muttersöhnchen, die in Zelten schliefen. So, wie ich mir später das Leben auf Expeditionen vorstellte, war es hier geprägt worden.

Die 'Bündischen' waren im Grunde eine katholische Gruppe, die auf den Katholischen Deutschen Studentenbund zurückging. Sie waren wohl auch in Österreich deutschnational antimarxistisch; auf den Fähnchen waren Ikonen. Meine katholisch russophile Mutter mag die Verbindung hergestellt haben, der Vater sah mich gern unter Buben und draußen in der Natur. Es muss 1938 oder 1939 gewesen sein, dass diese Gruppe verboten wurde. Und sie verschwand aus meinem Leben so unspektakulär, wie ich in ihr aufgetreten war.

In meiner Schulklasse dagegen verschwanden in derselben Zeit einige Buben. Auch mein Freund Peter BERGEL. Und das geschah nicht nur unspektakulär, sondern geradezu unbemerkt. Für das Geschichtsempfinden unserer Tage erscheint das unverständlich, wenn nicht beschönigend. Wir müssen uns also etwas umsehen.

Juden gehörten zu unserem Leben. Nicht nur gab es viele im Döbling meiner Kinderzeit – nicht wenige Schulkameraden waren Juden, eine Schwester des Vaters hatte in eine jüdische Familie eingeheiratet, die wir liebten, und mein Vetter Erich KOPPEL, den ich wegen seiner Kraft sehr bewunderte, war entsprechend Halbjude. So auch Onkel Gackihaarli. Wohl eine Hundertschaft von ihnen gelernter Witze im Wiener Jüdisch, voll weiser Ironie, hat uns begleitet.

Die Unauffälligkeit des Verschwindens aus der Klasse hat zwei Gründe. Zum einen wusste man gar nicht, wer Jude war. Es war kein Gegenstand des Interesses. Nach meiner Vorstellung waren Juden Leute, die entweder sehr arm oder sehr reich waren, deren Priester zum Unterschied von Pater MEINRAD Locken an der Wange trugen und außerdem wollten, dass Jesus ans Kreuz geschlagen werde. Zum anderen waren Wechsel in den Klassen an der Tagesordnung. Nie wusste man, ob einer die Nachprüfung bestanden hatte, in eine andere Klasse oder Schule wechselte. Und sollte daheim darüber reflektiert worden sein, so hab ich's nicht bemerkt.

Dahingegen ist mir HITLERS Einzug 1938 in Wien in lebhafter Erinnerung. Ich war dreizehn. Wir wurden bei Freunden erwartet, die im Oberstock eines Hauses zur Ringstraße wohnten, und ich sah den Vorgang von ihrem Balkon aus. Es war wie ein Umzug, nur viel größer. Die Stahlhelme, die ich ja kannte, schwangen in den marschierenden Kadern wie zusammengegossen, wie je ein riesiges Tier. Und als das Auto mit HITLER vorbeirollte, jubelten die Leute noch mehr.

Dann fuhren wir wieder heim, die Leute waren lustig und schwatzten und ich erfuhr, dass Österreich ohnedies ein Teil des Deutschen Reiches, aber nicht lebensfähig war, die Arbeitslosigkeit nun ein Ende haben werde und die Bürgerkriege auch. Einiges war wohl wieder geordnet.

Bald kamen deutsche Buben in die Klasse, die ganz anders waren. Sie waren stramm, wie sie sagten. Und daheim lachte man über den Spitznamen für die frisch hereingesandten Deutschen: 'Mogsikaner' (es 'mag sie keiner'). Aber, sagte man, das gelte mehr für die Erwachsenen.

Dann kamen Buben aus der Umgebung und sagten, ich müsse zum Deutschen Jungvolk, dort gäbe es auch Geländespiele. Es gab aber mehr Heimabende. Die Beziehung, die ich zu der neuen Gruppe hatte, würde ich gerne genauer durchleuchten, sehe aber, dass die Erinnerung daran nichts Geordnetes enthält. Buben, die etwas darstellten, konnten Fanfare blasen oder wenigstens Ziehharmonika spielen und trommeln. Das konnte ich bald auch. Wenn aber die Jungmädeln mit ihren Piepsestimmen sangen: „Es zittern die morschen Knochen der Welt vor dem roten Krieg – Wir haben den Schrecken gebrochen, für uns war's ein großer Sieg", dann war das schon lächerlich.

Was ich mir dachte, als der Krieg begann, weiß ich nicht mehr. Ich glaube, ich habe denselben mit MUSSOLINIS ärgerlichem Abessinienfeldzug in eine Kategorie getan. Dennoch: Zwei meiner Vetter waren schon im Krieg und kamen mit schönen Uniformen auf Urlaub. Vetter Erich hatte man nach England geschickt. Der kam nicht auf Urlaub. Seine Eltern, die armen KOPPELS, hatte mein Vater, wie ich später erfuhr, erfolgreich versteckt, die reichen KOPPELS waren ausgewandert. Aber auch Leute vom Karl-Marx-Hof waren ja versteckt worden.

Als der Russlandfeldzug begann, sagte der Vater, dass an diesem Land schon NAPOLEON scheitern musste. Aber man hörte nur Siegesmeldungen. Und erst mit Stalingrad wurde das anders.

Damals wollte ich, wie erwähnt, zur Marine, was die Eltern beunruhigte, und ich sah zu, dass ich zur Marine-HJ kam. Da war's schon zünftiger. Keine Heimabende. Wir lernten große Kutter zu zehnt oder zwölft (?) im Gleichschlag zu rudern und die Marineuniform sah auch schon nach etwas aus.

Natur und Naturgeschichte

Größere Wirkung tat aber ein Weihnachtsgeschenk von unserem Hausarzt Dr. STRITZKO. Ein Mikroskop, Firma Reichert, Baujahr wahrscheinlich 1910 oder 1915, aber schon mit Objektivrevolver und Ölimmersion, das mit einem guten Okular bis 1.600-fach recht passable Bilder gab. Es folgten zunächst die üblichen Untersuchungen: Heuaufguss, Weiher, Regentraufen, oft von Schulkollegen begleitet. Aber bald wurde es, auch für meine heutigen Begriffe, erstaunlich professionell. Ich produzierte histologische Schnitte: erst durch Wurzeln, dann durch Regenwürmer, Kaulquappen und Organe toter Vögel. Das erforderte allmählich einen ganzen Kasten voll mit Glas, Reagenzien, Fixierungs-, Färbe- und Einbettmitteln. Bald duftete meine Kammer nach Dammarharz und Nelkenöl, was die Mutter schätzte, und ich konnte Einblick geben in Gewebe, wobei alle die Ornamentik besonders des Pflanzenbaues bewunderten.

Die Objekte meiner Ausrüstung waren in einem kleinen Laden der Firma Jäger im Durchgang der Augustinerstraße zu sehen, wo ich viel Zeit verbrachte, mein kleines Taschengeld vorbereitend mit den zu erwartenden Ausgaben zu vergleichen. Auch meine Anleitungen bezog ich dort. Das erste Buch hieß *Mikroskopie für Jedermann* und ich erinnere mich meines Bedauerns, dass es für 'jedermann' sein sollte. Ich war doch schon etwas herausgehoben.

Zu welchem Ende ich mir diese Tätigkeit dachte, ist schwer zu rekonstruieren. Der Schiffsarzt begann wohl schon an Glanz zu verlieren. Ich las *Die Mikrobenjäger*, die Geschichte des 'Anilin', eine kleine Fassung von HUMBOLDTs Reisen und die Tauchfahrten von William BEEBE. Den stärksten Eindruck machte mir Prof. KRIEGs Reise durch Patagonien. Wohl, weil er seine naturkundlichen Entdeckungen auch selbst illustrierte. Diese hohe Form sollte man erreichen. Ich glaube, ich wollte nun Forschungsreisender werden, ohne wissen zu können, dass es dies als Beruf nicht gibt.

Offensichtlich wollte ich Naturforscher werden; ohne zu ahnen, dass es auch dies als Beruf nicht mehr gab. Was ich gelesen hatte, nahm ich als Heldenepen der Forscher und ahnte nicht, in welche Welt tagefüllender Banalitäten ich aufgenommen werden würde.

Und im Rückblick versuche ich auch die Unwahrscheinlichkeit zu verstehen, warum sich unter allen Bubenambitionen eines Binnenländers das Meer in den Vordergrund zu schieben begann.

Vom Eindruck, den mir die BÖCKLINschen Najaden machten und Jules VERNEs 'Nautilus', war schon die Rede. Im Grunde wird es, wie erzählt, ein einziges Bild meiner alten, illustrierten Ausgabe von *Zwanzigtausend Meilen unter dem Meer* gewesen sein, das meine Schülerseele lenkte. Und zwar jenes Bild, das Kapitän Nemo mit seinen Getreuen am Sandgrund zwischen Korallenbauten in ihren 'Rumkorf-Tauchapparaten' einherziehend zeigt. Hans HASS wird bald auftreten; aber erst etwas später.

Von einer Pilgerstätte habe ich schon berichtet. Dieses Bild wurde eine zweite. Denn heute weiß ich, dass mir seine Vision, in aller Naivität, einen Lebensplan in einer Fülle von Details entstehen ließ, der meinen ganzen Ansatz in den Wissenschaften steuerte. Hier war bildlich greifbar, was getan werden konnte.

Der zweite Zugang zur Natur beginnt mit der Marine-HJ. Unter den Burschen – wie man sagt: aus allen Schichten – war einer besonders vif und umtriebig, Sohn eines Installateurs und wohnte, wie sich's herausstellte, ganz in meiner Nähe: Ernst RILLE. Ernst wird mein Leben im kommenden wichtigen Jahrzehnt wiederholt begleiten. In meinem Alter, damals fünfzehn oder sechzehn, war er schon eine Art Maat, konnte alle Seemannsknoten und kommandierte unsere Ruderkünste. Wir waren bald Freunde. Ich zeigte ihm meine Präparate und Bücher, er mir seine Werkzeuge und wir beschlossen, zunächst wie BEEBE, einen Taucherhelm zu bauen.

Aus dem Installateurmilieu wusste er, auf welche Flanschen und Muffen es ankommt, wie man abdichtet, damals und lange noch mit Talg und Hanf. Ein alter Topf zum Wäschekochen war bald zur Hand, Fenster, Schulter und Schlauch ein- und angesetzt, mit einer Pumpe betrieben. Der erste Tauchversuch an der Alten Donau war eindrucksvoll. Wir trieben an dem Helm wie Korken, bis wir lernten, die Bleigewichtung zu berechnen. Dann aber fallen die Füße nach oben; es musste Gewicht an die Schuhe usf.

Die Konstruktion hatte einen entscheidenden Mangel: Beugte man sich vor, um etwas am Boden zu betrachten, stieg das Wasser naturgemäß über das Fenster. Neigte man sich zu weit, konnte die ganze Luft über den Nacken zur Oberfläche abfahren und der volle Helm einen zu Boden drücken. Hatte unser Meister William BEEBE diese Erfahrung nicht gemacht?

Die Sache war aber bald zu verstehen. BEEBE tauchte in Korallengewässern mit Sichtweiten über zehn Meter. Dort konnte der Rundblick etwas hergeben. In unserem Augewässer mit nicht viel über einen Meter Sicht musste man sich an Details des Bodens halten. Eine neue Konstruktion wurde erforderlich. So erfand ich die 'Tauchmaske'. Ernst war ganz bei der Sache.

Eine Volksgasmaske, die man damals wie heute Strumpfhosen einkaufen konnte, bildete die Grundlage, zu lötendes Zinkblech, eine Scheibe, zu biegende Kupferrohre und Gummi-Blattventile das Baumaterial. Da man nicht nach dem Rhythmus der Pumpenstöße atmen kann, wurde der Schlauch eines großen Lastwagenreifens, der dann über dem Taucher schwamm, zwischengeschaltet. Natürlich funktionierte die Maske erst nach einer Reihe von Versuchen und die Kommentare der Schaulustigen boten eine unerschöpfliche Quelle der Heiterkeit. Wir fühlten uns, gar nicht so zu Unrecht, als Pioniere. Die Technik war neu und erlaubte es einem Taucher mit guter Lunge, fast jede Lage einzunehmen.

Nachdem bislang die Natur vernachlässigt worden war, wir bestenfalls Badewärter ärgerten oder Schlamm aufwirbelten, kam die nächste Aufgabe. Ein Unterwasser-Dokumentarfilm sollte entstehen. Eine Schmalfilmkamera wurde mit den uns schon geläufigen Installateurtechniken ziemlich wasserdicht eingebaut, Reiseziel war das damals noch stille Pörtschach am Wörthersee. Dort fand sich auch ein gutherziger Bademeister, der den beiden Schülern seine Chefkabine als Labor und Schlafplatz einräumte.

Gymnasiasten-Perspektiven: Auszüge aus meinem Wörthersee-Tagebuch 1943.

„Schon bin ich unter den Wasserspiegel gesunken. Quirlende Luftblasen nehmen mir für einige Augenblicke die Sicht. Einen halben Meter bin ich abgesunken und nur mehr ein silbrig wirbelnder Fleck, zu dem die letzte Luft hinaufsteigt, zeigt die Stelle an, wo ich aus dem Reich der Luft in diese neue Welt eingestiegen bin. Alles was mich umgibt ist grün; der Bauch des Bootes, der Wellenhimmel über mir und die Anlegestange, die sich unten im unendlichen Grün verliert. Alles wirkt wie durch eine grüne Brille gesehen, so unwahrscheinlich und ungewohnt; würde nicht mein rotbrauner Körper einen leuchtenden Kontrast gegen alles andere darstellen. Ein schönerer Kontrast, eine Gegenüberstellung zwischen all dem, was das Wasser geformt hat, und mir Wesen der Luft, das da eindringen will, ist nicht denkbar." (Oder:)

„Mit unserer Wörtherseefahrt können wir natürlich nicht auftreten. Aber wenn wir's einmal geschafft haben, werden wir's schon beweisen, dass das Leben in den zentralafrikanischen Seen wenigstens so interessant ist als das der Karibik. (...) Von den Interessen der Masse oder der Nutzanwendung darf man sich nicht beeinflussen oder gar dirigieren lassen. Wenn Wissenschaft irgendeiner Nutzanwendung nachläuft, so sind die Erkenntnisse nicht unbeeinflusst gewonnen und verlieren jeden Wert." Na, wie hört sich das an?

Der entstandene Dokumentarfilm fand nur wenige Aufführungen im kleinsten Kreise, denn außer schwankenden, schlammigen Schilfstängeln und einmal einer ebenso schwankenden, kleinen, vermutlich flüchtenden Quappe war nichts zu sehen. Dennoch war von Entmutigung keine Rede. In Pionierzeiten geht es eben so. Wieder war die Sichtweite die Grenze. Wir mussten ans Meer. Das war klar. Aber es war ja Krieg.

Als dritter Zugang zur Natur trachteten wir, soweit sich unsere Gymnasiastenseele rekonstruieren lässt, uns jenen Expeditionscharakter beizulegen, der weder in Pörtschach und noch weniger in meinem histologischen Stuben-Labor erreicht werden konnte. Unser Ideal muss damals schon Herbert TICHY gewesen sein, mit dem ich viel später auch sehr befreundet wurde. Ein Alleingänger kühner Unternehmungen in Tibet und Nepal. Eine Erstbesteigung musste unternommen werden.

Ich war schon oft am Großglockner gewesen, auch über die Pallavicini-Rinne, den steilsten der Eishänge, und hatte einmal einem Bergführer geholfen, seine Wette zu gewinnen, nämlich auch eine Kuh hinauf auf die gipfelnahe Hütte, die Adlersruhe, zu schaffen. Ich kannte mich im Eis etwas aus. So beschlossen wir, Ernst und ich, die Wintererstbesteigung durch die Rinne. Da viel Schnee auf dem Eis abzuräumen, der Packen Schier aufzuseilen und das Wetter rau war, mussten wir nach zwei Nächten aufgeben und querten auf der Höhe der Adlersruhe hinaus.

Dennoch: Ein Erfolgserlebnis und nicht mehr als Erfrierungen an Zehen und Fingern, die sich noch kurieren ließen. In unseren Verbänden in Wien wirkten unsere Kühnheiten schon weniger. Und wir verschwiegen geflissentlich, wohin uns die Expedition hätte führen sollen.

Hier ist wohl eine Geisteshaltung aufzuklären, die den Hauptgrund bildet, diesen Bericht überhaupt zu verfassen. Nach mehr als einem halben Jahrhundert kann ich das ohne zu erröten darstellen; damals hätten wir's kaum zu formulieren gewusst.

Sie beinhaltete die 'heroische' Vorstellung, dass die Erforschung unserer Welt nicht nur zu den vornehmsten Aufgaben eines Menschen zählt, sondern dass diese auch verlangt, Entbehrungen und persönliche Risiken hinzunehmen. Ich soll sogar sagen: sich für Erkenntnis zu opfern. Nach diesem halben Jahrhundert werden in manche Wissenschaften Geschäftssinn einziehen und vielfach das Bedürfnis, Risiken zu vermeiden, indem man sich jenem Hauptstrom der so genannten Selbstverständlichkeiten einordnet, die Karriere und Lob ohne Entbehrungen sichern.

Diese Geistesart ist es auch, die meinen weiteren Weg begleiten wird, die verständlich macht, warum in den folgenden Jahrzehnten eher ungewöhnliche Unternehmungen folgen werden, später ein gewisses Außenseitertum kenntlich werden wird und ich mich zuletzt auf der Abschussliste fand, die der Hauptstrom gegen Abweichler vorbereitet; allerdings zu spät, um mir noch physisch zu schaden.

Der Abschluss der Realschule, die 'Kriegsmatura', ähnelte meiner Aufnahme. Mein Biologielehrer, der mich inzwischen mochte und Saalaufsicht hatte, übersetzte mir im Vorbeipendeln satzweise den Lateintext, alles andere ging irgendwie. Die Sache war beendet.

Wie aber kam man ans Meer? Wir hatten damals schon von Hans HASS gehört, besorgten uns die ersten beiden Bücher und fanden unsere Erwartung bestätigt, dass man im klaren Meerwasser und mit unseren Kenntnissen hervorragende Forschung machen könne. Der Begriff 'Unterwasserforschung' muss uns damals entstanden sein.

Als wir erfuhren, dass er in Wien am Zoologischen Institut an seiner Doktorarbeit arbeitete (er hatte in Berlin begonnen und sich den Bomben entzogen), suchten wir ihn auf. Erst wollte er uns wie andere Buben verscheuchen, als er aber bemerkte, dass ich histologische Technik konnte, hatte er für uns allerlei zu tun. Ein Flug mit ihm an die Ägäis stand in Aussicht.

Eines Morgens wurden wir ins Diana-Bad bestellt. HASS war mit einer Gruppe von SS-Offizieren erschienen und, wie wir später erfuhren, kam es darauf an, zu demonstrieren, dass sich auch Ungelernte mit den neuen Tauchrettern der Trägerwerke, die auch er verwendet hatte, unter Wasser bewegen konnten. Wir bekamen diese Sauerstoffgeräte mit Gegenlungenprinzip umgeschnallt, plumpsten ins Becken und tummelten uns am Grund herum, bis uns die Bambusstange des Bademeisters herausstocherte. Offenbar war die Demonstration schlüssig.

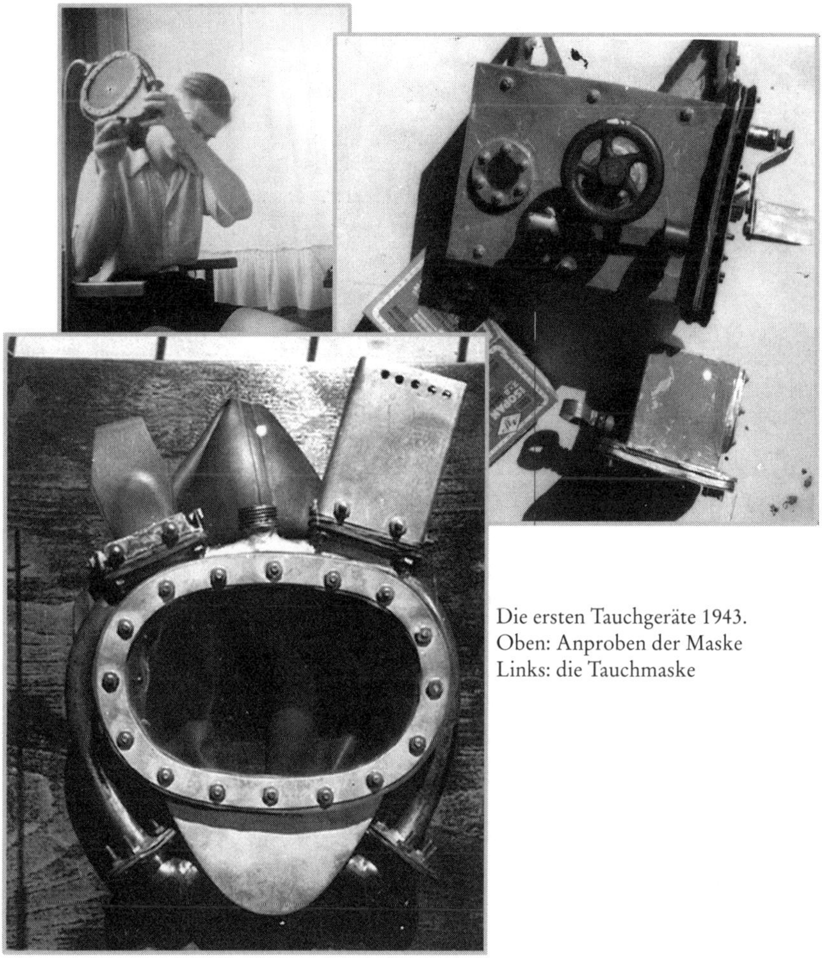

Die ersten Tauchgeräte 1943.
Oben: Anproben der Maske
Links: die Tauchmaske

Abb. 5: Die noch in der Schulzeit mit Ernst RILLE gebauten Geräte. Zum 'Freitauchen' vorgesehen, was es damals noch nicht gab. Die Herkunft der Technik aus dem Installateurberuf ist nicht zu verkennen.

Mit dem Flug in die Ägäis wurde es freilich nichts. Es war ja Krieg, und der holte uns nun ein.

So leicht es ist, Aktionen wiederzugeben, so schwer ist es, das intellektuelle Klima deutlich zu machen, das mich in dieser Gymnasiastenzeit umgab. Naturforschung war der Rahmen.

Was ich gelesen hatte, gehört, wie man sich erinnert, zu den Heldenepen der naturwissenschaftlichen Moderne. Besonders begreiflich war die Herausforderung, die letzten weißen Stellen auf den Landkarten zu tilgen. Das würde man mit Forschungsreisen leisten. Der Begriff der Unterwasserforschung war schon zur Hand und die großen blauen Flächen am Globus waren in meinem Sinne weiße Flächen, weil erst wenige Teile der Meeresgründe vom Menschen gesehen worden waren. Ich hatte natürlich eine gewisse Vorstellung davon, was vom Meer und seinen Böden schon alles gewusst wurde. Aber ich unterlegte die Erwartung, dass man sie sehen müsse um sie wirklich zu verstehen. So falsch war das nicht. Das Synoptik-Konzept deutet sich an. Außerdem lockte da, wie man sich ausdrückt, das Abenteuer, wenn auch in seiner höheren, wissenschaftlichen Form. Man konnte sich bewähren.

Meine zweite Ansicht war, dass es als Aufgabe jeder Wissenschaft genüge, was auch immer für einen noch unbekannten Winkel der Welt oder der menschlichen Seele zu durchleuchten. Das Ethos und die Begründung der Wissenschaften standen zur Frage. Aber so hätte ich das damals noch nicht formuliert. Diese Beliebigkeit des Tuns und die Liberalität, jedes solche Tun zu legitimieren, schien mir noch gegeben. Tatsächlich hat diese naive Auffassung nicht nur meine Vorstellung, sondern auch die Entwicklung meiner Wissenschaften gelenkt. Sie wurde auch in meinem kommenden Hochschulstudium von niemandem in Frage gestellt. Es bedurfte einer gewissen Entwicklung in mir, bis ich begann, die Aufgaben zu gewichten. Und in der Öffentlichkeit bedurfte es der Atombombe, der Genmanipulation und des Umweltproblems, um jene Perspektive zu bestätigen.

Die Diskrepanz oder doch Spannung, die zwischen diesen meinen beiden Grundauffassungen bestanden haben muss, zwischen einer Höherwertung der Synoptik und einer Beliebigkeit der Themenwahl, konnte ich damals noch nicht wahrgenommen haben. Ich hatte aber ein Erlebnis, dessen tieferen Inhalt ich damals nicht erkennen konnte, das ich aber noch immer zu den Phänomenen meiner Prägung zähle.

Vom Schaufenster des Ladens der Firma Jäger in der Augustinerstraße habe ich erzählt. In diesem stand einmal der Band *Abstammungslehre* von

Ludwig PLATE. Offensichtlich keine technische Anleitung und teuer. Ich mag ihn einige Wochen der Taschengeld-Ebbe umkreist haben. Dann erwarb ich ihn. Erwartung und Kosten gaben ihm sogleich einen hohen Wert.

Zu meiner wissenschaftlichen Lebensgeschichte und dem Werden meines Weltbilds zählt es, dass ich, ein Vierteljahrhundert später, als Professor in den USA, eine 'Systemtheorie der Evolution' ausarbeitete, welche um die offenen Fragen aus PLATEs Buch kreist, der dem Lamarckismus also gar nicht so ferne war. Wobei meine Theorie, deutlich ausgesprochen, nicht lamarckistisch argumentiert, aber von allen, denen sie im Wege war, als lamarckistisch abgetan wurde.

Und noch eines prägte mich ohne noch durchschaut zu sein. PLATE listete daher auch alle offenen Fragen auf. Das ist anregend. Wogegen heutige Lehrbuchautoren nur mehr 'harte Fakten', den so genannten Lehrbuchstoff hersagen; was niemanden mehr anregt. Beides wird uns gleich beschäftigen.

In der Schule war die Abstammungslehre kein spannendes Thema. Dass die Tierstämme auseinander hervorgingen und die Menschen aus den Primaten, war ja bekannt. Nun aber gab es Spannendes zu lesen. Es gab ungelöste Probleme, mutmaßlich übergreifende Gesetzlichkeiten und die erstaunlichsten Fakten, wie spontane Atavismen, Doppelbildungen, 'Heteromorphosen' (von welchen später die Rede sein wird).

Was ich damals nicht wissen konnte, war die Position, die dieser Band in der Geistesgeschichte der Evolutionstheorie einnahm. PLATE war Schüler und Nachfolger Ernst HAECKELs in Jena, nicht gerade vornehm von diesem scheidend, aber ihm konzeptuell folgend. Er hatte erlebt, wie kämpferisch sich HAECKEL für DARWIN und die Abstammungstheorie einsetzte, angefeindet und verleumdet wurde, und dass es noch keinen Grund gab, sich der von den 'Darwinisten' vereinfachten Lehre anzuschließen. Beide waren erfahrene vergleichende Anatomen und kannten eine Fülle von Phänomenen, die sich durch Mutationen und deren Auslese durch das Milieu nicht erklären ließen. Sie nannten sich darum 'Altdarwinisten', ließen die Theorien der Erklärung noch gegeneinander spielen und so ist auch PLATEs Buch voll der eingestandenermaßen unerklärten Phänomene.

Dadurch hebt sich das Buch auch im Konzept vom üblichen Typus der Lehrbücher ab, in welchen sich die Autoren so verhalten, als ob in der von ihnen dargestellten Wissenschaft die Dinge rückstandslos gelöst wären. Die Aufgabe, verbindlichen Lehrstoff anzubieten, mag ihnen diese Haltung nahe legen. Folglich enthalten sie nichts mehr zum Nachdenken. Ob ich Bücher dieses Typs schon als Schüler in der Hand hatte, weiß ich nicht mehr. Wenn, dann habe ich sie wieder weggelegt. Meine rechtshemisphärischen Neigungen sprachen sie nicht an.

PLATE dagegen hat mich an diesen Neigungen gefasst. Und ich begann bald darauf, die Probleme in Grafiken gegeneinander zu stellen und die Phänomene in Kurvenabläufen zu abstrahieren. Namentlich erkannte ich im Phänomen der 'Typostrophe' zu Recht den morphologischen Ausdruck des Zentralproblems. Meine Ausarbeitungen desselben, die ich später wiederfand, sind freilich naiv. Aber das Problem hatte sich in mir verankert, blieb zwei Jahrzehnte latent, um sich mit besseren Kenntnissen umso vehementer wieder zu melden. Im Zusammenhang mit dieser Zeit komme ich ausführlich darauf zurück.

Bevor mich Gymnasiasten der Krieg einholt, bedarf es noch des Bekenntnisses der ersten amourösen Gefühle. Ort der Handlung ist das Gut Nexing, Besitz einer Schulfreundin der Mutter, mit Dieter KUBIN, einem Buben meines Alters, wo ich schon seit Jahren, in Park und Schlösschen reitend und kutschierend Ferientage über dem wirtschaftlichen Niveau meiner Familie verbrachte.

Zu den starken Erinnerungen der ersten Jahre gehören die winterlichen Schlittenfahren. Der Kutscher hoch am Bock, wir Buben, noch in Matrosenanzügen, in dreifache Pelze verpackt. Die Kufen knirschten, die Pferde dampften und klingelten. Und an den zwei Dorfwirtshäusern, die wir auf der Strecke nach dem Städtchen Mistelbach passierten, hatte das Geklingel je ein Schankmädel vor die Türe gebracht, das mit schon roten Wangen dem Herrschaftskutscher einen Schnaps kredenzte. Und damit wir Buben dies als Männergeheimnis bewahrten, bekamen wir jeder auch einen. In Mistelbach mussten wir bei Kakao und Kuchen das Klavierspiel von des Schuldirektors Töchterchen anhören. Das war schrecklich. Aber das mit den Wirtshäusern war eine gute Sache.

Zur Erinnerung der letzten Jahre dort gehört das Auftreten der Xenia TRÜZTLER mit ihrem Vater vom Habitus eines Lords; Verwandte, die, vor dem Krieg aus Baku geflohen, am Weg nach Deutschland Besuch machten. Ich war steif vor Verzauberung. Ob wir uns schließlich in einem der Turmzimmer küssten oder nur inniglich an den Händen hielten, das weiß ich nicht mehr. Nur dass es mir auf einen großen Abschied ankam, das weiß ich. Da sie in aller Frühe vom Adjunkten zur Bahn zu kutschieren waren, beschwor ich ihn, mich zu wecken. Er vergaß. TRÜTZLERs waren weg und ich getraute mich nicht (sic!), nach der Adresse zu fragen. Eineinhalb Jahrzehnte später entdeckte ich sie an der Seite eines Mannes im Auditorium eines meiner Vorträge in Mitteldeutschland. Am Schluss von Fragern umringt, drängte ich mich loszumachen. Und als es gelang, waren sie weg und keine TRÜTZLERs mehr in den Telefonbüchern der Umgebung. – Begegnungen blieben mir fortan Ereignisse, Abschiede kleine Tode.

Und noch ein Flüchtling sank mir damals tief in die Seele und begleitete mich (in derselben) durch das Durcheinander des Krieges. Die langbeinige, rotblonde Annemarie PETER, auch eine Verwandte, diesmal aus Schlesien geflüchtet, etwas älter als ich und weltläufig, zog alle magisch an und mich zudem an ihr Herz. Die Korrespondenz und die wenigen Begegnungen, die folgten, relativierten viele Bedränglichkeiten der kommenden Jahre. Sie war gewiss meine erste Liebe und eine solche Liebe wird so enden müssen, wie das viele erste Lieben tun.

Der Krieg holt mich ein

Nicht lange danach wurde ich einberufen. Zunächst zum Arbeitsdienst. Eine 'vormilitärische Übung' voll absurden Drills, in dem zu erkennen war, auf welche Weise man meinte, der Kreatur das eigene Urteil zu nehmen wäre und diese sich einer Hierarchie von Chargen ohne Kompromisse zu unterwerfen hätte. Die Gruppe, in die ich eingeteilt wurde, bestand überwiegend aus Maturanten, was die Lage etwas erleichterte. Nicht allerdings die Plagen, denen man, und bei Beanstandung bis zur Erschöpfung, unterworfen blieb.

Viel mehr an Erfahrung war nicht zu gewinnen, außer dass das Leben so nicht sein durfte und vielleicht jene kleinen Tricks, die erforderlich werden, um sich auch in blödsinnigen Situationen größeren Plackereien zu entziehen: die niederen Formen sozialer Intelligenz. So musste morgens mit Bügelfalte erschienen werden, was ohne Bügeleisen nur gelang, wenn man die Hose, sachgemäß gefeuchtet in Bügellage unters Leintuch gebreitet, nachts mit Körperwärme trocknete. Oder: Die Unterkleider mussten in exakter Ziegelform abgelegt werden, was nur gelingen konnte, wenn man sie nass über heimlich geschneiderte Kartons spannte, usf.

Die Situation ist es überhaupt nur wert, reflektiert zu werden, weil Umstände solcherart Freundschaften für ein ganzes Leben ausformen können. Das Schicksal war freundlich. In entscheidenden Lebensphasen hat es meine Sicht erweitert. Harald ROHRACHER und ich hatten jeder irgendetwas ausgefressen. Ich glaube, einem von uns war die Kappe der Ausgeh-Uniform über den 'Donnerbalken' (sic!) in die Latrine gefallen und wir suchten diese mit langen Drahthaken zu angeln. Aber ich weiß nicht mehr, ob es dies oder Ähnliches war.

Also war, nach Anhörung großen Gebrülls, Strafdienst die Folge; glücklicherweise ein gemeinsamer. Die Latrine (schon wieder) der Offiziersbaracke war zu erneuern (der Stoffwechsel dominierte wohl damals die Lebensgeister aller). Es regnete schon tagelang. Ein Kleinzelt wurde neben die 'Grabung' plaziert, denn es musste auch nachts geschöpft werden. Mit Kenntnis richteten wir die messerscharfen Wände der entstehenden Grube so ein, dass sie über Nacht immer wieder einstürzten. So hörten wir tagelang das Gebrüll nur aus der Ferne und fanden uns Pläne machend in unserer akademischen Zukunft.

Fünfzig Jahre danach fanden wir in jenem Vorort von Laa an der Thaya noch Reste jener Baracken. Von den nun über fünfzig Jahren ungetrübter Freundschaft wird noch wiederholt die Rede sein.

Nun das Leben des Soldaten. Ernst RILLE, an den man sich erinnern wird, und ich hatten uns schon seinerzeit zur Marine gemeldet. Ich glaube, wir sahen uns schon in den Einmann-Unterseebooten oder derlei. Ernst kam zur Marine, ich, konsequenterweise, zur dritten Gebirgsdivision.

Rekrutenausbildung Jägerkaserne Klagenfurt. Im Gepäck hatte ich eine kleine, ledergebundene *Faust*-Ausgabe des Vaters. So weit zum Hintergrund. Bald musste ich, eines Versehens wegen, strafweise auf einen Alleebaum klettern und, zum Gaudium der Passanten, 'auf der Heide blüht ein kleines Blümelein' singen. Dies der Vordergrund.

Partisaneneinsatz in der Unterkrain, heute Kroatien. Im gegebenen Zusammenhang ist nur wenig Aufschlussreiches zu berichten. Ziemlich sicher bin ich, dass ich niemanden getötet habe. Die Kriegsgeschichten einiger meiner späteren kroatischen Freunde von der Gegenseite wusste ich zu beurteilen. Aufgefallen ist mir, dass sich mancher von uns in der Lehmwand eines provisorischen Unterstands ein Tabernakel baute. Ich auch. Es bestand bei mir aus einer Kerze, je einem Foto der Eltern und Annemaries (beide schon stark zerdrückt), dem *Faust* (schon nass geworden) und einem Tagebuch (das ich mir aus kroatischen Kalendern mit Pflastern zusammengeklebt hatte und noch besitze). In diesem entwarf ich meinen Lebensplan.

Dieser ist in zweierlei Hinsichten merkwürdig. Er hat drei Achsen: je eine methodische, geografische und fachliche. Zusammen sehen sie vor, von der Vergleichenden Anatomie über die Ökologie (Meeresökologie mit Kulturfilmen) und die Evolutionstheorie zur Theoretischen Biologie voranzukommen. Merkwürdig; denn letzterem Begriff konnte ich noch nicht begegnet sein. Und ich weiß nicht genau, was ich mir darunter vorstellte. Offenbar etwas wie eine philosophische Synthese.

Natürlich wusste ich von Philosophie nichts; es war auch kein Gegenstand meines Vaters Interessen und der Begriff 'Erkenntnistheorie', der mich später sehr beschäftigen sollte, war gewiss noch kein Teil meines begrifflichen Weltbilds.

Schon meine erste Begegnung mit Philosophie war fatal. Als Schüler verbrachte ich Ferientage mit meinem Freund Dieter KUBIN und seinem Hauslehrer Dr. Herbert NOVOTNY am Wörthersee. Dieser las philosophische Werke und auf meine Bitte, mich eines davon lesen zu lassen, gab er mir KLAGES' *Vom kosmogonischen Eros*. Das war verkehrt. Nach einigem Einblick war ich entschlossen, derartiges niemals in mein Leben treten zu lassen; was sich auch als Irrtum erweisen wird.

Unter 'Theorie der Biologie' muss ich mir eine Zusammenschau ihrer Prinzipien vorgestellt haben; etwas, das sich in großen Linien darstellen lässt. Erhalten gebliebene ist ein nach exponentiellen Kurvenabschnitten entwickeltes Evolutionsprinzip, das die Grundlinien des Verhältnisses von Zeit und gestaltlicher Veränderung festschreibt. In leeren Stunden in der Schreibstube des 'Reserve-Haufens' der Kasernenbaracken in Zams war es entstanden. Und ich erinnere mich, dass mein gebildeter Oberleutnant die Grafiken amüsiert eine 'Geometrische Welterklärung' nannte. Was für eine seltsame Karikatur einer Voraussicht. Aber was wusste schon ein Oberleutnant von diesen Dingen.

Die Tagebücher, die in dieser Zeit beginnen, haben für mich heute etwas Befremdliches. Sie fluten über von Gefühlen und, wie ich zu hoffen schien, einer gebändigten Sentimentalität, bleiben aber in ihren versuchten Problemlösungen alle vage. Und doch war damals schon so gut wie alles konzipiert.

Mein Aufsatz, 1944 in jener Baracken-Schreibstube der Gebirgsjäger verfasst, trägt den bescheidenen Titel:

„Die Evolution des Natürlichen: Die graphische Darstellung der Phylogenie durch die Komponenten 'Evolution' und 'Komplikation'; und die 'Evolution des Lebendigen' als 'Abschnitt' in der Kette der Entwicklung alles Natürlichen."

Ich habe mir damals ein Verhältnis von Zeit und Wandel in der Evolution zurechtgelegt, das man heute als 'die Hohlen Kurven der Systematik' kennt, als Typognese, Typostasie, Typostrophe und als Emergenzen und Phasenübergänge; in allen Entwicklungsprozessen, von der anorganischen Welt bis zur Kultur. Daraus eine Stelle:

„Es handelt sich also (bei Typostrophe und Emergenz) nicht um eine Fortsetzung der Evolutionsparabel unter den bereits erkannten Gesetzen von Evolutions- und Komplikationswerten, sondern um eine Abzweigung.

Die zweite Merkwürdigkeit folgt auf den Umstand, dass ich auf diese Tagebücher zu Recht vergessen habe. Sie tauchten erst beim Räumen Ende der Siebzigerjahre wieder auf und da war der ganze komplizierte Weg, genau wie vorgesehen, schon durchlaufen, ich an der Theoretischen Biologie angelangt. Das erweckt ein merkwürdiges Gefühl. Es gemahnt an eine Spielzeugmaus, die, einmal aufgezogen, den vorgesehenen Weg abgeschnurrt ist.

Gehört das auch noch zu den Prägungen? Wie man sich erinnert, sind wir der Frage, in welcher Weise das Milieu eine Lebenshaltung prägt, von Anfang an nachgegangen, fanden kasuistische und osmotische Wirkungen und stehen nun vor einer weiteren Situation. Um sie einzugliedern, müsste man der Fremdprägung, im herkömmlichen Sinn der Prägung, einen Begriff der Eigenprägungen gegenüberstellen. Diese sind mit Vorsätzen verwandt, unterscheiden sich aber von diesen, die doch überwiegend in den bewussten Bereich gehören, durch ihr Wirken aus dem Nicht-Bewussten. Wir werden späterhin einer Reihe von alternativen Lebensentscheidungen begegnen, die in ihrer Seltsamkeit tatsächlich erst aus jenem versteckten Konzept zu verstehen sind.

Mein Kriegsdienst endete in Reservelazaretten. Ich dürfte einmal unter Geröll geraten sein, eine Niere war gequetscht, aber es fehlten schon die Röntgenfilme, um herauszufinden, was es war. Eine Situation soll wiedergegeben werden. Sie betrifft wieder Zeitgeschichten.

Lazarett Zams in Tirol, Winter 1944 schon so überfüllt, dass Offiziere und Mannschaftsgrade in den Sälen nebeneinander lagen, was man bislang vermieden hatte. Ich Gefreiter. Um fünf oder sechs machten die Schwestern finster, Bettruhe. Das war für die, die konnten, die Zeit des Berichtens und des Geschichtenerzählens. Am Tag war ein junger Offizier hereingelegt worden, Jurist, Leutnant Buzzi aus Graz. Er kam aus dem Norden der zusammenbrechenden Ostfront. Und was er meinte, wahrgenommen zu haben, deutete auf ein Vernichtungslager hin. Im Saal war man entsetzt.

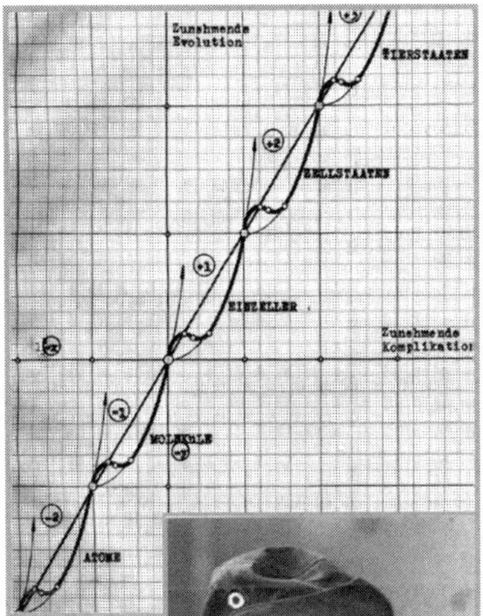

Zusammenhang von Evolution und Komplikation, Zeichnung aus dem Reservelazarett 1944

Rekrut, 1943/44, Gebirgsjäger, Soldbuchfoto

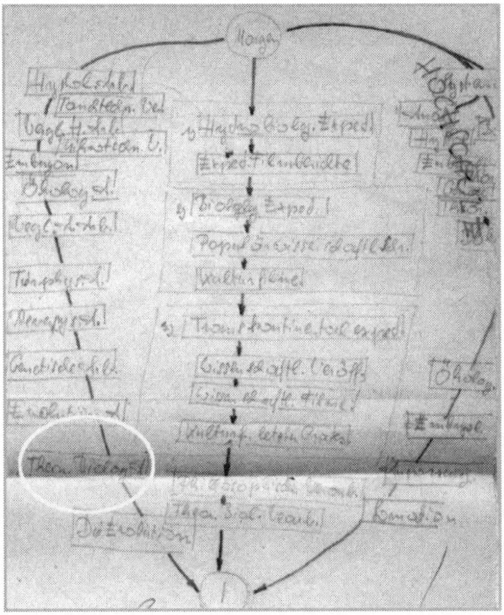

Lebensplan aus dem Kriegstagebuch 1944. Biologische Expeditionen, wissenschaftliche Filme und Theoretische Biologie – schon vorgesehen!

Abb. 6: Noch ein Schulbub; 1943–1945 in der Armee. Fast gespenstisch, dass dieser 'Lebensplan', der aus den drei Ketten Studien, Tätigkeiten und Fachgebieten besteht, vergessen und völlig eingehalten wurde. Das Beispiel aus meinen Evolutions-Konzepten ist in Schreib- und Lazarett-Stuben gezeichnet.

Niemand hatte derlei wahrgenommen, obwohl wir so gut wie von allen Fronten kamen. Wir hielten das für unmöglich. Und als BUZZI auf seiner Deutung bestand, wurden ihm für eine solche Verleumdung der Armee Prügel in Aussicht gestellt. Dann war er still. Jahre später kam ich nach Graz und wollte ihn finden. Er lebte nicht mehr.

Beim Zusammenbruch fand ich mich wieder in der Klagenfurter Kaserne, traf einen beherzten Burschen mit einem schweren Lastwagen der Armee, mit dem wir in der allgemeinen Verwirrung abfuhren. Im Süden schon die Engländer. Also heimzu. Der Zauber war vorbei.

Am Weg nach Norden schon einige Bretterbarrikaden, die wir vorsichtshalber durchfuhren. Hinter Unzmarkt ließ unser Landser-Instinkt einen SS-Auffangstab vermuten und aus der Deckung bestätigte dies das Fernglas; Mannschaft wurde zusammengefangen und gegen die Russen zum Semmering geschafft. Wien war also noch abgeschnitten.

Also, und ich kann das heute noch nicht für möglich halten, machte ich mich auf die Suche nach dem Freund Ernst RILLE. Zivilkleider durch Holzmachen verdient, den Besitz als Bergführer für nach Norden schleichende Landser aufgemöbelt (Speck, Zucker und bessere Pistolen), erster Schleichweg nach Ferlach, seinem Heimatort. Niemand wusste etwas. Zweimal nachts durch die kalte Drau. Da waren schon die Engländer. Zurück zum Wörthersee. Bei einer guten Seele wieder gewaschen, satt gegessen und ein wirklich gutes Bett gefunden. Im Einschlafen muss sich die gute Seele ans Bett gesetzt haben. Darüber erschrak ich so, dass sie sich lächelnd zurückzog. Dann, frecher geworden, reiste ich in einem mit Landsern und Flüchtlingen voll gepackten Zug Richtung Innsbruck. Von Franzosen gefasst, entlaufen, Innsbruck. Da, auf der Straße schlendernd, Ernst.

Der Weg nach Wien war noch aufzuschieben. Wir mieteten uns am Innrain ein, frästen bei einem Tischler aus einem Balken die Form der Häupter von Spielzeugwiegen, schnitten den Balken in Scheibchen und entwickelten mit Platten, gefärbt in den Misteimern unseres Hausmütterchens, mit Tapeten und Leim eine Wiegenfabrikation. Meine erste Auslieferung, viele Wiegen in einer Militärdecke, ist unvergessen. Eine kräftige Tirolerin im Spielzeugladen guckte mich belustigt an und prüfte die Festigkeit der Produkte, von welchen nur wenige durchhielten. Wir brachten uns jedenfalls durch und rüsteten zur Reise nach Wien. Sie ist kennzeichnend für das bescheidene Niveau unserer Landser-Intelligenz.

Man erinnert sich meiner schon erworbenen Installateurkenntnisse. Also besorgten wir uns alte Installateur-Drillichs und je einen der zünftigen, blechernen Werkzeugkästen, mit Tragegurt und Einlegladen. Die Verkleidung war perfekt. In die oberste Lade kam Werkzeug, in die zweite Proviant, in die dritte die Pistolen (sic!). Da man keine Papiere erhalten konnte, um seinen Ortsbereich zu verlassen, war der Plan gefasst, in jedem Fall einer Kontrolle entlang der Strecke anzugeben, dass wir am Weg zur nächsten Kommandantur wären, einen Rohrbruch zu beheben.

Tatsächlich kamen wir bis Wien. Alle waren froh, dass wir wieder da waren, das Haus von 'Mamà', das wir schon kennen, war zerbombt, die Eltern lebten, die Wohnung erhalten, die Straße voll Panjewagen der Russen. Die Pferde hatten Perserteppiche über den Rücken. Onkel MOLISCH, nun nicht Hans, sondern sein Bruder Karl aus der Ukraine, war geflüchtet und ausgeplündert zu uns gekommen. Ich fand ihn und Vater handelnd bei den Russen. Sie hatten in der Nachbarschaft in Mengen alte Weckeruhren gesammelt, boten ein bis zwei Uhren pro Perserteppich und brachten so den Nachbarn die requirierten Teppiche wieder zurück.

Die Zeiten hatten sich geändert. Mein zweites Lebensjahrzehnt war herum. Das dritte musste wohl ganz anders werden.

3. Licht ins Meer (1945–1955)

Das Lebensgefühl war verwildert, die Erwartung gegenüber den Lebensaufgaben aber vertieft. Gedrillt, sich mit dem Gewehrkolben Eingang zu verschaffen, war man überrascht, dass einem Beamte das Schalterfenster vor der Nase schlossen. Es war aber ebenso befremdlich, zu sehen, wie sich gelangweilte Gesichter in einem Hörsaal mit jeglichem banalen Thema zufrieden gaben. Aber beim Studium sind wir noch nicht. Nur die Hintergrundstimmung war anzudeuten. Dass man dem erlebten Chaos entrinnen würde, war lange unwahrscheinlich, also musste jetzt etwas Konstruktives geschehen.

Der Weg zum Meer führt noch über einige Hürden. Dass studiert werden würde, stand außer Frage; auch dass man mir nichts aufdrängen werde. Der Schiffsarzt war verblasst und wird nur kurz wiederkehren. Biologie war das Ziel. Aber da gab es Perspektiven, die auch nicht gering zu schätzten waren.

Über einige Hürden

Ich kannte die Ansicht meines Vaters, dass die Künste das erste Momentum der Kulturentwicklung seien. Nicht KEPLER, sondern MICHEALANGELO habe die Renaissance überwunden; nicht FREUD, sondern DOSTOJEWSKI die Tiefe in der Psyche entdeckt usf. Das war bedenkenswert und so wahr wie, aus meiner damaligen Perspektive, altmodisch.

Aber da war noch etwas Wichtigeres: In den Wissenschaften könne man sich hinter Rotwelsch verschanzen und jederart schmale Perspektive gegen Relativierung und Kritik von außen immunisieren. Das könne man in der Kunst nicht. Alles muss entblößt und vor jedermann hingestellt werden. Das, so schien es mir, konnte aber doch nur unter bestimmten Voraussetzungen richtig sein. Heute, mit der Kenntnis eines halben Jahrhunderts Wissenschaftsbetrieb, kann ich diese Einsicht nur bewundern. Wo er das wohl herhatte?

Damals kam mir jedoch keineswegs der trübe Alltag ängstlicher Grüppchen von Wissenschaftlern in den Sinn, weil ich diesen nicht kennen konnte. Vielmehr hatte ich eben Heroen der Wissenschaft vor Augen, wie sie sich in Biographien und Berichten von kühnen Expeditionen darstellen, und war der Ansicht, dass die eigene Haltung genügen müsse, um sich unter die heroischen Leben einzureihen. Man möge mir diese Erwartung nachsehen, zumal die Vermassung der Wissenschaften damals erst begonnen hatte.

Andererseits ist Vaters Naivität verständlich. Er glaubte noch an eine Fortsetzung von Stil und Verinnerlichung der Kunst. DUCHAMP, DUBUFFET und KANDINSKY hatte es freilich schon gegeben. Aber in den Nachkriegsjahren Wiens tat das noch keine Wirkung. Die Auseinandersetzung folgte erst später. Oder aber war das keineswegs naiv und die chaotische Malerei hätte auch eine neue Wissenschaft angeführt, die Chaostheorie? Ich kann das jedoch noch nicht glauben.

Immerhin, ein Kunststudium sollte bedacht werden. Die Grenzen meiner Begabung waren weder mir noch dem Vater entgangen. Er blieb aber der Ansicht, dass ich immerhin ein guter Maler werden würde. Nur seine Freundschaft mit Professor Richard KNIES ließ auch andere Perspektiven zu, zumal die Familie voll der Baumeister, Architekten und Konstrukteure war.

Meine Freude, den Zeichnungen von Professor KRIEG nahe zu kommen, an dessen Patagonienbuch man sich erinnern wird, legten wenigstens die Karriere eines Tiermalers nahe, wenn sonst die Ambitionen schon nicht zu groß sein sollten. Das war zudem durch unsere Freundschaft mit Professor FAHRINGER empfohlen, der damals der erfolgreichste Könner in diesem Fache war.

Um die Sache kurz zu machen: Die Theorie überwog die Praxis. Mein Debüt an der Akademie war kurz und hinterließ in mir kaum Spuren. Drei Gründe zunehmenden Gewichts ließen mich bald wieder scheiden. Erstens war ich bei den Lehrern 'der junge RIEDL'; das ist nicht angenehm. Zweitens hielt ich nicht viel von meiner Begabung. Genauer: ich traute mir nicht zu, eine der damals anerkannten Malweisen zu einer überzeugenden und inhaltsreichen Form weiterzuführen. Der 'Fantastische Realismus' hat mich später beschäftigt, aber den kannte ich gerade noch nicht. Und drittens war ich der Ansicht, dass die Menschheit gerettet werden müsse – man vergebe dem jungen Mann diesen bombastischen Vorsatz –, und dies könne nicht durch Öl auf Leinwand, vielmehr nur durch opfervolle Forschung gelingen.

Was mir die wenigen Kollegs zur Künstleranatomie, zu Stilkunde, Entwurf und Komposition brachten, kann ich heute aber dennoch nicht gering schätzen. Sie schienen mir jenes Ethos und jene profunde Könnerschaft als Voraussetzung der bildenden Kunst, wie ich dies im Elternhaus nur als eine Art Selbstverständlichkeit osmotisch aufgenommen hatte, als eine allgemeine Ansicht zu bestätigen. Herbert BOECKL, dessen Malerei mich später wunder nahm, bemerkte ich nicht. Vielleicht war er damals noch nicht wieder an der Akademie. Ich weiß es nicht. Mein Stilgefühl dafür, was dem menschlichen Antlitz zugemutet werden durfte, reichte, und zwar bewundernd, bis Egon SCHIELE. Mein späteres Entsetzen und noch später die Herausforderungen, hineingezogen in die Kultur-Diskussion, nehmen dort ihre Anker.

Vielleicht noch ein Bekenntnis: MICHELANGELO war weit über RAFFAEL zusetzen, weil Ersterer ein Leben lang gerungen hat, Letzterer, Liebling der Gesellschaft, sich vom Schwarm seiner Schüler die Putti und Blumengirlanden seiner Bilder malen ließ.

Also Naturwissenschaft. Der Familienrat erwies sich als nicht zu kompetent, beriet aber in lieber, zugetaner Weise. Im Wesentlichen erinnerte man sich des Rates von Hans MOLISCH, der verstarb, als ich gerade in die Schule kam, dass man im Falle meines Wunsches, Biologie zu studieren, zunächst ein Medizinstudium empfehlen sollte. Dann, so referierte man seine Ansicht, hätte sich der Bub als fleißig erwiesen, wäre es gleichgültig, was er dann studierte. Für einen Biologen war das eine Ansicht, die mir hätte mehr Eindruck machen sollen, als sie es de facto tat.

Man wird ahnen, dass nun der Schiffsarzt wieder auftauchte, wobei ich weniger an die trüben Kojen der Matrosen als vielmehr an tropische Häfen und Strände, vielleicht an jene BÖCKLINs gedacht haben dürfte. Im Grunde sprach nichts gegen Medizin. Ich hatte Köstliches vom Anatomie-Unterricht gehört, den Vater für Künstler früher gegeben hatte, hielt die Kenntnis des Baues des Menschen für ein treffliches Propädeutikum, was richtig ist, und wusste vom Schutträumen in den Freiwilligenbrigaden immerhin schon so viel von den administrativen Wirren der Uni dieser Monate, dass ich mir zutraute, Zoologie und Medizin parallel zu studieren. So gedacht und heimlich getan.

Die ersten Vorlesungen, in die ich zunächst ungezielt hineintappte, so muss ich gestehen, ließen die Waage weit zur Medizin ausschlagen. Im Vorklinikum war Professor EHMANN eben bei der Muskulatur: „Den musculus, den ich auf die Pinzette laaade ...“ und es folgten mit hoher Systematik Muskel auf Muskel, Flexoren und Tensoren mit ‘Ansatz-Ursprung-Wirkung, Ansatz-Ursprung-Wirkung, Ansatz ...’. Wie ein Exerzierfeld. Das machte mir Eindruck.

Zum ersten Zoologiekolleg kam ich zu spät und eben dazu wie Prof. STORCH die MENDELschen Regeln an die Tafel setzte: aa, Aa, AA usf. Aus der Übersichtsperspektive oben im Hörsaal war ein Lapsus leicht zu erkennen und das Auditorium war dabei, ihn über diesen zu unterrichten; ein Durcheinander richtiger und nochmals falscher Empfehlungen. Aus der Unübersichtlichkeit der Kathederperspektive und dem Belehrungsgewirre wurde dann behende nochmals Richtiges in Falsches verwandelt, der Hörsaal wurde laut und heiter. Kein gutes Ende war abzusehen. Ich ging.

Diese Schräglage der Waage währte für mich lange. Für den Biologiestoff reichten täglich zweimal zwanzig Minuten Straßenbahn, Medizin büffelte ich nächtelang. Dennoch wurde ich kein Mediziner. Drei Ursachen. Je ein Bild aus drei Umständen mag das illustrieren:

Offenbar sezierte ich bald recht gut. Mein Interesse für Raumzusammenhänge machte mir meinen eigenen ‘gläsernen Menschen’ und ich war geehrt, als mir derselbe EHMANN anbot, an Demonstrationspräparaten für seine nächsten Vorlesungen mitzuarbeiten. Da Kolleginnen ins Kino zu führen waren, fettete das auch mein Taschengeld auf und machte es bald nicht mehr nötig. Ich arbeitete an einem Unterarmpräparat. Alle Sehnen waren freizulegen, um an ihnen die Einzelbewegungen der Finger demonstrieren zu können. Nun stilisieren sich angehende Mediziner zu rauen Gesellen, weil das hilft, dem Umstand zu begegnen, dass man schließlich an einem Menschen herumschneidet. Ich hatte also zwischendurch mein Jausenbrot in der Hand, und als ich mich plaudernd auf die schon freigelegten Beugesehnen lehnte, griff mir mein Toter danach. Kurz wurde mir schwarz vor den Augen: erste Warnung.

Zweite Warnung ganz anderer Art: Ich fiel in Chemie durch. Das einzige Gebiet des Vorklinikums, das ich hasste und für welches ich kompensatorisch zu viel Zeit aufgewendet hatte.

Dritte Warnung: Wieder das alte Lied. Professor KAUDERS, Psychiatrie, hatte als Lehrer einen guten Ruf und schätzte die Vorführung des Elektroschocks. Ich kam von einem anderen Kolleg immer spät in die bereits schlechte Luft des Hörsaals und musste stehen. Unten wurde einer der armen Wichte vorgeführt. Meist Frauen mittleren Alters. Und bevor der Stromstoß kam, pflegte ich zusammenzusinken. Der Schiffsarzt war gestrichen. Aber ich rang lange mit mir und stellte mir damals vor, mich als Bakteriologe solchen Belastungen entziehen zu können. An ein theoretisches Fach an der Hochschule selbst dachte ich nicht. Aber es war evident, dass ich das Klinikum nicht durchstehen würde. Und das macht dann eben keinen Mediziner.

Nun war Farbe zu bekennen. Kunst schafft er nicht, Medizin schafft er nicht, also was? Als man aber erfuhr, dass ich nebenbei auch schon vier Semester Zoologie approbiert hatte, war man gerührt, hielt das für eine beträchtliche Leistung und sah auch Hans MOLISCHs Auflage als erfüllt. Nur ich wusste, dass das keine beträchtliche Leistung war. Nun aber sollte ich nur machen, was ich wollte.

Das Vertrauen in mich blieb ungebrochen, was für mich immer noch eine Rolle spielte. Und ich wusste die wiederholten Witze des Vaters über meine Karriere als Tierkundler einzuschätzen.

So fuhren wir beide morgens oft gemeinsam mit der Straßenbahn, er ins Atelier, ich auf die Uni. An einer der Stationen hielt die Bahn in der Höhe einer winzigen zoologischen Handlung. An der Türe baumelte Vogelfutter, in dem kleinen Fensterchen lagen ein Mäuse-Laufrad und einige verstaubte Hundekuchen. Vater pflegte gerne augenzwinkernd mit der Nase dorthin zu weisen, wo ich einmal landen würde. Ich verstand das gut und liebte ihn umso mehr.

Mein medizinisches Gastspiel hatte aber Nachspiele. Meine achtungsvolle Haltung gegenüber der Notwendigkeit gediegener und systematischer Kenntnisse der Anatomie eines Bauplans hat ein Leben lang gehalten. Mir entstanden ‘gläserne Organismen’. Ich entwickelte bald grafische Rekonstruktionsmethoden der Anatomie auch winziger Organismen, brachte damit viele meiner Schüler zu Erfolgen, setzte später für das Anthropologie-Studium den Sezierkurs bei den Medizinern durch und plage heute noch Kollegen und Symposien mit dem Nachweis, dass Vergleichende Anatomie das Rückgrat der Biologie bleiben müsse.

Bevor von dieser Tierkunde ernstlich die Rede sein darf, ist noch über etwas wie eine akademische Eskapade zu berichten, die aber noch größere Wirkung auf die Entwicklung meines Weltbilds und meiner Wissenschaft nehmen wird. Ich besuchte Vorlesungen über Ägyptologie.

Um ein solches 'Fremdgehen' eines Zoologen zu verstehen, möge man sich drei Gründe anhören: Der erste Grund hat mit Neugier zu tun. Ich hatte populäre Sachbücher über das Entziffern von Schriften verschollener Sprachen gelesen und ich schätzte diese Vorgänge als Abenteuer. Vielleicht trug ich mich auch mit dem Verdacht, dass die dort entstandenen Methoden allgemeine Prinzipien enthalten könnten. Da das visionär gewesen wäre, kann ich's nicht verbürgen.

Der zweite Grund war nichts als Bedürfnis nach Geselligkeit. Ich kann mich an die schönen Kolleginnen in der Mensa leider nicht mehr erinnern, die mir rieten, doch auch einmal, und mit ihnen, CERMAK zu hören.

Und der dritte Grund: Mein 'philosophisches Studienbuch' erlaubte es damals, selbst ägyptologische Kollegs mit den zoologischen zur nötigen Stundenzahl für die Semesteranrechnung aufzusummieren.

Das ist heute längst nicht mehr der Fall. Mit den 68ern musste auch die 'Ordinarien-Universität' abgeschafft werden, was nur durch eine endgültige Verschulung der Universität gelang; eine Wende in der Geschichte der Bildung. Heute wird sogar ein Stundenplan vorgeschrieben. Und die Studenten traben nun ohne zu murren von Kolleg A zu Kolleg B, wie ihnen dies weder ihre Talente noch ihre Ambitionen nahe legen, sondern wie ihnen dies, auch keine tiefere Weisheit, vielmehr die Mehrheitsbeschlüsse von Kommissionen vorschreiben.

Mein aussichtsloser Kampf gegen diese Bevormundung unserer Kultur und die Reduktion ihrer Entwicklungschancen, in den ich nach meiner Rückberufung aus den USA geraten werde, ruht also auf meinen persönlichen Erfahrungen; und besonders greifbar auf jener aus meinen ägyptologischen Kollegs.

Was also war in dem winzigen Institut für Ägyptologie (und Afrikanistik) zu erfahren? Zunächst nicht viel. Die geisteswissenschaftliche Art einer Deutung verschollener Seelenverhältnisse hatte in ihrer Vagheit etwas Beunruhigendes. Daneben aber gab es erstaunlich Methodisches.

Ich hörte erstmals etwas über den gedanklichen Zusammenhang beim Vorgang der Entzifferung; und was sich dort etwas trocken angehört haben mochte, weit unter dem 'geistigen Gesäusel', das CERMAK, zur höchsten Befriedigung meiner Kolleginnen, über archäologische Gefühlswelten entwickelte, tat doch die erstaunlichste Wirkung.

Zwar ging es nur um die Entzifferung der ägyptischen Hieroglyphen, aber die Methode gab mir die Formulierungshilfe für das Erfassen einer Denkweise, die mir ohnedies als höchst nahe liegend erschien; dass, welches Ding auch immer, alles nur aus seinen Teilen wie auch gleichermaßen aus seiner Zugehörigkeit zu einem Ganzen verstanden werden kann: der Rehschädel im Wald aus seinen Formen und seiner Zugehörigkeit zu einem Reh, die Figur in einem Gemälde aus ihren Einzelheiten und ihren Funktionen in einer Komposition, selbst die Passage eines Traumes aus ihren Inhalten und ihrem Sinn in der ganzen Narretei einer Traumgeschichte.

Das, so dünn diese Erfahrung erscheinen mag, genügte für mich und festigte in mir eine Einsicht, welche, über Glück wie Befremdung, die größte Wirkung auf mein akademisches Leben nehmen sollte.

Heute weiß ich, dass es drei Gründe waren, die mich vorbehaltlos überzeugten. Ersten wusste ich nicht, dass ich mich vor der Kontroverse eines erkenntnistheoretischen Jahrhundertproblems befand. Die Begriffe 'Komplexität', 'Systemzusammenhang', 'Historizität', 'Hermeneutik' und 'Wechselkausalität' kamen sicher nicht vor; geschweige denn etwas von den scheinbar unüberwindlichen Differenzen geistes- und naturwissenschaftlicher Methode. Das alles wird erst Jahrzehnte später seine Folgen haben. Es ist auch nicht nötig, anzunehmen, dass CERMAK die Problematik vor Augen hatte. Er folgte der seiner Philologen.

Zweitens, wie man bald sehen wird, bestätigte sich meine Einsicht sogleich im Seziersaal der Anatomen wie im Großpraktikum der Zoologie.

Und drittens wusste man noch nichts von Rechtshemisphärität und nichts davon, dass jene Methode 'wechselseitiger Erhellung' in der menschlichen Ausstattung vorbereitet ist, der 'angeborene Lehrmeister' aber gefragt werden muss, um sie zu lehren. Und ich wusste nicht, dass jene Hermeneutik, im Grunde die Methode der Geisteswissenschaften, von Philosophen so zerredet worden war, dass sich sogar Geisteswissenschaftler von diesem Terminus zurückgezogen hatten.

Um es hier nicht noch breiter auszuführen: Ich erfuhr, dass das Wort ebenso aus den Zeichen rekonstruiert werden muss wie das Zeichen aus den Worten und der Kontext aus den Worten wie das Wort aus den Sätzen des Kontexts. Hält man sich die hierarchischen Ebenen eines komplexen Systems vor Augen, dann erkennt man, dass sie sich nur auseinander erklären.

So zusammenhängend habe ich die Dinge damals sicher noch nicht verstanden, aber ich konnte das Prinzip an den Präparaten in der Anatomie ebenso klärend anwenden wie an der Taube, die ich eben im Zoologischen Praktikum sezierte. Dass das Organ, das ich eben freilegte, ein Muskel war, ging aus der Struktur seiner Teile hervor: seiner Faserstruktur und deren Querstreifung; dass es aber der Flugmuskel sein musste, nur aus den

Obersystemen, zu welchen es gehört; dass es vom Brustbein zum Oberarmknochen zieht und dieser Knochen zu jener Extremität gehört, mit der das Vieh fliegt.

In der Zoologie wusste man nicht, dass ich das wusste. Und ich wusste nicht, dass meine Lehrer das nicht wussten. Und als es mit der Diskussion um diese Erkenntnisfragen ernst wurde, hatte ich mein Ordinariat und konnte nicht mehr vertrieben werden. Man kann sich gewiss fragen, warum aus dem Zusammenhang von Hieroglyphen und Muskeln eine so lange Geschichte werden musste, zumal nun über zwei Jahrzehnte davon kaum mehr die Rede sein wird. Man wird aber sehen, dass meine Naturauffassung bis zu meinem viel späteren Eintreten selbst für die Einheit der Wissenschaften an dieser bescheidenen Stelle seine Begründung gefunden hatte. Eine zweite Selbstprägung hatte stattgefunden.

Bevor ich endlich zur Biologie komme, ist noch ein physischer Einschnitt anzugeben. Meine Nierenbeschwerden hatten seit meinem Auftritt als Landesverteidiger zugenommen, Röntgenfilme waren wieder zur Hand und Dr. STRITZKO erkannte, dass eine Niere nicht mehr zu retten war. Dozent DEUTIKE erledigte die damals lebensbedrohliche Entfernung der ganzen Niere – wie man erkennt, erfolgreich. Nur als ich, aus der Narkose erwacht, ihn besorgt um meine Lebenserwartung befragte, sagte er, vielleicht wahrheitsgemäß, aber unbedacht, dass mein Leben nunmehr an einem nur mehr halb so starken Faden hinge.

Von da an hat mich über Jahrzehnte etwas wie Existenzangst begleitet. Vielleicht entstand mir über jene Angabe sogar eine gewisse Hypochondrie oder doch Zurückwendung. Ich habe mich fortan menschlichen und selbst akademischen Auseinandersetzungen entzogen. Auch dort, wo Wissenschaftler für ihre Sache kämpferisch aufzutreten pflegen. Man wird aus dem Folgenden darauf noch nicht schließen können. Darum sei es schon hier angegeben.

So fragte ich bald zögerlich, ob ich nun als Kriegsinvalide eingestuft werden könne. Aber die Freude an der Heimkehr der Landser war nach einem Jahr schon verblasst. Die Figuren in den Kommission sahen den Hitler-Söldling schief an, ich verließ die Szene.

Über das Studium von Tier und Mensch

Nachdem ich bis heute Hochschüler in Hundertschaften kennen lernte, glaube ich, meinen Typ einordnen zu können. Ich gehörte zum eifrig skeptischen Typus. Aus dem Kapitel Kasuistik genügen zwei Bilder, um meine Haltung und deren Festigung zu belegen. Greifbar einfache Dinge, die aber nicht ohne einige Verbalistik zugänglich zu machen sind.

Großpraktikum, etwa dreißig Studiosi, eine Zuckmückenlarve unter Deckglas im Mikroskop, bewährt, weil sie glasig durchsichtig viel des inneren Baues eines Insektes erkennen lässt. Jeder zeichnet. Ich finde über dem dorsalen Blutgefäss in jedem Segment ein dunkles Körperchen. Es war im Kolleg nicht beschrieben worden. Ein Student meines, übrigens nicht häufigen, Typus will das aber wissen. Teils, wie ich heute weiß, aus Entdeckerfreude, teils aber auch, um die Demonstratoren zu testen. Alles guckt in die Mikroskope, ich mit einer Hand erhoben. Man kann auf diese Weise eine Auskunft erwünschen. Frau Dr. STRENGER erscheint, sieht hinein: „Das sind Parasiten." Nun wusste ich freilich nicht, welche Parasiten in einer Zuckmückenlarve wie aussehen, aber deren segmentale Anordnung lies mich zweifeln. Hand wieder oben. Frau Dr. WOTIECH guckt hinein: „Fettkörper." Nun hatte ich Fettkörper im Kopf der Larve gesehen, und das ließ sich nicht vergleichen. Hand oben: Dr. Fritz SCHREMMER. Schaut hinein, schaut mich an: „Lassen'S mich hersetzen." Putzt den Kondensor, seine Brille, richtet den Spiegel, geht zur kleineren Vergrößerung, wieder zurück, schaut mich an und sagt: „Kommen'S mit." Also, dachte ich mir, der weiß nun gar nichts. Trabe in seinem Sog in die Institutsbibliothek nebenan. „Hab das schon einmal gesehen", murmelt er. Die Bibliotheksleiter her und hinauf zu alten Scharteken. Wieder herunten, klappt er die eine und andere lithographische Tafel heraus. Nichts. Also findet's nicht einmal. Wieder hinauf, herunter, nächste Tafel. Da war's. Eine Seltsamkeit, die ich wieder vergessen habe.

Heute weiß ich, wie ehrlich SCHREMMER war, wie mutig, dem Wichtigtuer den Findevorgang vorzuführen, und wie sicher, sich unter den tausenden Abbildungen nach Journal und Jahrzehnt auch diese Marginalie gemerkt zu haben. Sobald ich das, nach einigen Semestern, begriffen hatte, blieb mir SCHREMMERS Haltung ein Gebot und der Typ des ewigen Fragers Grund zur Aufmerksamkeit. Die meisten dieses Typs unter meinen Schülern sind heute längst schon Professoren.

Zweites Bild: Im Vorzimmer von Professor Felix MAINX, Genetik. In seiner Vorlesung hörten wir von der jüngsten Errungenschaft, von der Genkarte. Über Kreuzungsexperimente begann man damals herauszufinden, an welcher Stelle eines Chromosoms bestimmte Gene für bestimmte Merkmale sitzen. Zunächst bei der Obstfliege. Ich war beeindruckt. Da, dachte ich mir, muss der Schlüssel zur 'Ordnung des Lebendigen' sitzen. Das wurde zwar erst dreißig Jahre später der Titel eines meiner Bücher, immerhin aber war die große Erwartung da, dass mir angesichts der Ordnung in dieser angekündigten Zentrale der Aufbauanleitungen für einen Organismus ein Licht aufgehen werde. MAINX kam in dunklem Anzug und hatte die Wandtafel nicht mitgebracht. Diese wollte ich aber sehen. Er war gut abgeschirmt von einer Reihe schöner Assistentinnen und Sekretärinnen, aber da ich manche von den erwähnten Kinogängen kannte, kämpfte ich mich durch. Der Empfang war ungnädig. Erst als er von meiner Ambition erfuhr, wurde auch er lebendig. Da, die Wandtafel, und ich war entsetzt: Augenfarbe, Flügellänge, Rückenborsten, Äderungen standen so wirr durcheinander, als hätte ein Narr das Tier zerschnipselt und die Reste in beliebiger Reihung aufgefädelt. Ich machte meiner Enttäuschung Luft und MAINX entließ mich mit dem Rat, ich möge mir vor Kommentaren erst einmal die zoologischen Hörner abstoßen.

Die Episode erscheint bedeutungslos. Für mich wirkte sie aber wie das Zuwerfen einer Türe und führte zu einer ganzen Kette voll der Konsequenzen. Wenn es beliebig war, wo die Merkmale eines Organismus im Keimmaterial gespeichert sind, muss die ordnende Bauanleitung von anderer Art sein. Etwas musste 'wissen', was zu einem Flügel und was zu einem Kopf gehört und wie die Teile, die einen Flügel oder einen Kopf bilden, auszuwählen und zusammenzufügen sind. Das war doch im Grunde entscheidend. Von Regulator- und Schaltgenen, so glaube ich, wusste man damals noch nichts; und ich fragte mich daher, ob nicht ein ganz anderes Prinzip gesucht werden müsste.

Ich verstand den Eifer der Genetiker nicht, die großen Aufwand trieben, um herauszufinden, wo das Gen eines Merkmals sitzt, wenn es doch ganz gleichgültig zu sein schien, wo sich ein solches befindet. Genetik, der ich mit hochgespannten Erwartungen entgegensah, wurde abgehakt.

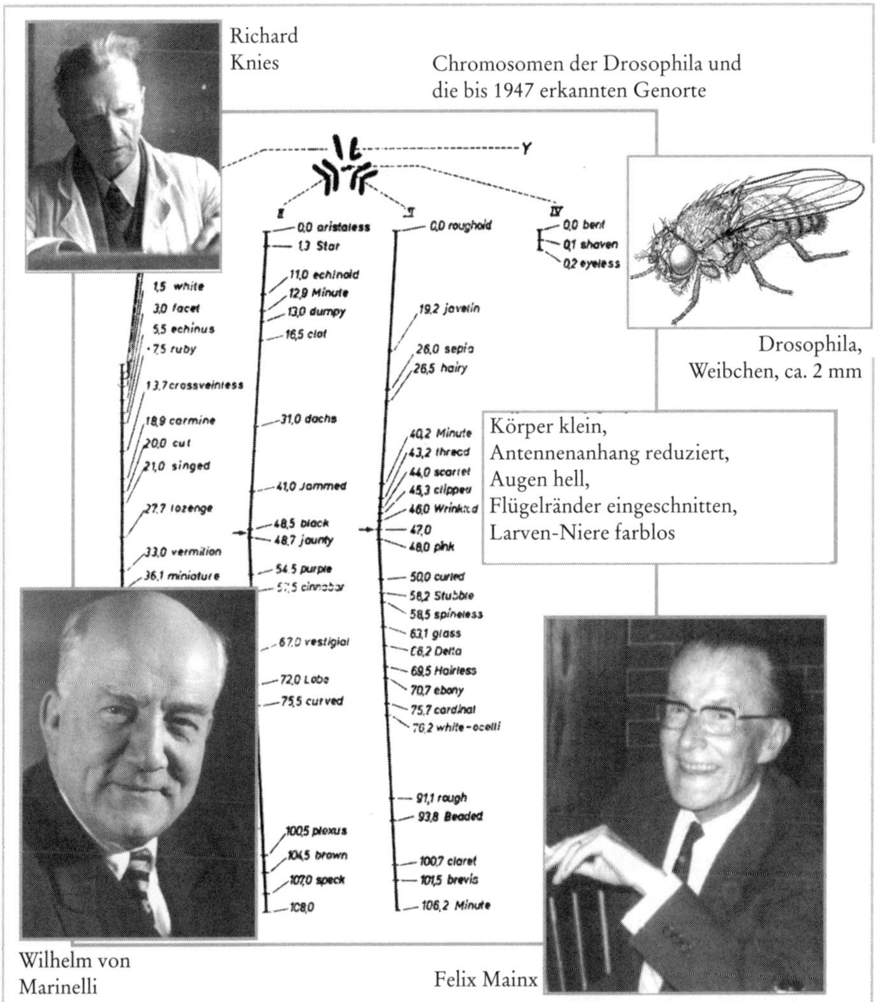

Abb. 7: Frühe 'Genkarte' aus dem Lehrbuch von MAINX mit den ersten erkannten Positionen von Genen auf den Chromosomen der Obstfliege; Verdeutschung einer Merkmal-Serie im Rähmchen daneben. Zudem drei meiner Lehrer.

Selbst die Jahre später gemachte Entdeckung, dass die Information in Dreiergruppen von Kernsäurebasen abgelesen würde, machte mir keinen Eindruck. Irgendwie wird schon abgelesen werden; aber was daraus gemacht wird, ist doch entscheidend. Genetiker mussten anders denken, aber wie, wusste ich nicht.

Wie man sich erinnert, kannte ich schon PLATEs *Abstammungslehre* und Phänomene wie 'Heteromorphosen' und 'Systemmutanten', die zeigen, dass an ganz falscher, aber doch nicht ganz beliebiger Stelle völlig richtige, komplexe Organe, Beine, Antennen entstehen können. Wieder ein Hinweis, dass ganz andere, ordnende Systeme wichtig waren. Ob ich das damals mit bedachte, weiß ich nicht, aber latent muss mich diese Erfahrung begleitet haben.

Im Übergang zu den Langzeiteinflüssen gehört der Kontakt zum 'Österreichischen College'; im Europagedanken schwebende Studententreffen von Genies und Windmachern, initiiert von den MOLDENS, die wir von den Hörsälen her gut kannten: Fritz und dem Fahnenträger Otto, der etwas älter war. Von diesen Begegnungen in Wien ist mir Paul FEYERABEND gleich ans Herz gewachsen. Seine Beispiele aus der Physik haben in meinen Vorlesungen heute noch ihren didaktischen Platz. Nur ging er nach London zu POPPER, was ich nicht verstand, ich ins Mediterran. Erst vierzig Jahre später begegnete ich beiden wieder, als mich der Weg zu ähnlichen Anliegen weiterführte.

Sommerattraktion von Ottos Unternehmung war und blieb das Treffen 'Europäisches Forum' in Alpbach, einem schmucken Dörfchen in Tirol. Wir sahen zu, per Autostopp dahin zu kommen, zelteten oder wurden in Bauernbetten geschlichtet und hatten das Erlebnis, mit Heiligen unserer Wissenschaften zusammen zu kommen. Etwa im Schatten eines Wiesenbaumes Erwin SCHRÖDINGERs *Weltansicht* zu lauschen, während er an seiner Pfeife sog. Ich darf nicht behaupten, davon viel mehr aufgefasst zu haben, als dass da etwas sehr Wichtiges war. Ich kannte zwar schon sein Bändchen *Was ist Leben?*, aber auch dessen Tragweite begann damals erst in mich einzusickern. Wie auch immer, etwas wie das Vorzimmer zu meiner schülerhaften Heroenwelt hatte sich aufgetan.

Ziemlich genau dreißig Jahre darauf, zurück aus den USA, war ich wieder dort, nun als professoraler Kursleiter eingeladen. Was für ein schrecklicher Wandel war über Alpbach gekommen! Frau Unterrichtsminister FIRNBERG hielt Hof, eine Herde von Adabeis umsäumte den Tennisplatz und entfesselte sich zu Beifallsstürmen, wenn Finanzminister ANDROSCH den Ball traf, Wichtigtuer und Möchtegerns durchspickten die Truppe. Ich hielt Otto eine Standpauke, was ich angesichts seiner erwachsenen Bedeutung hätte nicht tun sollen, und wurde nie mehr eingeladen (es sei denn durch ein Versehen). Nur mit einer der drei Töchter SCHRÖDINGERs, die in Alpbach lebt, sehe ich mich dort immer einmal wieder.

Nun aber zu den Langzeitwirkungen, also jenen Einflüssen, die wie osmotisch über die Haltung unserer Lehrer aufgenommen werden. Sie stehen für mich heute alle unter einem Titel: Die Latte war, in einer uns unbekannten Weise, hoch gelegt, wir hatten keine Ahnung, welche Größen wir vor uns hatten, und verstanden gewiss auch das Wesentlichste nicht, was diese zu sagen hatten. Oder vielleicht sagten sie das Wesentlichste ihrer Lehren auch nicht.

Was mir übrig blieb, ist ein Qualitätsanspruch, was wohl auch das Wichtigste war. Freilich wusste ich das damals nicht. Erst später spann sich dies als eine Art Lebensgefühl mit einer zweiten Weisheit meines Vaters zusammen, von der ich nicht mehr weiß, wann sie ausgesprochen wurde: „Man darf in allem nur auf eines nicht verzichten: auf Niveau."

Die erste der Gestalten war Ludwig von BERTALANFFY. Die Decke des Hörsaales war noch undicht, die Heizung tot. Wir erhoben uns, wenn er hereinkam. Das Grüppchen saß dann in Mänteln, BERTALANFFY im Mantel hing an seinem Zeigestab, stieß mit der Zunge an. Er war gar nicht mehr komisch, wenn man beim Vortrag den Blick im Skriptum ließ. Da nun tauchte der Begriff auf, den ich mir im Kriegstagebuch ausgedacht hatte. „Sehen Sie, meine Damen und Herrn", schloss jeder größere Abschnitt, „das sind die Probleme der Theoretischen Biologie." Er hatte bald Universitätsverbot, weil er das Institut über den Krieg zu leiten hatte und folglich der NSDAP beigetreten war. Das Grüppchen, nochmals reduziert, folgte ihm in die Wohnung Löwengasse. Meine erste Aufgabe: die Binomialkurve der Durchmesser der wurmigen 'Russen-Erbsen' zu erarbeiten; sie ergab eine Unsymmetrie. Und keine Empirie, so ergab es sich, hat Sinn ohne Theorie. Das verstand ich sofort.

Die Erbsen ließen keineswegs darauf schließen, dass ich sein Thema einmal fortsetzen, eine Abteilung für Theoretische Biologie durchsetzen und jene Leiden durchmachen würde, die, was ich freilich nicht wusste, ihm die Kollegenschaft bereits applizierte.

Er ging nach Kanada. Ich stieß erst später auf seine Bücher und sah ihn nicht wieder.

Die zweite Gestalt, wenige Semester später, frisch aus der russischen Gefangenschaft, Konrad LORENZ. Das war ein anderer Kerl. Knickerbocker, lederne Motorradjacke, saß er mit überschlagenen Beinen am Katheder, zeichnete trefflich Gänse an die Tafel und erzählte Tiergeschichten. Das Triebmodell, das er aufzeichnete, hatte Ähnlichkeit mit einer Klospülung. War der Kasten voll, bedurfte es nur eines Auslösers und der ganze Inhalt stürzte heraus. Das war einleuchtend. Verhaltensweisen nannte er Zeitgestalten. Das passte sogleich zu meinen gläsernen Organismen.

Auch LORENZ folgte eine Gruppe von uns – gelegentlich gerade so viele, wie in und auf meinem alten Militär-Jeep Platz fanden, von dem noch zu erzählen sein wird –, und zwar nach Altenberg, einem Weiler an den Donauauen, eine halbe Autostunde westlich Wiens. An den Enden der Straße stand je ein riesiges Schild der amerikanischen Besatzer, die dort draußen ihren Flugplatz hatten: „*Warning to all Americans: unbelievably narrow and winding roads, wild and unpredictable native drivers.*" LORENZ bewohnte ein Schloss mit Decken- und Wandgemälden. Aber da blieben wir nicht. Wir gingen sofort zur Donau und angekommen fand er: „Wir gehen jetzt alle ins Wasser." Da wurde der Mangel von Badeanzügen beklagt, man hätte nicht gewusst usf. Aber LORENZ erklärte, das mache gar nichts, jeder finde sich einen Busch und schon waren wir alle drinnen, befangen von der Kälte, dem Quirlen des Stromes und vor Blicken geschützt bis zum Kinn. Drei Kilometer ging es dann völlig ungeschützt über den Treidelpfad zurück zu den Kleidern.

Früh bei einem Auenspaziergang, wieder im Adamskostüm, musste er mein Interesse an seinen Themen bemerkt haben und fragte nach meinen Plänen. Ich schüttete ihm ein Herz voll ehrgeiziger Pläne aus. Er guckte mich belustigt an und sagte: „Weißt du, für einen Verhaltensforscher bist du nicht faul genug." Das war weitsichtig. Ich sah ihn noch dann und wann. Er ging nach Deutschland, ich später in die USA. Aber in den 70er- und 80er-Jahren waren wir wieder viel in Altenberg beisammen, er emeritiert, ich rückberufen nach Wien. Und als Konrad starb, gründete ich in diesem 'Schloss' das 'Konrad-LORENZ-Institut für Evolutions- und Kognitionsforschung'. Von alledem wird noch die Rede sein.

Die dritte Gestalt war Karl von FRISCH. Wir pilgerten zu ihm nach Graz. Was seine Fische an sensorischen Leistungen boten, war aufregend. Sie konnten sogar Obertöne unterscheiden. Da wir schon zu unseren Meeresforschungen rüsteten, dachten wir, die biologische Bedeutung solcher Leistungen herauszufinden, und fragten ihn erwartungsvoll nach seinen Visionen. FRISCH zog die Brauen zusammen und beobachtete uns, während er sagte, er glaube, das alles habe keine Bedeutung. Wissenschaft soll sich nicht mit Bedeutungen anstopfen. Sie 'ist' von Bedeutung. Wunderbar!

FRISCH ging ebenfalls bald nach Deutschland. Und auch ihn sah ich, außer einmal im 'Brunnwinkel', nicht wieder. Als wir die 'Karl Ritter von Frisch Medaille' schufen, war er nicht mehr am Leben.

Die vierte Gestalt, Wilhelm von MARINELLI, goethischer Mensch, Morphologe im besten, klassischen Sinne. Morphologie kam in die Mitte aller Methode – übrigens auch bei LORENZ –, Physiologie blieb am Rand, denn, wie ihm noch seine Lehrer sagten: „Wie etwas funktioniert, sieht man ohnedies." Wir hatten den Eindruck, die Vorlesungen seien für höhere Semester. Nachdem das aber bis in die letzten Semester anhielt, mussten die Dinge anders liegen. Ich lernte jedenfalls über den Bauplan von Bauplänen, was ein Typus ist, und das Sehen zu ordnen.

Rückblickend weiß ich, dass diese Art 'visionärer' Morphologie durch ihre erstaunlichen Leistungen die Entwicklung der Physiologie lange behindert hat, dass Physiologen wie PRZIBRAM mit seinen Schülern Paul KAMMERER und Paul WEISS, erst eine Generation davor, in das von ihm gegründete Vivarium im Prater ausgewichen waren. Ich weiß, dass ich einer der Letzten war, der die klassische Morphologie ernsthaft in sich aufnahm, und dass mich die irritierende Unbestimmtheit der Methode zur Lösung eines wissenschaftstheoretischen Problems lenkte, das sich mir, schon in der Ägyptologie vorbereitet hatte. Davon wird noch die Rede sein.

Mein Rigorosum freute MARINELLI: Ich hatte, nach seiner Ansicht, denken gelernt. Er sagte mir die nächste freie Assistentenstelle zu und so ähnlich kam es dann auch.

Nebenfach war Anthropologie. Da verbanden sich Humananatomie und Zoologie vorzüglich. Eindrucksvoll das Kraniometrische Praktikum. Ich entwarf bald Netztransformationen und konstruierte Schädel, die es nicht gab, versandte sie zur Beurteilung und bluffte damit deutsche Professoren. Kurz, ich war ganz bei der Sache.

Philosophie war als lästige Pflichtübung bekannt. Ich schob das also auf. Nur einmal nahm man mich zu Professor DEMPF mit ins Auditorium Maximum. Es war Stromstörung, Kerzen brannten am Katheder und ich kam gerade zurecht, wie der hagere Mann, Statur wie der erwähnte Professor Lidenbrock, die Hände in die Höhe warf und mit Emphase rief: „Wenn die einen rufen Entelechie ab Entelechia, so rufen wir gerade Theorie a [a] Theoria." Da staunte ich. Was man alles rufen konnte! Ich wusste nicht, was Entelechie ist. Mit meiner Philosophie war es also nicht weit her. Ihr begegnete ich erst später mit Viktor KRAFT und verstand, dass man das wohl rufen durfte.

Eine Expedition wird vorbereitet

Wenn einer Glück hat, verläuft das Leben wie die Evolution: Beide beginnen als physisches und enden als geistiges Abenteuer. Man wird sich erinnern, dass in meiner Generation, die gerade noch in den Krieg und auch gerade noch aus diesem herausgekommen war, etwas wie ein Gefühl für vertiefte Lebensaufgaben existierte. Das Hocken in den Hörsälen war zu wenig. Für die so notwendige Entdeckung des Unbekannten gehörte es sich, sich nicht nur geistig, sondern auch körperlich einzusetzen. Man fühlte sich herausgefordert, etwas zu riskieren.

Freilich galt das nicht allgemein. Viele unserer Studiosi trachteten, die Lehramtsprüfung bald hinter sich zu bringen, um tunlichst in den Hafen der Ehe, oder was sonst an sicheren Häfen vorzustellen war, einzulaufen. Und mit dem zeitlichen Abstand vom Kriegsende begann diese Lebensart auch zu dominieren. Es wurde schick, möglichst wenig aufzuwenden.

Ich werde in den beiden kommenden Kapiteln etwas ausführlicher sein, weil sich in dieser Zeit ein Lebensgefühl des Freiseins formte, das mich weiterhin begleiten wird.

Meine Vorstellung hatte sich, wie erinnerlich, über BÖCKLINs 'Im Spiel der Wellen', Jules VERNEs 'Professor Arronax', BEEBE, HASS, alle Helden der Expeditionen entwickelt und die Erfahrung in der Biologie, dass zweiundzwanzig der vierundzwanzig Tierstämme im Meere beheimatet sind, eine Unterwasser-Expedition als absolute Konsequenz ergeben. Ernst RILLE war bei der Sache, Kollegen wie Wolfgang WIESER, Elmar BIRKENMEIER und andere waren noch leicht zu begeistern. Und noch bevor wir an die Doktorarbeit dachten, nahm der Plan seine für uns fabelhafte Gestalt an.

Wir waren aber doch schon so weit 'akademisiert', dass eine fachliche Vorbereitung der Unternehmung auch ihren hohen Stellenwert sichern sollte. So wurde eine 'Arbeitsgemeinschaft für Unterwasserforschung' gegründet, die selbst einige unserer jüngeren Lehrer, Assistenten also, mit in den Sog ziehen konnte. Harald ROHRACHER, der auch den Krieg überstanden hatte, Student der Psychologie und weiterhin mein Intimus, strukturierte die Themen zu Referat und Koreferat und übernahm den schriftführenden Kommentar höchst launig.

Die Treffen in dem von MARINELLI gegründeten 'Institut für Wissenschaft und Kunst' – wenn ich mich recht entsinne wöchentlich – waren, wie ich glaube, für alle substanziell und eindrucksvoll. Nur Harald scheint diesen schon damals ihre komische Seite abgewonnen zu haben. Heute weiß ich, dass sie von einer berührenden Naivität getragen waren.

Die Seemacht Österreich hatte sich bekanntlich vor damals zwar erst dreißig Jahren aufgelöst, aber ich kann mich nicht erinnern, dass in diesen Jahren nach dem Krieg irgendein Kolleg in Meereskunde oder gar in Meeresbiologie oder Meeresökologie angeboten worden wäre. Ich glaube, dass wir nicht einmal zu den Werken der österreichischen Pioniere der Meereskunde, wie LORENZ von LIBURNAU, Zugang fanden. Wir wussten zwar allerlei von Meeresstationen, namentlich von der von Neapel, aber auch davon, dass deren Techniken vom Wunsche diktiert waren, nicht nass zu werden.

Wir referierten also, was uns in die Hände kam, beispielsweise technisch komplizierte sinnesphysiologische Experimente, und diskutierten deren Einsatz im unterseeischen Milieu. Eine 'Episkopisterscheibe' ist mir in seltsamster Erinnerung. Kurz: Wir machten uns unsere Meereskunde selber. Und es ist darum nicht verwunderlich, dass etwas herauskam, mit dem man auch in der Fachwelt nicht gerechnet hatte.

Die Referate versanken in Ordnern, die diskutierten Inhalte in allerlei Durcheinander der Erinnerung. Die wirklich zünftige Welt der Expeditionsvorbereitung lag aber draußen. Die Grundstimmung war die von Expeditionisten oder was wir aus Expeditionsberichten für die Bedingungen von Expeditionen und die Persönlichkeitsstruktur erfolgreicher Teilnehmer hielten. A: kaum überwindliche Schwierigkeiten, B: kompromisslose Unerschrockenheit. Wobei die Querung Tibets durch Sven HEDIN wohl ebenso in den Vergleich drängte wie die Erreichung des Nordpols oder die Erstürmung eines Achttausenders.

Nun will ich mich über diese Geisteshaltung nicht einfach lustig machen, denn die Sache war uns durchaus ernst. Wir hätten, darauf angesprochen, auch nicht HEDIN, NANSEN oder Herbert TICHY zitiert. Wir hatten uns einfach auf beliebige Schwierigkeiten eingestellt. Und das, obwohl diese Expedition Ziele im Auge hatte, wohin andere ihre Hochzeitsreise lenkten. Und das, obwohl wir in die erwarteten Schwierigkeiten schon die Vorbereitungen mit einbezogen. Wenn uns jemand irgendeine Unmöglichkeit vor Augen stellte, kann man sich vorstellen, wie uns das amüsierte. Man sieht, die Sache war nicht aufzuhalten.

Diese Schwierigkeiten der Vorbereitungen kann man buchhalterisch in zwei Bücher eintragen: in die Schwierigkeiten der Finanzierung und die der Produktion der Ausrüstung.

Die Finanzierung der Expedition begann mit Sachspenden. Ernst, Wolfgang und ich spendeten Boxhandschuhe, eine Ziehharmonika und ein altes Fahrrad. Damit war ein Anfang gemacht. Spende ist nicht treffend. Spekulations-Investment bezeichnet den Vorgang besser, denn er spielte sich in der in Wien praktisch tolerierten Schleichhandelszentrale der Besatzungszeit im Ressel-Park ab. Schaltete man sich in die Kette zwischen Russen und die Strohmänner von Amerikanern, konnte man Geld machen. Aber auch weitere Perspektiven waren möglich.

Beispielsweise die Perspektive von Herrn MUNK. Er lud uns in ein nahes Kaffeehaus und eröffnete uns, dass er bereit wäre, uns ein Schiff bauen zu lassen. Das ließ sich hören. Der Schiffsrumpf allerdings Betonguss. Aber Herr MUNK beruhigte uns mit dem Hinweis auf den Umstand, dass Betonschiffe im Krieg schon die schwersten Lasten über den Atlantik gebracht hätten. Freilich war uns das seltsam, aber wir wollten den seltenen Vogel nicht aus den Augen lassen. Nächstens im Kaffeehaus war er nicht mehr da, verhaftet. Er war ein Schieber, und zwar in Eichenholz. Ließ nutzlos sperriges Gut verpackt in Eichenplanken nach Genua verfrachten.

Schon seriöser ein Schweizer Kaufmann. Wir sollten eine Eumig-Kamera erwerben – die war im Ausland sehr gesucht –, damit in die Schweiz fahren und sie dort als Touristen verkaufen. Das war erlaubt. Mit dem Erlös sollten wir Liebesgaben-Bons erwerben und nach Wien bringen, das war karitativ und wurde gefördert. Für die Bons sollten wir Zucker nehmen, der brachte die besten Preise. Und dieser Zucker war am Schwarzmarkt abzusetzen. Das machte jeder.

Nach zwei lebensbedrohlichen Unfällen in der technischen Vorbereitung, großen Finanzierungssorgen und gedrängt von der Presse, die schon seit Wochen den 'Aufbruch der ersten Österreichischen Nachkriegs-Expedition' in Aussicht stellte, nahmen wir eine Art Zuckerkreislauf auf.

Ich reiste mit einer Kamera. Der Zucker erbrachte schon im Familienkreis, Spesen abgerechnet, eine Verfünffachung des Einsatzes. Wolfgang fuhr darauf mit vier Kameras, der Zuckervertrieb gelang noch in den erweiterten Großsippen und die Rechnung ergab, dass wir das nur noch einmal zu machen hatten, um die Expedition zu sanieren. Man wird verstehen, dass nun mehr Umsicht am Platze war. Eine Schlafwagenhelferin ermöglichte uns die Vermessung der Betten. Sechzehn Kameras fügten sich genau unter die Matratze. Ernst reiste. Der Erlös ergab einige Tonnen Zucker. Den besten Preis machte die Wiener Straßenbahner-Gewerkschaft. Es folgt die erste meiner drei Verhaftungen:

Als ich bald darauf zu Ernst fuhr, fand ich die Hausfrau verweint, mit der Erklärung, Herr RILLE sei verreist. Für die damalige Terminologie ein böses Omen. Anruf bei WIESERS, eine fremde Stimme, Zollamt für Strafsachen, ich möge gleich kommen und den Jeep mitbringen. Was war geschehen? Einem Straßenbahner war der Zucker seiner Gewerkschaft zu teuer, er erstattete Anzeige und die Sache war über Nacht aufgerollt. Wir wurden inhaftiert. Und die einzige Nachricht, die mir noch von Ernst zugesteckt wurde, lautete: Alles zugeben.

Tatsächlich waren wir schon bald wieder auf freiem Fuß. Die Hausdurchsucher hatten bei Ernst ein Tagebuch gefunden, aus dem hervorging, dass er mit einem kleinen Vermögen an Schweizerfranken in der Tasche die Nacht auf einer Parkbank mit einer Buttersemmel verbrachte, die er noch aus Wien mithatte. Es war evident: Wir waren keine gefährlichen Schieber, sondern Narren. Natürlich war der Zucker perdu, aber nicht nur das, auch die Fahrzeuge und Ausrüstungen wurden beschlagnahmt.

Um sie wiederzubekommen, erklärten wir, dass unsere Selbstlosigkeit nur zu beweisen wäre, wenn man uns die Expedition auch durchführen ließe. Darauf ließ man sich ein. Aber Vater WIESER musste eine Hypothek auf Haus und Grund aufnehmen und wir drei Helden durften mit einer Fluchtkaution in der Höhe von fünfzehntausend Schilling pro Kopf, damals ein Vermögen, reisen.

Man wird sich fragen, wo denn nun die Mittel herkamen. Zunächst: Es waren kaum welche. Und die, die wir hatten, waren auf ungleich bürgerlichere Weise gewonnen. Wir wanderten mit Subventionslisten von einem Banker und Generaldirektor zum nächsten, von PLICHTA zu MAUTNER MARKHOF und so fort, und die meisten gaben uns ein paar Tausend Schilling. Wolfgang war der Tüchtigste. Von der Universität und dem Unterrichtsministerium war nichts zu haben, und auch dies mag eine Episode beleuchten.

Damals war Benzin rationiert und Unterwasserexpeditionen bekamen keines. Da wir aber Transporte zu bewerkstelligen und schließlich auch noch abzureisen hatten, kam Ernst, der Genialste, auf die Idee, hundert Gemeinden um die Spende von ein paar Liter Benzinbons anzuschnorren. Dies war nun einem Bürgermeister verdächtig, Kriminalpolizei erschien im Institut und Professor STORCH belegte uns mit Hausverbot. Dass wir damals überhaupt noch Quartier fanden für die zu diesem Zeitpunkt schon gefüllten fünfzig Packkisten, verdanken wir dem Physiker Professor PRIBRAM, der uns in seinem Institut aufnahm und uns zudem noch allerlei Messgeräte schenkte.

Natürlich hatten wir wieder keine Ahnung, wen wir da vor uns hatten und warum er uns so selbstverständlich förderte. Aber dieser KARL PRZIBRAM war nicht nur ein sehr bedeutender Physiker, sondern auch Bruder jenes Biologen HANS PRZIBRAM, dem erwähnten Gründer des 'Wiener Vivariums', der gegen die verzopfte Morphologie der Universität in Wien Physiologie durchsetzte. Seine Sympathie hatten wir als ähnliche 'Abweichler' gewonnen.

Nun aber zur Ausrüstung: Tauchausrüstung, Unterwasserkameras, Fahrzeuge. Was wir damals an Intelligenz und Management leisteten, macht mir heute noch Eindruck. Wie erinnerlich, besaßen wir ja nichts als die Erfahrung mit meiner Tauchmaske und es war evident, dass man im Meer nicht mit einer Luftpumpe und einem über dem Taucher flottierenden Autopneu vorankommen konnte. Also konstruierte ich 'Oberingenieur' neue Tauchgeräte: die Boden- und die Tornistergeräte.

Ersteres war eine Art flache, am Rücken zu tragende Taucherglocke, mit Atemschläuchen und Pressluftflaschen bestückt. Das zweite in Schildkrötenform, mit kleiner Sauerstoffflasche und Kalipatrone, ein Kreislaufgerät, eine Art Gegenlunge, dem Typ des Tauchretters, an den sich auch der Leser erinnern wird, nachempfunden. Der wirkliche Held dieser Geschichte war Meister ANDRLIK, Chef einer ganz kleinen Schlosserei in einem Gässchen nahe dem Praterstern. Wie wir auf ihn kamen, weiß ich nicht mehr. Nur, dass er für die Burschen ein Herz fasste. Als Erstes bekam ich die Aufgabe, ein Blech an ein Stück Eisenbahnschiene zu schweißen. Den Trick aber kannte ich. Damit das Blech nicht gleich in Tropfen zerschmolz, musste die Schweißstelle zuerst an der Schiene glühend werden. Als der Test bestanden war, schickte er Wolfgang zu einer benachbarten Bombenruine, um von dort ein Gittertor anzuschleppen. Mit dessen Vierkantstäben begann der Rahmenbau der Geräte.

Die so genannten Bodengeräte kamen kaum in Verwendung. Sie bargen zu viele Gefahren. Der Stand mit ihnen war unsicher und ein Unfall bei den laufenden Tests, übrigens ebenfalls im Diana-Bad, wurde zu einer

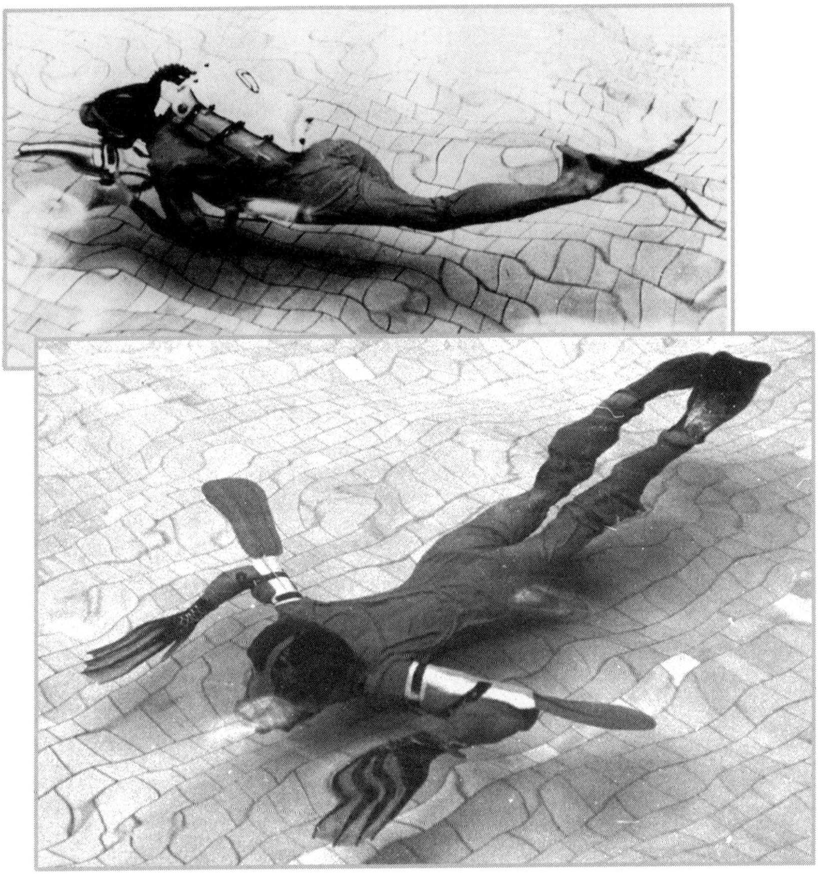

Tests im 'Diana-Bad' 1946/47 in Wien. Oben mit dem Sauerstoff-Tornistergerät und der Telekamera. Unten mit den Fuß-, Hand- und Armflossen.

Abb. 8: Uns zum Fisch verwandeln. Ein Sauerstoffgerät, das für unsere Physiologie, und alle Arten von Flossen, die für unseren Körperbau denkbar waren.

bösen Warnung. Ernst und ich hatten schon getestet, Elmar schloss sich an. Wir beide in den selbst geklebten Tauchanzügen, Maske abgenommen, also mit offener Halskrause, tratschten am Beckenrand. Da fuhr uns der Schreck durch die Glieder. Elmar lag auf dem Rücken. Die ganze Luft musste abgefahren sein, Gerät und Bleischuhe hielten ihn zu Boden. Kopfsprung. Mit den hinderlichen offenen Anzügen hinunter. Er war nicht zu heben, wir schleiften ihn zur Stiege und mit der Hilfe des Bademeisters heraus. Wiederbelebungsversuche. Lachen von Blut aus der Lunge. Rettung, ab. Stundenlang wussten wir nicht, ob er am Leben war. Ernst besorgte in einem Husarenstück aus der Schweiz Penicillin. Elmar hat's überlebt. Nur die Reise mit uns war gestrichen.

Mit den Tornistergeräten ging's gut. Für ihren Betrieb entwickelte ich Fuß-, Arm- und Handflossen. Erstere auf der Grundlage zweigabelig verlängerter Schuheinlagen, mit Gummiplatten überklebt. Die bewährten sich. Bei den Handflossen wurden die Finger mit Metallspangen verlängert und zu einem schließbaren Fächer verklebt. Sie bewährten sich nicht. Die Beugemuskulatur der Unterarme erwies sich bald als zu schwach. Die Armflossen brachten zwar für die 'Fahrten' mit der Kamera die erwartete Stabilisierung, aber auch sie verwendeten wir in der Praxis nicht.

Im Grunde war alles bedacht, was uns zum Fisch machen könnte. Und was ich damals als Tauchgerät entwickelte, Maske und Tornistergerät, war richtig voraussehend. Wie man sich an den Fotos überzeugen kann, ist das Prinzip heute, nach einem halben Jahrhundert, noch nicht überstiegen. Was ich nicht vorhergesehen habe, war der Umstand, dass wir es uns in der Praxis immer einfacher machten, bis wir zuletzt, mit Erfahrung und bei kleinen Arbeiten, schließlich nur mehr eine 6/10-Liter-Pressluftflasche mit Reduzierventil in die Badehose steckten.

Eine Idee, auf die ich nicht kam, ist der heutige Nass-Anzug. Wir trugen Wollzeug unter den Trocken-Anzügen.

Auch meine erste 'wissenschaftliche Publikation' gehört in diese Zeit. Mit dem Titel *Forschung unter Wasser* wurde mein Aufsatz in der ersten Nummer der Zeitschrift *Umwelt* von Otto KÖNIG publiziert, Leiter der 'Biologischen Station Wilhelminenberg', die später auch 'Konrad-LORENZ-Institut' heißen sollte.

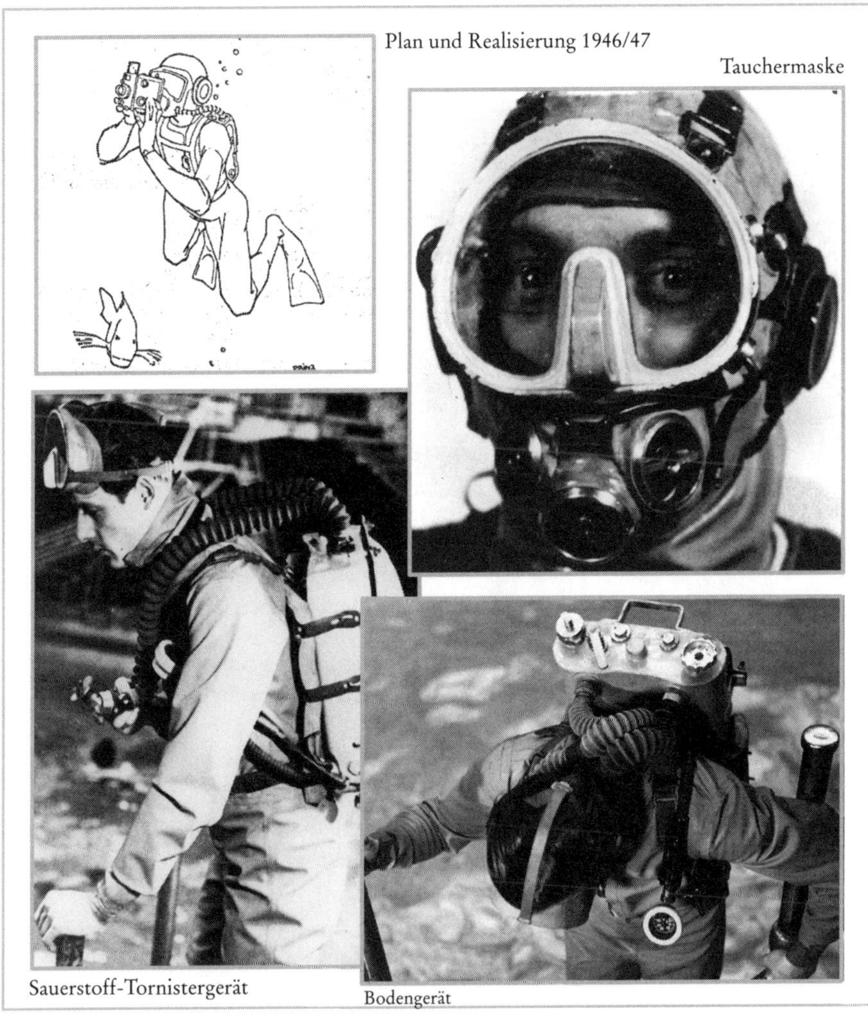

Abb. 9: Mein Plan – Illustration aus meinem ersten Aufsatz – und die Realisation. Bei Brillenform und Tauchmaske wird man bemerken, dass die Ausrüstungen nach nun mehr als einem halben Jahrhundert auch nicht anders aussehen.

Aus: *Forschung unter Wasser*, meiner ersten Publikation. Im 1. Heft der Zeitschrift *Umwelt* von Otto KÖNIG, S. 98–99, ca. 1946.

(1) „Es zeigte sich nur zu deutlich, dass Schleppnetz, Dretsche und Bodengreifer ein nur sehr bescheidenes und lückenhaftes Abbild der Tiefe zutage fördern können (...), dass wir von diesen Methoden nicht mehr erwarten dürfen als von einem Dretschzug durch Urwald oder Steppe vom Flugzeug aus.

(2) Der bereits bestehende Taucherhelm erwies sich in Korallen- oder Tangwäldern als unzulänglich (...) das Nackttauchen ohne Gerät war bei subtilen wissenschaftlichen Arbeiten unbrauchbar, die luftgefüllten Marinegeräte bodengebunden und bewegungshemmend. Ein universelles Gerät musste geschaffen werden, welches dem Forscher ermöglicht, in unterseeischen Höhlen (sic!) und zwischen Klippen über allen Grundformationen (...) unabhängig von der Oberfläche seine Studien betreiben zu können.

(3) Daraus ergibt sich für unsere wissenschaftlichen Erfordernisse die Alternative (...) unter Beschränkung auf die Flachsee einen Weg zu beschreiten, der imstande ist, einen uns noch vielfach vollkommen fremden Lebensraum in seiner ganzen Breite von dringlichsten Fragen und Problemen aufzurollen und zu erschließen."

Ich will anmerken, dass ich damals (1) noch nie am Meer war und gerne wissen möchte (2), wie ich damals auf den Gedanken einer Erforschung unterseeischer Höhlen kam. Zu sehen bekam ich sie erst 1949, die Studien begannen 1952. Das Arbeitskonzept aber (3) war entworfen und wird später 'Litoralforschung' heißen.

KÖNIG, Autodidakt, war Freund und hingebungsvoller Verfechter der LORENZschen Verhaltenslehre; ich sah in ihr keine Lösung meiner biologischen Fragestellungen. Welche Fügung also, dass ich, ein Vierteljahrhundert später, ein 'Konrad-LORENZ-Institut' gründete!

Mein Aufsatz ist voll der visionären Töne, wobei sich tatsächlich alle Voraussichten bestätigten. Was sich aber damals die Leser über diesen 'visionären Wicht' gedacht haben mögen, weiß ich nicht. Und das ist gut so.

Schließlich kam aber noch ein Gerät dazu, von einem gelernten Techniker konzipiert. Heinz HERDEGEN, von dem bald wieder die Rede sein wird, war durch Zeitungsartikel auf uns aufmerksam geworden. Er zeigte uns, dass man aus den Wracks abgestürzter Bomber 'Lungenautomaten' ausbauen konnte. Das sind Regler, die auf den Unterdruck des Einatmens hin dosiert ein Hochdruckventil an der Flasche öffnen. Das wurden die kleinsten und handlichsten unserer Geräte. Im Prinzip das, was man heute im Taucherladen kauft.

Der Gehäusebau für die Film- und Fotokameras musste damals in Messingguss erfolgen. Modellbau für den Guss und komplizierte Hülsenzahnräder waren zu entwerfen, die Module zu berechnen. Die Durchführungen der Hebel über Stopfbuchsen, wie heute nur mehr an alten Wasserhähnen, wurden mit Werg und Talg gedichtet. Sie funktionierten.

Hier ist eine Begegnung einzuflechten die belanglos wäre, handelte es sich nicht um Adolf REMANE, dessen Werke mich später sehr stützten. Hochdruckventile waren zu erbetteln und die gab's nur von den Dräger-Werken in Kiel. Also fuhr ich hin. Man steckte mich gleich zum Kennenlernen in einen Tauch-Tank und ich bekam sie. An der Uni besuchte ich Professor REMANE. Warum, weiß ich nicht mehr. Er führte mich sogleich in eine Konditorei und, hungrig wie ich war, stopfte ich mich voll. Das wiederholte sich und ich kann, erstaunlicherweise, nicht angeben, wovon die Rede war. Nur starke Eindrücke von dem Mann waren mir vorerst geblieben.

Bleiben im Wesentlichen die Fahrzeuge. Da gab es nur eine Quelle: die Altwarenplätze amerikanischer Überschussgüter. Zu dieser Zeit stießen schon zwei Techniker zur Gruppe: Heinz HERDEGEN, Student, und Franzi CECH, Mechaniker. Beide Tauchenthusiasten. Mit ihrer Hilfe fanden wir die besterhaltenen Motore, Getriebe und Chassis heraus und dröhnten nach einigen Tagen mit einem Willys Overland Jeep und einem ebenso von uns zusammengesetzten dreiachsigen Dodge Weapons Carrier samt Anhänger aus dem Lagerplatz heraus.

Nur einmal versagte Heinz die Bremse unseres Jeep, in einer steilen Kurve, als wir eben einen besseren Motor transportierten. Der offene Wagen stellte sich über das rechte Vorderrad auf, überschlug sich, der geladene Motorblock flog uns um die Ohren und wir landeten in einem Wäldchen. Heinz ein Ohr abgerissen, Wolfgang stand der rechte Arm quer aus der Schulter, ich war mit Prellungen davongekommen. Kein Fahrer blieb stehen. Vielleicht hat's zu bös ausgesehen.

Um die Sache kurz zu machen: Wir – Wolfgang, Heinz, Franzi und ich – brachen im Herbst 1948 auf. Vier Mann, mit zusammen sieben Ohren. Ernst sollte mit etwas mehr Geld nachkommen.

‘Unterwasser-Expedition Austria’

stand in drei Sprachen auf den feldgrauen Kühlerhauben der beiden überladenen Wagen. Es flatterten die Wimpel Österreichs und die der Expedition: silberne Woge auf blauem Grund. Alle von der Mutter genäht. Generelles Ziel: ‘Stazione Zoologica di Napoli’. Ausgerüstet waren wir mit einem Empfehlungsbrief vom Direktor, Prof. STORCH, der diese berühmte Meeresstation und deren Direktor kannte, und mit nahezu zwei Tonnen Gepäck. Aber wir fuhren Richtung Zürich. Wie das kam, will ich umgehend erzählen, und was sich mit dem Empfehlungsbrief verbindet, in Bälde.

An dcn Abschied von den Familien und Freunden kann ich mich nicht mehr erinnern. Nur dass mir mein Vater im letzten Moment noch einen Bierwärmer nachreichte, mit der Empfehlung, ich sollte diesen, im Falle zu kalten Wassers, in die Badehose stecken. Ihm muss das offenbar witzig vorgekommen sein.

Bevor ich nun den Leser und auch mich selbst wieder in die Verwicklungen der folgenden Wochen bringe, mag ein Rundblick in unsere Seelen die Situation verdeutlichen. Um mit dem Schwierigsten zu beginnen: Was war der Zweck der Reise? Ich hoffe nicht zu enttäuschen, wenn ich diesen nur ebenso allgemein wie umgreifend anzugeben vermag: ‘Die Forschung unter Wasser’ sollte für die Wissenschaften salonfähig gemacht werden. Wie das im Einzelnen geschehen sollte, hätte keiner von uns anzugeben vermocht. Für mich war das eine Art Synoptik ohne Inhalt; man denke an einen anspruchsvollen, großen Bilderrahmen, der auf sein Gemälde wartet. Konnte man vor Jahresfrist noch nicht wissen, wie unsere Tauchgeräte aussehen würden, brauchte man im Vorhinein auch nicht zu wissen, mit welcher Fragestellung man wissenschaftliches Neuland betreten werde. Wir waren eben Pioniere. Was sonst?

Eine Zielsetzung von solcher Art bedarf der Erläuterung. Zwei Paradoxien sind aufzuklären. Zunächst: Warum salonfähig? Wieso konnte sie nicht salonfähig sein, wo es die wissenschaftliche Taucherei doch noch gar nicht gab? Wir wollten sie ja erst begründen.

Nun, es gab sie und doch wieder nicht. Immerhin gab es, wie man sich erinnert, bereits Hans HASS. Und der tüchtige Mann hatte während unseres Studiums und unserer Vorbereitungen auch nicht geschlafen, sondern musste und wusste seine Unternehmungen ganz anders zu finanzieren. Er brachte seine schöne Freundin, Lotte (BAYERL), die wir aus dem Diana-Bad kannten, von dort unter die Haie im Roten Meer, schrie sie (die Haie) unter Wasser an und gruselte das Kinopublikum in der Tausendschaft zu klingelnden Kassen.

Da eben begründet sich ein Gegensatz. Für uns war das keine seriöse Forschung. Und wir übersahen geflissentlich seine gewiss auch seriösen Ambitionen. Unterwasserforschung musste anders aussehen. Für unsere akademischen und wirtschaftlichen Förderer war das zwar ebenso keine seriöse Forschung, sie aber konnten sich Unterwasserforschung eben nicht anders vorstellen. Wir blieben, entgegen jeder Beteuerung, HASS-Nachahmer, und derlei wird nicht gefördert. Kurz: So anregend HASSens Tun, zugegeben oder nicht, auch gewesen sein mag, er war uns im Wege.

Im Grunde blieben wir uns beiderseits ein Leben lang im Wege. Auch als sich der Altersunterschied ausglich, ich wieder in Wien Professor war und wir Freunde wurden; als er die Xarifa-Expedition hinter sich hatte und ich meine erste Meeres-Monografie veröffentlichte. Er konnte sich anhören, man sehe bei RIEDL, was Meereskunde ist, und wir, dass man mit Leuten, die Haie anschreien, nichts zu tun haben will; er, dass man auch mit wenigen Mitteln Forschung betreiben könne, wir, dass sich diese Art Sport selbst finanzieren solle.

Das mag noch trivial sein. Aufschlussreicher ist der Umstand, dass wir beide, dem Meer entstiegen, der Ethologie von LORENZ nahe kamen und von dort aus schließlich den Problemen von Wirtschaft und Gesellschaft. Das mag sich noch mit dem Umstand erklären, dass bei ambitionierten Leuten die Themen weiter werden und ein Wunsch nach gesellschaftlicher Relevanz entsteht. Aber auch da blieben die Positionen, wie in unseren jüngeren Büchern, different. Hans' Energon-Theorie hat den Charakter einer erweiterten Aufklärung, meine Wachstumstheorie der Gesellschaft eine der Abklärung.

Ich glaube, dass sich da zeigt, was man unter Selbstprägung verstehen kann. Hans muss sein Selbstwertgefühl aus seinen hohen Tagen des Erfolgsmenschen bezogen haben; und ich? Aus dem Sendungsgefühl des verkannten Wissenschaftlers? Nun sind auch solche Psychogramme nicht sonderlich aufschlussreich. Faktum ist – und das führt zurück zum Konkreten –, dass Hans die größten Meerestiere anzielte, Riesenhaie, Mantas und Pottwale; Wolfgang WIESER und ich die kleinsten: Faden- und Plattwürmer (Nematoden und Turbellarien), kaum einen Millimeter lang! Aber die Unruhe im Uhrwerk ökologischer Systeme.

Die zweite Paradoxie ist mit der Frage zu verbunden, was uns auf den Gedanken brachte, in der Weise, in der wir vorgingen, irgendetwas salonfähig machen zu können. Wir trugen 'Expeditionskleidung', ebenfalls amerikanische Überschussgüter, und wer es schon vermochte, rauchte Pfeife und trachtete, sich einen Bart wachsen zu lassen, was damals eher zum Bilde von Wegelagerern passte. Wir ritten auf verwegenen Gefährten, gefüllt mit einem Arsenal, das niemandem außer uns irgendeine Art von Vertrauen hätte einflößen können.

Eben da steckte der zweite Widerspruch. Den Eindruck, den wir auf andere Leute machten, dürften wir fehlgedeutet haben. So eben, müssen wir gehofft haben, sehen Helden der Wissenschaft aus. Die Konsequenzen beider Missdeutungen werden uns noch beschäftigen.

Aber wieder zur Reise. Warum nach Zürich? Nun, wir hatten mit 'Briefaktionen' gewisse Erfolge. Man erinnert sich an unsere Bemühungen um Benzin-Bons. Und man wird aus dem Umstand unseres Aufbruches zu Recht angenommen haben, dass wir welche bekamen.

Ernsts Genialität führte aber zu noch ausgreifenderen Unternehmungen. Dutzende unserer Freundinnen und deren Freundinnen mit deren Schreibmaschinen wurden von ihm versammelt, um die Umschläge von nunmehr vielen Hundert Standard-Bettelbriefen an Personen in die reiche Schweiz zu adressieren. Man sei zunächst unbesorgt, denn es ging nicht wieder um Zucker. Vielmehr baten wir die Empfänger, die Expedition wirtschaftlich oder doch mit Lebensmitteln zu subventionieren. Man möge die Zuwendungen einem bestimmten Lagerhaus übergeben.

Bei der Ausreise aus Österreich war die erlegte Fluchtkaution nachzuweisen, bei der Einreise in die Schweiz nahm uns der Zoll das Gepäck weg. Ganz offensichtlich unter einem Vorwand. Man wies uns nach, dass die Plache des Dodge nicht plombiert werden könne, und ließ uns nur das Nötigste. Wir könnten die Kisten bei der Ausreise in Chiasso ja wieder haben. Sie wurden der Spedition Danzas übergeben, vermutlich so verlässlich wie teuer. Aber wir trösteten uns, der Weg über die Schweiz werde sich schon der erwarteten Zuwendungen wegen lohnen.

Im Lagerhaus Zürich erwartete uns eine Überraschung. Es waren sechs liebevoll geschnürte Jausenpäckchen eingetroffen. Und immerhin noch eine halbe Tonne Erbsen in Dosen der Firma Migros.

Wir machten uns auf den Weg über den Gotthard, verzehrten die vorzüglichen Jausenbrote und erhielten in Chiasso unsere Kisten nicht. Es könne lange dauern, man würde sie nach Genua weitersenden. Um es vorwegzunehmen, wir erhielten sie in Genua nicht, dann in Rom nicht und schließlich erst nach Wochen in Neapel. Unsere Ahnung, dass Danzas teuer werden würde, hat sich glänzend bestätigt.

Nun erst war die Expedition so richtig unterwegs; in der Zielgeraden. Und ein feines Glücksgefühl begann mich zu durchrieseln. Abendliche Nebelschwaden, die wir in der Poebene Richtung Genua durchstießen. Eine moderne Erlkönigiade, die noch gehoben wurde durch ein winziges Ereignis, das, objektiv gewiss bedeutungslos, subjektiv zeigen kann, wie die Saiten der Seele schwangen.

Vor dem Apennin ein Rasthaus. Die Anzahl der Ferntransporter, die davor parkten, ließ auf billiges, gutes Essen schließen. Wir legten an. Das Essen war gut und billig. Am Rückweg zum Parkplatz kommt ein großer, struppiger Fernfahrer auf mich zu und deutet an, dass er Feuer haben möchte. Aus meiner Jackentasche taucht mit den Streichhölzern auch ein blaues Päckchen 'Gitanes' auf; grobe, französische Zigaretten. Da hellt sich sein Auge auf, er schlägt mir auf die Schulter und sagt in breitem Schweizerdeutsch: „Du bist aber ein feiner Kerl." Dann fuhren die feinen Kerle wieder ab.

Genua durchquert, Rapallo schon spätabendlich, damals noch ein Villen-Städtchen, im Grün versunken, der Tages- und Jahreszeit entsprechend verschlafen. Ein Zeltplatz leicht zu finden. Das Meer dunkel, die Kimm verhangen. Erste Begegnung. Jeder hatte es eilig, wenigstens mit Brille und Schnorchel noch vor der Finsternis einzutauchen.

Der große Augenblick verhüllte wohl noch die meisten seiner Geheimnisse. Immerhin: Das Wasser war salziger und kälter als gedacht, hohe Algen streiften über Brust und Arme und selbst der geringe Seegang forderte Umsicht, um nicht auf die Felsspitzen gespießt zu werden. Also ab von der Küste. Ich stellte mich auf den Kopf und schwamm hinunter zu einem Plateau mit Seeigeln, das Meer nachtblau. Dem Plateau folgte ich hinaus zu einem Abbruch. Und das bescherte mir ein Erlebnis, das auch mit Erfahrung und Gewohnheit nichts mehr von seiner Wirkung verlor.

Unter mir war nach dem Abbruch nichts mehr! Es war völlig schwarz, da und dort das Aufblitzen eines Lichtpunkts. Was hätte objektiv im freien Wasser über einer unbestimmbaren Tiefe auch sein sollen? Subjektiv aber war das ganze Meer da: Felsabstürze, Fischschwärme, Raubfische, bis dorthin, wo sich die Felsen im Sediment verlieren und dies in die tonigen Tiefenböden übergehen musste, ein Ort wo BEEBE mit seiner Taucherkugel gewesen und sich der Nautilus des Jules VERNE noch immer befinden mochte. Was für eine Welt!

Die Reise in den Süden war von anderer Art. Helle und Farbigkeit, erwartungsvoll begrüßt von den ersten Schirmpinien, Zypressensäumen, den ersten Agaven und Feigenkakteen, das quirlige Treiben in den Städtchen, die man damals noch alle zu durchfahren hatte, unsere ersten Italienischversuche. Das Staunen der Dörfler über unsere Aufmachung, der Spaß der Buben, die den Dodge erklettern durften. Das Leben von Käse, Brot und Oliven. Zwischendurch Konsultation bei *Baedecker* und GOETHES *Italienische Reise*. Kein Verkehr, eine Traumreise. Manch einer kennt das noch.

Von Orvieto wussten wir, dass sich ein Bischof aus dem Norden versoffen hatte. Der 'Aleatico' und der 'est-est-est' mussten getrunken werden. Als wir in eine Trattoria trabten, schlug das Schankmädchen die Hände zusammen und rief: „Mamma mia! Tutti biondi!" Wie viele Tage wir schon unterwegs waren, weiß ich nicht mehr. Im Prinzip aber waren wir fast schon da.

Rom, die ewige Stadt, zu übergehen schickt sich nicht. Ich will also angeben, dass MICHELANGELOs Piazza Campidoglio und die Sixtina tiefe Eindrücke machten. Im Grunde kannte ich sie schon aus Vaters Bibliothek. Nun aber gab es sie wirklich. Aber davon wird später zu erzählen sein. Ein Sonderereignis war unser Zelten auf einem Spielplatz. Er wurde durch unsere Anwesenheit zum Zirkus. Wolfgang hatte die Botschaft zu besuchen und wurde vom Botschafter ins Bad gesteckt. Ich hatte einen Brief meines Vaters an unseren Kulturattaché, Viale Bruno Buozzi. Nachdem der würdige Herr schmunzelnd gelesen hatte, sagte er: „Da steht, du hättest noch Fragen?" „Ja", sagte ich, „wie lernt man am verlässlichsten Italienisch?" Da wurde das Schmunzeln zum Lachen: „Mit einer Freundin, die nur Italienisch kann." Das sollte, wenn auch gestelzt, geschehen.

Napoli

Erste bedeutende Etappe. Hier wird sich nun unsere Welt auftun. Und ein Teil tat sich auch schon auf; der Trubel in der Stadt, da der Vesuv, dort Capri und Ischia, wir mit unserem Tross im Palmenpark der Villa Communale vor der würdevollen Fassade der Stazione Zoologica, von Menschentrauben umdrängt, Händler, Schwindler, Bettler. Sie alle wollten, meist mit dem Zuruf: „Hallo, Joe!", die Aufmerksamkeit eines jeden von uns erreichen. Das war verständlich, denn nach unserem Aufzug musste man uns für Nachzügler der amerikanischen Befreier halten, von deren

Dummheit auch noch jüngst Gauner, Banden und ganze Stadtteile lebten. Zwei Portiere kamen uns höflich zu Hilfe. In profunder Kenntnis der Volksseele versuchten sie erst gar nicht, die Menge zu zerstreuen, sondern winkten unseren Tross in den Arkadenhof, einer pflanzte sich ans Gittertor und schon die Portierkappe schloss jedes Nachdrängen aus.

Da waren wir also. Und es ist geraten, diese Umstände etwas näher zu beschreiben, weil sie für drei der kommenden Jahrzehnte zu einer Art Drehscheibe wurden.

Besucher des Aquario werden sich dieses Arkadenhofs erinnern. Brunnengeplätscher, Marmorbüsten: da der bärtige Anton DOHRN, der Gründer aus den Sechzigerjahren, also damals schon fast vor einem Jahrhundert, dort der bärtige Ernst HAECKEL, Kollegen früher Strandwanderungen, die einander dann bald aus dem Wege gingen, links die Empore zur Bibliothek mit den berühmten Fresken von MAREES. Das ganze glyzinienüberzogen. Darunter aber staubige Militärfahrzeuge mit vier staubigen Burschen. Der Portier, der nicht am Tor wacht, übernimmt den Empfehlungsbrief an Reinhard DOHRN, Sohn des Gründers und Direktor, steigt die Empore hinauf. Wir warten. Lange.

Was wir uns erwarteten, kann ich mir nicht mehr so recht vorstellen. Ich nahm wohl an, dass wir uns vorstellen würden, von unseren Absichten berichteten – immerhin war Anton DOHRN schon seinerzeit mit einem Scaphander der Schwammtaucher einige Meter abgestiegen –, dass man uns Labors und das Aquarium zeigen und uns mit Ermutigungen entlassen würde. Jedoch: Die Dinge vereinfachten sich. Ein junger Mann, etwa fünf Jahre älter als wir, stieg nur die halbe Empore herab und deklamierte von dort aus, dass der Ruf der Stazione Zoologica auf den Namen der bedeutendsten Meeresbiologen ruhe und dass man wünsche, dass Leute unserer Art den Hof wieder verlassen. Da waren wir nun wieder draußen und die Menschentrauben schlossen sich auch wieder um uns.

Wie wir vom Portier erfuhren, war es Peter DOHRN, der uns die kurze Ansprache hielt. Enkel des Gründers, mit dem ich noch, über manche Wirren, freundschaftlich verbunden sein werde; auch noch über die Zeit seiner Vertreibung von der Stazione hinaus. Sein Vater Reinhard DOHRN war unsichtbar geblieben. Wolfgang – einen Baron weist man nicht so einfach ab – drang noch zu ihm vor und wurde mit der Empfehlung verabschiedet, wir mögen uns in Marechiaro, nahe dem Posilipo, umtun, am Nordausgang des Golfes.

Noch ein Rückblick, der allerdings den Eindruck rehabilitierten Selbstwertgefühls nicht wird vermeiden können, dennoch aber ein Lebensprinzip illustrieren soll, das mir aufschlussreich geworden ist. Ich kann nicht sagen, ob es uns angehenden Pionieren einer neuer Meeresforschung Eindruck machte, dass uns das Mekka der Meeresforschung die Türe wies. Aber selbst, wenn das nicht der Fall war, ist doch eine 'Wir-werdens-euch-schon-zeigen-Mentalität' gefestigt worden. Sie steht, wie ich als Schulfuchs später gelernt habe, einer 'Man-hat-Niveau-nicht-aufzugeben-Mentalität' einer anderen Menschengruppe gegenüber. Rückgrat bilden sie, wenn sie die Lebensumstände vereinen.

Ein Vierteljahrhundert später, als ich als reputierter Meereskundler aus den USA zurück nach Europa berufen wurde, bat mich die Direktion derselben Stazione Zoologica in deren wissenschaftlichen Beirat, dann mit internationalen Kursen Meeresökologie zu entwickeln und schließlich ihr Wissenschaftsjournal zu übernehmen. *Marine Ecology* erschien ab den Siebzigerjahren und veröffentlicht eben den zwanzigsten Jahrgang. Und der Schnösel, der uns damals von der Treppe aus die Pauke hielt, Peter DOHRN, ist, nun klappriger Pensionist in einem umbrischen Bauernhof, ein intimer Freund geworden. Irgendetwas muss gestimmt haben.

Was war nun von unserem Empfehlungsschreiben zu halten? Wie sich's später zeigte, enthielt es keine Empfehlung, sondern eine Warnung, die wir, bona fide, überbrachten. Den Schreck, den die Kriminalpolizei Prof. STORCH eingejagt haben musste, hatten wir ebenso unterschätzt wie seine persönlichen Interessen. Wir wussten nicht, dass er einen teuren Arbeitsplatz Österreichs an der Stazione frequentierte. Der war nichts für windige Studenten. Später, als ich dem Wissenschaftsrat der Stazione angehörte, ersuchte ich das Archiv um das Schreiben. Man fand es nicht mehr. Noch besser.

Die Unbekümmertheit, die mich damals in der Stazione Zoologica den Jeep wieder anwerfen und losbrummeln ließ, hätte mir zu denken geben können. Ich hätte bedenken sollen, dass man einem Pionier, für welchen ich mich ja hielt, immer wieder die Türe weisen würde. Aber auf diesen Gedanken kam ich nicht. Und solcherart Lebenshaltung wird mich bis in mein Senium begleiten.

Wir brachen auf zum Posilipo. Und nun folgen einige Monate meines ersten seelischen Höhenflugs und ich will mit Umsicht vorgehen, um das Wesentlichste nicht zu verwischen. Man darf nicht erwarten, dass wir etwas von Bedeutung entdeckten, aber es entstanden Orientierungen, die ein Leben lang Richtung gaben.

Es wiederholt sich in der kurzen Lebensgeschichte etwas aus den langen Vorgängen der Entdeckungsgeschichte. So, wie die Erforschung der

Die Zoologische Station Neapel, 1875

Anton Dohrn im Labor und
von einem seiner Fischer ans Ufer getragen.

Abb. 10: Die 'Stazione Zoologica di Napoli' und ihr erster Direktor Anton DOHRN bald nach ihrer Eröffnung, etwa 1880. Die Meeresbiologie war von dem Wunsch bestimmt, nicht nass zu werden.

See erst mit der Entdeckung von Küsten und Kontinenten begann, gefolgt von den ozeanografischen Expeditionen, und bei den Meeresstationen anlangte, lenkten Antriebe und Perspektive von den großen, geomorphologischen Strukturen zur Anordnung der Biotope auf ihnen und zur Wahrnehmung der intimen Lebensverhältnisse im einzelnen Lebensraum.

Dabei wird das, was nach der verwendeten Metapher wie osmotisch aufgenommen wurde, sich wie ein gedachter Rahmen um die Einzelheiten ziehen, alles Kasuistische dagegen, der Reigen der Ereignisse, die verlässlichere Illustration geben können.

Das Capo di Posilipo ist ein Getürme von weichem, vulkanischem Sedimentgestein, überwiegend von Tuffen. Eine seiner Formen kennt man bei uns als Bimsstein. Heute ist die Szene überwuchert von Anlagen und Developments, damals die Heimat des Fischerdörfchens Marechiaro, weniger Villen und Bauernhöfe, kleiner Weinanger und Striche von Feigen, Agaven und Opuntien. Geblieben war eine Fülle römischer Artefacte – Tunnel, Stollen und Reste von Villen – aus der Zeit des TIBERIUS. Neben der besterhaltenen, dem 'Castello degli Spiriti', dem Geisterkastell, bauten wir, was wir ein Feldlager nannten: das Hauszelt für Werkstatt und Labor, herum die kleinen Wohnzelte, wie dessen Kinder.

Die Küste hatte sich seit tiberianischer Zeit wohl um runde zehn Meter gesenkt, das Castello stand damit halb versunken im Meer. Die Nähe zu Pozzuoli und der Solfatara macht das verständlich. Durch sein erstes Stockwerk zieht die Wasserlinie. Diese Räume und eine kleine Senke dahinter, gegen die mit Agaven und Fetter Henne überzogene Felswand, bildeten einen Hafen für Schlauchboot und Messgeräte. Das zweite und die Reste des dritten Stockwerks gaben einem Ausguck.

Zunächst war der Seegrund zu rekognoszieren: wellige Felsgründe mit vielen Seeigeln. Bereits ein schlechtes Zeichen für die Wasserqualität, was damals noch niemand wusste. Abbrüche auf fünfzehn bis dreißig Meter mit dunklem, niedrigem Aufwuchs, ein Mosaik aus Schwämmen, Algen und Moostieren, die wir ließen, weil wir sie nicht bestimmen konnten. In den Felssenken Sand, Muschelgrus und etwas Seegras.

Wir 'kartografierten' die nähere unterseeische Umgebung, was Sinn machte, verzeichneten die Seeigelverteilung und begannen, ihre Größen zu vermessen, was schon weniger Sinn machte. Wir begannen mit der Vermessung der Spektralbereiche des Lichts nach Wassertiefen, was, weil im Allgemeinen bekannt, auch wenig Sinn machte. Aber wir bemerkten bald, dass nicht nur das Oberlicht eine Rolle spielte, vielmehr das Rundumlicht als Ganzes. Es entstand das Konzept einer Helligkeitssphäre, was sehr viel Sinn machte. Zwischendurch harpunierten wir Fische für die Bratpfanne und begannen, uns in den Präpariermikroskopen den Inhalt von Vegetationsproben anzusehen. Das wurde zu einer Art Schicksal.

Es versteht sich, dass wir Seeigelstacheln in den Fingern, Seewasser in den Masken, Regenwasser in den Zelten, Sand und Salz überall hatten; von den Schlafsäcken bis in die Mikroskope. Das ist vielleicht trivial und war auch so erwartet. Die Lernfortschritte schildern aber besser Episoden.

Die Neapolitanische Presse hatte uns entdeckt. Ein illustrierter Artikel: „*Gli Austriaci hanno occupato uno scoglio a Marechiaro*" brachte uns Besucher ein. Nicht wirklich viele, aber wir fanden uns gleichermaßen geehrt wie gestört. Einmal erschien ein Männchen mit schöner Frau: Tenente BUCHER, ehemaliger Grazer, Leutnant der italienischen Luftwaffe. Guckte sich unsere Geräte an, namentlich die Harpunen, und lud uns zu einem Ausflug nach Capri ein, Fische zu harpunieren. Es versteht sich, sportlich, ohne Atemgerät. Der Tenente mochte auch keines besessen haben.

Wir empfanden das, wie ich glaube, als Zeitverlust, denn Fische harpunierten wir ja, meist etwas über spannenlange Lippfische und Brassen, vor der Haustüre (des Castello). Aber so wenig der Tenente auch von der Sache verstehen mochte, Capri lockte. Als auch er in Capri, nach der Überfahrt, seine Ausrüstung im Boot verstaute – Harpune, Bleigurt sowie Flossen und Brille aus den USA, alles mit Gebrauchtspuren –, waren wir schon etwas achtungsvoller.

Wir landeten unter dem 'Salto del Tiberio' an dem glashart dolomitisierten Kalksteinkliff einer Felswand von etwa zweihundert Metern Höhe. TIBERIUS soll hier, von seiner Villa aus, unliebsame Gäste ins Meere gestürzt haben. Das war schon eine luftigere Lage zur See als jene, die wir kannten, zumal ein Blick ins Wasser erkennen ließ, dass sich diese Formation in gleicher Weise senkrecht in eine nicht abschätzbare Tiefe fortsetzte. Nun wurden die Harpunen gespannt. Wir hatten alle etwa zwei Meter lange Federharpunen, die man schwimmend spannt, indem man den Pistolengriff in der Kniekehle hält und den Pfeil, an seinem Dreizack mit beiden Händen gefasst, gegen die Feder ins Rohr schiebt.

Die vom Tenente vorgeschlagene Strategie: da, weiter unten (?), Nischen und kleine Höhlen in der Wand, in welchen oft Cernien stehen. Die

Cernia, der Zackenbarsch, ein beliebter Speisefisch, erwachsen von über einem Meter Länge. Wir atmeten reichlich durch, um den Sauerstoffspiegel im Blut hoch zu legen, dann auf den Kopf gestellt und ab. BUCHER uns mit Tempo voraus. Erster Druckausgleich durch die Nase, zweiter, wir Meeresforscher bei zwanzig oder höchstens dreißig Metern. Der Tenente hält bei fünfunddreißig, vielleicht noch mehr. Wir hören das Rasseln der Harpune, müssen uns aber langsam wieder auftreiben lassen. Aber wir sehen noch, dass er sie nochmals lädt, hantiert mit Ruhe und Umsicht, wie in einer Küche, dann hören wir nur mehr: ratsch, zweiter Schuss. Den Rest hören wir nicht mehr. Wir schnaufen am Bootsrand. Gut zwei Minuten später taucht der Tenente auf. Die Cernia hieven wir nur mit Mühe an Bord, Länge: fast eineinhalb Meter.

Nachdem noch eine zweite mit einem Meter zwanzig harpuniert ist, tuckern wir zur 'Marina piccola', einem Fischerdorf an der Südküste. Dort kennt man den Tenente schon. Ein Restaurant erhält einen der Fische und ein Bankett wird uns dafür bereitet. Man kann sich denken, dass wir bescheidener, alle aber große Tauchkameraden wurden. Dennoch: Die Lehre saß uns offenbar lange im Nacken, denn wir entwickelten den Sport: 'Wer harpuniert den kleinsten Fisch?' Bald darauf hielt Tenente BUCHER den offiziellen Weltrekord im Freitauchen, der Kontest, ebenfalls in Capri ganz nahe der Stelle unseres Abenteuers: fünfzig Meter oder sechzig? Ich weiß es nicht mehr.

Zweites Bild, Scirocco: Ein aus SSW stehender Wind, der gewöhnlich nicht über drei Tage hält, aber Sturmstärken erreichen kann und die Seen senkrecht auf unsere Küste beim Castello aufbaute. Wie mochten sich da die Tiere verhalten?

Über die offene Küste war nicht mehr ins Wasser zu kommen. Aber mit dem Tornistergerät gelang es mir, durch das untere Stockwerk des Castello hinauszutauchen. Sog und Schub des Seegangs waren in dem Korridor zwar beträchtlich, aber wenn man nicht dagegen ankämpfte, sondern langsam schob und auf die Bänke scharfer Seepocken an den Wänden achtete, pendelte man allmählich hinaus. Draußen war's tatsächlich eindrucksvoll. Wolken von Luftblasen, die die Brandung in die Tiefe riss, fegten über die Rücken des Seegrunds, die Fischschwärme wehten wie Vogelschwärme in böigem Sturm und wendeten stets gemeinsam gegen das Hin und Her des Wasserkörpers. Auch das grobe Sediment pendelte im Seegang über den Grund und die Seegraswiese wurde wie ein Pelz im Sturm hin und her gebürstet.

Als ich satt gesehen und durchgekältet wieder den Eingang zum Korridor suchte, hatte das Getobe so zugenommen, dass dort an ein Eindringen nicht mehr zu denken war. Die unterseeische Gischt ließ einen vielfach kaum die Hand vor den Augen sehen, die kenternden Strömungen zerrten an Gerät und Maske. Also ab von der Küste. Jenseits der brechenden Wogen war's zwar ungefährlich und ich konnte mich, schon alarmiert, den auch alarmierten Freunden von jedem Wellenberg aus wieder zeigen, aber wie war zu entkommen?

Sichtlich wussten diese eine Lösung. Sie ließen eine Seilschlinge vom Kastell und deuteten mir, das Gerät abzuwerfen. Aha! Ich schwamm noch über tieferes Wasser, schloss das Gerät und warf es ab. Zurück an der Seilschlinge wurde ich, wenn auch mit Schürfern, wohl geborgen. Tage darauf bargen wir das Gerät; ohne Schürfer. Das Meer ist immer schön, wenn man's vom Land aus sieht. So sagten die Fischer in Marechiaro. Das galt offensichtlich auch unter seiner Oberfläche.

Als die Herbststürme in die Winterstürme übergingen wurde unser Lager wiederholt malträtiert und die Bewohner der Villa BECK, denen unser Ringen gegen Überschwemmungen und Sturm manch tüchtiges Schauspiel geliefert haben mochte, boten uns Unterschlupf über den Winter. Das gab die Möglichkeit, die Vegetationsproben, die wir uns, wann immer der Seegang es erlaubte, täglich holten, auf trockenen Tischen zu mikroskopieren. Wir sortierten und quantifizierten die Kleinfauna nach Gruppen und begannen mit Experten zu korrespondieren, ob diese wohl an einer Bearbeitung interessiert wären.

Unter diesen schrieb mir Professor Otto STEINBÖCK aus Innsbruck einen besonders lieben Brief zurück. Er meinte, da wir schon so viel Initiative bewiesen hätten, sollten wir doch selbst einige der Tiergruppen bearbeiten, vor allem solche, die ohne Lebendstudium gar nicht zu bestimmen wären. Das galt vor allem für die Turbellarien. Also nahm ich mir diese Gruppe vor und Wolfgang die Fadenwürmer. Wieder eine Schicksalsentscheidung für uns beide.

Wir hatten schon beobachtet, dass es eine Beziehung zwischen den Zonen der Algenvegetation und der sie bewohnenden Fauna geben muss, entwickelten quantitative Methoden der Probennahme und der Extraktion für die einzelnen Tiergruppen und machten uns systematisch an die Arbeit.

Das war mehrfach schicksalhaft. Der mikroskopierende Winter im Schutz der BECKschen Villa mochte dazu beigetragen haben. Nicht die Mantas und Teufelsrochen zogen uns an; vielmehr das winzigste Gewürm am Seegrund. Tatsächlich hatten wir aber an der ökologischen Uhr das schnellste der fundamentalen Rädchen angefasst. Und das Schicksalhafte erwies sich darin, dass sich uns damit Ökologie mit Systematik und Vergleichender Anatomie verband.

Es war eindrucksvoll, dass man die Arten, nachdem man sie bestens kennen gelernt hatte, unter dem Mikroskop zweifelsfrei unterscheiden konnte. Meine 'gläsernen Organismen' wurden zu einer Art gläserner Systematik, in die, über Hilfsnamen, sogar eine binäre Nomenklatur einzog. 'Rüsselhai stumpf' und 'Rüsselhai krumm' (die Adjektive bezogen sich auf Merkmale des Genitalstiletts) waren eng verwandt und bildeten bald mit weiteren Formen die Gruppe der 'Rüsselhaie' (*Kalyptorhynchia*, wie sich's später herausstellte) und so fort.

Was da langsam in mich einsickerte, war zweierlei. Erstens das Vertrauen, sich auch ohne Literatur in eine Tiergruppe einarbeiten zu können; freilich unter der Voraussetzung, die einschlägige Literatur wenigstens dem Typ nach zu kennen, sich auf seine Gestaltwahrnehmung zu verlassen und später die ganze einschlägige Literatur einzuarbeiten. Eine Vorstellung davon gaben mir einige kleine Studien, die mir STEINBÖCK schickte. Zweitens hat mich das später ermutigt, noch auf weitere Tiergruppen einzugehen und Schüler in einem guten Dutzend in diesen Zugang einzuführen. Eine ganze Schule von Systematikern, eigentlich 'vergleichender Anatomen', wird entstehen.

Niemand hatte mir im Studium geraten, mich mit Systematik zu befassen. Und hätte ich gefragt, wäre mir wohl abgeraten worden, denn schon damals begann der Unsinn, sie für eine überholte Disziplin, eine Musealkunst, bestenfalls für eine Hilfswissenschaft zu halten. In Wahrheit beruht sie auf Vergleichender Anatomie und ist die fundamentale Voraussetzung dafür, sich, über tausende Arten, hunderte von Merkmalen dutzender Organe, ein lebendiges Bild von Vielheit, Komplexität und dem Ordnungsprinzip in der Natur zu machen. Das nur auszusprechen, habe ich gelernt, bringt gar nichts. Man muss es entdeckend erleben.

Natürlich habe ich das damals nicht gewusst. Es muss die Suggestion und Herausforderung einer solchen Mannigfaltigkeit gewesen sein, die mich, angeleitet durch Gestaltwahrnehmung, dazu führte, all diese Entdeckungen unter dem Mikroskop zu ordnen. Ich hätte nicht zu formulieren gewusst, dass es sich um eine Durchdringung einer Strukturhierarchie des anatomischen Baues mit einer Klassenhierarchie der Ähnlichkeiten der Arten handelte. Ich wurde von jener intuitionistischen

Morphologie angeleitet und bedurfte noch größerer Herausforderungen, um sie übersteigen und das viel später auch formulieren zu können.

Dieses Vertrauen hatte aber noch einen wissenschaftstheoretischen Hintergrund. Ich muss gleichermaßen annehmen, dass mir dieser damals nicht bewusst war, dennoch aber seine Wirkung tat. Man erinnert sich an meine 'ägyptologische Erfahrung', die Einsicht in den hierarchischen Bau komplexer Systeme. Heute weiß ich, dass jenen Strukturhierarchien etwas wie Klassenhierarchien entsprechen. Erstere nennt man im gegebenen Fall Zellen, Gewebe und Organe, letztere Gattungen, Familien und Ordnungen der Taxonomie; das mag noch trivial erscheinen, bemerkt man aber deren gesetzlichen wie logischen Zusammenhang, so tritt ein wissenschaftliches wie erkenntnistheoretisches Phänomen von einiger Bedeutung zu Tage.

Mit Grauen erinnere ich mich an die dichotom organisierten Bestimmungsbücher meiner Schulzeit, in denen die zu treffenden Entscheidungen nach den ersten Fehlern immer unsicherer wurden, und zwar in einer Weise, dass man statt beim Veilchen bei der Eiche landen konnte. Ich werde später die Entwicklung meiner Synoptik der *Fauna und Flora der Adria*, schließlich des ganzen Mittelmeers schildern, in der sogleich mit einer hierarchischen Gliederung begonnen wurde.

Vom erkenntnistheoretischen Zusammenhang soll aber erst am Beispiel der Entdeckung ganz neuer Tiergruppen die Rede sein. Studien am Roten Meer werden dazu Anlass sein. Denn erst dort verstand ich die Entwicklung der dahinterliegenden Theorienbildung ganz. – Nun war viel von Theorie die Rede. Ich will zur Färbigkeit unseres Alltags zurückkommen.

Natürlich entstand trotz aller Selbstständigkeit ein Bedürfnis nach Fachliteratur. Man wollte doch wissen, ob man mit seiner Systematik richtig lag. Und die Stazione Zoologica bot dabei einen besonderen Anreiz, weil sie, jedenfalls damals, noch die bedeutendste und für das Mittelmeer vollständigste Bibliothek besaß.

Da gab es aber Hindernisse. Man wird sich erinnern, wie wir von der Stazione verwiesen wurden, und auch weitere Versuche, einzudringen, zeigten, dass das Hausverbot durchaus nicht gelockert wurde. Wenn etwas Pikrinsäure fehlte oder Deckgläser ausgingen, die in Neapel nicht zu besorgen waren, aber in Labors in Mengen vorrätig sind, so trachteten wir doch, derlei von den gutmütigen Laboranten zu erhalten. Folglich erhielt

Doktor BACCI, Capo Riparto, Leiter der Abteilung Zoologie, den strikten Auftrag, uns fernzuhalten. Offiziell in das Heiligtum der Station, die riesige Bibliothek, vorzudringen, war ausgeschlossen.

Gewohnt, wenn ich so sagen darf, kleine Probleme sofort aus der Welt zu schaffen, machten wir uns an den Nachtportier heran. Ein Plauderabend mit dem einsamen Mann und, wie ich zugeben darf, eine Flasche Chianti, einschließlich der Beteuerung unserer Gewissenhaftigkeit, verschafften uns den Zutritt. Allerdings mit der Verpflichtung, kein Licht anzudrehen.

Diese nächtlichen Suchen mit einer Taschenlampe sind mir in lebhafter, fast gespenstischer Erinnerung.

Im folgenden Frühjahr gab es aber eine Rehabilitierung, die ich schon ihrer Folgen wegen wiedergeben muss. Wir erfuhren, damals mit dem Feldlager schon am Capo di Sorrento, dass Prof. Alfred KÜHN in der BECKschen Villa wohnte und in der Stazione arbeitete. Uns war der Name sehr vertraut, denn nicht nur hatten wir unsere Praktika mit dem 'Kleinen Kühn', der damals besten Sezieranleitung, absolviert, auch das damals beste *Lehrbuch der Zoologie*, das wir natürlich mit hatten, war von ihm neu herausgegeben worden.

Zudem, was wir nicht wussten, war er der einflussreichste Mann im Aufsichtsrat der Stazione. Und noch weniger ahnte ich, dass man mich Jahre darauf ersuchten würde, die nächste Neuauflage jenes Lehrbuchs zu verfassen.

Dem großen Mann musste ein Besuch gemacht werden. Der Portier gab mir an, wo er zu finden war: in den schönsten Labors, am Korridor, direkt über dem Arkadenhof. Ich machte mich auf den Weg hinauf, fand sein Türschild und klopfte. Zu meinem Schrecken tauchte im selben Moment Doktor BACCI auf und strebte auf dieselbe Türe zu. Da standen wir nun Nase an Nase. Gottlob ging auch im gleichen Augenblick die Türe auf, eine Assistentin guckte uns an, wir erklärten unsere Wünsche. „Was gibt's denn, Fräulein BERG", hörte man von drinnen eine hohe Männerstimme. „Da ist der Doktor BACCI und ein Student aus Wien." Dann wieder die Stimme von drinnen: „Sagen's dem BACCI, er soll ein bisserl später kommen, die jungen Leute muss man sich anhören."

Ich war nicht nur für den Moment gerettet, KÜHN hörte sich meine Schilderung unserer Absichten an, ließ Tee kochen, schickte Fräulein

BERG um Kekse und wir saßen bis in den sinkenden Abend. Mit einer Einladung, ihn in seinem Max-PLANCK-Institut für Biologie in Tübingen zu besuchen, wurde ich verabschiedet. Damit war uns auch die Bibliothek der Stazione geöffnet.

Bevor wir Neapel im Frühling 1949 verlassen, will ich noch ein Erlebnis anschließen. Neapel: Museo Nazionale. Mit dem *Baedecker* vorbereitet machte ich mich auf den Weg. Leider an einem Tag, an dem das Museum voll war von Besuchern und Führungen. Das aus Pompei stammende Mosaik 'Die Alexanderschlacht' war eines der ausgemachten Ziele.

Als ich mich in die Halle durchdrängte, an deren Stirnwand es zu erwarten war, befand sich vor demselben eine dichte Menschenmenge, sodass ich buchstäblich mit der Nase an den Steinchen des Mosaiks landete. Und nachdem ich einiges über die Herstellung und die Versetzung von Mosaiken wusste, gewann ich auch den Arten der Steinchen einiges Interesse ab. Fortstrebend, im Bedürfnis, Übersicht zu gewinnen, bekam ich Helme und einen Pferdekopf zu sehen, aber erst als sich das Gedränge im Saal lockerte und ich vom drüberen Ende aus das ganze Bild sah, waren es zwei Reiterheere, die aufeinander zubrandeten.

Erst wieder draußen aus dem Trubel fiel mir auf, dass aus jeder Perspektive etwas völlig anderes zu sehen war. Dieser Wandel von Wahrnehmung und Perspektive beschäftigte mich bald. So ging's wohl auch in meiner Wissenschaft zu. Wie das anzuwenden war, wusste ich damals noch nicht. Dass mir die Sache aber lange in Erinnerung blieb, ist mir evident. Erst Jahre darauf, nach meiner zweiten Sizilienreise, verwendete ich diese Einsicht für die Struktur eines Buches.

Damals war ich schon mit Herbert TICHY befreundet. Ihm gefiel der Text gut und er empfahl mich dem Ullstein Verlag, bei dem er publizierte. Dem Lektor gefiel er auch. Er machte mir Mut, denselben noch mehr zusammenzuschließen. Er wurde nicht publiziert. Ich aber wusste nun, worum es ging.

Das Buchmanuskript lag noch Jahrzehnte in meiner Lade und wartete darauf, einmal satzfertig gemacht zu werden. Die Erfahrung aus den Perspektiven der 'Alexanderschlacht' hat dagegen längst Früchte getragen. Ich entdeckte mir nämlich damals das Phänomen der Emergenz; dass beim Zusammenschluss von Teilen neue Qualitäten auftreten, die, auch in Spuren, in ihren Konstituenten nicht enthalten sind. Kein Mosaikstein macht einen Pferdekopf und kein Pferdekopf die 'Alexanderschlacht'. Man kannte das Phänomen schon im klassischen Altertum, etwa mit der Frage:

„Wie viele Körner machen einen Haufen?“

Meine Beobachtung war von der kognitiven Seite her gemacht, aus der Nähe und Ferne der Perspektive. Dass aber Emergenzen mit ihren Phasenübergängen die Neuerungen aller Evolutionsprozesse begleiten, ein Thema viel späterer Kontroversen, konnte mich nicht überraschen. Es war mir klar, dass kein Molekül atmet und keine einzige Nervenzelle denkt.

Ein halbes Jahrhundert später, 2003, habe ich den alten Text unverändert, aber mit etwas wie Professoren-Weisheit umsäumt, herausgegeben: *Clarissa und das blaue Kamel.*

Capo di Sorrento

Vielen Klöstern sieht man an, dass ihre Gründer Sinn für landschaftliche Ästhetik besaßen. Sie finden sich oft in prachtvoller Lage. Für unsere Feldlager können wir Ähnliches beanspruchen. Mit dem geringen Unterschied, dass wir unsere Bauten wieder einpackten.

Die Sorrentiner Küste lernten wir zunächst von der See aus kennen, per Schiff, später per Jeep, mittels Kletterschuhen, Maske und Schnorchel. Sie begrenzt den Südausgang des Golfes und geht von Tuff- in Kalkküsten über. Napoli bleibt aber noch erreichbar. Das schien uns wichtig, denn, wie erinnerlich: Die Bibliothek der Stazione hatte sich uns aufgetan.

Um sich von der Abgeschiedenheit dieser damaligen Situation ein Bild zu machen, folgende Episode: Ich war mit einem meiner Kumpane unterwegs, erst per Jeep, dann zu Fuß durch die Macchia, um einen Weg zum Weiler Massa, unten an der Küste, zu finden, und bald hatten wir uns verlaufen. Da, eine Bäuerin, Ziegen hütend. Ich fragte nach dem Weg. Die Antwort lautete: *„Se la Signoria si vada di la“* und sie wies uns die Richtung. ‘Signorina?’ Keiner von uns Kerlen konnte doch für ein Fräulein gehalten werden. Aber ich hatte mich verhört: nicht ‘Signorina’, vielmehr wirklich ‘Signoria’. Zu Deutsch also: „Wenn sich die Herrschaften dorthin begeben wollten.“ Derlei achtungsvolle Anrede war uns, zwar feine Kerle, wie man sich erinnert, aber gewiss noch nicht untergekommen.

Kurzum, für das Feldlager wählten wir am Capo di Sorrento, durch Erfahrung gewitzt, eine Lage hoch über dem Meer, oberhalb des ‘Bagno Regina Giovanna’, wieder römische Reste, diesmal eine Art Badeschlucht überwölbend. Nun stand das Hauszelt mit seinen Kindern in Reihe an der Klippe, maritim: ‘am Kliff’, alle vor prächtigen Seeblicken und Sonnenuntergängen.

Abb. 11: Aufbau des Zeltlagers im Frühling 1949 am Südausgang des Golfs von Neapel. Rechts entfaltet sich das Hauszelt für das Labor. Teile der Packkisten und der Geräte.

Auch die Lage unserer Kenntnisse hatte sich verändert. Mehrere Hundert Arten mochten sich in den Sammlungen befinden. Nicht wenige davon, wie wir nun abschätzen konnten, neu für die Wissenschaft. Und die systematischen Studien waren in faunistische übergegangen. Das heißt, unsere Erwartung, dass sich die Faunen in den Seegründen je nach den Zonen der Vegetationsbestände, also nach der Exposition zu Seegang, Licht und Sediment, deutlich verschieden zusammensetzen, hatte sich bestätigt.

Damit entstand die Aufgabe, polymorphe Phänomene zu quantifizieren. So hätte ich das damals noch nicht ausgedrückt, nur dass eine Methode zu finden war, war klar.

Nicht die Häufigkeit von Einzelarten konnte für die einzelnen Bestände kennzeichnend sein, vielmehr das Verhältnis aller repräsentierten Arten zueinander. Und zudem konnte nicht die Fauna eines Bestandes das Maß für die anderen sein, denn welchen hätte man wählen sollen? Vielmehr mussten sich die Ähnlichkeitsgrade und -grenzen der Faunen aller Bestände auseinander bestimmen. Kurz, ich entwickelte 'Homogenitätsdiagramme', eine Methode, die Professor ADAM später als eine neue Klassenstatistik publizierte.

Wir werden diesem Prinzip in der schönen Sprache von GOETHEs 'Morphologie' wiederbegegnen. Die hatte ich damals, trotz meines 'goethischen Lehrers' MARINELLI, noch nicht gelesen. Aber, wie wir noch finden werden, kann auch die einzelne Art nicht Maß für die Arten einer Gattung sein und keine Gattung das Maß für die Gattungen einer Familie; wiewohl sich die Kennzeichen einer Familie aus jenen ihrer Gattungen und die jeder Gattung aus jenen ihrer Arten zusammensetzen. Man erinnert sich aus 'meiner' Ägyptologie des Verhältnisses von Zeichen, Wort, Satz und Kontext.

Was gedanklich vorliegt, ist wieder 'rekursive Kausalität', die mich, sobald das Prinzip formulierbar wurde, noch ausgiebig beschäftigen wird. Einmal, weil es sich zeigen wird, dass sich alle Welt aus solchen Wechselbezügen strukturiert hat; ein andermal, weil mir meine Kollegen Professoren in dieser Einsicht nicht folgen wollten.

Damit war eine methodische Differenzierung erreicht, welche unsere Unterwasserforschung erstmals zu ansonsten nicht erreichbaren Einsichten führte. Das scheint zunächst paradox, denn jene methodische Differenzierung hat mit Taucherei an sich nichts zu tun. Der Zusammenhang war auch nicht geplant entwickelt. Er ergab sich. Was unsere Unterwasserforschung an Neuem leistete, war zunächst nichts als die zielbare, synoptische Aufsammlung unter Wasser.

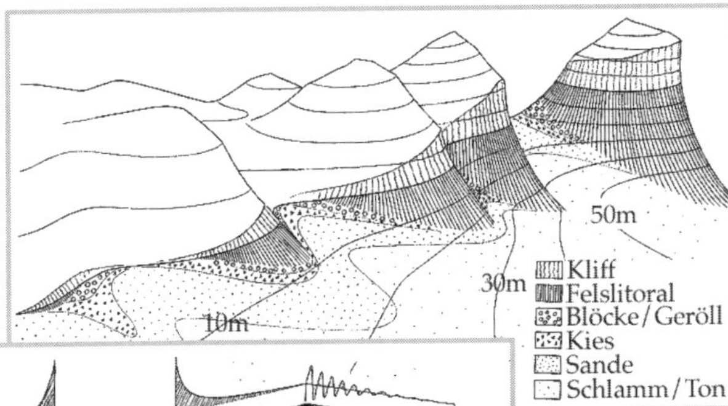

Synoptik der Formationen der Küsten- und Seeböden der Sorrentiner Nordküste

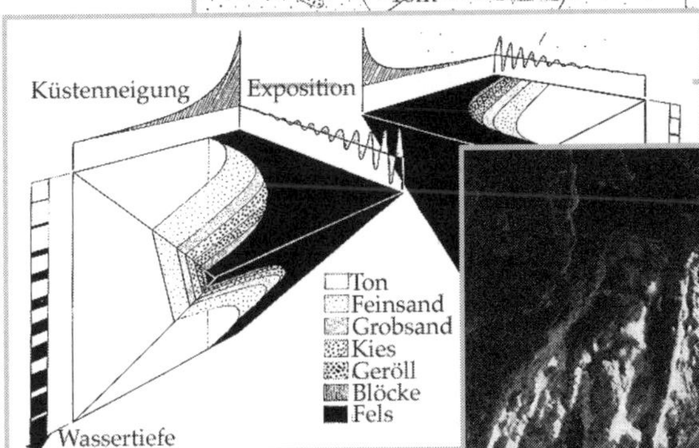

Der Zusammenhang der Seeboden-Formationen nach Küstenneigung und Exposition durch den Seegang.

Extreme Steilküste; Blick aus der 'Grotta meravigliosa', 'Punta della Chavicella', Capri

Abb. 12: Einsichten in die 'Geomorphologie', die klein-geografischen Lebensräume der Küsten, nach ihrem Alter und ihrer Exposition gegen den Seegang, wurden mir allmählich klar.

Die Lage unserer Kenntnisse veränderte sich aber auch über einen zweiten Umstand. Kalkstein ist nicht nur über lange Zeit wasserlöslich, noch mehr sind es Organismen, die den Kalk lösend zu zerbohren vermögen. Und zusammen formen diese Kräfte an den unterseeischen Küsten die erstaunlichsten Profile. Das wird, wie ich später verstand, noch dadurch gefördert, dass die Bohrtätigkeit besonders in den Nischen und Überhängen effektiv ist, wo Schatten die schützende Algendecke mindert. Alle Zufallsprofile werden dadurch überhöht und somit kann eine solche Unterwasserwelt voll der Türmchen, tiefen Spalten, Torbögen, Grotten und Höhlen sein.

Ich erinnere mich sehr deutlich an die erste solcher Höhlen, in die mich der Seegang hineinschob. Da lag eine andere Welt vor mir als jene Algenwiesen und -matten, die wir seit Monaten untersuchten. Ein buntes Gewirr offenbar aus Schwämmen, Korallen, Moostierkolonien und vielem anderen, das ich nicht erkannte, bedeckte die Wände. Dieses Bild beschäftigte mich lange. Dabei hätten wir in den überfluteten Räumen des Castello degli Spiriti solche Beobachtung schon machen können. Vielleicht war es die artifizielle Situation, die des Studiums nicht wert erschien. Hier war es vielleicht ein seltener Lichtstrahl, der das Bild prägte.

Merkwürdigerweise setzten wir unseren Scheinwerfer nicht ein. Nachdem die Expedition an fast alles gedacht hatte, so auch an Licht. An Höhlen aber hatten wir nicht gedacht, eher an die Verwendung unseres Unterwasserscheinwerfers bei Nacht. Es war ein schwerer, parabolischer Kasten, von einer Zwölf-Volt-Batterie gespeist und daher viel zu schwach, um noch über passable Entfernungen filmen oder fotografieren zu können.

Wir blieben zwar weiterhin bei der Untersuchung der offenen Küsten und der geomorphologische Zusammenhang dieser Lebensräume wurde mir allmählich klar, aber in abendlichen Plaudereien kamen die Höhlen wiederholt vor. Mit zunehmender Kenntnis der Literatur begannen wir allmählich auch die Naivität unseres Tuns zu begreifen. Eine Gesamtdarstellung der Biotope der offen liegenden Küsten, aus welchen man mit Kratzern und Netzen schon seit einem Jahrhundert systematisch Proben holte, hätte die Einarbeitung einer für uns ganz unübersehbaren Literatur vorausgesetzt.

Das mochte, so muss es mir damals gedämmert sein, in den Höhlen unter Wasser anders sein. In diese war ja noch niemand hineingekommen. Wollte man einmalige Möglichkeiten der Unterwasserforschung vorführen, dann könnte das wohl dort geschehen.

Ich muss annehmen, dass der Alltag unseres Treibens, die vielen offenen Fragen unseres unmittelbaren Untersuchungsgegenstands, jene Perspektive wieder versinken ließ. Aber es wird sich zeigen, dass sie Anlass wurde zur 'Österreichischen Tyrrhenia-Expedition 1952'.

Ein Rundblick muss nun die Szene weiten. Man sollte sich, um ihm zu folgen, gewissermaßen zurücklehnen, den Seewind des späten Frühlings fühlen, den Duft der Macchia riechen und über das alles das Gezirpe der Zikaden legen. Die Seele konnte sich mit Gedanken füllen und weit werden.

Auch eine feine Abgeschiedenheit gehört zu dem Bild. Es gab keinerlei Badebetrieb. Zwei Kaps weiter im Westen lag eine schluchtartige Bucht, 'Il Quercio', wie der Name andeutet, ganz oben von Eichen überstanden. Sie wird 1952 noch eine Rolle spielen. Am schotterstrandigen Buchtende ein Badebungalow, der einmal elegantes Treiben gesehen haben mochte. Dort erschienen manchmal zwei oder drei Damen in langen, rüschenbesetzten Baderoben, aber immer erst in der Abendkühle, wenn keine Gefahr mehr bestand, dass sie die späte Sonne bräunte. Und die breitkrempigen Hüte legten sie erst ab, wenn sie ins Wasser glitten. Auch ihnen werden wir wieder begegnen.

Etwas anders im Osten. Dort schließt an das Kap kilometerlang ein Olivenhain, der an dem steilen Ufer fast bis zum Wasser reicht. Beim Durchwandern mit unserem Gerät sahen wir oft Mägde bei der staubenden Olivenernte und viel Gekicher begleitete unsere Passage. Fühlten sie sich unbeobachtet, stiegen sie manchmal ins Meer, Staub und Hitze für kurze Zeit abzustreifen. Sie legten ihre schwarzen Kattunkleider ab, unter welchen ebenso lange weiße Leinenhemden auftauchten. Mit diesen suhlten sie sich mit viel Gelächter im Wasser. Offensichtlich konnte keine schwimmen. Wenn sie herausstiegen, hätten selbst odysseeische Najaden keine überzeugenderen Bilder geben können. BÖCKLIN war wieder da.

Es war auch erst am Capo di Sorrento, im gleichnamigen Weiler, oben an der Straße, dass die Empfehlung aus der Viale Bruno Buozzi in Rom Früchte zu tragen begann. Nuncia COLONNA, etwas älter als ich, nahm mich Studenten an die Hand und führte mir die schönsten Aussichten der Sorrentiner Halbinsel vor. Auf sonntäglichen Pinienhöhen und in spätabendlichen Orangenhainen schwollen uns Herz und Seele. Alles weitere hinderte, wie ich damals dachte, die einem Kavalier auferlegte Haltung; wie ich heute weiß: meine Befangenheit. Ich habe Nuncia als meist ein bisschen traurig in Erinnerung.

Ich verplaudere mich. Aber solche erste Lebenshöhepunkte kann man nicht überlaufen. Zu berichten aber bleibt, dass Ernst (RILLE) und Peter (PRINZ) endlich nachkamen. Nach der Absolvierung noch enormerer Briefaktionen ohne große Mittel zwar, aber mit ganz anderem Schwung. Nun wehte wieder ein anderer Wind. Ernst zog mit der Filmkamera aus, Funktionen als Assistenten und Statisten wurden verteilt. Peter malte.

Für Unterwasseransichten und -kompositionen versorgte ihn unsere Technik mit einer mattierten Messingplatte, auf welcher der Bleistift auch im Wasser griff und der Finger radieren konnte. Der Bleistift musste geschnürt werden, weil sich die Leimung löste, und angebunden, weil er ansonsten beim Weglegen, wie sich's zeigte, sofort an die Oberfläche schwamm. Buntstifte bewährten sich nicht, weil sich die ausgewählten Farben an der Oberfläche als verfälscht erwiesen. Also notierte Peter seine Farbeindrücke und führte sie dann erst wieder im Lager aus.

Er wurde vom Expeditionsmaler, wie sich das eben bei kultivierten Expeditionen gehört, auf diese Weise noch zum ersten Unterwassermaler; tatsächlich zum zweiten. Als wir, wieder in Wien, im Wiener Künstlerhaus unsere Fotos und seine Bilder ausstellten, stellte es sich heraus, dass schon ein anderer Österreicher von einer Taucherglocke aus in Ceylon gemalt hatte.

Im Ganzen, das sagte ich schon, wehte ein neuer Wind. Es ward entschieden, bald an unbekanntere, einer Expedition gemäßere Küsten aufzubrechen.

Bevor aber die Unternehmung neuerlich in Bewegung kommt, mag noch eine Geschichte die Seele unserer Süditaliener beleuchten und die Weise, mit ihr zu leben.

Wie berichtet, hatte sich die Bibliothek der Stazione aufgetan und Wolfgang und ich wechselten uns ab, dort die neu gewonnenen Erfahrungen in Vergleich zu bringen. Das billigste Verkehrsmittel war die Circumvesuviana, eine klapprige Schnellbahn, die vom Städtchen Sorrento bis ins Herz Neapels führte. Ich kam wieder einmal, und, wie sich's versteht, mit der letzten Bahn in Sorrento an. Vor der Bahnstation die letzten Droschken, die ohne Fahrgast geblieben waren.

Eine setzte sich neben mir in Bewegung, mit der dringlichen Aufforde-

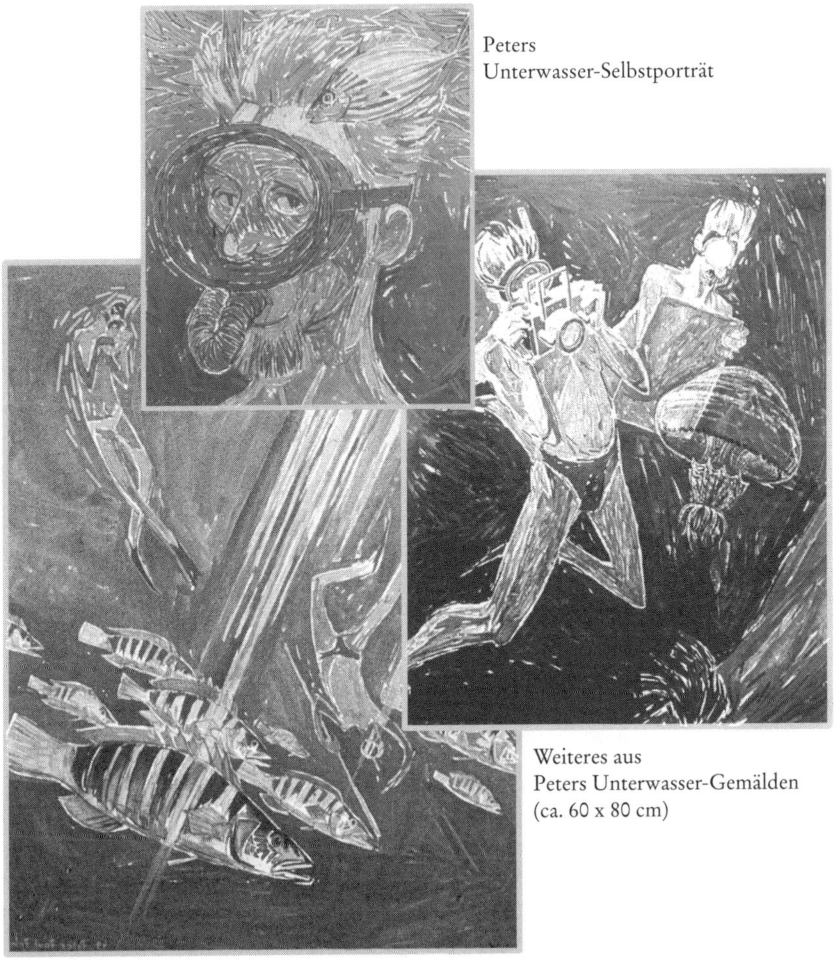

Peters
Unterwasser-Selbstporträt

Weiteres aus
Peters Unterwasser-Gemälden
(ca. 60 x 80 cm)

Abb. 13: Peter PRINZ, der Künstler unserer Expedition, ab 1949 als 'Unterwasser-Maler'. Unter Wasser skizziert und mit Farbwerten beschriftet, im Lager in Tempera auf Karton ausgeführt.

rung – dem üblichen: „Hallo, Joe“ –, nach Capo di Sorrento einzusteigen, wohin wir beide wollten. Preis: etwa das Zwanzigfache des üblichen. Also lachte ich den Kutscher aus. Es begannen Verhandlungen. Weiterhin trabte er neben mir. Als der Preis normal wurde, machte ich darauf aufmerksam, dass wir schon die halbe Strecke hinter uns hätten, und so fort. Schließlich lud er mich ein, für eine Packung Zigaretten einzusteigen. Da wir schon so vertraut geworden waren, auf den Kutschbock. Nebeneinander sitzend wurden die Themen familiär, die Zeit verflog, wir waren da. Also die Zigaretten. Ich angelte nach dem, was ich hatte, die billigsten italienischen: ‘Nationale Esportazione’.

Nun sah er, der sich von einem Amerikaner wohl ‘Lucky Strike’ erwartet hatte, dass er verloren hatte. Und eine große Bewegung leitete ein, dass er nun selbst in die Tasche griff, um nun mir eine Packung ‘Lucky Strike’ zu überreichen. Wir blieben Sportsfreunde.

Sizilien

Sizilien war zum ausgemachten Ziel geworden, unter Einschluss der nordafrikanischen Inseln. Wolfgang und ich machten, übrigens nur zu gern, den Vortrain, um an den Küsten den rechten Platz für das Feldlager zu finden; aus Kostengründen per Fähre im Männerschlafsaal nach Palermo, Rest per Anhalter und zu Fuß. Meist nahmen uns Lastwagenfahrer mit. Über der Windschutzscheibe viele Quasten und Püppchen, unter derselben Sprüche auf Email. Zum Beispiel: „*Donne e motore, dolce e dolore*“, das war überlegenswert, oder: „Denk in jeder Kurve an Gott“. Der Grund war offensichtlich.

Man erinnert sich meiner Erfahrung vor dem Mosaik der ‘Alexanderschlacht’. Im Kopfe und mit Skizzen begann ich meinen Text über Sizilien. Aus weiter Sicht erwies sich die Nordküste als finster und normannisch, die Ostküste mediterran griechisch, die Südküste voll des Sonnenglastes arabisch. Aus der Nähe bildete sich in den vielen Menschen, mit welchen wir zu tun hatten, nichts von jener Dreiteilung ab. Bei Wahrheiten bedarf es einer Angabe der Perspektive.

Die Welt wiederum teilte man in Sizilianer und in die anderen vom Kontinent. In einer bescheidenen Trattoria wollten wir Wein, Käse und Brot, Zwiebeln und ein Messer. Die Alte, die uns aufwartete, verstand uns nicht und rief in die Küche: „Mariiia! Komm, da sind zwei, die können nur Italienisch." Gewiss, man musste lernen, dass Coltello und Cipolla (Messer und Zwiebel) Cudiaddu und Cibudda heißt. Heute steht wohl vor derselben Trattoria: „Man spricht Deutsch."

Ich muss es mir verkneifen, die Wunder der Capella Palatina in Palermo oder die der griechische Reste in Syrakus oder Selinunt zu beschwärmen. Was aber zu den relationalistischen Erfahrungen einer solchen Reise zählt, soll noch ein Beispiel schildern.

Den Rest einer Nacht hatte ich in einer Kneipe in Grigenti (Agrigento) zugebracht, weil es dort den ersten Kaffee gab und ich vor Sonnenaufgang unten an der Punta Bianca, einem Sandstrand, sein sollte. Dort würden um diese Zeit gelegentlich Kutter ankommen, um bei den Bauern Fische gegen Wein und Brot zu tauschen. Von diesen könnte ich erfahren, ob sie einen Teil unserer Truppe nach Pantelleria mitnehmen würden. Ich setzte mich auf eine Düne und fasste mich in sizilianische Geduld.

In einiger Entfernung watete ein Mann im hüfttiefen, sich kräuselnden Wasser der Küste entlang. Schwarze Hose, alte Weste. Über der Schulter eine lange Stange. Allerlei Hantierungen. Im Näherkommen erkannte ich: ein Polypenstecher. Nach vorsichtigem Auslug senkt er die Harpune ins Wasser, stößt zu, schiebt die Stange über die Schulter zurück, bis sie kippt und der Krake aus dem Wasser taucht. Dann hält er die linke Faust in dessen Arme. Der Polyp saugt sich fest, wird vom Dreizack gerissen, ein kurzer Stoß hinter die Augen trifft sein Gehirn, er erschlafft, durch die Wunde wird eine Schnur gezogen und er schwappt mit anderen seiner Art am Gürtel des Fischers.

So weit war mir der Vorgang geläufig. Aus der Nähe aber sah ich, dass ein kleines Fläschchen an einer Drahtschlinge vor seiner Brust hing. Darin eine Feder. Vor jedem Auslug nahm er die Feder und führte sie segnend über das Wasser. „Was habt Ihr denn da in dem Fläschchen?", rief ich. „Ein bisschen Öl", kam die Antwort. „Aber was macht Ihr mit der Feder über dem Wasser?" „Wisst Ihr nicht, dass Öl die Wellen glättet?" „Ja, das weiß ich", antwortete ich, „aber das bisschen Öl soll helfen?". Da nun blieb er erst stehen und sah mich groß an. „Mein Herr", sagte er, „ich bin kein reicher Mann, mehr kann ich nicht geben."

Wolfgang und ich hatten uns für den äußersten Osten der Südküste entschieden. Dort gab es gar keine reichen Leute, nur weite, einsame Strände. Wir waren bald wieder in Sorrent. Großer Aufbruch: 'Mit Mann und Ross und Wagen ...'

An diesem 15. Juli 1948 verzeichnet mein Tagebuch beispielsweise: „Nuncia, die arme. Von Wesen ist nur Ziel und Inhalt des Menschen." Man möge sich selbst sein Bild machen. Heldentum; nicht zu leugnen. Dann steht noch: „Riesen Räumerei. Noch Polizei (Anm.: die Abmeldung) und dann weg. Keine Gefühle, nur Bewegung und Gesichter. Positano lässt alles anders werden. Vor Salerno zweimal Reifenpanne am Dodge." Weit waren wir also nicht gekommen. Aber, wie wir wussten, auch *Christus kam nur bis Eboli* (von Carlo Levi).

Wie berichtet reisten wir ja von der Schweiz bis Neapel fast ohne Fracht. Nun erst, auf den heißen, schlechten Straßen, rächte sich die Überladung der alten Autos. Reifen zerplatzten und mussten geschustert, weitere Kilometer in der Kühle der Nacht gefahren werden. Auch das Getriebe des Dodge brach zusammen. Wir kannten uns aus, fanden Ersatzteile und bauten alles wieder zusammen. In der 'Ponte di Asino', dem verlassensten Teil des ohnedies verlassenen Kalabrien brach die Benzinpumpe. Wir montierten einen Benzinkanister an der Windschutzscheibe und fuhren mit 'Fallbenzin'.

Sollte man bis jetzt nicht anerkannt haben, dass es sich um eine Expedition handelte, weil sie sich eben in Gebieten bewegte, wohin andere ihre Hochzeitsreisen lenken, nun hat wohl auch der Kritiker den Expeditionsstil vor Augen. Und es wird noch besser werden.

In Reggio am Hafen wollte man freilich unseren Haufen, mit offenem Benzin (!), nicht auf die Fähre lassen. Kanister mussten geschlossen sein. Also wurde, nach Verhandlungen, Anlauf genommen, zwei turnend auf der Windschutzscheibe, einer riss kurz vor der Rampe den Schlauch aus dem Kanister, einer verschloss dessen Öffnung. Alle Vorschriften waren, auch zum Gaudium der Matrosen, erfüllt. Was sie nicht bedachten: In Messina angekommen, mussten sie helfen, all die Tonnen Gewicht von der Fähre zu stemmen. Aber, wie auch immer, wir waren auf der Insel.

Catania, Siracusa, Noto, schon kleiner, Spaccaforno ('geplatzter Ofen'), ein Dörfchen, Sampieri, ein verlassener Weiler, im Wind schlagende Fensterläden, einige bescheidene Sommerfrischler aus dem Dorf Scicli, die Weiberleut wieder in schwarzem Kattun, die Mannsbilder in eigentümlicher Eleganz, in Pyjamas, dann nichts mehr. Auch die Feldraine verloren sich. Auf der Weiterfahrt entlang der flachen Küste rollen wir Blöcke zur Seite um durchzukommen. Das hatte Stil.

Das Feldlager, nun mit den Fahrzeugen, eine Wagenburg. Der Dodge wird Werkstätte, der Anhänger Küche, das Hauszelt Labor und Salon. Alles eingerahmt von Agaven und zimmerhohen Hecken von Feigenkakteen. In der See stehen bald unsere schweren Stative für laufende Licht- und Gezeitenmessung. Der transportable Gezeitenmesser: gute Eigenentwicklung, noch aus Sorrento.

Vielerlei neue Erfahrungen. Nicht nur durch die südlichere Fauna, sondern auch durch den dominierenden Einfluss des Sandes. Das kleine Felslitoral reicht nur wenige Meter in die Tiefe. Dann schließt nur mehr Sand an, mit weiten Rippelmarken und einigen Seegras-Prärien. An den Flanken weite Sandstrände.

Das Tagebuch lässt erkennen, was ich ganz vergessen habe: Wir waren erstaunlich fleißig. Da heißt es: „Verschlafen, erst um sechs Uhr auf. Es wird wieder stürmisch. Wolfgang kann fast nicht mehr (nämlich des fegenden Sandes wegen mikroskopische Präparate anfertigen). Stelle das Binokular (das Präpariermikroskop) in ein Becken (in eine aufgestellte Glaswanne, um es vor Wind und Staub zu schützen) und schaffe Abdeckungen für alle Schalen. So geht es ohne Aufenthalt." In der Regel fünfzehn Stunden Arbeit.

Dieser an Betulichkeit grenzende Fleiß bei der Erforschung winziger Würmchen empfiehlt nochmals eine Reflexion. Die Beschäftigung mit dem Winzigen kann man vielleicht als eine unbewusste Abgrenzung gegen die Riesenhaie von Hans Hass verstehen. Plausibler ist der Umstand, dass diese Tierchen in enormen Zahlen und vielen Arten auftreten, uns also auffallen mussten; womit sich, wenn auch im Nachhinein, eine Rechtfertigung ergibt: Sie spielen, auch durch hohe Reproduktionsraten, im Stoffkreislauf der Seeböden tatsächlich eine bedeutende Rolle.

Um der Wahrheit aber die Ehre zu geben, sei zugestanden, dass bei der Wahl der Objekte nichts davon ein große Rolle spielte. Ich glaube, dass wir, Wolfgang und ich, der Ansicht waren, dass es einem Wissenschaftler geziemt, welchen Winkel auch immer dieser Welt oder der menschlichen Seele zu durchleuchten. Dieser Ansicht bin ich nicht mehr. Ich glaube, dass er, ab einer gewissen Reife, Prioritäten zu setzen hat. Von diesen wird noch die Rede sein.

Meine späteren Studenten habe ich aber in ihrer Forschungspraxis nicht mit dieser Empfehlung geplagt. Nur für ihren Hintergrund habe ich sie deutlich gemacht. Zu groß ist die Anstrengung eines Jungen, die Decke über dem Unbekannten wenigstens an irgendeiner Stelle gelüftet zu haben. Mich hat aber eben stets die Frage begleitet, in welchem Rahmen das, was ich tue, einen Sinn haben könnte. Eine, wie man sehen wird, lebensfüllende Frage.

Abends 'Peters Milchreis' oder es werden 'Franzis Palatschinken – wie bei Mutter'. Aufhaltungen nur wegen geringer Sicht am Seegrund bei zu hoher Dünung oder durch Besuche.

Eine Attraktion besonderer Art: Peter. Der alte Schulfreund Peter PRINZ, nun Expeditionsmaler, im Grunde Universalkünstler. Seine Temperas beschäftigten mich sehr. Umgesetzte Situationsbilder, an der Grenze zum Visionären. Oft saßen wir und plauderten über Ausdruck und Auffassung. Eine Ausstellung über die Expedition war vorherzusehen.

Der Rundblick gab die wunderlichsten Aspekte. Zunächst hielt man uns für eine Art Totengräber, eine Truppe mit der Aufgabe, tote Amerikaner zu exhumieren. Derlei kannten die Leute. Als die von weit geholte Polizei unsere Geräte inspizierte, schien sich dagegen die Fama zu bestätigen, dass wir am Seegrund Bunker für russische Unterseeboote bauten. Meine zweite Inhaftierung. Ich wurde eine Nacht in Gewahrsam genommen und eher aus Langeweile wieder entlassen. Schließlich, als uns Bauern aus der Umgebung beim Mikroskopieren zusahen, wurden wir zu Ärzten und man erschien mit allerlei Krankheiten.

Unsere Beteuerungen, von ärztlicher Kunst nichts zu verstehen, einschließlich der Demonstrationen unserer Kleinfauna in den Mikroskopen, wurden uns als Ausflüchte ausgelegt. Es blieb also nichts anderes übrig, als die Behandlungen aufzunehmen. Ich schnitt Furunkeln und spritzte Penicillin. Die Zahl der Patienten nahm zu und die Abführ-, Grippe- und Kopfwehpulver waren bald verbraucht. Als man uns auch die Erschöpfung unserer Medikamente nicht glaubte, gingen wir dazu über, mit Seesalz (und Spuren von Milchpulver) zu medikamentieren; mit den schönsten Heilerfolgen. Und man wird verstehen, dass wir in der näheren Umgebung nun sehr geachtet waren.

Noch zum Seesalz: Wir hatten aus den Spritzwassertümpeln getrocknetes Salz in der Menge zweier großer Packkisten gesammelt. In der Annahme, sie für die Einrichtung von Meeresaquarien verwenden zu können. Das war freilich ein Irrtum, denn einmal ausgeblühtes Meersalz verändert sich chemisch und ist für Seetierhaltung nicht mehr geeignet. Ich erwähne das hier, weil die beiden Kisten Seesalz noch eine Rolle spielen werden.

Wieder aus den Tagebuch-Bruchstücken rekonstruiert; unsere wirtschaftliche Situation. Ich weiß, dass sie höchst bescheiden war. Nun finde ich: Sie war grotesk. Am 17. August heißt es: „Morgens merke ich, dass 6.000 Lire gestohlen wurden. Wir besitzen also noch 1.000. Brot wird gesichert." Am 22. August sind es noch 700, am 26. 200. Aber keine Eintragung, die auf Besorgnis schließen ließe. Wovon also haben wir gelebt?

Zunächst wird man sich der halben Tonne Erbsendosen aus Zürich erinnern. Ich glaube, dass noch keine Menschengruppe eine solche Vielfalt an Erbsengerichten entwickelt hat wie die unsere: vom Grill-Laibchen abwärts bis zum Pudding. Zudem erwiesen sich diese 'Piselli' als Tauschartikel, bei Fischern, versteht es sich, erstaunlicherweise aber auch bei unseren Bauern. Wohl als Kuriosität. Dann spielten Fische eine Rolle. Franzi CECH war der einzig ambitionierte und damit unerreichte Harpuneur. Und es ist erstaunlich, was wir da alles verzehrt haben. Wieder vom Grill-Laibchen, doch nicht ganz bis zum Pudding. Die meisten Fische schmeckten wie Nadelpolster. Aber sie erwiesen sich als die mit Abstand besten Tauschobjekte, gerade mit jenen Persönlichkeiten, von welchen wir Bauernbrot, Mehl, Öl, Früchte und Wein erhielten. Und nie hat in den vierzehn Monaten einer gehungert.

Eine der gewonnenen Perspektiven mag den Rundblick schließen. Wir waren aus Sampieri von neugierigen Besuchern heimgesucht. Dominant der Cavaliere Giovanni PAPANDREIU FU (wie örtlich üblich: Sohn des 'gewesenen') Guglielmo. Wahrscheinlich ein Lump, auf den nicht einmal die Sorrentiner Kutschen-Erfahrung anwendbar sein mochte. Schwierigkeiten bei Polizei, Bank und vielleicht sogar auf der so genannten Post mochten von ihm vorbereitet gewesen sein. Von der Post will ich erzählen.

Feldlager haben keine Postadresse. Also musste 'Posta restante', ein Postlager, vereinbart werden. Jenes in Sampieri war das nächste und sehr empfohlen. Wie sich's erwies, eine Art Sommer-Hilfspostamt. Aber es zeigte sich auch bald, dass wir keine Post erhielten. Also musste Rat gesucht werden. Was immer an Aufschluss gesucht wurde, ein 'Chalet', nahe dem Strand Sampieris, erwies sich stets als fündig. Es bestand aus vier Stangen, die eine Weinlaube trugen, einer baumelnden Karbidlampe, Stühlen und einer Schank mit Grammofon für die abendlichen Tanzlustbarkeiten.

Wir erfuhren auch sogleich Kryptisches hinsichtlich des Hilfspostmeisters. Er sei ein Philosoph, aber einer Flasche Chianti nie abgeneigt. Bedenkliches, wie man voraussieht, mischte sich bereits mit Aussichtsvollem.

Zwei von uns besuchten ihn mit einer Flasche Chianti. In seiner Kammer, Bett und Postpult, erwies er sich bald als geplagter Philanthrop. Das unverkennbare Übel seines Amtes sei es, Unheil zu verbreiten, denn die

Aufsammlung der Mikrofauna

und Wartung der Kamerateile im Feldlabor

Abb. 14: Gegen den Süden Siziliens begann die 'Expedition' endlich etwas wie Expeditionscharakter zu bekommen. Die Einsamkeit war fast vollkommen, die Logistik entsprechend.

Abb. 15: Aufsammeln, Messen und Bearbeiten im Feldlabor. Die wunderbaren Monate 1948 an der Südküste Siziliens.

Mehrzahl der Sendungen enthielten üble Nachricht. Was zu tun sei? Nun, die schlechten Nachrichten erst gar nicht auszutragen. Das ließ sich hören. Wie aber, ergab sich die Frage, wären die Briefe mit den betrüblichen Inhalten auszusondern? Das nun war, eingestandenermaßen, als das Hauptproblem erkannt. Die Unterscheidung ist auch mit Kennerschaft nicht möglich. Also was? Nun, nachdem die Mehrzahl der Schreiben, wie sich's ja erwiesen hatte, schlechte Nachricht enthält, war es immer noch humaner, die wenigen guten Nachrichten auch nicht auszuliefern, als mit allen zusammen überwiegend Gram zu verursachen.

Also, vermutete ich, die Post ist verschwunden. Da kam ich aber schlecht an. Was ich denn von einem sizilianischen Postmeister hielte! Post ist heilig. Kein Brief verschwindet. Und es fanden sich denn auch alle unter seiner Matratze. Vom 'Continente', so überzeugte ich ihn, kommen immer nur gute Nachrichten. Und wir konnten sie uns auch in der kommenden Zeit alle holen.

Zurück in die Heimat

An den Aufbruch von Sampieri erinnere ich mich nur dunkel. Jedenfalls muss uns noch einiges als unerledigt erschienen sein, weil noch allerlei Aufgaben für den Verlauf der Heimreise vorgesehen wurden. Für die Film- und Fotodokumentation hatte sich Südsizilien als unergiebig erwiesen, obwohl Ernst und Franzi noch auf den nordafrikanischen Inseln gewesen waren. Und zudem sollten unsere faunistischen Studien noch im Nordmediterran abgerundet werden.

Aber alles hatte bereits Abschiedscharakter. Und schon damals konnte ich Abschiede nicht leiden. Einige besser haftende Bilder mögen diesen Lebensabschnitt illustrieren.

Hinaufzu in Richtung Neapel, wohin Jesus noch gekommen sein soll, ging's wieder durch das steile Bergland der 'Ponte di Asino'. Sturm und Regen ließen die Reise in den offenen Fahrzeugen schon anders aussehen. In Cosenza tanken und die üblichen Reparaturen. Aus der Menge, die unseren seltsamen Tross bei solchen Gelegenheiten stets umringte, sprach uns ein Herr in reinem Deutsch an. Das war uns schon lange nicht mehr untergekommen. Er hatte uns als Landsleute erkannt, erwies sich als Sohn des ermordeten Bundeskanzlers DOLLFUSS und lud uns alle zum Mittagstisch in sein Heim. Seine Frau kochte auf und stand während der langen

Mahlzeit hinter dem Perlvorhang zur Küche, um zu sehen, ob etwas fehlte.

Leider ist mir von den Gesprächen nichts in Erinnerung geblieben. Sie werden aber gewiss oberflächlich gewesen sein. Erst viel später wurde ich mir der engen Beziehungen zwischen den italienischen und österreichischen Faschisten bewusst, die wohl auch Ursache gewesen sein mochten, dass er als Buchhändler nach Italien emigrierte.

In einem Lagerhaus in Neapel wurde umgepackt. Ernst, Peter, Heinz und Franzi brachen für die restlichen Unterwasser-Filmarbeiten zu den klareren Gewässern in Capri auf. Sie nahmen nur kleine Zelte mit und hausten mit diesen vor einer Höhle nahe den Faraglioni. Dodge, Anhänger und das große Gepäck blieben zurück. An sich wäre das symptomatisch gewesen. Aber ich glaube nicht, dass ich damals schon den zu großen technischen Aufwand, den wir herumschleppten, erkannte. Es war aber gewiss richtig gewesen, für alles Unbekannte gerüstet zu sein.

Wolfgang und ich brachen per Jeep und Labor in Richtung Livorno auf, um noch an Ligurischen Küsten zu sammeln. Diese Fahrt schwenkte von der Expedition zur Exkursion. In Verona werden wir uns wieder versammeln. Wir brachten uns in Porto Venere bei einem Kapitän unter, der immer wieder kam und staunte, was er aus eben dem Meer alles noch nicht gesehen hatte, das er jahrzehntelang befuhr.

Das Treffen in Verona in alter Pünktlichkeit. Ein Abend mit vielen farbigen Geschichten. Ernst versuchte, wie ich glaube eine letztes Mal, eine Geschichte zu erzählen, die verwirrend begann und deren Entwicklung wir, als wir das bemerkten, durch unsinnige Fragen stets zu verhindern wussten. Eine Art Gesellschaftsspiel. Auch dieses letzte Mal gelang es nicht. Ich hatte aber schon so viele, gewissermaßen aus dem Hinterhalt begonnene Ansätze zur Geschichte gehört, dass ich den Zusammenhang ahnte. Seine Hausfrau musste einen Spiegel in ein Zimmer getragen haben, auf dessen Fensterbrett ihre Katze saß. Ein Sonnenstrahl traf den Spiegel, von diesem die Katze, die aufsprang, aus dem dritten Stockwerk stürzte und tot war. Das noch zur Illustration der Permanenz einer gewissen Geistesart. Aber Verona packte uns nun wieder in Kultur ein und alles schien anders zu werden.

Nur einmal umfasste uns noch der alte Stil. Da wir voraussahen, dass eine Durchwühlung unserer fünfzig Packkisten, einschließlich des Durcheinanders von Zollpapieren und Umschichtungen, nur zu Verwirrungen führen könne, hofften wir, nachts um drei auf schläfrige Zöllner zu treffen. Auf der italienischen Seite ging die Rechnung auf. Kein Zöllner kam auf die Idee, sich irgendetwas anzusehen. Hoffnung erfüllte uns nun auch für die Österreicher. Auch hier erschien ein schläfriger Zöllner, sah sich nichts an, nahm die Mappe unserer Papiere und verschwand. Doch blieb er lange weg. Dann erschienen sie zu fünft. All unser Besitz war beschlagnahmt.

Wir hatten völlig verdrängt, dass drei von uns nur über den Erlag einer Fluchtkaution ausgereist waren und aller Expeditionsbesitz von Haus aus als beschlagnahmt galt. Wir schliefen hinter Schloss und Riegel im Zollhaus und bekamen morgens in jedes Fahrzeug einen bewaffneten Zöllner postiert, die uns bis Wien begleiteten. Muffige Wichte, die mit Kriminellen nichts zu tun haben wollten und denen es nur ein Ärgernis war, in offenen Autos durch den beginnenden Winter fahren zu müssen. Und zwar begleiteten sie uns bis ins Hauptzollamt Wien, 'Magazin für Strafsachen'. Da waren wir wieder. Meine Beziehung zur Obrigkeit muss damals ihren Knacks bekommen haben.

Unsere Heimkunft umgab also wenig Festlichkeit. Die Mutter, wieder bereit für ein Lieblingsgericht, muss es als eine Frotzelei empfunden haben, als ich mir 'Spaghetti con Sugo' wünschte. Sie musste meinen, dass ich mich davon wohl abgegessen haben mochte. Sie konnte nicht wissen, dass wir uns dieserart Delikatessen nur selten leisten konnten.

Die Expedition war jedenfalls noch nicht zu Ende. Wir mussten ja noch zu unseren Sammlungen kommen. Über Gesuchsweg konnten wir stückweise das Wertvollste, die winzigen Fläschchen mit unseren Sammlungen, erhalten. Und zwar deshalb, weil derlei als völlig wertlos, nicht in die Kategorie üblichen Schmuggelguts, gezählt werden konnte.

Und jedes Mal, wenn Wolfgang und ich wieder im Magazin für Strafsachen erschienen, fanden wir den Dodge, umgeben von sichergestellten Schieber-Karossen, an einem neuen Ort und wieder in einer Pfütze stehend. Diese wurde stets aufs Neue von jener unserer Kisten mit Seesalz produziert, an das man sich erinnern wird und das alle Feuchtigkeit dieser Katakombe auf sich zog. Und wir konnten verlangen, dass unser Fahrzeug wenigstens an einen trockenen Ort gestellt würde. Die Lageraufsicht musste das längst bewegungslose Wrack, wie die Mumien im Tal der Könige, von einem Winkel in den anderen wuchten. Eine, wie ich zugebe, bescheidene Genugtuung.

Die ganze Habe war aber erst erreichbar, wenn der Rektor ausgerechnet dem Zollamt für Strafsachen bestätigen würde, dass die Expedition ein Erfolg war. Im Prinzip war derlei in der damaligen Schleichhändlerzeit und der Unsicherheit der Universität unerreichbar. Aber, wie erinnerlich, erledigten wir Unmögliches planmässig.

Als Kenner der Universität wandten wir uns zunächst an Professor MARINELLI. Und im Handumdrehen waren wir im Besitz einer dreiseitigen blumigen Empfehlung mit Dienstsiegel. Also zum Dekan. Dies, sagte er, muss das Institut vorbereiten. Wir legten die drei Seiten vor. In zehn Tagen hatten wir seine Empfehlung; zwei Seiten. Also zum Rektor. Dies, sagte er, muss unser Dekan vorbereiten. Wir legten die zwei Seiten vor. Nach etwa zwanzig Tagen, mit Urgenzen, erfuhren wir von der Fertigung des Dokuments. Eine Seite, aber immerhin.

Für welche Behörde diese Erklärung des Expeditionserfolges erforderlich war, musste freilich verschwiegen bleiben. Sie konnte nur allgemein gefasst sein. Umso mehr kam es darauf an, die Adresse – Zollamt für Strafsachen – auf ein Kuvert des Rektors zu bringen. Dies war die wirkliche Hürde. Eine Schreibkraft der Rektoratskanzlei – das liebe Mädchen möge uns verzeihen – wurde ins Kino geführt. Und nun kam exaktes Timing. Die Seite lag abholbereit, Kanzleischluss abgewartet, vereinbarter Besuch bei dem Mädchen, Erhalt des Schreibens, zwei verwickeln sie in das Studium eines Programmhefts, der Dritte bietet sich an, das Kuvert zu adressieren. Alles in Ordnung.

Wir bekamen unsere Habe frei, Baron WIESER die erlegte Fluchtkaution und einer von uns muss das Mädchen wohl noch oft ins Kino geführt haben, denn ich sah die beiden noch lange gemeinsam. Die Rückkehr der Expedition hat somit kein rechtes Datum. Wir sickerten in Österreich ein.

Wolfgang und ich machten aus unseren Sammlungen die Doktorarbeiten, Franzi verfügte sich in seine Werkstatt, Peter und Heinz auf die Akademie und an die Technik. Ernst trieb seine Organisationslust zu den abenteuerlichsten Berufen.

Was im Ablauf meiner Geschichte, weil mir selbstverständlich, gar nicht erwähnt wird, ist die 'Mikroskopische Anatomie'. Die entdeckten Würmchen meiner Sammlung mussten in einer ausgefeilten Technik, über Alkohole, Öle und Paraffin, in Schnittserien von sieben Tausendstel Millimeter zerlegt, zellspezifisch gefärbt und ihre Organe aus denselben im Mikroskop wieder rekonstruiert werden. Man erinnert sich aber aus meiner Schulzeit, dass ich das im Prinzip schon geübt hatte; an Organen von Eichhörnchen und Blütenknospen.

Was damals entstand, war eine grafische Rekonstruktionsmethode, welche die unsicheren, aufwändigen Raummodelle ersetzte und deren Kniff darin bestand, die unvermeidlichen Verzerrungen der Schnitte in der Zeichnung nachzurichten; und zwar der Organe wechselweise nach jenen der Körperumrisse und von Organteilen nach den Organumrissen. Jede Projektion auf die Zeichenebene war dadurch gegeben. Im Prinzip war das eine grafische Anwendung jenes Prinzip 'wechselseitiger Klärung' aus der Schriftentzifferung.

Ich hatte den Zusammenhang nicht bedacht; war das ja ohnedies klar. Die einschlägigen meiner späteren Doktoranden haben die Technik verwendet und den Hintergrund auch nicht gekannt.

Und doch gibt es ein Datum, an dem wir für die Wiener Öffentlichkeit wieder da waren: die Eröffnung unserer Ausstellung im Künstlerhaus. Vaters Rat und Empfehlung mochten geholfen haben, ein Professor, erfahrener Ausstellungsmacher, ging uns zur Hand. Wir füllten Vitrinen mit Sammlungen und dem veteranen Rüstzeug, die Wände mit ansehnlich kaschierten Fotoserien und Peters Malerei und Grafik, zusammen vier Säle des repräsentativen Hauses. Es war zum Staunen. Keine Bilder sind davon geblieben.

Was mir aus dieser Zeit, apropos Künstlerhaus, nur eine bedrückende Episode war; mit einer Reihe seiner Mitglieder erlebte ich eine Diskussion über moderne Kunst. Mein Vater war nicht dabei; aber aus seinem Freundeskreis kannte ich die Maler ZERITSCH, KRAUSE und natürlich ENGEL – man erinnert sich an 'Onkel Gackihaarli'. Ich war entsetzt, wie diese alten und der Kunst ergebenen Herren von den 'Modernen' und 'Gegenstandslosen' mit scharfen, inhaltlosen Philosophemen abgekanzelt und lächerlich gemacht wurden.

Damals muss in mir der Gedanke entstanden sein, jenen das einmal heimzuzahlen. Das wurde vergessen; und ich konnte nicht ahnen, dass ich dreißig Jahre später dazu herausgefordert werden würde.

Aus Ernsts Aufnahmen, damals nur schwarz-weiß, schnitt ich einen Expeditionsfilm zusammen, der vielerlei Aufführungen erlebte und den es noch gibt. Was es nicht mehr gibt, das sind unsere Gerätschaften. Sie schlummerten zwei Jahrzehnte auf einem Dachboden und fielen zur Zeit meiner Amerikajahre einer Buntmetallsammlung zum Opfer. Das ist schade.

Was mir aber unverlierbar geblieben ist, konnte ich damals nur sehr vage abschätzen. Damals befragt, hätte ich, je nach Gesprächspartner, von Taucherpraxis geredet, vom Zusammenwirken ambitionierter Freunde oder von den vielen neu entdeckten Arten.

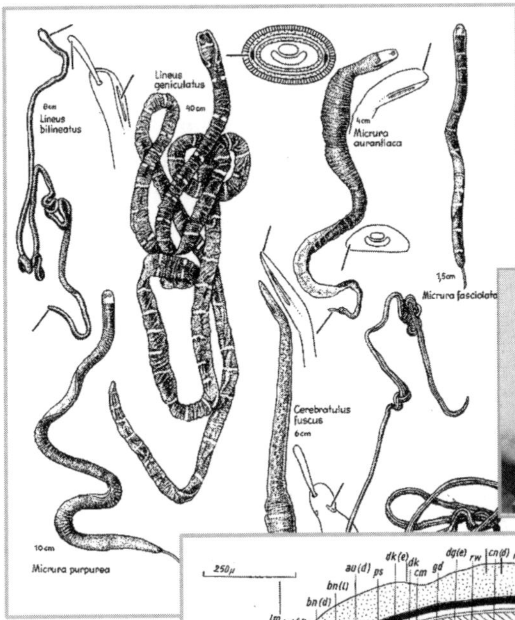

Repräsentanten einiger mediterraner Schnurwürmer Längen von 1,5 bis 60 cm

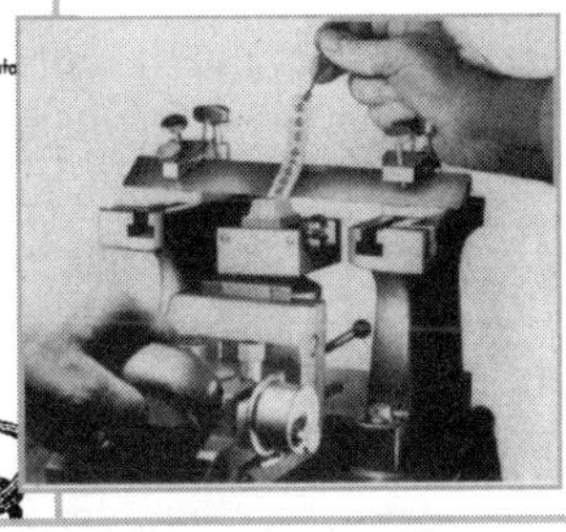

Im Labor: Rotations-Mikrotom zur Anfertigung von Dünnschnitten

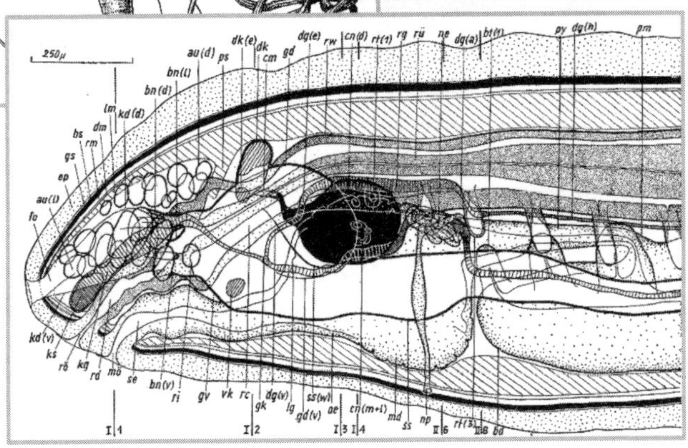

Rekonstruktion der mikroskopischen Anatomie des Kopfes eines Schnurwurms

Abb. 16: Mit der Lebenduntersuchung unserer 'winzigen Würmchen' war es nicht getan. Sie mussten fixiert, konserviert und später in ihrer Mikroanatomie aus Schnittserien rekonstruiert werden. Hier ein Beispiel von Schnurwürmern und wie sich der Kopf eines solchen zusammensetzt.

Heute weiß ich, dass es etwas viel Grundsätzlicheres war. Aber auch aus diesem Abstand gesehen, ist die gewonnene Einsicht nicht leicht zu vermitteln. Wenn ich sage: Ich hatte die Struktur des Litorals verstanden, dann ist das im Grunde auch schon alles, bedarf aber gewiss einer Erläuterung. Das Litoral, die Küstenregion der Meere, geteilt in die Gezeitenregion, das Supra- und Sublitoral, beginnt oben an den Ausläufern des Seegangs und erstreckt sich so weit in die Tiefe, als die Schwingungen des Seegangs den Seeboden noch erreichen, bei Windsee, Dünung und langer Dünung bis fünfzig, hundert und zweihundert Meter. Das ist der 'Kontinentalschelf' in der Terminologie der Geomophologen.

Sein System verstanden zu haben bedeutet, die Gesetzlichkeit der Anordnung seiner Lebensräume kennen und aus Indikationen vorhersehen zu können. Auch das scheint noch nicht sehr viel zu sein, schließt aber eine Reihe von Abstraktionen und Synthesen ein. Einsichten in die abtragende und anschüttende Wirkung der Wasserbewegung, Stabilitätsbedingungen, die Lichtgefälle nach Tiefe, Neigung und Abdeckung, die Mittelwerte dieser Größen, die Maxima und Minima und die Grenzbedingungen der Biotope.

Ich muss annehmen, dass mir das damals nicht erstaunlich, sondern selbstverständlich war, ich aber die Synoptik dieses so dynamischen und komplexen Teils unserer Welt durch die direkte Anschauung und mein Interesse besser verstand als irgendjemand anderer. Schon der Blick auf eine Küstenlinie ließ mich die Anordnung der unterseeischen Bodenstrukturen und Lebensräume richtig vorhersehen. Und bis in meine meereskundlichen Vorlesungen wirkte dies gewonnene Bild weiter.

Studien und Studienreisen

Wien machte den Lebensstil wieder bürgerlicher; und so kommen auch wieder andere Maße zur Geltung. So zum Beispiel Perspektive und Selbstwertgefühl. Beide dürften, so glaube ich, über die Zeit der Expedition gemeinsam gewachsen sein. Das entnehme ich meiner Haltung im Institut für Zoologie, in das ich wieder einzog, der Beziehung zu den übrigen Doktoranden, der Stimmung in meinem mikroanatomischen Labor, dessen feine Gerüche nach Harzen und Ölen, von welchen ich schon erzählte, ein zwar heimeliger, aber doch kleiner Teil einer wissenschaftlichen Welt geworden waren.

Ich entnehme diese Hebung meines Selbstwertgefühls aus meinen Auftritten bei Faschings-Kostümfesten sowie aus dem Umstand, dass ich nun von einer Reihe junger Damen in ungleich effektiverer Weise an die Hand genommen wurde. Annemarie hatte während meiner Reisezeit geheiratet, was mir, wenn ich mich recht erinnere, eine Art Ratlosigkeit zurückließ. Auch meiner künftigen Frau bin ich in dieser Zeit begegnet, ohne vorhersehen zu können, dass Smoky (FRÜHMANN) einmal die Mutter meiner Töchter werden würde. Kurz: einige Jung-Männer-Merkmale begannen sich in mir auszubreiten.

Im Österreichischen College, in dem sich besonders Wolfgang wohl fühlte, witzelten die geisteswissenschaftlich inklinierten 'Einheimischen', wie Fritz HANSEN-LÖWE, über unsere aquatischen Unternehmungen. Sein Reimchen: „Unterm Wasser schwimmt die Schwiegermutter als an' nasser", war zwar herabsetzend, schien mir aber nur zu zeigen, wie weit diese Bücherwürmer von echter Forschung entfernt waren.

In diese Zeit fielen auch meine Rigorosen, an die ich mich merkwürdig deutlich erinnere, und nicht minder die Wiederbegegnung mit meinen Freunden Elmar (BIRKENMEIER) und Harald (ROHRACHER). Beide schon graduiert, Elmar Assistent an der Zoologie. Also sollte auch bei mir ein Abschluss sein. Mancher Einfluss hat sich zu dieser Zeit in mir festgesetzt.

Was mir begegnete, waren dabei die Gebiete Psychologie und Philosophie. Hubert ROHRACHER, ein viel älterer Vetter Haralds, damals schon graue Eminenz der Fakultät, war mir mit seinen Kollegs ein Augenöffner. Deutlichst habe ich von der eher trockenen Einführungsvorlesung in die Psychologie den Witz von der Laborratte in Erinnerung. Sie sagte zur Nachbarratte: „Meinen Versuchsleiter habe ich toll konditioniert; immer wenn ich auf die Taste drücke, wirft er mir Futter herein." Und wir lachten über die Ratte, die nicht wusste, dass der Versuchsleiter Ursache des Zusammenhangs war.

Ich erzähle das, weil wir heute darüber lachen, dass wir damals darüber lachten. Denn in Wahrheit sind die beiden wechselweise einander Ursache. Aber rekursive Kausalität war damals noch lange kein Begriff. In meiner ersten Publikation zu diesem Thema, im *Mannheimer Forum,* kam ich gleich auf Ratte und Versuchsleiter zurück.

Jedenfalls war das Ganze eindrucksvoll. Und ich werde noch zu erzählen haben, wie ich durch Haralds Anregung tiefer in die Psychologie und weiter in die Sozialpsychologie hineinfand, ein Schritt, der mir dann ganz aus der Enge der reinen Biologie heraus half.

Noch mehr staunte ich über Viktor KRAFTs *Einführung in die Philosophie*. Es war, was ich nicht wusste, eine Einführung in den 'Positivismus'. KRAFT war ein Überbleibsel, wenn nicht ein Relikt, aus der ansonsten gänzlich abgewanderten, bedeutenden Gruppe der Positivisten des 'Wiener Kreises'. Und die Perspektive passte gut zu einem Band von BAVINK, den mir Harald, mit Zeichen von Bedeutsamkeit, zu studieren gab. Was mir damals Eindruck machte, waren die scharfe Art des Vorgehens in einem Gebiet, das man heute 'Philosophy of Science' nennen würde, und die Ausschließung jeder Metaphysik, die auch ich damals als eine Art Geschwätz abgetan haben mochte.

Heute habe ich längst verstehen gelernt, dass es ohne Metaphysik nicht geht, dass sie ein notwendiger Antrieb, aber gleichzeitig ein schlechter Führer ist. Ich hatte zu erkennen, dass kein Paradigma, kein wissenschaftliches Theoriensystem ohne Vermutungen, die über das Bekannte hinausgreifen, vollständig wird. Und was mich heute erkenntnistheoretisch umgibt, wird von manchen 'Zweiter Wiener Kreis' genannt. (Ich komme darauf zurück.) Was, wenn ich das damals gewusst hätte?

Für die Rigorosen bereitete ich mich im Grunde nur in Philosophie vor. Das aber besonders gründlich. In Zoologie, Anthropologie, mein Nebenfach, und Psychologie, erster Teil des so genannten Philosophicums, meinte ich, zureichend orientiert zu sein. Das bestätigte sich. Ich schied mit je einem Sehr Gut. Und ich erwähnte schon, dass mir in der Zoologie auch gleich die nächste Assistentenstelle in Aussicht gestellt wurde.

Anders ging's in Philosophie. KRAFT stellte, wie üblich, ein umfassendes Thema: 'Die Entstehung der Naturwissenschaft'. Ich wusste, die Renaissance war gemeint. In der Sache war ich nun wirklich zu Hause. Nicht nur sein kleines Büchlein hätte ich ihm wörtlich zitierten können, auch viel aus BAVINK, vor allem aber kannte ich einen Meter Literatur zum Thema aus Vaters Bibliothek, der eigentlich in der Renaissance gelebt hatte.

Glücklich, mich in dieser Frage so recht entfalten zu können, entwickelte ich ein gewaltiges Renaissancegemälde. Aber im Laufe dieser Entfaltung sah ich KRAFT, ohnedies schon ein grämliches Männchen, immer mehr zusammensacken, mich misstrauisch anblinzelnd. Also hielt ich inne, um eine eventuelle Korrektur entgegenzunehmen. Doch er resümierte meine Rede mit der Feststellung, ich sei zwar ein überdurchschnittlich intelligenter Student, hätte aber sein Buch nicht gelesen. Wirklich enttäuscht verlangte ich, was man freilich nicht tun darf, er möge also eine konkretere Frage stellen. Das tat er. Er fragte nach dem Beruf des Vaters von SPINOZA. Das wusste ich nicht, und war auch schon durchgefallen. Wie sich's später zeigte, war dieses Faktum in meiner Ausgabe noch nicht enthalten (er war Synagogen-Diener).

Wieder am Gang, der Zorn verrauchend, fiel mir ein, dass man ein Nicht Genügend akzeptierte, wenn alle anderen Prüfungen mit Sehr Gut absolviert wurden. Also, dachte ich mir: blöder Kerl und marschierte aufs Dekanat, um mir die Rigorosen bestätigen zu lassen. Um allerdings nur zu erfahren, dass diese Vergünstigung vor wenigen Tagen zurückgenommen worden war.

Mir machte das damals Eindruck, weil ein Graduiertenstipendium nach Schweden auf dem Spiele stand. Aber den Schweden war Philosophie nicht so wichtig und ich fuhr. Danach nochmals KRAFT, zwei banale Fragen, mit Sehr Gut verabschiedet. Die Entfremdung zur Philosophie – der Leser erinnert sich an KLAGES – hatte sich gefestigt.

Welche Paradoxie also, dass ich ein Vierteljahrhundert später, und mit einer ganzen Reihe von Büchern, an einer Entwicklung mitwirkte, die wohlmeinende Betrachter im Ausland die Entstehung eines 'Zweiten Wiener Kreises' nannten. Aber diese Gruppe, geistig angeführt durch Konrad LORENZ, aus der ich auch ein Forschungsinstitut entwickeln werde, wird sich eben weniger als aus der herkömmlichen Philosophie entsprungen erweisen, und schon gar nicht aus dem 'Logischen Positivismus' des 'Wiener Kreises', sondern aus der Praxis und den Problemen der Biologie.

Drei Studienreisen schlossen an, um meine Sammlungen zu erweitern: Nordsee, Westmediterran, Ostmediterran. Meine Untersuchungen hatten einen Zugang zur Frage der stammesgeschichtlichen Entstehung des Gehirns ergeben. Die niedersten *Bilateria*, das sind die *Turbellaria Acoela*, ermöglichen vergleichend mikroanatomisch diesen Aufschluss. Je ein Reiseabriss mit je einer Geschichte mag einschlägige Erfahrungen illustrieren.

Zunächst wollte ich möglichst weit nach Norden. Sommer 1950 plante ich Hammerfest. Aber die Norweger hatten die dritte Gebirgsdivision in schlechter Erinnerung und gaben mir kein Visum. In Stockholm, so tröstete man mich, würde man mir schon eines geben. In Stockholm gab man mir keines, aber in Haperanda oder Chiruna, in Nordschweden an der Grenzstation nach Hammerfest, würde man mich schon durchlassen.

Man hat mich nicht durchgelassen und ich sammelte, ein übrigens sehr wertvolles, Material in Westschweden aus den Tiefen des Skagerrak. Kam einmal die Sonne durch, lief die Belegschaft der Meeresstation aus den Labors und lag nackt unter meinem Fenster auf den Decks. Das gab hübsche Ansichten.

Die Seeleute der Meeresstationen lassen sich nicht gern von den wissenschaftlichen Gästen bei jedem Seegang herumtreiben. Im Mediterran ist es Brauch, eine Ausfahrt mit der Angabe zu verhindern, dass es zu gefährlich wäre. Die Besatzung trüge schließlich die Verantwortung. Das klingt praktisch, ist aber durchschaubar und führt folglich nur zu temporären Lösungen. Anders in Schweden. Man drängte zu einer Ausfahrt und erfuhr: im Skagerrak Seegang Stärke sechs. Ist eine Sammelfahrt also möglich? Antwort: Man kann's versuchen. Ich war mit dabei. Hinter den Schären türmten sich die Kreuzseen. Sogar der schwere Kutter begann zu kämpfen. Die Passagiere wurden an Masten und Abgänge gebunden, denn der Kutter steckte immer wieder die Nase ins Wasser und die Seen kamen hüfttief über Deck. Lehren dieser Art bleiben nicht von temporärer Art. Auch das blieb für später bedenkenswert.

Sommer 1951 war Südspanien das Ziel: mit Elmar, der Reptilien sammeln wollte, in unserem alten Jeep. Aber die Spanier hatten HITLERs Kriegsübungen in schlechter Erinnerung und gaben uns kein Visum. Aber in Marseille würde das schon gehen. Wie man voraussieht, sagte man uns in Marseille, wir sollten's einfach in Cerbere, an der spanischen Grenze, versuchen, und dort lies man uns nicht durch. Wir blieben in Banyuls sur Mer und waren auch dort mit unseren Sammlungen erfolgreich. Abends wurde am Plätzchen 'Sardan' getanzt, und wenn wir's gut mitgemacht hatten, zeigten uns einheimische Damen, wie man zu zweit auf einem Sessel tanzt.

Ich dachte auch, dass nun meine vierzehn Jahre Französischunterricht Früchte tragen würden, denn mein Italienisch, entlang der Straße aufgelesen, war flüssig geworden und ich konnte norditalienische Freunde zudem mit meinem Neapolitanisch unterhalten. Aber mein Französisch erwies sich als nicht gut genug. In einem Restaurant deutete man auf uns: „*Voilà les boches*" (Schau, Saupreußen!) „*Non, non!*", versuchte ich richtig zu stellen, „*nous sommes Autrichiens.*" „*Alors*", hörten wir ein Wortspiel: „*les autres chiens*" (Die anderen Hunde). Es sei vergeben, denn es war ja bald nach dem Krieg. Ich habe zwar späterhin mit jedermann Französisch gesprochen, nur nicht mit Franzosen. Es war besser, sie sich in miserablem

Deutsch, Italienisch oder Englisch winden zu sehen, als sich selbst zu winden. Die Grande Nation steckt so etwas weg.

Meine 'Frankophilie' aus Mutters Erbe hat darunter gelitten. Ich habe wenig in Französisch gelesen; und damit nichts zur Verbindung der beiden europäischen Subkulturen beigetragen. Mir tut das Leid, weil ich die Übreinstimmung zwischen der Morphologie der Deutschen und dem Strukturalismus der Franzosen erst spät – zu spät? – erkannte.

Es ist aber eine ganz andere Geschichte, die ich erzählen wollte. An der Meeresstation in Banyuls befand sich zur Zeit gerade Prof. BUDDENBROCK mit deutschen Studenten, er, Liebhaber von Nachtschmetterlingen. Nachdem wir das einzige geländegängige Fahrzeug besaßen, bat er uns, ihn mir seinem Gerät und seinem Assistenten Dr. BRAUN abends in die Berge zu fahren. Denn es käme ihm darauf an, auf einer weithin sichtbaren Höhe über Bambusstangen ein vier mal vier Meter großes Segel aufzustellen, das, mit Karbidlampen bestrahlt, nachts von weither die Tiere anlocke. Das taten wir gern.

Also fuhren wir hinauf durch die Weinberge. Das war aber nicht genug. Als wir, weiter hinauf in die Pyrenäen, die letzten Feldraine hinter uns ließen und auf Almmatten weiterfuhren, wurde es Nacht. Doch BUDDENBROCK entdeckte immer noch eine weitere Anhöhe, auf die er hinauf wollte. Als wir die gewünschte Höhe erreicht, Segel und Beleuchtung aufgestellt hatten, empfahlen wir uns. Die beiden wollten bis zum Morgen bleiben. Auf der Fahrt zurück boten uns so manche halb trockenen Bachläufe im Scheinwerferlicht die vorzüglichste Möglichkeit, Schlangen für Elmar zu sammeln. Zwei Säcke waren bald voll.

Am ersten Sträßlein, winkendes Rotlicht: Halt!, französische Polizei. „Papiere!" „Tut uns Leid, wir dachten, nur in die Weingärten zu fahren, alle Papiere sind an der Meeresstation Banyuls." „Was haben Sie da in den Säcken?" „Schlangen". Der Beamte zieht die Hand zurück, sieht uns feindselig an. „Sie kommen aus Spanien. Was haben Sie dort in der Nacht gemacht?" Ganz offensichtlich waren wir über die Grenze geraten. „Wir haben Kollegen zum Schmetterlingsammeln gebracht." Ein Blick hinauf nach Spanien zeigte auf der letzten Höhe ein Licht blinken. Die beiden gingen sammelnd um die Karbidlampen herum. Nun war's genug. Zum dritten Mal verhaftet. Die Beamten saßen auf und geradewegs ging's nach Banyuls in den Gemeindekotter. Gürtel, Schuhriemen, Protokoll morgen.

Es war wieder Abend geworden, bis die Polizei alles gefunden hatte.

Die Papiere in unseren feigensaftüberzogenen Zelten – sie standen unter einem riesigen, überreifen Feigenbaum –, den ungehaltenen Directeur PETIT; nicht aber BUDDENBROCK, das corpus delicti. Von diesem aber fand sich nur ein Abschiedsbrief. Er und Dr. BRAUN waren Hals über Kopf abgereist, um sich möglichen Unzukömmlichkeiten zu entziehen. Aber wir wurden freigelassen. Mit Jubel begrüßt beim abendlichen Sardan.

Also meine dritte Verhaftung. Der Leser sei aber versichert: Bislang folgte keine vierte.

Dritte Sommerreise: Ostmediterran 1953. Ich überspringe das Jahr der 'Tyrrhenia-Expedition', um beim Kontext der Studienreisen zu bleiben. Angezielt waren Süddalmatien und die Ägäis. Diesmal schon mit Smoky und ihrer Schwester. Ich mit Mikroskopen, die beiden mit riesigen Malermappen. Alle Meeresstationen, Rovinj, Split, Dubrovnik, wurden per Postschiff abgeklappert. Nichts aber ging weiter nach Piräus. Also mit Autobussen, zwischen Ziegen und Säuglingen, durch Montenegro, Epirus, Mazedonien, um Albanien herum, was selbst schon eine Woche dauerte. Endlich in Athen. Bei Smokys noblen Freunden beförderte das Dienstmädchen unsere Wäsche mit einer Holzzange den Marmorboden entlang zur Waschküche. Weiter nach Kreta. Von Knossos nach Phaistos, zur Südküste, gab's keine rechte Verbindung. Man riet uns, zwei Esel zu mieten. Auf diese kamen die jungen Damen und das Gepäck und ich marschierte nebenher, wie der heilige Josef, über diese wundervolle Bergwelt.

Eine Geschichte sollte erzählt werden. Sie spielt auf der Heimreise, Orientexpress. Dreißig Stunden mochten wir schon unterwegs gewesen sein, als Zeit zum letzten Frühstück auf der Reise war. Unsere Habe längst im Abteil verstreut, einer alten Dame zur Aufsicht überlassen, leisteten wir uns eine ausgiebige Stärkung im Speisewagen. Am Rückweg zum Abteil zeigte sich's: Unser Zugteil war nicht mehr dran! Abgehängt in Zidani-Most, dem alten Steinbrück an der Drau. Zunächst versuchten die Kellner, Hilfsbotschaften, um Kartoffeln gewickelt, bei Wächterhäusern abzuwerfen, um in Steinbrück unser Gepäck, oder doch wenigstens die Pässe, amtlich sicherzustellen zu lassen. Freilich ohne Chance auf Erfolg.

Plötzlich hielt der Zug auf offener Strecke. Also nur hinaus, auf einer Wasserleitungsbrücke über die Drau, hinüber zur Straße. Das erste Auto in der Gegenrichtung muss uns mitnehmen. Ein Lastwagen! Wir, breit auf der Straße. Hält. Die Damen ins Führerhaus, treiben den Fahrer an. Ich in der Morgenkälte auf einem Berg geschlachteter Schweine. Immer wieder über die Drau und die Bahn. Wir wissen, wenn uns der Gegenzug überholt, haben wir verloren. Ein Zug! Gottlob ein Lastzug. Noch einer. Auch gut, falsche Richtung. Dann aber fällt vor uns ein Schranken und der Express fährt vor uns vorbei. Verloren! Nein, offenbar noch nicht. Man springt aus dem Führerhaus: „Komm, lauf!“ Um den Schranken herum, über die Geleise, das Sträßlein hinunter. Unten liegt Zidani-Most, der Bahnhof, Zugteile werden rangiert. Nur hinein. Erst finden wir unser Abteil nicht. Dann ist es da, mit alter Dame, alles liegt herum, wie wir's verlassen hatten. Und schläfrig stellt sie fest: „Sie waren aber lang im Speisewagen.“

Was war erfahren? Reisen öffnen eine bunte Welt. Das ist trivial, und auch wieder nicht. Das 'Mediterran' war erfahren.

Bei Autofahrten zum Meer, so bald nach dem Krieg, waren Reisen bunter als heute. Es gab noch keine der heute weltweit identischen Flugplätze, Hotels und Labors. Ich glaubte wohl erwarten zu können, dass das Reisen auch so bunt bleiben werde. Dass das Leben eines Biologen, wenn es schon die Welt des Forschungsreisenden nicht mehr geben mochte, nicht auf Labors beschränkt bleiben müsse. Und ganz hatte ich mich nicht getäuscht.

Auf der Suche nach den Wirkungen dieser Reisezeit ist nichts so recht auf den Punkt zu bringen; es sei denn, was mir heute merkwürdig erscheint, dass ich in Banyuls von Schweizer Kollegen erstmals das Wort 'Mediterran' hörte. Das leuchtete sofort ein. Die Einheit der Tier und Pflanzenwelt der See, der Macchia aller Küsten, des Klimas, der Hafenstädtchen, der Lebenshaltung, wenn man von den Sprachen absah, eben auch aller Mediterranen, hatte ich wie osmotisch aufgenommen; eben von der Grenze Spaniens über die Provence, Neapel, Sizilien, Dalmatien, die Ägäis und Kreta.

An die 'gläsernen' Anatomien, Verwandtschaften und Biotope begannen sich 'gläserne Regionen' anzuschließen.

Dass ich runde zehn und zwanzig Jahre später die *Fauna und Flora der Adria* zusammenstellte und zur *Fauna und Flora des Mittelmeers* erweiterte, muss in jener Reisezeit die Wurzeln haben.

Dass ich ein Schulfuchs werden müsse, wenn man Forschung ernst nimmt, sah ich noch nicht ganz oder ich verdrängte es. Ich ahnte nur, dass die eigenen Hände nicht reichen werden, um all den Perspektiven nachzugehen, die sich schon versammelt hatten.

So kam es zu der folgenden Unternehmung, in der ich im Nachhinein eine Art Kompromiss zu erkennen meine, um zwischen Forschungsreise, noch immer nach dem alten, risikobereiten Forscherideal, und jenen Perspektiven zu vermitteln.

Die Tyrrhenia-Expedition

Den Titel, welchen ich diesem Jahrzehnt gegeben habe – 'Licht ins Meer' – musste man wohl als metaphorisch auffassen. Zwar wurden die Augen ins Licht unterm Meer gebracht und einiges hellte sich auf, aber selbst der Scheinwerfer, den die erste Expedition mithatte, brachte, wie man sich erinnert, nicht viel Licht ins Meer. Das wird nun anders. Licht wird in die Höhlen des Meeres gebracht. Und wir erschließen den ersten der drei von mir aufgeschlossenen finsteren Lebensräume.

Man wird sich meiner ersten Begegnung mit Meereshöhlen am Capo di Sorrento erinnern. Diese Impression löste die Unternehmung aus. Dazu kam eine erweiterte Kenntnis systematischer und meereskundlicher Literatur, die zeigte, dass sich das ganze Gebiet, so zerteilt wie es vorliegt, von mir nicht mehr überblicken ließ. Aber schon die Erwartung, dass derlei bedacht werden könnte, war so ungewöhnlich wie naiv.

Ungewöhnlich, weil in meiner Umgebung vernünftigerweise niemand an derlei dachte, und naiv, weil ausgelöst durch ein Bildungsideal, von dem ich nicht wusste – oder wahrhaben wollte? –, dass es dieses nicht mehr gab. In einer Plauderei mit meinem Vater, von der ich nicht mehr weiß, wann sie stattgefunden hat, meinte er, ja, man solle wohl jene Gebiete am meisten achten, von welchen man am wenigsten versteht. Das war, wenn ich mich recht erinnere, die dritte der Weisheiten, die mir haften geblieben ist. Und ich muss zugeben, dass ich noch immer so empfinde, weil es die schönste Form ist, eine Kultur zu achten. Freilich verlangte das eine Art HUMBOLDTscher Weltsicht, die ich im Laufe meines Hochschulstudiums durchaus nicht vorfand. Ich nahm das aber gewiss nicht als eine Warnung. Ich muss geglaubt haben, dass sie sich doch in den Köpfen geachteter Professoren befände und dass lediglich keine Ursache bestand, sie mitzuteilen. Es wurde alles nach Fächern zerteilt.

Die Naivität des Planes ist leicht zu begründen, weil fast alle größeren Unternehmungen zum Mindesten an ihrem Ansatz der Naivität bedürfen. Könnte oder wollte man all die Hindernisse und Mühseligkeiten, die eine solche bereithält, voraussehen, man würde sich in ihr nicht versuchen. Im Grunde steckt nicht mehr dahinter als Motivation und Optimismus.

Mein Plan bestand darin, die Meereshöhlen zu erforschen, wobei ich an einen Gesamtzusammenhang von Entstehungsweise, Lebensbedingungen und Lebensformen gedacht haben muss. Dieses Thema schien zwei Vorteile zu vereinen. Einmal gab es über Meereshöhlen kaum biologische Literatur. Eine Meereskunde, die bislang eben darauf bedacht war, nicht nass zu werden, wusste von den Höhlen unter dem Meeresspiegel so gut wie nichts. Ein andermal konnte auf diese Weise der Nutzen der Unterwasserforschung unwiderleglich werden. Denn anders als tauchend waren nur wenige Grotten zu erreichen. Es ging mir noch immer darum, die Methode salonfähig zu machen. Anschauung musste die Meereskunde erweitern.

Was ich nicht ahnen konnte, war, dass unsere Forschung nicht die führenden Gelehrten überzeugte, wie ich das wohl erwartet hatte, sondern dass die Meeresexkursionen künftig nicht mehr auf Maske und Schnorchel verzichteten, tausende Biologiestudenten die sublitorale Welt sahen und deren Kenntnisse zur Selbstverständlichkeit wurden.

Natürlich verband ich mit der Unternehmung auch fachliche Erwartungen. Ohne Theorie, das wusste ich von BERTALANFFY, keine Wissenschaft. Ich erwartete in den Höhlen eine an die Dunkelheit angepasste, vielleicht sogar mit den finsteren Meerestiefen verwandte Fauna. Beides übrigens gar nicht so falsch, wenn auch in ganz anderer Weise.

Was ich auch nicht ahnen konnte, war, dass beides sich durchaus nicht als das Wesentlichste der kommenden Entdeckungen erwies. Das Ergebnis war viel weiter: eine Synopsis der litoralen Seeböden. Und in deren Rahmen wurden Lebensbedingungen als dominierend erkannt, an welche die Biologie noch kaum gedacht hatte.

Schon nach unserer ersten Expedition hatte ich über einen Wandel des Lebensgefühls zu reflektieren. Risikobereite Forschung wurde temporär ansteckend und begann nun auch ein Thema in der Runde meiner Kollegen zu werden. So war es nicht schwer, die rührigsten für die Unternehmung zu gewinnen. Wolfgang und Ernst schieden aus, sie waren nach Schweden und Australien gegangen. Elmar war, wie sich's schon ergab, Landbiologe geworden. Eine neue und größere Truppe musste zusammenfinden; schon um einer gesamtbiologischen Aufnahme nahe zu kommen.

Wir waren alle frisch graduiert und, wie ich glaube, alle von jenem ambitioniert kritischen Typ, den ich schon aus den Erfahrungen meiner ersten Semester beschrieb. Alle sind Universitätsprofessoren geworden. Nur einer hatte sich bei der Arbeit ruiniert. Das mit dem Risiko ist also keine bloße Redewendung.

Erich ABEL, damals schon ein guter Taucher und Unterwasserfotograf, übernahm die Bearbeitung der Fische und ihres Verhaltens sowie die Anemonen und Korallen, mit welchen er schon Erfahrung hatte.

Ferdinand STARMÜHLNER hörte auf 'Ferry', wurde unser 'Strandmeister', hingebungsvoller Volksbildner, hatte schon eine Persienexpedition hinter sich, schrieb sich für seine Lieblingsgruppe ein, die Mollusken.

Kurti RUSS wagte einen Kopfsprung in die uns noch kaum vertrauten Gruppen der Schwämme und Seescheiden, die Hauptvertreter der so genannten Sedentarier, der sesshaften Meeerestiere. Moostiere und Seepocken wurden nebenher mitgenommen.

Julius ERNST, bald Jules (Schül) genannt, der Einzige von uns, der nicht in Wien, sondern in Graz studiert hatte, übernahm die Bearbeitung der Vegetation, die er, auch hinsichtlich der pflanzensoziologischen Methoden, schon gut kannte.

Und mir blieb der Rest. Zunächst eine scheinbar unübersehbare Fülle von Gruppen der Würmer, Crustaceen, Milben, Pantopoden, die sich jedoch, wie ich schon aus der Praxis wusste, als die so genannte 'Mikrofauna' gemeinsam aufsammeln und am Ort präparieren ließ. Ganz unterschätzt hatten wir die Bedeutung der Blumentiere oder Hydroiden. Sie werden noch eine eigene Reise nach sich ziehen.

Dann gab es noch drei weitere Disziplinen, die nicht fehlen durften. Heinz (HERDEGEN) und Peter (PRINZ) waren auch schon in Kanada und Australien, Franzi (CZECH) zu tief in Beruf und Kinderschar. Auch hier war eine neue Gruppe zu bilden, was nicht schwer war, weil schon viele die Faszination der Unterwasserwelt erfasst hatte. Eher war die Auswahl schwierig. Einen Expeditionsmaler hielt ich wieder für notwendig – schon eine Sache der Kultur! – sowie einen Kameramann und einen Techniker.

Hermann KACHER war die unwahrscheinlichste Gestalt unserer Truppe: Werbegrafiker, über zwei Meter lang, hörte dennoch bald auf 'Mandi', wurde zum ersten Unterwasserangler der Welt, malte überwiegend die von ihm geangelten Fische und focht ungewinnbare Fehden mit einem uns zugelaufenen kleinen Kater, der seinen Durchfall nur auf Mandis Matratze absetzte.

Kurt SCHÄFER, eine Singularität an sich, Techniker, Kamerabauer, Filmer, Segler und Dalmatienkenner, stets mit der von ihm geliebten originalen 'Orebic-Kappe', einem allzeit gepflegten weißen Filzkäppchen. Er sollte das von mir entworfene Drehbuch in Szenen umsetzen.

Schließlich: Heini STEINFEST, Lehrling in einer von den russischen Besatzern geleiteten Großwerkstätte, 17 Jahre alt. Als sich der liebe Junge, aus übrigens schrecklichen Verhältnissen, bei mir bewarb, schloss ich ihn sofort ins Herz. Er wurde ein wunderbarer Mitarbeiter. Ihm oblagen vor allem Wartung und Betrieb der Geräte. Darunter ein mächtiges Stromaggregat, Scheinwerfer und ein armdickes Kabel, das wir auf einer fast mannshohen Trommel expedieren ließen. Im Übrigen hatte man damals schon Flossen und Brillen, und zum Tauchen kamen die einfachen Lungenautomaten mit. Auch die Finanzierung hatte keine dramatischen Effekte mehr. Lächerliche fünftausend Schilling erübrigte das österreichische Unterrichtsministerium für die Expedition, den Rest gute Seelen und, wie ich glaube, die eigenen Brieftaschen.

Mandi ging nach der Reise als Tiermaler zu Konrad LORENZ nach Seewiesen, Kurt wurde Architekt und Heini Industrieller, die übrigen Professoren.

Zwei Vorbereitungen waren für die Expedition erforderlich. Zunächst galt es, eine feste Unterkunft zu gewinnen. Ich hatte den Bungalow im Quercio, nahe dem Capo di Sorrento, im Auge und seine Besitzerinnen, jene badenden Damen, von welchen schon die Rede war. Beiden war ein Besuch zu machen.

Im Frühling 1952 machte ich mich mit dem Jeep auf den Weg, begleitet von Smoky, Harald und seiner schon angetrauten Edith.

In vier oder fünf Tagen war Capo di Sorrento erreicht, die Fürstinnen von Capo di Sorrento empfingen mich huldvoll. Sie besaßen auch jenen heruntergekommenen Badebungalow phlegräischen Stils – pompeianischrote Wände, flache weiße Kuppel – in der Quercio-Bucht, den ich mir für unsere Unterkunft gewünscht hatte. Hinsichtlich seiner Disponibilität hatten sie Bedenken; seines desolaten Zustands und der in ihm unvermeidlichen Überschwemmungen wegen. Aber ich zerstreute ihre Bedenken und wir wurden eingeladen.

Die zweite Reise galt der faunistischen Orientierung und der Erprobung des neuen technischen Geräts, der Blitzlichtkameras, Scheinwerfer und Messgeräte. Ziel: die Wien am nächsten gelegene Meereshöhle. Dies ist die Banjole-Höhle, von der noch öfter die Rede sein wird. Sie liegt, wie der Name sagt, in dem Inselchen Banjole, eine Seemeile vor Rovinj, dem Rovigno der Venezianer, vor der istrischen Westküste. Sie ist im vorderen Teil in Wahrheit nur eine Grotte, in die man per Boot hineinrudern kann. Prof. KÜHNELT machte uns auf sie aufmerksam.

Jules, Erich, Kurt, Kurti (man einnert sich des Unterschieds) machten sich mit mir, per Jeep, auf den Weg nach Rovinj. Das Misstrauen der jugoslawischen Zöllner war groß. „Nix original", erklärten sie. Nur zu offensichtlich war die Mittelbank im Jeep einem abgewrackten Autobus entnommen. Diese Bank musste heraus. Um das zu verhindern, gaben wir Jules, dem technisch mit Abstand Ungeschicktesten von uns, das Werkzeug in die Hand. Als die Unmöglichkeit der Lösung dieser Aufgabe sichtbar wurde, verloren die Zöllner aber die Geduld und schnitten die alte Lederpolsterung auf. Es quoll nur Rosshaar heraus. Aber dieser Makel blieb dem Jeep sein Leben lang erhalten.

In Rovinj gab es am Hauptplatz eine ärmliche Palme. Unter dieser machten wir, mit Tropenhelmen aus der Kostümleihanstalt, Werbefotos für Shell, die die Reise subventioniert hatten. Aber auch als erste Truppe aus dem Westen fielen wir auf.

Ein Herr sprach uns in trefflichem Österreichisch an und schlug uns vor, seine 'Bibliothek' zu besichtigen. Eine Provinzbibliothek schien uns nicht sehr reizvoll, aber die Einladung war nicht auszuschlagen. Was wir als Bibliothek verhört hatten, erwies sich als eine der eindrucksvollsten 'Bibiotheken', ein Keller voll gesamtjugoslawischer Liköre, Schnäpse und vor allem Weine. Sein Besitzer erwies sich als Dr. Martin HORVATH, BÖHLER-Assistent in Wien und Primar des örtlichen, noch vom Wiener Bürgermeister LUEGER gegründeten Spitalskomplexes. Wir wurden innige Freunde.

Die Höhle in Banjole war mittels der 'Bios', dem Kutter der örtlichen Meeresstation, leicht erreichbar, als Grotte bequem zugänglich und zeigte uns gleich eine Fülle viel versprechender Phänomene, Verarmungszonen der Vegetation im Eingang, Beete von Krustenanemonen, die man aus größerer Wassertiefe kannte, verlässlich messbare Lichtgefälle, gute Funktion unserer Beleuchtungssysteme. Mit dem Hochgefühl bester Vorbereitung zogen wir ab.

Diese Meeresstation und ihre 'Bios' werden noch für zwei Jahrzehnte zu einem der Mittelpunkte meines Wanderdaseins werden. Die 'Bios' ging später in einem Sturm zugrunde. Ihr Mastlicht, das ich schon erwähnte, leuchtet hier auf meinem Schreibtisch.

Sieben Mann in einem Jeep

Mit dem Semesterende brachen wir auf: 'Sieben Mann in einem Jeep', wie Ferrys erster Pressebericht lauten wird. Nicht nur 'Vier Mann in einem Jeep', wie die Besatzer in Wien noch immer Patrouille fuhren. Erich kam per Motorroller nach.

Dies war zwar nicht der Stil, wie ich ihn mir dachte, aber, wie ich schon sagte, die Welt war bürgerlicher geworden. Man musste Kompromisse machen. Das betrifft auch den Reisestil. Ich habe zum Beispiel vergessen, wo wir auf der Reise nächtigten. Wahrscheinlich in kleinen Absteigen. Offenbar hab ich's verdrängt. KACHER musste jedenfalls der Mittelplatz im Jeep eingeräumt werden. Und auch da noch endeten seine Beine beiderseits meiner Schalthebel.

Im Hafen von Neapel hatte ich mit der Spedition den Transport unserer Geräte nach Capo di Sorrento zu verhandeln. Mit Ortskenntnis schärfte ich meinen Freunden ein, sich während der Wartezeit mit keinem Händler einzulassen. Ein Blick vom dritten Stock zeigte mir alle Türen des Jeep offen, alle Kumpane heraußen, in Trauben von Händlern verstrickt. Ergebnis: fünf gefälschte Parker-Federn, zwei Uhren ohne Uhrwerk und eine Fülle von Firlefanz.

Aber noch am gleichen Tag ritten wir in Capo di Sorrento ein. Die Truppe labte sich in der 'Villa Pollio', der einzigen Trattoria in dem Weiler. Nuncia war nicht mehr da, verheiratet in Neapel. Ich machte meinen Höflichkeitsbesuch bei den Fürstinnen, tief bedauert ob der Unbilden, die uns in ihrem Bungalow erwarten würden, und wir zogen unten im Quercio ein. Mit dem benachbarten Bauern und der Truppe seiner Weiberleute vereinbarte ich Küche und Wäsche und schon der erste Abend wurde mit Chianti und einem riesigen Topf 'Pasta Fagioli' – Nudeln mit Bohnen – in Hochstimmung verbracht. Ein Gericht, das uns noch oft beschert werden sollte.

Ein Blick auf die hundert Stufen, die von da durch den Trichter des steilen Tales in die Olivenhaine hinaufführten, gab eine Vorstellung von dem Effekt, den ein Wolkenbruch im Bungalow anrichten müsste. Und auch das Geröll, das die See bis ans untere Tor herangeschoben hatte, ließ die Wirkung starken Seegangs vorhersehen. Aber die Terrasse war ein wundervoller Platz, und immerhin waren wir da.

Als die Ausrüstung ankam, war ihr Transport keine Kleinigkeit. Am Stromaggregat schleppten wir etappenweise zu acht und das Kabel ließ sich überhaupt nur der Länge nach herunterschaffen. Alle fünf bis zehn Meter eine bäuerliche Helferin, wand sich der schwarze Wurm durch Orangen- und Olivenwald, Außen- und Innenstiegen, bis er im Magen des Untergeschosses wieder aufgespult wurde.

Schon der zweite Abend brachte die Lichtprobe. Die sechs tellergroßen Scheinwerfer zu einem Rahmenblock montiert, das Aggregat postiert, die Kabelenden angeschlossen, verschwand STEINFEST zunächst in einer dröhnenden Ölwolke. In der sinkenden Nacht stiegen SCHÄFER und RUSS mit dem Block der Scheinwerfer in die Bucht und von der Terrasse aus ergab sich ein feenhaftes Bild. Da waren nun die 'Lichter unter Wasser'. Der smaragdgrüne Lichtkegel schwenkte über die Böden und unterseeischen Flanken der Bucht, eingerahmt von dunkelstem Ultramarin, verlor sich draußen in der See oder reflektierte in einer unirdischen Weise durch die schaukelnde Wasseroberfläche moosgrün an den Felswänden, die die Bucht umschlossen.

Schade, fand ich, dass wir BÖCKLIN diesen Zauber nicht vorführen konnten. Wohl hätte auch das Knattern und Rufen in der nächtlichen Szene seine Faune und Najaden vertrieben. Gewiss, es war ein Feenspiel der Technik. Aber ein Feenspiel war es. Tags darauf begann die Arbeit.

In den beiden folgenden Monaten entstand ein erstes Mal eine systematische Synoptik felsiger Seeböden. Zunächst über eine Aufnahme des Bestandes. In der Umgebung von zwei, drei Seemeilen fanden wir über hundert Höhlen, oder was ihnen als Biotoptypus zuzurechnen war, und schon ergab sich eine polymorphe Typologie nach der Größe der Höhlen, nach der Flachheit, der Lage zur Oberfläche, nach der Wassertiefe und der Anzahl der Eingänge.

Alle diese Merkmale zeigten einen Einfluss auf die Anordnung der Organismenbestände. Genauer genommen gewann man aus jenen topologischen Bedingungen eine Sicht für vergleichbare Lebensgemeinschaften und aus dieser einen Blick für die Bedeutung der topologischen Faktoren. Und bald folgte, dass diese Bedingungen Einfluss auf einige bioklimatische Grundbedingungen nahmen: Lichtabschirmung und Wasserbewegung, diese im Sinne von Wasseraustausch, Deposition von Futter, Erosion und Sediment.

Die Vegetationszonen ließen einen Schichtenbau erkennen, der in den Höhleneingängen schrittweise verarmte. Damit ändern sich die Rollen der

Raumkonkurrenz, die von da an, und mit unterschiedlichen Strategien, zwischen den einzelnen sesshaften, erstaunlich färbigen Repräsentanten einer Fülle von Tiergruppen ausgefochten werden. Diese bilden bohrend, inkrustierend sowie überwachsend Bestände von einer Dicke bis zu einem halben Meter und von einer Komplikation wie eine Großstadt, in welchen erst die ganze Fülle der Mikrofauna daheim ist.

Es mag angezeigt sein, nicht weiter in biologische Einzelheiten zu gehen. Nur sei bemerkt, dass nichts von alledem der Meeresbiologie bislang zugänglich oder vorhersehbar war und dass es zu einer intellektuellen Herausforderung wurde, all diese Dinge zu integrieren. Man kann dies in meiner später erschienen Monografie *Biologie der Meereshöhlen* nachlesen. Von ihr wird noch die Rede sein.

Für meine Perspektive entstanden nun 'gläserne' Biotope, Biozönosen und Faktorengefälle mit der speziellen Aufgabe, ihre begriffliche Abgrenzung und die Gradienten dieser Grenzen zu fassen.

Im Zustand des Freitauchens ist man befangen. Balance, Aufdrift, das in die Maske einsickernde Wasser, baldige Atemnot, der Wunsch, seiner kleinen Absicht zu genügen und sich nirgends zu verfangen, lenken ab. Oft sieht man nachträglich auf Fotos Zusammenhänge, die einem entgangen waren. Das gilt auch für das Ordnen der eingeprägten Bilder nach dem Auftauchen, und zwar in Hundertschaften.

Und das führte dazu, dass sich mir die Muster des Seegangs nach Exposition und Wassertiefe, die der Felserosionen und Korngrößen der Sedimente, des Lichteinfalls, der Vegetationszonen und sedentären Organismen wie Blaupausen übereinander legten und zu geschlossenen Bildern wurden, die sich eher grafisch und wenn verbal, dann doch besser mit grafischer Unterstützung ausdrücken ließen.

Das war eine praktische Vorübung für die Lösung viel später auftretender Probleme erkenntnistheoretischer Art, die zeigen werden, dass es unsere Sprache selbst ist und unsere definitorische Logik, die unserem Verständnis von Übergängen und dem Auftreten neuer Qualitäten Hindernisse vorbereitet. Das wusste ich damals nicht, im Prinzip hatte ich aber mit meinen Diagrammen die Lösung vorweggenommen.

Blickt man in der Tyrrhenia-Expedition in die Runde der Tage, so ergibt sich freilich auch wieder eine andere Welt. STARMÜHLNER, dem Strandmeister, oblag die selbst gewählte Aufgabe, zu wecken. Die Torflügel der Halle, in der wir auf Luftmatratzen lagerten, wurden aufgeklappt, mit ihnen schwenkten die Lautsprecher unserer Tonanlage hinaus und in einer, wenn auch nicht dezenten, doch belebenden Weise ergossen sich die jüngsten Schlager über die Bucht.

Nachdem sich mit dem Morgen der Schlafsaal in ein Labor zu verwandeln hatte und dasselbe am Abend umgekehrt, war dem sich ausbreitenden Chaos nicht leicht zu steuern. Es ergab sich jedoch dafür eine Lösung, mit deren Effektivität ich nicht gerechnet hatte. In der erwähnten 'Villa Pollio', die die Weltläufigen der Truppe manchen Abend zu einem Drink besuchten, fand eine ambraduftende Dame aus Neapel Interesse, sei's an mir, sei's an unserer Unternehmung, und sagte ihren Besuch an.

Die Wirkung war überzeugend. Alle fanden plötzlich Zeit zum Ordnen und Putzen und keine andere Macht der Welt hätte das Chaos so sehr im Handumdrehen zu einer nachgerade einladenden Ordnung zu verwandeln vermocht. Das, beschloss ich, sollte mir eine Lehre sein. Und immer dann, wenn die Unordnung die Grenzen des Erträglichen wieder erreichte, kündigte ich ihren Besuch an. Ich weiß nicht mehr, wie sie geheißen hat. Die Truppe nannte sie 'die Ambra'. Und oft genügte es schon, lediglich das Gerücht ihres unangesagten Kommens zu verbreiten, um Ordnung wieder herzustellen.

Und freilich gab es noch eine andere Macht. Von einem Gewitter in den Schlaf getrommelt, wachte ich durch den Ruf auf: „Was ist passiert?“ Ich langte im Finstern von meiner Luftmatratze hinaus und fand, dass Wasser zentimetertief den Kachelboden überflutet hatte. Bei Licht erwies es sich als dicker Terra-rossa-Schlamm, der über den Berghang hereingequollen war. Eben jenes Ereignis, das die Fürstinnen vorausgesehen haben mochten. Aber auch dieses führte zu einer Generalreinigung unseres Domizils.

Ein anderes, sich wiederholendes Ereignis, hängt mit einer in Abständen aus Wien eintreffenden Tageszeitung zusammen. Ich glaube, dass STARMÜHLNER der Abonnent gewesen ist. Alle waren an Nachrichten interessiert, aber nicht alle konnten in der Abendrunde gleichzeitig lesen. Also wurde der, der das Blatt gerade in Händen hielt, aufgefordert vorzulesen, wobei demselben die Auswahl des Interessantesten freilich zu überlassen war.

Daraus entwickelte sich ein gar nicht so schlechtes Gesellschaftsspiel. Es kam darauf an, mit irgendeinem konkreten Text zu beginnen und diesen dann mit Fantasie in perfektem Journalistendeutsch fortzusetzen, so zwar, dass das niemand bemerkte. War das gelungen, musste der Inhalt der Nachricht mit Umsicht und in gleitender Weise allmählich so absurd werden, bis auch der Leichtgläubigste den Schwindel erkennen musste. Da wir es zu einiger Perfektion brachten, lachten wir bei diesen 'Lesungen' Tränen über die Kommentare in der Runde.

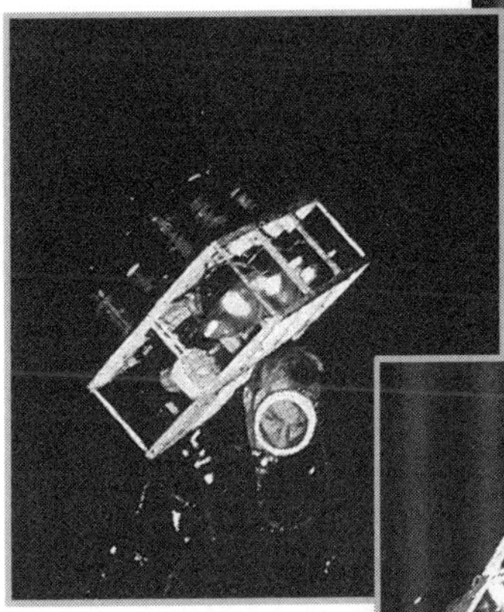

Stromaggregat und
Block der Scheinwerfer
beim Einsetzen

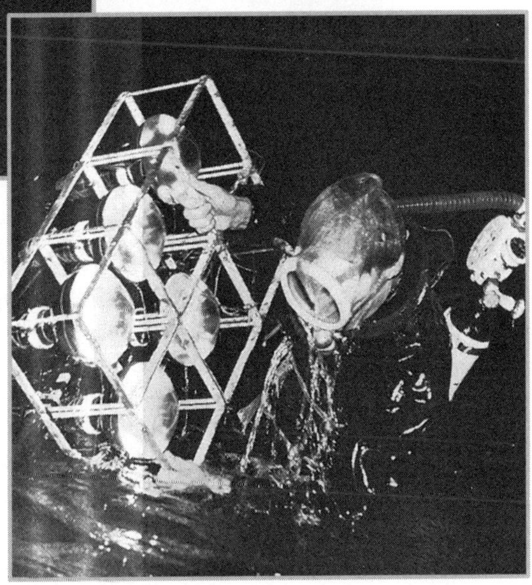

Abb. 17: Buchstäblich 'Lichter unter Wasser', wie unser späterer Titel des Filmes; mit einer Technik, die 1952 für Arbeiten in unterseeischen Höhlen eben gerade möglich war.

Eines Abends machte bei uns eine messingglitzernde Mahagonibarkasse fest. Die Bootsleute überbrachten eine Einladung von Achille LAURO, Reeder und Bürgermeister von Neapel. Es hatte sich schon herumgesprochen, dass wir bereits entwickelte Filmstreifen besaßen, und es war sein Wunsch, dass zwei oder drei von uns sogleich zum Essen seiner Abendgesellschaft kämen, um diese Streifen vorzuführen. Nicht Neapel wäre das Ziel, sondern seine nur sechs Meilen westlich gegenüber Capri hoch in den Felsen gelegene Sommervilla.

Nun zeigte sich's, dass wir immerhin noch eine gewisse Übersicht über unser Aussehen besaßen. Und zu Recht breitete sich Panik aus; gefangen zwischen Taucherwelt und feiner Abendgesellschaft. Aber es wurde befunden, dass SCHÄFER, ABEL und ich die Einladung annehmen müssten, so ausgewählt, um die Filmtechnik, das Fischverhalten – und das auch noch italienisch – zu erläutern. Die einsetzende Hektik hatte etwas Berührendes.

Das abendliche Waschwasser war verbraucht, die Rasur mit Seewasser misslang, sie wurde mit Rotwein unternommen. SCHÄFER besaß wenigstens noch eine weiße Jachthose, aber seinem Reisekorb im feuchten Unterstock entnommen, hatte sie derart Ziehharmonikaform angenommen, dass sie nur mehr wenig über das Knie reichte. Und auch ich unternahm einen Kostümierungstanz, um aus aller Habe meiner Freunde noch halbwegs reputierliche Stücke zusammenzuborgen.

Unser Auftritt im Damenflor des feudalen Hauses muss an eine Filminszenierung erinnert haben, denn wir ernteten lauten Beifall. Das Vorstellen hatte den Charakter einer Komödie, die Abendtafel den einer Löwenfütterung und mein Pfirsich rollte quer über den Tisch. Und erst die Vorführung unserer – offen gestanden miserablen – Probeaufnahmen erntete 'standing ovations'. Alles in allem ein gelungener Abend.

Eine Episode mag noch erforderlich sein, um Stil und Werthaltung in unseren Lebensumständen zu verdeutlichen. Alle paar Tage waren zwei von uns delegiert, einen Korb Wäsche zu den Frauen des Bauern zu schaffen und eine restaurierte Ladung zurückzunehmen. Auch SCHÄFERs geliebte Orebic-Kappe, die ich, ihrer Bedeutung wegen, schon erwähnte, wurde einmal in die Wäsche gegeben, kehrte aber nicht wieder. SCHÄFERs Sorgen nahmen zu. Er verfügte sich sogar außerhalb seinen Turnus in die Transportpflicht, aber die Kappe blieb verschollen. Und alle, die in die Nähe dieses Objektes hätten kommen können, wurden geplagt und mit Verdacht verfolgt.

Eines Tages waren wieder STARMÜHLNER und ich an der Reihe. Und bevor wir den Bauernhof verließen, stiegen wir noch auf den Turm des Bauernhauses, um die Aussicht zu genießen. Da zeigte sich in einer der staubigen Fensternischen etwas Merkwürdiges. Niemandem hätte der Inhalt dieses von einer Katze schon verlassenen Gebärnestes irgendein Interesse abgewinnen können. Nur wir beide, auch geplagt und mit Verdacht belegt, hatten eine nahezu visionäre Sicht und erkannten in einem gräulichen, zerfransten Faserhäufchen unverkennbar Reste jener so gesuchten Filzkappe. Und mit Umsicht ließen sich auch noch weitere kleinere Teile finden.

Was war zu tun? Es gab nichts mehr, das, als Objekt zu verstehen, hätte in die Wäsche gegeben werden können. Es blieb nichts anderes übrig, als das Gesammelte SCHÄFER zurückzubringen. Von weitem schon wurden wir von ihm aufgefordert anzugeben, ob wir die Kappe gefunden hätten. Was konnte man antworten? Wir bejahten. Ja, wir hätten sie. SCHÄFERs Blick auf diese Ansammlung ist mir unvergesslich. Er verband Entsetzen, Glück und Empörung.

Aber immer noch, wenn auch rudimentär, schloss unser Lebensstil die Absicht ein, auch das Unmögliche sogleich zu lösen. SCHÄFER wusch und trocknete die Stücke immer wieder bis zu deren alter Weiße, ordnete und klopfte sie so lange, bis sich diese Zierde seines Hauptes von ihrer alten Form nur mehr für den Kenner unterschied.

Lichter unter Wasser

Nichts, außer der Scheinwerferprobe, habe ich noch von den Vorgängen berichtet, die der Titel dieses Kapitels in Aussicht stellte. Wie also kam das Licht ins Meer?

Man wird sich vorstellen können, dass die sperrige Scheinwerferanlage bei den Untersuchungen und Probenahmen selbst nicht verwendet wurde. Es kam uns auch darauf an, zunächst die geeignetsten Orte ausfindig zu machen. Und da zeigte es sich bald, dass es die mittelgroßen Höhlen mit mehr als einem Eingang waren, wo der Wasseraustausch am größten und die Höhlenbestände am eindrucksvollsten waren.

Und noch eines ergab die Praxis: Lange Höhlen waren nicht ungefährlich, denn es musste auch mit dem Versagen eines Atemgerätes gerechnet werden. War die Strecke vom möglichen Ort eines Gebrechens über den Höhlenausgang zur Oberfläche zu lang, als dass man sie ohne Luft verlässlich hätte überwinden können, dann war es geboten, auf dieser Strecke ein Reservegerät zu deponieren. Ähnlich den Zwischenlagern bei Expeditionen ins Hochgebirge. Das Gebot war zwar vereinbart, aber freilich machte das niemand gern. So geschah es einmal durch ein klemmendes Ventil, ein andermal durch einen in der Höhlenenge zerrissenen Rippschlauch, dass einer gerade noch mit dem Schrecken davonkam.

Kurz, wir bevorzugten für umfänglichere Studien Grotten oder Höhlen mit Luftkuppeln. Erstere kann man sich leichter vorstellen; es ist dies ein Höhlentyp, dessen Eingang von der Wasserlinie geschnitten wird. Die uns schon bekannte Banjole-Höhle und die vielen bekannte Blaue Grotte in Capri gehören zu dieser Art. Höhlen mit Luftkuppeln sind dagegen solche, deren Eingang zwar unter Wasser liegt, in welchen sich aber die Haupthalle im Berg über die Wasserlinie erhebt. Dort überall kann man auch ohne Tauchgerät arbeiten.

Eine solche Luftkuppel von einer Höhle in Capri habe ich in lebhafter Erinnerung. Sie ist dem Touristen nicht bekannt, weil ihr einziger Eingang acht Meter unter Wasser liegt. Ich ging ohne Gerät, aber mit der Handlampe hinein und sah oben sofort die Silberfläche der Luftkuppel. Also zunächst einmal hinauf. Das schwache Unterlicht zeigte Stalaktiten und den üblichen rostbraunen Sinter an den Wänden. Doch wenige Sekunden darauf wurde das Bild völlig verschleiert.

Gewitzt durch allerlei Taucherfahrung war ich alarmiert und prüfte die Sicht der Hand vor den Augen. Bleibt die Hand klar, liegt die Trübung im Medium, verschwimmt die Hand, ist es eine Sehstörung. Doch hätte es der Prüfung nicht bedurft, denn das Bild wurde wieder klar, um sich einige Sekunden darauf wieder gänzlich zu verschleiern. Ich planschte gewiss ziemlich ratlos herum, bis ich bemerkte, dass es Nebel war, der rhythmisch entstand und verschwand, und dass dieser Rhythmus mit dem Steigen und Sinken des Wasserspiegels korrelierte. Draußen lief lange Dünung der Küste entlang und mit ihr atmete auch die Luftkuppel, ließ Nebel ausfallen und löste ihn im gleichen Rhythmus wieder auf.

Kleine Höhlen mit Luftkuppel waren also die rechten Filmorte, zumal selbst in diesem einfachsten Fall fast alle Mann erforderlich waren: STEINFEST am Aggregat, einer am Kabel außerhalb, zwei am Kabel innerhalb der Höhle, SCHÄFER an der Kamera, RUSS an den Scheinwerfern, einer in der Filmszene und zudem ein Nachrichtenbringer zwischen den beiden Enden.

Unsere 'Höhle Ost 39', wie sie in unserem Katalog der Sorrentiner Küste hieß, gehörte in ihrem vorderen Teil zum Luftkuppeltyp und war den Fischern als 'Grotta Tuffo-Tuffo' bekannt, auch als 'Punta Respiro'. Den ersteren Titel gab ihr der Umstand, dass sie bei stärkerem Seegang Luft und Wasser in weitem Bogen aus einem der Eingänge puffte, weil dieser nur wenig unter der Wasserlinie lag. Die von den Seen komprimierte Luft suchte sich im Wellenrhythmus diesen Ausgang. War der Seegang dagegen gering und die See atmete ruhig, so war, aus denselben Gründen, an einer Felsspalte oberhalb der Höhle, ein stetes, sanftes Seufzen zu hören.

Dies war unser romantisches Studio. Wildromantisch, wenn man einen Sinn dafür hat, oder sogar wild, bei der Arbeit selbst. Das Dröhnen der Seen am Eingang, das Rauschen des schwingenden Wasserkörpers, der sich Schwall auf Schwall gegen den hinteren Stollen auftürmte und sich von dort als Gischt zurückwarf, das Hallen der Stimmen, die sich gegen den Lärm durchsetzen mussten, um wenigstens die notwendigsten Mitteilungen auszutauschen; Warnungen vor dem Einlauf einer besonders starken Woge, Gefährdung der Lampen oder des Kabels.

Letzteres war die erste Schwachstelle. Dieses Kabel mit zwölf eingegossenen Leitungen, das wir einer Wiener Firma abgeschwätzt hatten, war wohl zum Ruhen in der Erde gut genug, nicht aber, um im Seegang herumgeschleppt zu werden. Immer wieder einmal brach es an einer anderen Stelle auf. Dann entfaltete sich ein zischender Flammenstrahl, gleich einem großen Schweißbrenner, und Gasblasen, wahrscheinlich Knallgas, brodelten um uns auf. Ob wir hätten in den Stromkreis gelangen können, weiß ich nicht. Wir ließen's auch nicht darauf ankommen. Es war meist STARMÜHLNERs Funktion als Strandmeister, nun als Höhlenmeister, sofort aus der Höhle zu tauchen und gellend das Abschalten des Stroms zu verlangen.

Dann war abzubrechen, rauszuschaffen, Strategiepalawer abzuführen, das Kabel an der Bruchstelle zu kürzen und die Lampenanschlüsse salzfrei und seewasserfest zu re-installieren. Dennoch wurden auch die Höhlenteile des Filmes fertig. Zwar waren mit den damaligen Filmempfindlichkeiten trotz Sechser-Scheinwerferlampen keine entfernteren Einstellungen möglich, doch konnte man auch mit der bewegten Nahszene dem Publikum eine Vorstellung von noch nie gesehenen Teilen unserer Welt vermitteln.

Unter den Radioberichten, die wir unter STARMÜHLNERs Insistenz produzierten, wurde die 'Inszenierung' des Filmens in der Höhle in jeder Hinsicht die beste. Die Intendanz von Radio Wien lobte vor allem die Dramaturgie und das Überzeugende der akustischen Schilderung der Situation und auch wir hatten den größten Spaß gerade mit dieser Tonaufnahme.

Man kann sich vorstellen, dass in solcher Situation weder an trockene Tonbandgeräte und Mikrofone noch an überlegte Interviews gedacht werden kann. Also wurde die Situation nachgestellt. Als der mit Abstand geeignetste Ort für Höhlensimulation erwies sich der kleinste Raum des Bungalows. Wo man sich gewöhnlich nur alleine befindet, drängten wir uns nun zu siebent. STEINFEST rauschte mit dem Wasserschwall zwischen Plastikkübeln, Ernst dröhnte mit einer Luftmatratze, KACHER brachte in unnachahmlicher Weise ein geradezu unirdisches Zischen zuwege und STARMÜHLNER, mit gehetzter Stimme, interviewte ABEL, SCHÄFER und mich, wie wir schnaufend auftauchten und gurgelnd wieder verschwanden, in der perfekten Höhlenhalligkeit dieses Örtchens.

Die wissenschaftliche Arbeit steckte voll Kompetenz, Kooperation und Systematik. Höhlen, zu Dutzenden entdeckt, vermessen, Proben in Reihen ausgemeißelt, die Inhalte mit den jeweiligen Techniken bestimmt und quantifiziert. Mehrere Tauchgänge pro Tag. Manchmal wurden wir tagelang nicht trocken und todmüde, aber voll eines berührenden Gruppengefühls ungewöhnlicher Leistungen.

Über den Schluss der Unternehmung ist wieder nicht viel zu berichten, es sei denn, dass wir, voll des Materials, des Erlebnisses und der Erfahrung, in guter Stimmung waren. Auch Ernst; obwohl er sich durch seine pausenlosen Tauchgänge und gegen jede Warnung Fieber und böse Kopfschmerzen eingehandelt hatte, die sein weiteres Leben noch sehr beeinträchtigen sollten. Aber das wussten wir freilich noch alle nicht.

Vielleicht ist es noch berichtenswert, dass wir bei unserem Einzug ins Zoologische Institut von den damals schon gereiften Assistentinnen mit der maliziösen Bemerkung begrüßt wurden: „Da sind sie ja wieder, die großen Forscher." Aber sie hatten ja keine Ahnung. Und eben das macht den Unterschied.

Die Methode von Konrad LORENZ hat man in den 80er-Jahren, als man das Monument schon anpinkeln durfte, eine 'anekdotische Wissenschaft' genannt, weil ihm in

'Dom der Delfine'

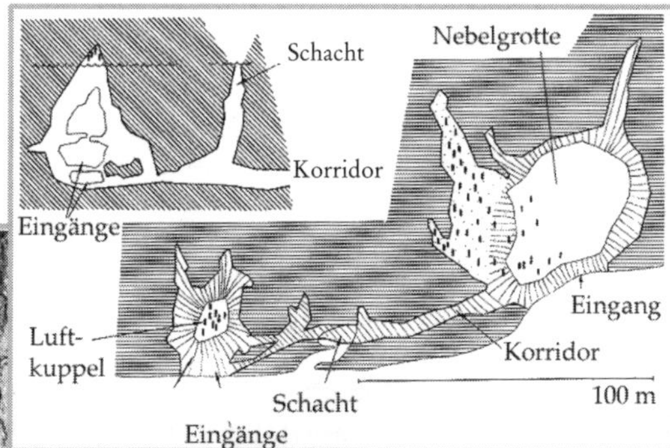

Gruppe von Grotten an Capris Südküste

Eine Seespinne

Abb. 18: Unbetretene Welten. Beispiele von Grundrissen, einer 'Luftkuppel' und einem respektablen Krebs aus der unterseeischen Landschaft um die Insel Capri.

vielem ein oder zwei verlässliche Gestaltwahrnehmungen für eine Einsicht genügten. Er ließ sich nicht sieben experimentelle Wiederholungen vorschreiben, wie das physiologische Zeitschriften verlangen, weil er ungestörte Natur beobachtete und sie nicht in Experimente pferchte. Freilich konnte ich das damals nicht wissen; auch LORENZ spielte in meinem Weltbild noch keine Rolle.

Ich weiß aber, dass es mir schon damals ähnlich ergangen ist. Ein illustrierbares Beispiel: Die Fächer der gut tellergroßen Gorgonien (Hornkorallen), die wir von den Steilwänden aus mittleren Tiefen kannten, wachsen horizontal; sie schwingen im Pendeln des Seegangs. Klar: Sie nützen ein Maximum ihrer Filterfläche. Nur zweimal sah ich sie unter 30 Metern; da stehen sie an den Wänden vertikal. Die Küstenströmung überwiegt die Reste des Seegangs. Ist dann ihre Bauform im Übergangsgebiet verwirbelt? Tatsächlich! Später hat einer meiner Doktoranden junge Kolonien verdreht montiert. Jahres darauf zeigten die geknospten Spitzen die Drehung ins integrierte Maximum der Wasserbewegung.

Auch ein profunderes Resümee der gewonnenen Erfahrung soll hier nicht versucht werden. Denn vieles steckte zu dieser Zeit noch unformuliert in meinem Verständnis der Dinge. Und ich hätte wohl auch nicht vorhersehen können, welche Konsequenzen derlei Erfahrung haben würden. Nur so viel sei vorgegriffen: Erstmals hatte ich die Synopsis eines unbekannten Lebensraumes versucht, viele Hundert Arten aus Dutzenden großen Tiergruppen waren mir wieder sortierend unter die Augen gekommen und es schien mir unproblematisch, mit ihnen umzugehen. Eine gläserne Systematik hatte sich mir hinter der gläsernen Anatomie entwickelt.

Und noch eines steckt als bislang unformulierbare Erfahrung hinter diesen beiden Szenerien: die ungemeine Ordnung der Zusammenhänge, die sich ökologisch wie systematisch auftat. Das bietet eine Sicherheit des Urteils, das nur aus der Praxis kommen kann. Wir werden sie bald benötigen.

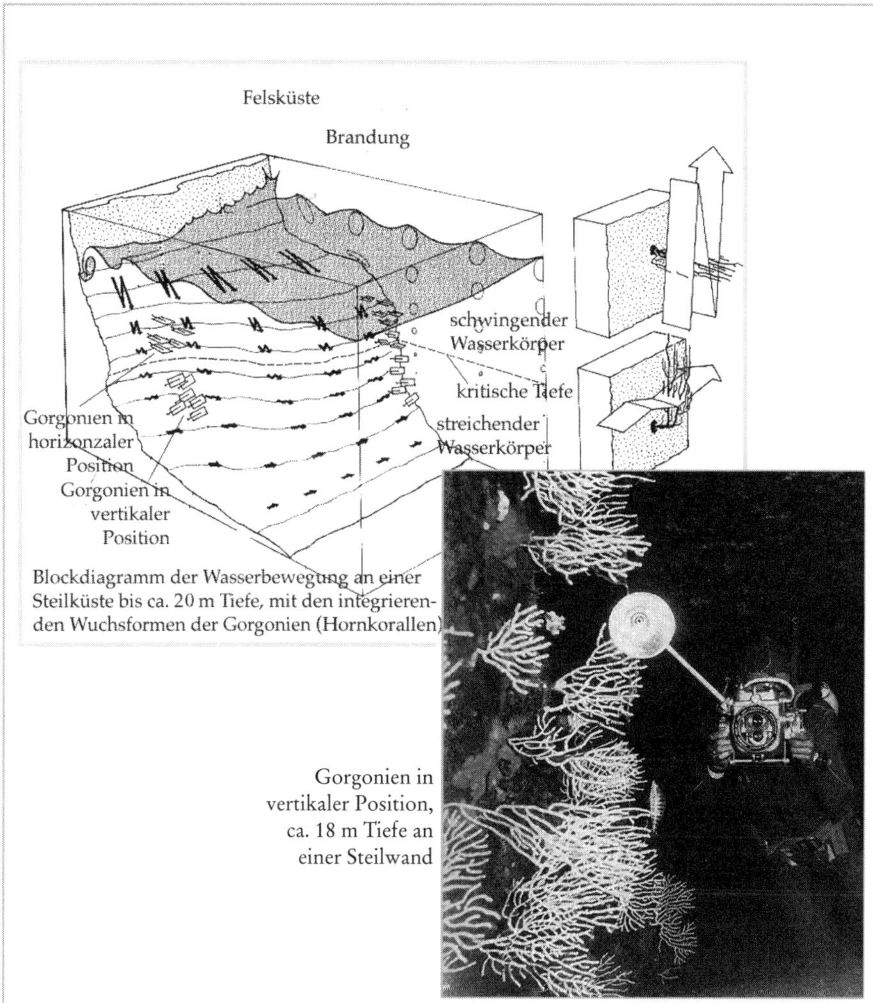

Abb. 19: Die über Hornkorallen entdeckten 'kritischen Tiefen' der küstennahen Wasserbewegung. Eine besonders schöne Synoptik aus Seegang und Strömung und deren Integration durch Lebewesen.

4. Licht ins Werden (1955–1965)

Ich sagte schon: Wenn einer Glück hat, schwenkt sein Leben, nach absolvierter Juvenis, schließlich nicht zum wirklich langweiligen Erwachsenen ein, sondern von einem physischen zu einem geistigen Abenteuer. Als Schüler und noch als Student, da die Lebenspläne weiterhin zwischen Naturforscher und Schiffsarzt pendelten, tauchte immer wieder die Vision eines Hafenarbeiters in Casablanca auf. Ich stellte mir vor, dass ich, von Unbilden geschlagen, schließlich selbst als ein solcher enden könnte. Und zwar nicht in dem Sinne, dass die Kreatur, wirtschaftlich und im Status heruntergekommen, nun auch in Kaschemmen versoffen und für jeden unehrenhaften Dienst zu haben sein müsse, vielmehr so, dass auch das physisch geringste Lebensniveau ein geistig geringes keineswegs nach sich ziehen müsse. Ich glaube, dass ich mir auf diese Weise die Entstehung des schrulligen, aber weltweisen Sonderlings vorstellte.

Sollte eine solche Phantasmagorie irgendetwas Klärendes über die hier betrachtete Personalität aussagen, so mag sie deren Vorstellung über Sicherheit enthalten. Offenbar war ich der Ansicht, dass ein physischer Lebenserfolg nicht ausgemacht sein könne, ein geistiger aber gar nicht in Frage stünde.

Freilich kann das auch eine nichtbewusste Interpretation der erwähnten Empfehlung sein, dass man im Leben wohl auf alles verzichten dürfe, nur nicht auf Niveau.

In diesem Jahrzehnt folgt ein buntes Nacheinander, das unbesehen in prägenden Erkenntnisfragen mündet.

In dieser Zeit, nach den langen Reisen, muss auch erstmals ein Traum aufgetaucht sein, der sich, von nun an, als echter 'Revuetraum' gelegentlich und stereotyp wiederholte. Und ich erzähle von ihm, weil sich in ihm eine zweite Seite einer solchen Lebensperspektive abbilden mag, eine optimistische 'Lass-nur-kommen-Perspektive', ohne aber in diese Zukunft hineinschauen zu wollen.

Ich finde mich auf einem Schlachtross der Renaissance, im Schritt, müde, aber gehoben, allein, in der Dämmerung, einen steilen Hohlweg hinunterreitend; Leder-, Staub-, Schweiß- und Pferdegeruch. Im Tal taucht ein Weiler auf, Rauchfahnen und die ersten Lichter. Es könnte die Toskana sein, aber ebenso Umbrien. Die Müdigkeit weicht der Erwartung, im Wirtshaus nun kräftig zuzugreifen, zu saufen, mitzulachen oder die Laute zu schlagen, mit noch irgendeinem Höhepunkt, sei's des Wirtes Töchterchen oder eine Wirtshausrauferei. Als das erste Hundegebell und Weiberlachen auftaucht, bricht der Traum ab. Und ich reflektiere auch sein Ende ohne Bedauern.

Psychiatrische Freunde meinen, daraus auf einen verkappten Menschen schließen zu können, der sich der Realität entzieht. Ich glaube eher, es ist einer, der eine vielleicht ereignisreiche Zukunft nicht schon im Voraus banalisieren will.

Leben im Riff

wird der Titel meines ersten brauchbaren Farbfilmes werden und meine kleine Welt, um ihn herum, ist kennzeichnend für den Beginn dieses Jahrzehnts. Es muss in dieser Zeit gewesen sein, dass jene mir schon beim Rigorosum in Aussicht gestellte Assistentenstelle ihre halbherzige Realisierung erlebte. Offenbar wurde dem Institut eine Planstelle verfügbar. Die erwähnten gereiften Assistentinnen hatten, wie ich heute verstehe, wohl andere Präferenzen, MARINELLI gab nach, teilte die Stelle, eine Hälfte bekam ich.

Wie auch immer: Von den 350,– Schilling pro Monat, die das erbrachte (11,– Schilling pro Tag!), konnte man nicht leben. Auch wenn der Wert, verglichen mit dem heutigen, auch der Zehnfache gewesen sein mochte, blieb er doch unter der Hälfte des Existenzminimums. Dennoch konnte ich der Sache einiges abgewinnen, denn meine Eltern sahen darin den Beginn einer Universitätskarriere. Und auch in der Quästur, der Zahlstelle der Universität, tat mir das gut, denn ich konnte bald errechnen, dass ich schon nach einigen Monaten mehr abgehoben hatte, als ich vordem am Nebenschalter an Studiengebühren zusammen eingezahlt haben musste. Fürs Lernen bezahlt zu werden, entdeckte ich als eine lukrative Unternehmung.

Das wird vielleicht noch besser aus der Genügsamkeit meines Lebens erhellt. Einen Kinobesuch empfand ich als seltene Aufwendigkeit, fuhr mit einer verbilligten Straßenbahnkarte, stets mit der letzten Bahn, vom Labor heim, in einem dünnen Regenmäntelchen und – wie ich eingestehe – mit einem schwarzen Künstlerhut, den ich in Vaters Ablage aufgelesen haben mochte, und fand, unter der Bettdecke warm gehalten, einen bescheidenen Eintopf.

Was solches Einerlei unterbrach, waren die Begegnungen mit Smoky und andere Herzensangelegenheiten, sei's im Grünen oder unter Vaters Dach, sowie die Wochenendwanderungen mit Harald (ROHRACHER), die damals ihre erste Regelmäßigkeit annahmen und eine Tradition wurden, deren fünfzigjähriges Jubiläum wir auch schon begingen.

Diese waren und blieben Anlässe, sich den eigenen vier Wänden physisch und psychisch zu entwinden und Plaudereien zu kultivieren, bei denen es darauf ankam (und noch immer darauf ankommt), sich nichts vorzumachen. Das hört sich einfach an, verlangt aber, jede Art von Rollenspiel abzulegen, was man, will man urteilen, nur einmal versucht haben muss. Dies ist zu einem Lebenselixier geworden. Harald war damals schon praktizierender Testpsychologe und kam bald zu der charmanten Einsicht, dass meine Karriere, sollte es einmal eine werden, sich würde weniger auf Intelligenz als auf Motivation berufen können.

Und zweifellos, im IQ-Test, den man damals als ein Maß für Intelligenz schlechthin nahm, schnitt ich beschämend schlecht ab. Semantische Quickheit war meine Sache nicht. Und wenn ich heute, mehr als es mir lieb ist, als akademischer Festredner herumgereicht werde und mich der Stotterer-Nachhilfe bei Lehrer WURST erinnere, dann muss es einen Übergang gegeben haben, den ich nicht zu rekonstruieren vermag. Aber genug vom Lebensbild dieser Zeit. Was hatte sich entwickelt?

Nun, ich war zwar zu jener Zeit zwar der Ansicht, dass es ökonomisch ist, fürs Lernen bezahlt zu werden, aber die Welt der Hörsäle, in die ich als Vorlesungsassistent verdungen war, schien mir meine Welt nicht zu sein, wiewohl ich mich in der noch väterlichen Wärme MARINELLIs wohl fühlte. Stets musste zum Beispiel einer von uns, auf dem Weg zum Hörsaal, ein geistreich-heiteres Aperçu so eingeteilt produzieren, dass man dem Auditorium in plauderlich-strahlender Gelöstheit begegnen konnte. Ein Auditorium übrigens, das sich damals noch erhob, wenn wir den Saal betraten. Und dennoch gehörte ich im Grunde nicht dazu. Eine Wahrnehmung kann das schildern.

Nachdem ich die Bücher und Dias für das Kolleg des Tages zur endlichen Zufriedenheit vorbereitet hatte, stand ich im Chefzimmer herum, den nebenbei laufenden Betrieb abzuwarten. Darunter Telefongespräche.

Eines habe ich Grund wiederzugeben: „Oh, verehrter Herr Kollege! – aber ich bitte Sie – nein, nein, macht gar keine Umstände – wird gemacht, wird gemacht, heute noch – gar nicht. Ich habe hier eine tüchtige Kreatur, die wird das in die Hand nehmen.“ Ich hatte nur passiv mitgehört. Da aber wachte ich auf. Ich war die tüchtige Kreatur!

Als ich eineinhalb Jahrzehnte später aus den USA an denselben Lehrstuhl zurückberufen wurde, kam ich gerade zur Demontage der Ordinarien-Universität zurecht. Und, wie noch zu erzählen sein wird, hat man das ganz schlecht, prätentiös und kurzsichtig gemacht.

Also, das war nicht meine Welt; in der meinen waren andere Pläne daheim. Ich war schließlich noch immer Naturforscher, kannte die Biotope des Litorals, im Prinzip alle dort einheimischen Tiergruppen mit ihrer ökologischen Zuordnung und ich hatte die Vision, diesen Zusammenhang, was noch niemand gekonnt hatte, in einem Dokumentarfilm darzustellen. Und zwar in der Weise, neben den Übersichten auch immer wieder ins Detail zu führen.

Gewiss war das damals meine Welt nicht. Schulfuchs zu werden schien mir ziemlich absurd; dennoch bin ich einer geworden. Und ich habe ziemlich deutlich vor Augen, was mich mit der Universität anfreunden ließ.

Zunächst war es die Erfahrung, dass die Anzahl der Perspektiven und Pläne von den eigenen Händen allein nicht mehr geschafft werden kann. Daran schlossen sich ältere Studenten, die an diesen Plänen lebhaftes Interesse fanden. Ich sah mich bald vervielfältigt, als Rudelführer, gesucht und geachtet, als ‘Doktorvater’ von einem Dutzend Dissertationen über verschiedene Tiergruppen umgeben. Auch die Kumpanei war anziehend.

Später gesellte sich auch die Dankbarkeit immer größerer Auditorien für gute Kollegs hinzu; auch ein Beitrag zu jenem Selbstwertgefühl, dem man sich nicht entziehen kann. Kurzum, Schulfuchs bin ich geworden; aber, ohne undankbar sein zu dürfen, stets mit dem Lebensgefühl, dass mich die Universität eher braucht als ich sie.

So reisten Smoky und ich mit verbesserter Unterwasserkamera, geliehenen Objektiven, speziell entwickelten Filmcuvetten und komplettem Drehbuch im alten Jeep in das mir schon bekannte Rovinj, wo die Insel Banjole zeigen lassen sollte, wie sich um eine greifbar kleine Welt doch alle Lebensräume des Mediterrans gruppierten.

In Rovinj gab es noch einen Fischerchor, eine Künstlerkolonie, den gescheiten Martin HORVATH, den erfahrenen Bootsmann Bepo BRUNI von der ‘Bios’, eine noch ganz verschlafene Meeresstation, jedoch mit damals noch sauber sprudelndem Seewasser; und in der Altstadt winzige, verlassene Palazzi, die man unter der Auflage, Fenster und Dach zu erhalten, erwerben konnte. Wie richtig erwartet, brachte uns Martin auch gleich mit einem trefflichen Maschinisten, Jovan OZRETIC, zusammen, der mit unseren bescheidenen Mitteln sein Fischerboot renovierte und damit für Ausfahrten stets zur Verfügung stand.

Tatsächlich wurde uns auch einer der schmalbrüstigen Palazzi überschrieben, dessen Erhaltung nicht viel Aufwand machte. Er mochte aus der venezianischen Zeit des alten Rovigno stammen, hatte nur drei Fensterachsen, aber drei Stockwerke, unten einen offenen Herd mit Esse, mit Bootsfarbe gestrichene, steile Treppen und nur wenig fehlte an der alten 'Pfaff-und-Nonne-Deckung'. Tisch und Stühle wurden zusammengeborgt, die Wände mit Netzen dekoriert und, noch besser, von jungen Künstlern der Kolonie bemalt, unter welchen Bruno MASCARELLI die wichtigste Figur werden wird.

Am Markt gab es Käse und Brot, Wein und Früchte direkt vom Erzeuger, Fisch frisch vom Fang, billigst, denn Touristen waren noch unbekannt. Unter den Bauern am Markt liebten wir einen alten, runzeligen besonders und kauften, was immer möglich, bei ihm. Bald wurde er zugetan. Es zeigte sich, dass er noch etwas Deutsch konnte, aus der Zeit, in der er Matrose in der österreichischen Kriegsmarine war, und sang uns sein Lied auf den guten Kaiser.

Auch er war mit der 'Viribus Unitis' untergegangen. Wie alle kroatischen Seeleute aus dieser Zeit, denen wir begegnet sind. Das war eine Art Ehrenkodex. Denn, wie man weiß, war dieses österreichische Schlachtschiff schon ohne Mannschaft und döste nach Friedensschluss, den Jugoslawen übergeben, im Hafen von Pola, als es von Italienern versenkt wurde. Seine riesigen Anker stehen aber als Trophäe vor einem Museum in Venedig.

Eines Tages fand sich eine ebenso runzelige Bäuerin neben ihm. Zweifellos seine Frau. Als wir, wie üblich, auf seinen Karren zustrebten, streckte er sich und machte uns mit den Worten bekannt: „Hat nichts studiert, die Alte da, entschuldigen Sie, ist meine Frau." Eingehört auf dieses Deutsch heißt das: „Erlauben Sie bekannt zu machen, dies ist meine Frau, nur hat sie kein Deutsch erlernt."

Kurz: Das Leben wurde wieder ganz mediterran; nun kroatisch, italienisch, dalmatinisch, alt-KK-anisch. Ich driftete einem zweiten Lebenshöhepunkt entgegen.

Ungemein fleißige Wochen schlossen an und ich erzähle etwas ausführlich, weil es den Film noch gibt, von dessen Herstellung die Rede sein wird. Filmtage in der See, abgewechselt von solchen im Institut und Tagen, die dem Aufstöbern weiterer Filmorte und Faunen für die Aufnahmen gewidmet waren. Die Abende allein am offenen Herd, mit den Rovigneser Künstlern, die von türkischem Kaffee und Slibovitz zu leben schienen, oder in einer Weinschank am Hafen mit Fischern. Da bekam man viel zu hören. Damals waren die Sardinen- und die Tunfisch-Fischerei noch in voller Blüte. Aber man erfuhr auch von raren Fängen, Adlerrochen, Seeschildkröten, und die Fischer erfuhren, dass wir gerade solche Seltenheiten, frisch und unbeschädigt, für unsere Aufnahmen brauchten. Diese wurden in großen Tanks ins Institut geschafft.

Die Routine der Arbeitstage auf See hatte bald einen verlässlichen Rhythmus. Morgens hörten wir schon von weitem Jovan OZRETIC mit der Barke herantuckern. Stets waren auf Deck ein Mast, Ruder, ein langes Stellnetz und das Segel, unter Deck ein Korb mit Proviant, ein Grillrost und zwei Fässchen geladen. Eines mit Wasser, das andere mit Rotwein. Je nach Seegang und Wind war das Ziel der Fahrt zu besprechen; jeweils eine windabgelegene Bucht einer der Inseln. Dann kam Tauch-, Foto- und Filmausrüstung an Bord, die Unterwasserkameras gleich in die Kühle nasser Tücher gepackt und, wenn möglich, einer unserer raren Schauspieler, ein Rochen, eine Karettschildkröte, in einem Schaff Seewasser.

Dann kam der Ritt über Windseen, das Geschwanke über alte Dünung oder, wie oft in der Morgenfrühe, das gleitende Getucker über glatte See.

Fand sich eine Pinie nahe der gewählten Stelle, so wurde ihr Schatten angesteuert. Meist waren die Lagerplätze aber schattenlos. In solchem Falle kamen zuerst Mast und Segel an Land und ein Schattenplatz wurde errichtet. Dann rollten über die zwei langen Ruder die beiden Fässchen in den Schatten, das Gerät wurde nachgeschafft und alles zu Kühlende in frisch seewasser-getauchte Tücher gepackt. Unsere Verkehrssprache war Italienisch.

Bei Jovan hatte alles seine KK-anische Ordnung. Während wir zum Tauchen rüsteten, mischte er das Tagesgetränk, die 'Bevanda', Wasser und Rotwein zu gleichen Teilen, zog die Ankerleinen nach, deckte das Boot ab, baute den Grillplatz auf und begann Brennholz zu sammeln.

Smoky erwies sich als tüchtige Freitaucherin. Es war eine Freude, zu sehen, wie die zarte Modezeichnerin bald gegen zwölf und fünfzehn Meter hinunterzog. Ohne Tauchgerät, versteht sich. Denn ich hatte gar keine

Abb. 20: Veduten aus Rovinj; im Hintergrund die Seekarte der Umgebung mit Isobathen. Sie ist einer der Bestimmungstafeln entnommen, auf welchen bei den späteren Meereskursen die Fundorte eingetragen werden sollten.

Atemgeräte mit. Ich wusste, dass wir der Farben wegen im seichten Wasser bleiben mussten und dass Filmszenen, die nur selten eine Länge von zwanzig Sekunden überschreiten, leicht in einem Tauchgang zu drehen waren. Das war auch die elegantere, stillere Arbeitsweise. Denn es kam darauf an, keine Tiere zu verscheuchen; also kein Geblubber ausgestoßener Luft. Und selbst die Enden der Flossen hatten wir dünn geschliffen, weil sie dann beim Schlag nicht surren.

Nachdem nach Drehort und Drehbuch klar war, worum es ging, zogen wir in verschiedene Richtungen und verständigten uns über das Vorgefundene. Dann kamen die Aufnahmen. Man macht sie am besten in ruhig hinziehender Bewegung über Grund – so genannte Fahrten – oder mit nötigem Gewicht kniend oder liegend die Details. Im Falle der Letzteren notierte ich die Situation, dann sammelten wir die Vegetation und die Sedentarier der Szene, fingen die zugehörigen erranten Formen, Krabben, Garnelen, mit Glück auch die Fische, und versorgten sie zum Transport. Denn meine Technik sah vor, die ganz nahen Einstellungen, nachgebaut in den Cuvetten, möglichst übergangslos anzuschließen.

Kam ein Stech- oder Adlerrochen zur Aufnahme, wurde das Netz über Sandboden und Seegras ringförmig geschlossen aufgestellt, die Bleie am Boden, die Korken an der Oberfläche. In Lappen geschlagen wurde den Tieren der Giftstachel abgezwickt, die weiße Stelle mit Bismarckbraun nachgefärbt. Dann wurden sie ausgesetzt und wir stiegen mit ein. Ich zog mit ihnen mit oder Smoky lenkte sie der Kamera entgegen; wir nahmen sie beim Eingraben auf und wie sie aus dem Sand wieder herausfuhren. Waren die nötigen Szenen wie man sagte 'im Kasten', wurde das Netz eingeholt, den Tieren die Freiheit gegeben. Wochen darauf hörten wir im Hafen, dass ein Fischer einen Stechrochen ohne Giftstachel geangelt hatte. Den kannten wir.

Besonders lieb ist uns die Erinnerung an die Aufnahmen mit einer Karettschildkröte. Wir setzten sie in einer Felsenbucht aus, deren Eingang nun netzverschlossen war. Ich zog mit ihr wie mit einem Spielkameraden herum; nur dass ich viel öfter an die Oberfläche musste. Oder die Aufnahmen mit einem Katzenhai, ortsgerecht über tieferem Sandboden. Er beargwöhnte mich, aber nicht die Kamera, denn auf seiner Suche nach einem Versteck schwamm er auf die Optik zu und mit dem Kopf hinein ins 'Kompendium', ein geschwärzter Trichter vor dem Kamerafenster, der hilft, Reflexlichter zu vermeiden. Aber genug solcher Geschichten.

Absteigen
in einen
Karstsiphon

Installieren
der Kamera

Rochen
beim Auftauchen

Abb. 21: Aus den Außenaufnahmen zu unserem Film *Leben im Riff*. Der Karstsiphon auf 'unserem Riff', der kleinen Insel Banjole, führt in eine Seegrotte.

Mittags gab's nur kalte Bissen und Bevanda. Die Zeit des Sonnenhochstands musste genützt werden. Erst wenn die Sonne tiefer stand und das Licht unter der See nachließ, wurden Gemüse gebraten oder Fische gegrillt. Und erst wenn die Sonne nur mehr eine Handbreit über der Kimme stand, war purer Rotwein erlaubt. Jovan behauptete, dies wäre eine Fischerregel. Und nie endete der Spaß darüber, mit welcher Armhaltung diese Handbreite zu messen wäre. Wenn uns Martin (HORVATH) abends entdeckte, legte bei uns an und führte uns vor, wie man sich am Rücken liegend, den Holztrichter im Mund, den eingegossenen Wein besonders bequem einlaufen lassen konnte.

Die Arbeitstage im Institut waren anders. In der Morgenkühle wurden die drei Cuvetten für Vorder-, Mittel- und Hintergrund aufgebaut, jede mit Seewasserdurchlauf. Sie standen auf einer schweren Drehscheibe, weil es geboten war, die Scheiben genau im Einfallswinkel der Sonnenstrahlen zu halten, um Spiegelung zu vermeiden. Dann wurde, noch im Schatten oder unter einem Segel, eingerichtet. Die gewarteten Organismen wurden aus den Aquarien zusammengeholt oder eingefangen, nach den Skizzen eingebaut und eingesetzt. Die kleinsten vorne, die größeren in der hintersten Cuvette, wozu Smoky noch kunstvoll die Hintergründe malte.

Die Aufnahmen selbst mussten in den Stunden höchsten Sonnenstands gemacht werden, im steten Kampf mit den steigenden Temperaturen, die drohten, die Tiere schlapp zu machen. Aber auch die Kamera durfte nicht zu heiß und auch wir nicht ohnmächtig werden. Smoky holte und verbrachte Tiere, setzte um, lockte und komplimentierte sie in den Cuvetten herum. Ich am Wechseln der Objektive, das Auge am Sucher, bis es von Schweiß überlief.

In der Aufnahmetechnik bewährte es sich, im Hintergrund zu beginnen und mit relativ langer Optik die Schärfe über die Formen und Ereignisse des Mittelgrundes bis in den Vordergrund wandern zu lassen, um dort auch den kleinen Fischchen oder Garnelen bis ins Maul zu schauen. Dann machte die Szene wieder auf bis in den Hintergrund, um an ihr die nächste Unterwasserszene anschließen zu lassen.

Filmcuvetten

Felsgarnelen und Filmschnitt

Abb. 22: Nahaufnahmen zum *Leben im Riff* machten wir in einer Staffel von Aquarien – den Filmcuvetten – im vollen Sonnenlicht der Institutsterrasse. Dazu je ein Beispiel aus dem Film und eines vom Filmschnitt in Wien.

Das *Riff* reist nach Amerika

Wieder in Wien, wurde von den guten Teilen eine Kopie gezogen und die Arbeit des Sortierens, Schneidens und Zusammensetzens konnte beginnen. In meinem Zimmer daheim waren Leinen gespannt, auf welchen mit Wäschekluppen die Szenen gereiht wurden. Und die Durchsicht erfolgte auf einem Amateur-Filmbetrachter, über den die Rollen mit der Hand hin und her gekurbelt wurden. Für einen professionellen Filmer ein Schreckensbild.

Unterbrochen wurde dieses Tun durch meine Delegation nach Rom als österreichischer Vertreter zu einer Sitzung der FAO, einem UNESCO-Seitenzweig. Warum die Universität mich entsandte, weiß ich nicht. Wenn Italienisch- oder Englischkenntnisse gefragt gewesen sein sollten, dann war's ein Irrtum, denn Erstere erwiesen sich als unnötig und Letztere besaß ich nicht. Ich glaube, man hielt nicht viel von der Sache, was sich für mich nicht zeigte, und schickte irgendeinen.

Bei einem der Essen kam ich neben einem Amerikaner zu sitzen, wie sich's zeigte, Bob HYATT, Direktor der Meeresstation in Hawaii, der von Korallenriffen erzählte. Ich gab zu überlegen, dass man wohl einen großen Teil der Riffe noch nicht kenne. Wie ich das Englisch zuwege brachte? Amerikaner sind, was ihre Sprache betrifft, ungemein tolerant. HYATT hörte, wie ich glaube, belustigt zu und fragte nur, wie ich auf derlei käme. Ich sagte ihm, dass das Höhlensystem der Riffe größer sein könnte als deren Oberfläche, weil kalkbohrende Organismen alle Schattenprofile permanent vergrößern. Das sei schon an den gewiss resistenteren Kalksteinküsten so. Die Innenflächen der Höhlensysteme Capris zum Beispiel erreichten die Abmessungen der sublitoralen Außenflächen. Und wenn er das sehen wollte, würde ich's ihm zeigen.

In HYATTs Augen verwandelte sich der Binnenländer. Er sagte, dass man eben einen Kongress der Meeresbiologen in Kalifornien vorbereite. Professor BUZZATTI-TRAVERSO, gerade am Nebentisch, der Organisator, wurde zugezogen und ich war eingeladen. Meine Bedenken, dass mein Englisch nie reichen könne, ließ man nicht gelten. BUZZATTIs Sekretärin lese Deutsch recht gut, sie würde meinen Beitrag übersetzen und die Mühe, ihn dann abzulesen, wäre eine Reise nach Kalifornien wert. Und übrigens, wenn ich einen Film hätte, sollte ich den für ein Abendprogramm mitbringen. Nicht fertig? Macht auch nichts, was fertig ist, kommt mit.

Bald darauf war ich per Autostopp nach München unterwegs zum dortigen Militärflugplatz. MATS, das 'Military Air Transport System', machte den Transport. Auch hier muss ich ausführlicher sein, denn die Eindrücke waren anders als jene von uns Fluggewohnten heute.

Am Lufthafen angekommen, hefteten mir Stewardessen Zettel an Mantel, Rock und Tasche und ich stand darauf desorientiert herum, um mich Gewimmel von Militärpersonal. Wieder griffen mich Stewardessen auf, womit ich denn flöge? Das wusste ich nicht, dachte aber, dass die Zettelchen Aufschluss geben würden. Die größte Schrift darauf lautete VIP. Also erklärte ich, ich flöge mit VIP. Das Gelächter der Damen ist unvergessen, denn was ich auch nicht wusste, ich war als 'Very important person' ausgewiesen (und nicht nur ein feiner Kerl). Man brachte mich Hinterwäldler zur Maschine nach Washington.

Alles war neu. Außer einem Rundflug über Wien war ich noch nie geflogen. Im Fahrgastraum sah man in die ganze Metallkonstruktion hinein, die Sitze standen gegen die Flugrichtung. Ich klebte am Fester, damit mir nichts entgehe. Das tue ich auch heute noch. Zunächst mussten alle eine Schwimmweste anlegen und dann wieder sorglich wegpacken. Mein Nachbar war mir behilflich.

Beim Hinaufdonnern ins abendliche Schlechtwetter sah ich, dass der Flügel beträchtlich wippte, die Auspuffe glühten und sich offenbar niemand darum kümmerte. Also machte ich eine Stewardess darauf aufmerksam. Was sie so freundlich antwortete, verstand ich nicht. Das war auch wahrscheinlich besser. Dafür brachte sie mir ein Glas Whisky mit Eis. Mein Nachbar, ein baumlanger Offizier, reichte seinem zweiten Nachbarn Papiersäckchen, worin sich derselbe fortgesetzt erbrach. Die beiden waren sehr vertraut. Bei den drei Zwischenlandungen durfte man aus der Maschine zum Luftschnappen. Und stets war bis zur Treppe ein roter Teppich ausgerollt. Das fand ich aufmerksam. Es war aber zu Ehren meines Sitznachbarn, eines Admirals; der Flugkranke war sein Diener.

In Washington Besichtigungen. Am LINCOLN-Memorial sprach mich ein alter Herr mit Trapperhut und Lederschlaufen an. Er hieß Joe. Ich müsse seine Frau kennen lernen; diese hieße Mary. Also in sein Hotel. Der ebenso alten Dame mit blauem Silberhaar und Flitterbrille wurde ich 'als sein alter Freund Roupprt' vorgestellt, was ihr offenbar nahe liegend erschien. Und nachdem auch wir Whisky getrunken hatten, lieferten sie mich in mein Hotel. Das war eine jener vielen kleinen Erfahrungen, die Früchte tragen sollten, als ich gut ein Jahrzehnt später als Professor in die USA auswanderte.

Darum vielleicht noch eine: In der Abendgesellschaft von Admirälen und den aus Europa eingeflogenen bedeutenden Meeresbiologen, die ich alle von ihren Büchern, aber keinen persönlich kannte, setzte sich der Vorschlag durch, dass jeder der Gäste eine lustige Geschichte erzählen müsse. Englisch, versteht sich. Ich war ratlos. Als die Reihe bedrohlich auf mich zukam, fiel mir nur ein, ich könnte das scheußliche Englisch der Wiener Soldatenliebchen wiedergeben. Das tat ich; und man erlasse mir, dies phonetisch niederzuschreiben. Der Erfolg war überraschend. Man fand, noch nie einen so netten Dialekt gehört zu haben. Die Sprachtoleranz, wiewohl schon erwähnt, war überwältigend. Als ich später meine Doktoranden bei ihren Formulierungsbemühungen beobachten konnte, verstand ich das besser.

Ich muss aber mit der Reise weiterkommen: Wir, ein gutes Dutzend eingeflogene Europäer, wurden mit einer kleinen Maschine über den Kontinent weitergeflogen. So niedrig, dass sich derselbe unter meinen Augen völlig aufrollte. Ein Lehrstück in Geomorphologie und Verkehrsplanung. Die erfahrenen Jet-Sets um mich beschwatzten zuletzt die Piloten, den Grand Canyon nicht zu überfliegen, sondern durch ihn durchzufliegen. Da waren wir nun mitten drinnen zwischen den Tortenschnitten unserer geologischen Geschichte.

Ankunft San Diego, Busziel La Jolla, eindrucksvoller Kongress. Mein Artikel war nicht übersetzt, aber man würde das schon schaffen. BUZZATTIs Sekretärin Carolin KARLTON, mondäne Enddreißigerin, Europäerfan, schaffte es, obwohl sie so gut wie nicht deutsch sprach, mit mir in einer Nachtsitzung. Ich machte mir noch phonetische Anmerkungen und am kommenden Morgen war ich dran.

Auditorium voll, ich mit acht schweißnassen Fingern von Zeile zu Zeile. Ich muss aber immer wieder einmal *'since'* und *'science'* verwechselt haben und zweifelte selbst an der Mitvollziehbarkeit meiner Darbietung. Als ich ein erstes Mal die Augen heben konnte, bot sich ein seltsames Bild. Die Amerikaner, der größte Teil der Population, saßen gesenkten Kopfes und lasen in dem schon verteilten Manuskript mit, wohl um zu sehen, wovon hier die Rede sein sollte. Ein Dutzend Häupter waren erhoben und lauschten einem offenbar vertrauten Idiom: die zwölf Japaner. Schließlich lebhafte, interessierte Diskussion. Ich war verstanden worden.

Abends Vorführung eines Stückes aus *Leben im Riff*. Gerade eines, bei dem die Übergänge von den Fahrten im Freiwasser zur Cuvettenserie auch gut gelungen waren. Großer Erfolg. Unter den Personengruppen, zwischen denen ich beim anschließenden Cocktail herumgereicht wurde, ein älteres Ehepaar, das darauf bestand, ich solle ihr Labor in Corona del Mar zu besuchen. Das war angesichts der Unternehmungen, die mir Carolin in Aussicht stellte, nicht sehr verlockend. Aber man erklärte mir, dass die McGinnitys die bedeutendsten Meeresbiologen des Nordpazifik seien, ich ein Labor wie das ihre unbedingt sehen müsse. Also stimmte ich zu, auf Aufforderung wieder mit dem Film in der Tasche.

Am Wege dorthin erzählten mir diese reizenden, bescheidenen Leute von der Nordalaskastation, die sie jahrelang geleitet hatten, von Kindern und Enkeln, dass sie auch in Cuvetten filmten, meine Aufnahmen aber die ihren weit überträfen. Im Labor gingen mir dann wirklich die Augen über. Die Cuvetten maßen das Zehnfache der meinen, an der Decke der Halle ein Himmel von Scheinwerfern, an den Seiten Kühlsysteme, am Boden Geleise für die Kameras. Sie filmten für Walt Disney im Augenblick die Naheinstellungen für die Jules-Verne-Verfilmung *Zwanzigtausend Meilen unter dem Meer*.

Der Grund ihrer Einladung wäre der, mich zu den Disney-Studios zu bringen, sie hätten dorthin schon berichtet, wir seien angemeldet, Disney zwar in Südamerika, aber Mr. Sharpsteen, 'Natural History Department', großer Boss, erwarte uns. Na also.

Darauf Disney-Studios. Natürlich noch einmal ganz andere Dimensionen, mehrstöckige Hallen, Kameratrupps in Aufzügen, Gewimmel. Bureau Sharpsteen. Mit einer Schar von Assistenten in einen Vorführraum. Nach den ersten zehn Filmminuten war Sharpsteen an meiner Seite eingeschlafen, nur die Adepten passten sehr genau auf. Aber in diesen zehn Minuten waren schon mehrere Anweisungen gegeben worden, Sekretärinnen huschten aus und ein. Erwachen und zurück ins Büro. Am Weg dorthin sagte er mir, dass sie den Film nicht kaufen, er hätte keine Story, aber einen Filmer meiner Art bräuchten sie, er wüsste etwas Besseres. Im Büro war ein Kontrakt als Kameramann vorbereitet, ich solle ihn studieren und in einigen Tagen wiederkommen.

So war ich wieder mit meinen McGinnitys. Sie strahlten. Eben das hatten sie erwartet. Ich hatte nichts, oder doch besser einen Verkauf, erwartet. Bei Betrachtung des Vertrages zeigte sich's, dass das Anfangsgehalt meine Bezüge an der Uni Wien – man erinnert sich: 350 Schilling – um das rund Zwanzigfache übertreffen würde. Das erreichte kein Professorengehalt. Also begannen sich Lebensfragen aufzutun. Carolin war der Ansicht, ich müsse verrückt sein, das nicht anzunehmen, McGinnitys machten sich hilfreich, herauszufinden, was ich wohl zu tun bekäme.

Sie erfuhren, dass ich am Roten Meer eine Kiste Film exponieren sollte, Reiseaufwände plus Boot und Mannschaft würden kompensiert. Eine Kiste Film bedeutete: Standardkiste, Filmrollen eisverpackt. Die Emulsionen mussten damals noch kalt gelagert werden. Aber was hieß exponieren? Welches Thema? Man hatte weder Drehbuch noch Treatment verlangt. Ah!, hieß es, ich könne filmen, hätte ein gutes Auge, ich möge aufnehmen, was mir passt, die Story daraus schnitten sie sich schon selber. Das war ja allerhand!

Ich lehnte ab. Um das zu verstehen, muss ich zu einem Spaziergang durch meine dreißigjährige Seele einladen. Was konnte dagegen sprechen? Ich beginne mit der trivialen Seite. Sofern ich das richtig rekonstruiere, fühlte ich mich unterschätzt. Kameramann der DISNEY-Studios Natural Division war wohl auszeichnend, denn ich schmeichelte mir, dass meiner Arbeit, nach solcher Nagelprobe, internationales Niveau legitimiert wäre. Der Prädikatisierungs-Kommission in Österreich – eine Kommission, die Filme mit einem Geldpreis auszeichnen konnte – sah ich darum in gehobener Stimmung entgegen; ein solcher hätte uns sehr geholfen.

Anders war's mit dem Thema. Die Storys der DISNEY-Produktionen waren technisch gewiss perfekt, die Inhalte aber waren für mich schon damals Naturgeschichte von gestern. Die Lebenszusammenhänge in den Biotopen der See bestanden nicht nur im Gejagt- und Gefressenwerden von Fischen und Kraken; um wie viel wirkungsvoller waren die stille Konkurrenz um Licht, um Raum, die Chance der Reproduktion, die Dynamik des Untergrundes, der Stress durch Erosion oder das Verschüttetwerden. Von einem Biologen musste man verlangen, dass er sich nicht mit Effekten abgibt, sondern die Natur so schildert, wie er sie nach bestem Gewissen erkennt.

In meinem, im Krieg geschriebenen, Lebensplan kam 'Kameramann' nicht vor. Aber an diesen erinnerte ich mich damals sicher nicht. Eher glaube ich, dass mir die reiche und umtriebige Welt der USA, und besonders Kaliforniens, unheimlich war, dass ich mit meiner Liebe in Wien nach Europa gehörte und dass mich das Ganze zwar in der Nähe des Forschungsreisenden hielte, mich aber von der Forschung wegführte. Die lieben MCGINNITYs lächelten und meinten, ich müsse wohl tun, was ich müsse. Die liebe Carolin war empört über den Trottel, dem Kalifornien nicht gut genug war und der zu Europäerinnen zurück wollte, die sich nicht einmal unter der Achsel rasierten.

Jahre später, als es offenbar wurde, dass meine Kollegen mit meinen neueren erkenntnis-orientierten Büchern nicht mehr viel anzufangen wussten und sagten: „Was hat der RIEDL doch früher für schöne Bücher geschrieben" (gemeint waren meine Handbücher *Fauna und Flora der Adria* und *Biologie der Meereshöhlen*), meinte Freund Harald, dass ich als Naturfilmer wohl mehr Lebenserfolg gehabt hätte. Das mag bedacht werden.

Aber ich bekenne zunächst meinen missionarischen Eifer. Selbst als mich mein Vater erstmals in einem 'Duffle coat' sah (ein in den 50er-Jahren noch für extravagant gehaltener Reisemantel), fand er in mir eine verdächtigen Ähnlichkeit zu SAVONAROLA. Aber dessen Schicksal schreckte mich nicht, auch nicht das von dem ähnlich dargestellten Giordano BRUNO. War nicht die Entdeckung der Wahrheit (was das immer sein mochte) einer missionarischen Haltung wert?

Tatsächlich aber sind auch die heutigen, technisch brillanten Tierfilme aus dem Kontext des Fressens und Gefressenswerdens nach BREHMs *Tierleben*, von vor hundert Jahren, nicht wirklich hinausgekommen. Mein *Leben im Riff* wird, wie wir bald sehen werden, die Leute ebenso wunder nehmen.

Aber das Thema war abgeschlossen. Gut zwanzig Jahre später kam uns Carolin in Wien besuchen; auch schon mit blauem Silberhaar und Flitterbrille. Das war sehr lieb. Die MCGINNITYs sah ich nicht mehr. Das ist schade. In den USA musste ich weiter zu Vorträgen in San Francisco, dann Washington, wo ich noch einen Wunsch äußern konnte: Ich wollte Mangroven sehen. Gut, die Flüge nach Puerto Rico waren verfügbar, nur von Washington nach Miami musste ich per Bus. Auch gut. Im Greyhound-Bus fand ich Platz auf der letzten Bank, wo man sich auch gelegentlich ausstrecken konnte. Schwarze und Weiße saßen schwatzend durcheinander.

In einem der Rasthäuser, in der ersten Nacht, wahrscheinlich in South Carolina, mit den üblichen Coca-Cola-Automaten, Peep-Show und Ketchup-Bar vertraten sich die Reisenden wieder einmal die Füße, und als ich auf meinen Lieblingsplatz zurück wollte, machte mich der Fahrer darauf aufmerksam, dass nun die Schwarzen hinten säßen. Ich erklärte, dass es mir im Fond lieber wäre; er machte runde Augen, ließ mich aber ziehen. Tatsächlich setzten sich die Weißen in die ersten Reihen und die Schwarzen, zu meiner Überraschung, hielten sich distant von mir. Ich hatte nicht bedacht, dass sie sich provoziert fühlen konnten.

Nur zwei Puertoricanerinnen wurden zutraulich, Studentinnen auf dem Weg nach Miami, und wollten wissen, wo ein so seltener Vogel wie ich hin wollte. Also auch Miami, Marineflugplatz. Wo ich wohnen werde? Das wusste ich freilich nicht und so wurde ich bei ihnen untergebracht.

Das war dann so lustig wie ungewöhnlich. Am Morgen noch zusammen ins 'Marine-Land' und ab zu den Fliegern der Kriegsmarine.

Wieder zweimotorige Propellermaschine, herrliche Blicke über die See, ab nach Kuba, Stützpunkt Guantanamo-Bay, zur mittäglichen Cafeteria, rundherum Pilotendressen, draußen flogen mit Gedonner Rudel von Jagdmaschinen auf und landeten in Scharen wie die Spatzen. Weiter über die Serie der Inseln, nun wie ein Lehrbuch der Küstenmorphologie. Ich war glücklich.

In San Juan von Dr. RIVERO aufgelesen, Direktor der Meeresstation Mayaguez, wo ich angemeldet war. Er setzte mich gleich ans Steuer und erklärte mir die Verkehrsregeln: einmal gehupt bedeutet 'Du Trottel', zweimal '*hey, pretty*'. Das war leicht zu befolgen. An einer Ananasplantage war zu halten. Man müsse, zwecks besserer Luft im Wagen, stets einen Tag lang eine Frucht mitführen und sie nächsten Tags wechseln. Auch das ließ ich mir gesagt sein. Wir gingen mit dem Farmer durch's Feld, der schlug mit dem Griff der Machete auf die Früchte. Die erste, die hohl klang, bekamen wir.

Meinen Bungalow in Mayaguez, aus Pfeilern und Jalousien bestehend, regierte eine dicke Schwarze und fragte als Erstes nach der Ananas. Als ich sie vorweisen konnte, gehörte ich zur Familie. Dann ins Institut, vierte Filmvorführung. Viele aufgeweckte Fragen. Zurück im Bungalow fand ich heiße Paella, die Ananas im Eiskasten, geschält, in Scheiben geschnitten, Zwischenlagen von Eis und Rum, zu einem Kegel getürmt, wie eine Spitztorte zu essen. Draußen Palmenrauschen, herinnen Bacardi-Hochgefühl.

An der Station fünf Überraschungen. In einem der Labors Mr. and Mrs. FISH, leicht zu merken, sie studierten mit Hydrophonen die 'Stimmen' der Fische. Da gab's Gegrunze, Schnarren, Trommeln. Das Gespenstische aber: Es gab zwischen den Geräuschen und Verhaltensweisen keine Korrelation. Eine Welt von Bauchrednern. – Mit dem Stationsschiff über die Riffe hinaus. Ich lieh Maske und Flossen und lief das Fallreep hinunter. Ein Matrose schreiend hinter mir her. Ich musste ein altes Hemd anziehen, der Sonne wegen. – Dann im Wasser an der Riffkante, mit einem Assistenten, den Elchhornkorallen entlang. Großes Erlebnis. Er sagte mir, ich solle mich um die Haie nicht groß kümmern, aber in der Nähe der Barrakudas nur langsame Bewegungen machen. Zwei oder drei blieben stets um mich, schräg abwärts geneigt, die Kiefer genau auf mich gerichtet. Meine Bewegungen wurden langsam. – Schließlich mit dem Boot zu den

Abb. 23: Mangroven, kaum durchdringliche Wälder im seichten Küstenwasser, die man über ihre Seen und Kanäle befahren, sich durch die Flut hineintreiben lassen kann.

Mangroven, an der Oberfläche immer wieder die Luftsäcke der 'Portugiesischen Galeere', einer gefährlich nesselnden Staatsqualle. Der Bootsmann zerschlug jede mit dem Ruder und scheuerte das Ruderblatt, als hätte es der Teufel vergiftet. – Am ersten Tunnel des Mangrovenwaldes stellte er den Motor ab. Die Gezeit schwemmte das Boot hinein. Der Kanal zwischen den Wurzelsystemen kaum zwei Meter breit. Am Grund Quallen, aber mit dem Schirm festgesetzt. An den unteren Ästen saßen Fische, Schlammspringer. Und wenn's im Laubwerk raschelte, war's eine Krabbe. Über unsere Köpfe strichen die Luftwurzeln.

Das war ein Lebensraum, den man aufschließen müsste. Ich ahnte nicht, dass ich ihm später ebenda nahe kommen würde, und noch weniger, dass es meine zoologischen Söhne und Enkel sein würden, die ihn wirklich aufschlossen. Ich trennte mich schwer von Mayaguez. Man muss wiederkommen. Und ich kam.

Rückflug nach Miami. Derselbe Zwanzigsitzer. Mitte der Strecke kam der Pilot: Schlechtwetter. Wir werden ausweichen müssen. Da kam er aber schlecht an. Um mich lauter geeichte Karibik-Pendler. Alle wussten, was er zu machen hätte, er solle nur zusehen, Miami zu erreichen. Als nach einer Stunde die Sicht kaum zur Flügelspitze reichte, die Maschine wie ein Drachen an der Leine herumgeworfen wurde und alle Karibik-Pendler auftragsgemäß den Kopf in einen Polster auf den Knien zu drücken hatten, war's mit den Kommentaren vorbei. Die Entscheidungen überließen alle den Piloten.

Was für eine Lebenserfahrung! Wer ist besser: der Einzelne oder die Gruppe? Im geschilderten Fall der Einzelne; beim Finden des auf der Wiese verlorenen Schlüssels die Gruppe. Daran musste ich oft denken, als mir Institute zur Leitung anvertraut wurden.

In meinem Senium werde ich wieder bei dieser Frage landen.

Abschieden, das sagte ich schon, bin ich schlecht gewachsen. Man bringt sie hinter sich. In Miami konnten wir tatsächlich nicht herunter. Auch in Jacksonville scheiterte der Versuch. In New Orleans musste es glücken. Der Treibstoff war zu Ende. Dann wieder Washington. Schreiben von Kollegen, die mich bald wieder sehen wollten. Wir werden sie wieder sehen. Washington–München, München–Wien wieder Autostopp. Da war ich wieder. Der Film musste fertig gemacht werden.

Das *Riff* wird fertig

Wie klein wieder alles war, aber auch wie intim. In der Stadt konnte man fast alles zu Fuß erreichen. Zwei Entwicklungen liefen nun nebeneinander. Die eine werde ich im Kapitel 'Maritime Hochzeit' schildern, die andere, des Kondukts wegen, hier anschließen. Der Film brauchte Endschnitt, Text und Musik.

Freilich gab es noch keinen Schneidetisch, aber wir besaßen schon ein Moviskop, einen wenn auch noch immer handbetriebenen Filmbetrachter. Smoky verdiente mit ihren Artikeln und Modezeichnungen in drei verschiedenen Zeitungen, meine halbe Assistentenstelle war eine ganze geworden. Wieder hingen die sortierten Filmszenen auf Wäscheleinen. Nach des Tages Pflichten waren wir dann nächtelang bei der Sache.

Eine Überfülle meeresbiologischer Kenntnis war schon zum Filmtext versammelt. Formulierte man sie ungeschminkt, hörte sich das distant und lehrerhaft an. So aber war das nicht gedacht. Die unterseeische Welt war für jene, denen durch den Film eine andere Dimension dieser Welt vorgeführt werden sollte, viel zu fremd, als dass man sie allein durch einen Lehrpfad hätte vermitteln können. Ich entschloss mich darum, diese Welt selbst sprechen zu lassen. Ob man sich nun die Stimme als die Poseidons, die eines Tritons oder einer Bibliothek denken mochte. Einerlei, diese Welt musste über sich selbst reflektieren, über das Mit- und Gegeneinander, über das Werden und Vergehen ihrer Lebensbedingungen und Kreaturen.

Smoky und ich haben uns in den Tagen, in denen ich das schreibe, diesen Text nochmals angehört. Freunde hatten uns die Tonspur des zerschrammten Films auf eine Diskette gespielt. Erlebnis: Er ist gescheit, in allem richtig und hätte auch nach zwei weiteren Jahrzehnten mariner und ökologischer Erfahrung nicht besser oder verbindlicher gemacht werden können. Als Sprecher gewannen wir Heinrich LENOBEL, dessen weiche und gewinnende Stimme wir vom Geschichtenerzählen im Hörfunk kannten, schätzten und die wir uns auch eben noch leisten konnten.

Ein Erlebnis unverlierbarer Art aber wurde die Vertonung. Auch dazu hatten wir unsere Vorstellungen. Die Begleitung ober Wasser musste in einer anderen Stimmung laufen als jene in der See. Der Rhythmus musste im Grunde der des Mediterrans sein, ein Fahrten-Thema sollte sich variierend wiederholen, wann immer es reisend von einem Komplex zum nächsten ging, und, was wir von DISNEYs Naturfilmen kannten, der Bewegungsrhythmus der so verschiedenen Kreaturen sollte durch den Musikrhythmus noch verdeutlicht werden. Wir machten uns auf die Suche.

Es muss in einem Studentenlokal gewesen sein, wo wir Alfred KNOPFHARDs Sextett entdeckten. Eine Studentencombo, die erwarten ließ, dass sie in der Lage sein mochte, all diesen Wünschen zu entsprechen. Und da sie bereit waren, das alles zu improvisieren, war auch Aussicht, dass wir uns einige von ihnen leisten konnten.

Aber unsere Erwartungen wurden noch bei weitem übertroffen. Die Vertonung wurde ein reines Vergnügen. Vier der Musiker zogen, zusammen mit einem Amateur-Tonmeister, abendlich in unsere erste Untermietwohnung ein. Gitarre, Vibraphon, KNOPFHARD mit Saxophon oder Klarinette und dazu noch Schlagzeug, Rassel und Kastagnetten in einer Person. Wir spielten je einen Komplex des Filmes vor, die Musiker erfassten dabei sofort Thema und Rhythmus und einigten sich auf ihre Einsätze; und kaum hatten wir zurückgespult, kam, beim gleich darauf vorgenommenen zweiten Durchlauf, das Produkt auch schon aufs Band. Und wir alle beglückwünschten uns immer wieder zu den geglückten musikalischen Illustrationen.

Nach wenigen Abenden war alles gemacht und in einem nicht weniger improvisierten Tonstudio eines Wiener Volksbildungshauses wurde gemischt, der Magnetspur auf der Kopie des Filmes die Musik und die Lesung von Heinrich LENOBEL aufgebracht. Mit einer beträchtlichen Feier schloss die Unternehmung.

Bald war der Streifen bei der Prädikatisierungs-Kommission eingereicht. Das Prädikat 'wertvoll' wurde ihm nicht gegeben.

Wir wussten zwar, dass ihr Vorsitzender, Professor HÜBEL, sich mit meinem Chef MARINELLI überworfen hatte, aber niemand in der Runde hätte erwartet, dass die Repressalien auch auf ein solches Produkt weitergreifen würden. Das war auch wirtschaftlich ein Schlag, der verdaut werden musste. Immerhin erwarb den Film die Wiener Volksbildung und er erlebte in Bildungshäusern und an Universitäten im deutschen Sprachraum, bei meinen Vorträgen, wohl an die hundert wohl akklamierte Vorführungen. Bei einem dieser Vorträge, in Hanau, sah ich übrigens Xenia TRÜTZLER wieder.

An dieser Entwicklung hatten auch mein Institut und unsere Familien Anteil genommen und ich klagte gegenüber meinem Vater über solcherart

Wertungsverhalten. Das produzierte aber nur die vierte Weisheit, die ich hier referieren kann. Ich erfuhr: „Wenn du für diese Kultur etwas tun willst, dann darfst du an ihr nicht Maß nehmen."

Ich war nun wohl erwachsen genug, um das zu verstehen. Es verlangt eigenen Stil und Unkorrumpierbarkeit, also Rückgrat. Und es bedeutet mir viel, dass er mir das zutraute.

Was von der Prädikatisierungs-Kommission reklamiert wurde, war der verwickelte, *'unernste und unwissenschaftliche Text';* also genau das, worin sich zeitgemäße Ökologie von den Trivialitäten des vorigen Jahrhunderts abheben musste.

Und natürlich war meines Vaters Rat goldrichtig; das einzige Ethos, das einer, der an der Kultur mitschaffen will, akzeptieren kann. Nämlich alle Fesseln, welche Koalitionen, Seilschaften und politischer Klubzwang vorschreiben, zu fürchten wie der Teufel das Weihwasser. Lebenserfolg kann das nicht fördern; aber Freiheit und, mit Glück, das Finden neuer Fährten.

Maritime Hochzeit

In derselben Zeit warteten große Sammlungen der Tyrrhenia-Expedition auf ihre Bearbeitung. Die formenreichen Gruppen, vor allem der Crustaceen, der Höheren Würmer, aber auch eine Reihe anderer, mussten zu Spezialisten und mit diesen waren die Bearbeitungsmodi zu vereinbaren. Zu diesem Zeitpunkt kannte man meine Unternehmung bereits und schätzte mancherorts auch meine Kenntnisse, sodass sich über eine ganze Reihe von Ländern ein gutes Zusammenwirken ergab.

Nur die Blumentiere, die Hydroiden, waren nach der verwendeten Sammelmethode nicht gut bearbeitbar. Da sie aber für das Verständnis der Höhlenfauna, soweit ich gesehen hatte, sehr aufschlussreich sein mussten, entschloss ich mich zu einer Nacharbeit.

Man wird sich an meine Begegnung mit Professor Alfred KÜHN aus der Zeit der ersten Expedition erinnern. Diesem schrieb ich darüber, da er schon große Werke über diese Gruppe verfasst hatte, und er schlug mir vor, diese Nacharbeit gleich mit einem noch größeren Plan zu verbinden. Ich möge gemeinsam mit ihm eine Monografie der Hydroiden des Golfes von Neapel verfassen. Das war sehr ehrenvoll, denn diese Art von Monografien hatte schon ein Jahrhundert Tradition und die Hydroiden fehlten.

Also galt es, sich einzuarbeiten, und ich machte mich mit einem von

KÜHN vermittelten Forschungsstipendium im Winter 1955 auf den Weg. Das Ziel war vorgegeben: die großen Sammlungen und die Bibliothek der Stazione Zoologica, Napoli; zumal das Stipendium auch Mittel einschloss, durch die Station weiteres Material besorgen zu lassen. Ich war bald am Wege.

Ein Rundumblick mag über das Technische der Szene hinausführen. In Neapel lag Schnee, was sich im Palmenrund der Stazione seltsam ausnahm. Der Rarität des Ereignisses wegen bewarfen sich die Gassenbuben mit schneegeweichtem Strassenkot. In meinem altertümlichen Labor unterm Dach gurgelte das Seewasser durch die Becken und das Kanonenöfchen glühte unter Laborantenbetreuung auf oder erlosch unter derselben völlig. Ich war mit mir allein.

Gewiss nahm ich das Alleinsein wahr. Zunächst in dem Sinne, dass niemand meine Interessen teilte. Ich verstand vielleicht auch noch, dass es niemanden in der mittäglichen Institutsmensa geben konnte, der, nun einmal vom Thema abgesehen, sich auf eine Monografie, also die Gesamtdarstellung einer Organismengruppe, einlassen würde. Ich mochte mir aber gedacht haben, dass man sich eben so umfängliche Arbeit nicht gerne zuteilt. Ich war in einem viel weiteren Maße allein, als ich ahnte.

Dieses Alleinsein ging, ohne dass ich das wahrnahm, auf eine Weltsicht oder doch auf eine Erwartungshaltung zurück, die, wie ich erst heute weiß, wenigen Biologen nahe liegt. Ich rechnete offenbar damit, dass man von der belebten Natur erwarten konnte, oder wie ich es von GOETHEs 'Morphologie' gewiss in Erinnerung hatte, dass man ihr zutrauen durfte, sich an ganz bestimmte Regeln zu halten. Diese Regeln erkennt man aus der Art der Ähnlichkeitsmuster innerhalb von Tiergruppen, dem Verhältnis von adaptiver Vielfalt und der Strenge, heute sagt man: der Constraints, in der, noch dazu in einer hierarchischen Weise, Prinzipien von Bauplänen eingehalten werden.

So hätte ich das damals nicht zu formulieren gewusst. Und was ich davon ahnte, hätte ich auch so nicht formuliert, denn mit dem Begriff des Bauplanes, den ich bei MARINELLI gewissermaßen osmotisch aufgenommen hatte, war erfahrungsgemäß kein Staat zu machen. Denn: Wer hätte denn da geplant? Und auf eine solche Frage hätte ich noch gewiss keine Antwort gewusst. Auch MARINELLI nicht. Er hätte wie manche klassischen Morphologen gesagt: „Dass ein Plan vorliegt, sieht man ja."

Dass ich dies als eine Ahnung schon in mein damaliges Weltbild hineinlege, begründe ich aus der Pragmatik meines Vorgehens. Es ist unter Biologen nicht üblich, die Tiergruppen, die man bearbeitet, zu wechseln. Man rechnet mit Spezialisten. Und das ist aus der Fülle der Fakten auch verständlich. Im Prinzip kann man das nur, wenn man an eine bestimmte Art von Abstrahierbarkeit glaubt und sich auch an diese Abstraktion hält. Man muss mit 'inneren Mechanismen' der Evolution rechnen. Das wusste ich damals gewiss nicht. Und ich führe das auch an dieser Stelle nicht aus, denn der Weg zu dieser Einsicht ist getreulicher entlang der kommenden Jahre zu schildern.

Im Neapel dieser Wochen grassierte eine asiatische Grippe. Auch mich warf sie nieder. Und ich musste das Faktum geheim halten, weil man mich, der ich mich kaum mehr aufsetzen konnte, und vor allem meine bescheidene Habe aus meiner kleinen Pension Gott weiß wohin verschleppt hätte.

Man erinnert sich, dass ich systematisch über Turbellarien arbeitete, aus dem Tyrrhenia-Material schloss ich die Nemertinen oder Schnurwürmer an. Aber diese waren noch immer relativ verwandt. Mit den Hydroiden war das anders. Meine gläsernen Organismen wurden in meinen Träumereien zu gläsernen Mustern von Ähnlichkeiten.

Das Kapitel stellt die Schilderung einer maritimen Hochzeit in Aussicht. Natürlich war nicht die Hochzeit maritim; maritim wurde die Hochzeitsreise. Smoky und mich hatten die Filmarbeiten und Reisen, von welchen einiges erzählt wurde, sehr vertraut gemacht. Unmittelbarer Anlass war wahrscheinlich die kommende, offiziellere Reise. Wir heirateten in einer unterspielten Weise. Aufsehen und vor allem Aufwand und Pomp mussten, ich weiß nicht warum, vermieden werden. Wir fuhren im alten Jeep zum Standesamt und Smoky steckte sogar das Brautbukett unter den Rücksitz. Unser Vertrautsein zu veramtlichen, muss uns als eine Säkularisierung erschienen sein, was sich in der Rede des Standesbeamten wohl auch gleich bestätigte.

Nur unsere Eltern waren anwesend. Smokys Mutter, ihr Mann blieb im Krieg verschollen, war von ihrer Schwester begleitet. Heute tut mir diese Schmucklosigkeit Leid, denn keiner von uns beiden hatte bedacht, dass dies ein Fest der Eltern sein müsse, im Grunde ein Dankesfest und ein Abschiedsfest von ihnen zugleich.

Ziel der Hochzeitsreise waren die Hydroiden der Sorrentiner Höhlen. Von der Station in Neapel aus war Feldökologie nicht möglich. Ich hatte damals schon verstanden, dass die alten Meeresstationen, aus logistischen Gründen in Häfen angelegt, mit diesen verlandeten und ihre geistigen Fenster allmählich gegen die See verschlossen. Man machte sich das Seewasser besser künstlich, wenn es auf dessen Reinheit ankam, und wendete sich auch lieber im gepflegtem Labor der Physiologie der Organismen zu, als in die schmutzige Wirklichkeit deren Lebensumstände hineinzutauchen.

Besuch noch bei den KÜHNs im Max-PLANCK-Institut für Biologie in Tübingen. Was wir dort im Familienkreis besprachen, ist mir entschwunden. Wahrscheinlich wurden wir von dem alten Herrn mit Lebensweisheiten ausgestattet. Weiter, schon mit unserem Volkswagen, über den Gotthard, Rom, Neapel. Und dann waren wir wieder am Capo di Sorrento, eingemietet im Gehöft unserer Bauern, von welchen uns nur die Vornamen in Erinnerung sind.

Das 'Labor' wurde auf der Terrasse jenes Turmes aufgebaut, den ich schon im Zusammenhang mit dem Wiederfund der Orebic-Kappe erwähnte. Von dort aus stiegen wir mit Tauchzeug, Plastiksäcken, Hammer und Meißel über Treppen und Felsen, die Proben zu holen. Und bald ergaben sich neue, überzeugende Bilder von den Lebensproblemen dieser Arten.

Besonders lebhaft vor Augen geblieben ist mir aber die Stimmung um Smokys Krankheit. Ich glaube noch immer, dass es, wie bei Julius ERNST, auf Grund der dauernd nassen Haare eine Gehirnhautentzündung war. Aber was auch immer. Tagsüber von Fliegen umschwärmt, die ich nur vertreiben konnte, bis sie eingeschlafen war, nachts schweißnass unter Schwärmen von Moskitos. Ich selbst, sorgenumgeben, in meinen Höhlen, mit Proben unterwegs und bei deren Auswertung, unter nicht viel weniger Fliegen. Bis ein Tag kam, an dem ich Smoky wieder in einen Sessel heben durfte und hinaustragen auf den kleinen Balkon, der über den Wipfeln der Oliven und mit einem weiten Blick über die See auch sie wieder einhüllte in den Duft des Mediterrans und den Chor der Zikaden.

Bedingungen des Lebens und des Überlebens haben mich damals wieder umgeben. In dieser Deutlichkeit vielleicht zum zweiten Mal. Aber es hat in dem zu schildernden Jahrzehnt noch viel deutlicher werden müssen. Ich war damals noch nicht weit von der Ansicht entfernt, dass die Wissenschaft überall gerechtfertigt wäre, was immer für einen Winkel dieser Erde oder der menschlichen Seele man durchleuchtet. Nur dass man dabei Risiken zu übernehmen hätte, das war schon gefestigte Erwartung.

Und doch begann ich damals schon darüber zu reflektieren, was die Einsicht, die ich gewinne, bedeuten mag.

Wir lasen damals Bertolt BRECHTs *Galilei*, und es machte mir der Satz Eindruck, den BRECHT dem alternden und schon konfirmierten GALILEI in den Mund legte: „Es ist meine Ansicht, dass es die einzige Aufgabe der Wissenschaften sein muss, die Mühseligkeiten der menschlichen Existenz zu lindern." Offenbar fragte ich mich damals noch nicht, wie das Leben GALILEIs diesem Ziele nahe gekommen wäre, und ich hatte auch noch nichts von BRECHT als Ekel erfahren. Aber dieser Gedanke hat mich seit damals nicht verlassen. Ich zitierte ihn noch lang in meinen Vorlesungen und versuchte, nach ihm zu leben.

Erst viel später wurde mir BRECHTs Hinterhalt klar. GALILEI wollte mit seiner Entdeckung, zumal des heliozentrischen Weltbilds, die wahre Größe von Gottes Schöpfung belegen, was die Kreatur ja kaum betraf; und niemandes Mühsal hat er gelindert. Ihm wurde Folter in Aussicht gestellt, KEPLER herumgetrieben, Giordano BRUNO verbrannt; und alles zusammen gab nur der Inquisition neuen Auftrieb.

Wie ich damals diesen Gedanken mit meiner Arbeit verband, möchte ich gerne wissen. Ich muss wohl gedacht haben, dass ein Verständnis der Hydroiden ein Mosaikstein zum Verständnis eines Lebensraumes und dessen Verständnis ein Baustein zum Verstehen unserer Lebensräume sei.

Es tauchten zwar schon jene Kausalketten auf, die von der Sonnenenergie über Winde und Temperaturgefälle die See bewegen und zuletzt selbst den sesshaften Hydroiden die Nahrung zudriften. Ein Rundumschlag über Ursachennetze, die später meinen meereskundlichen Kollegs Struktur gaben. Als Buch veröffentlicht wurde diese Sicht erst durch meinen Schüler Jörg OTT, der zur Zeit dieser Erzählung noch gar nicht aufgetreten, zur Zeit in der ich das schreibe, aber selbst schon Professor ist.

Was in Wien wartete, waren systematische, vergleichend anatomische Arbeiten über die Sammlungen des Tyrrhenia-Materials, seine ökologischen Auswertungen, Korrespondenzen und Verhandlungen mit den Mitarbeitern und Autoren. Und, am schwierigsten, die Verhandlungen mit Peter DOHRN, an den man sich von unserem ersten Eintritt in die Stazione Zoologica erinnert. Er war seinem Vater Rinaldo (Reinhard) bereits in der Leitung der Stazione nachgefolgt.

Das Gefährliche dabei war, dass er Wiener Professoren und Ministerien mit der Behauptung verfolgte, dass ich Mittel für die Drucklegung im Archiv seiner Station in Aussicht gestellt hätte, was ich weder tat, noch hätte tun können. Ein Disziplinarverfahren war in der Schwebe.

Der dicke Band *Berichte der Österreichischen Tyrrhenia-Expedition* erschien dann erst 1959 als Supplementband der *Pubblicazioni della Stazione Zoologica di Napoli.* Unter großen Geburtswehen war also mein Produkt in jene wissenschaftliche Zeitschrift aufgenommen worden. Und, paradoxerweise, wird mich die Stazione später bitten, diese Zeitschrift, den neuen Entwicklungen angepasst und in eigener Verantwortung weiterzuführen.

Synoptik einer Fauna

Ich sagte schon, dass wir allmählich von physischen zu geistigen Abenteuern weitergehen müssen, und ich sehe voraus, dass die Schilderung geistiger Abenteuer leicht langweilig werden kann. Das wird schon durch den Umstand angeleitet, dass zum Zeitpunkt der Unternehmungen nichts mehr als abenteuerlich empfunden wurde.

Mehr noch als im physischen Abenteuer macht man den nächstweiteren Schritt in gehöriger Naivität, bemerkt erst mitten drinnen, worauf man sich eingelassen hat, um das Abenteuerliche an der Sache selbst erst im Nachhinein zu begreifen. Dahinter steckt wahrscheinlich eine Erfolg/Risiko-Korrelation. Und das Risiko erscheint einem im geistigen Abenteuer irrigerweise geringer.

Ein Produkt dieser Unternehmungen wird unter dem Titel *Fauna und Flora der Adria* erscheinen und sich in einer *Fauna und Flora des Mittelmeeres* fortsetzen, begann aber ebenso unprätentiös wie unspektakulär, mit der Entwicklung von Universitätskursen an der Adria.

Ich hatte gelernt, mit mediterranen Organismengruppen umzugehen, mit Kollegen zu kooperieren, war Universitätsassistent, stand 'von der Amöbe bis zur Ratte', also durchs ganze Tierreich, in den anatomischen Kursen und erlebte, dass in solchen 'Trockenkursen' über die Mehrzahl der Tierstämme nichts von deren elementaren Lebensbedingungen zu vermitteln war. Nichts war darum näher liegend und für meinen Lebensstil passender, als die Studenten ans Meer zu führen; zumal Schnorchel und Brille schon Mode geworden waren und sich die rechten Kollegen, zum Teil noch Veteranen der Tyrrhenia-Expedition, gerne anschlossen. Die Station in Rovinj war das Ziel.

Also wurde ein Bus mit gereifteren Studiosi voll geladen, Mikroskop und Binokular für jeden eingepackt und das jugoslawische Zollamt vor die unlösbare Aufgabe gestellt, die Indikationen von hunderten Optiken aufnehmen zu sollen. Allen war eingeschärft, Ernst und sachliche Anteilnahme zu wahren. Erst nach der Grenze dröhnten im Bus wieder die Studentenlieder, angeführt von Dr. Edi PIFFL, der früher, so wie ich, nur ungleich hingebungsvoller, zur 'Bündischen Jugend' gehört hatte.

Für Studenten handhabbare Literatur zum Bestimmen der Arten gab es nicht, also entwickelte ich Bestimmungstafeln mit Schlüssel, Grafik und – zum Eintragen der Fundorte – mit dem lokalen Ausschnitt der Seekarte. Kollegen schlossen sich an und im Laufe eines Semesters hatten wir bald eine Hundertschaft solcher Tafeln mit einigen hundert Arten.

Ich glaube, dass sich in solchen Unternehmungen die Naivität am Beginn und der Lernerfolg am Ende die Waage halten. Jedenfalls war der Lernerfolg beträchtlich. Wie war auszuwählen? Die Zahl der damals für die Adria beschriebenen Arten schätzte ich auf zwanzigtausend und zweifellos war erst ein Teil bekannt geworden. Sie mochte sich, nach meinen Erfahrungen, noch verdoppeln. Daraus ergaben sich zwei Bedingungen. Beide sind pragmatisch, eine ist trivial, die andere ist es nicht.

Die eine Restriktion musste den Unterricht im Auge haben. Vorrang war jenen Organismen und Gruppen zu geben, die leicht zu sehen und zu demonstrieren waren: Fische vor den Einzellern, die großen Quallen vor dem Zwergplankton.

Im Einzelnen war das Ausleseprinzip aber gar nicht trivial. Es schien mir nicht so wichtig, irgendwelche Artenkenntnis zu vermitteln, sondern eine Gesamtübersicht über den Stammbaum der Organismen, also jene Prinzipien zu vermitteln, welchen die Evolution gefolgt war. Da keine Hoffnung bestand, alle Arten einer Gruppe wiederzugeben, sollte man wenigstens Repräsentanten aller Gattungen kennen lernen können und wo auch das nicht möglich war, wenigstens Vertreter aller Familien oder Ordnungen.

Ich hatte schon in meiner Studentenzeit die Landexkursionen des Professor KÜHNELT als quälend empfunden, der, ein wanderndes Lexikon, jedes der aufgelesenen Krabbeltiere mit einem griechischen Fünfsilber belegte und erwartete, dass einem das Gewinn brächte. Und ich hatte ja mit noch mehr Grausen die Bestimmungsbücher meiner Schulzeit in Erinnerung, die dazu führten, dass die alternativen Entscheidungen immer schwieriger und unsicherer wurden (Laubblätter mehr oder weniger gewellt), bis man, wie erzählt, anstatt beim Veilchen bei der Eiche landete. Das durfte sich nicht wiederholen.

Natürlich musste man zu den Arten hinführen. Aber der Schlüssel, den ich einführte und auch meinen Kollegen suggerierte, ging den Systemgruppen entlang; von den Klassen und Ordnungen zu den Familien und Gattungen. Auf diese Weise konnte jeder Fund wenigstens verlässlich zugeordnet werden. Und wenn auch diese Verbesserung noch nicht viel bedeutet, der intellektuelle Gehalt der gewinnbaren Erfahrung liegt auf einer anderen Ebene. Dieser Gliederung, nunmehr des Stammbaumes, immer wieder nachzugehen, bedeutet ja nicht weniger, als schrittweise den Spuren nachzugehen, welche die Evolution selbst hinterlassen hat. Das bedeutet, jene Prinzipien vorgeführt zu bekommen, welche zwischen adaptiven Möglichkeiten und den Einschränkungen durch die erreichten Konstruktionsbedingungen die Entwicklung des Lebendigen gelenkt haben.

Ist das verstanden gewesen? Oder, besser, was davon wurde von wem verstanden? Um mit mir zu beginnen: Ich glaube nicht, dass ich alle diese Konsequenzen sah. Ich hatte aus der Praxis vergleichend anatomischer Arbeit mit einigen Tiergruppen und nicht minder durch das Sortieren von kleinen Faunen für die Spezialisten, und zwar quer durch die Gärten Gottes, die dafür erforderlichen Prinzipien wieder einmal wie osmotisch aufgenommen.

Ich hatte aber den Begriff der 'funktionellen Bürde', wie er in den Evolutionsabläufen sichtbar wird, noch nicht geprägt. Der Begriff der Constraints existierte auch noch nicht oder hatte mich noch nicht erreicht. Da gab es zwar den etwas schwebenden Begriff der Baupläne à la MARINELLI, noch ferner, wie man sich erinnert, die offenen Probleme à la Ludwig PLATE. Aber ich glaube nicht, dass mich diese sehr bestimmten. Vielmehr führe ich das eingeführte Prinzip, das ja an sich gar nicht so viel bedeutet, auf meine faunistische Arbeitspraxis zurück. Ich werde aber noch vorzuführen haben, wie sehr es, nun für die Organismenwelt eines ganzen Meeresteils angewendet, meine weitere Haltung bestimmte.

Noch weniger kann ich annehmen, dass meine Kollegen die Konsequenzen durchschauten. Denn kaum einer ist mir späterhin in denselben gefolgt. Man sollte die für Bestimmungsbücher ungewohnten Schlüssel einfach nach den speziellen Monografien, den so genannten 'differentialdiagnostischen Merkmalen', zusammenstellen. Das sind solche, die bei allen Repräsentanten einer Tiergruppe vorkommen, aber bei keiner anderen. Beispielsweise die Federn der Vögel. Und ich kann nachweisen, dass einige

Mitarbeiter, auch in dem später entstehenden Band und über all dessen Auflagen hinweg, das Prinzip bis heute noch nicht verstanden haben. Dazu gehört selbst Schüler von mir, heute auch schon längst Professoren.

Dass das sein kann, muss auf eine Sortierung der Intelligenzformen und damit der Weltsichten zurückzuführen sein. Ich habe dieses Thema schon einmal berührt und werde es dem Leser erst über die jüngsten meiner Studien ganz aufschließen können.

Dazu kommt, dass das Desinteresse und damit das Nichtverstehen dieser Dimension durchaus in den Hauptstrom der Biologie eingemündet hat. Ich werde noch zu erzählen haben, dass so außerordentlich begabte Persönlichkeiten unter meinen akademischen Freunden wie Professor Bernhard HASSENSTEIN den Begriff des 'Natürlichen Systems' für eine 'Contradictio in adjecto', für einen Widerspruch in sich selbst halten. Denn wenn es ein System wäre, so wird argumentiert, sei es nicht natürlich, sondern menschengemacht. Und wenn es ein Gegenstand der Natur wäre, dann sei es auch kein System. Ich selber habe es, zunächst vielleicht in aller Naivität, wie das System der Elemente für ein System der Natur gehalten. Aber das ist eine Position, um deren Anerkennung noch heute zu ringen ist. Davon also später.

Noch mehr habe ich in meinen Lehrjahren in den USA erfahren, in welchem Maße in 'modernen' Ländern die Einschätzung und damit die Kenntnis vom ganzen Organismus und der Geschichte seiner Existenz heruntergekommen war. Schon in den Labors von La Jolla war mir aufgefallen, dass ich im Laufe einer sechsstündigen Führung kein einziges Tier zu sehen bekam. Nerven wurden gereizt, Zellen, Enzyme und Kernsäuren demonstriert. Und ich machte mir wenig Reim darauf. Als ich später in North Carolina unterrichtete, musste der Reim gemacht werden. Sechs verschieden große Kursräume waren in Betrieb: für Nerven-, Stoffwechsel- und Zellphysiologie, für Genetik und Biochemie. Der kleinste unter ihnen trug die Aufschrift 'Diversity'. Da wurde alles gemacht, was über ganze Organismen unterrichtet wurde. Und auch das nicht sehr professionell. Ich machte mir also meinen Reim; aber, wie wir noch sehen werden, zunächst einen falschen.

Wieder gibt der Rundumblick in die Zeit der Rovigneser Kurse ein ganz anderes Bild. Die Studenten waren angeleitet, ihr Tagesmaterial in Gruppen selbst zu sammeln: entlang der Küsten, mit Schnorchel und Brille in den Blockfeldern, Algenbeständen oder Höhleneingängen, vom Schiff aus von den Sand-, Schlamm-, Schwamm- und Corallinenböden; da gab's weite Exkursionen, viel Geplantsche und auch Seekranke und stets Überflutungen in den Labors. Alles und immer ein großer Erfolg. Sich selbst ein Bild von der Unterwasserwelt zu machen, war von nun an unter Studenten eine Selbstverständlichkeit.

Auf der Piazza wurde bis in die Nacht hinein gesungen, bis wir von den Schlaf suchenden Anrainern vertrieben wurden. Lieben und Liebeleien, die entstanden, waren gewiss durch die Romantik des Ambientes gefördert und manch eine dauerhafte Verbindung ist dort entstanden; aber auch manch eine komplizierte Konstruktion. Studenten heirateten kroatische Mädchen, um ihnen die Ausreise zu ermöglichen, Studentinnen verschauten sich in Kroaten, was zu tränenreichen Abschieden führte.

Eine Geschichte gibt einen Blick in die Zukunft. Ich erhielt ein halbes Jahrhundert später von der Stadt Wien einen besonders schönen Orden. Die Laudatio sprach unser Bürgermeister Michael HÄUPL. An dieser Stelle erinnerte er, dass er bei einem dieser Meereskurse mit mir in die Banjole-Höhle geschwommen war. Ich merke das an, weil er zum Förderer meines 'Club of Vienna' werden wird.

Die Bestimmungstafeln brachten schon bei der Herstellung Erfahrungen, aber noch mehr bei deren Anwendung. Es wurde deutlich, dass auf die differenzierenden Merkmale im Text und auf den Abbildungen in vergleichbarer Weise hinzuweisen war, also auch die zu vergleichenden Abbildungen streng vergleichbar darzustellen waren. Das brachte nun auch die Hierarchie jener differenzialdiagnostischen Merkmale in den Vordergrund (wie Milchdrüsen bei allen Säugetieren vorkommen, aber nur bei diesen) und gab mir ein verlässliches Bild vom Muster der Fixierungen in evolutiven Prozessen.

Die Struktur einer Synopsis hatte ich damit vor Augen. Weitere Kurse, vor allem aus Westdeutschland, kamen nach Rovinj und borgten oder kopierten unsere Bestimmungstafeln. Und es war leicht zu sehen, dass die Buchform notwendig wurde. Ich machte die Pläne für das Ganze und seine Kapitel, vereinbarte mich mit den Spezialisten und übernahm mit drei Grafikern, allen voran wieder Smoky, die einheitliche Entwicklung der 2.500 Abbildungen. Einige dieser Kapazitäten waren der Ansicht, dass in ihrer Organismengruppe der ehrgeizige Plan nicht zu realisieren wäre. Mit diesen setzte ich mich zusammen, um die Beiträge in die Grundstruktur zu fügen. Und ich lernte, wie schwer das manchem fiel.

Vergnüglich waren die Arbeiten mit der Graphik. Ein Höhepunkt, mit Smoky und dem lustigen und tüchtigen Grafiker Peter MEHOFER, eine Sommerarbeit in Rovinj. Wir entwarfen nebenher ein karikaturistisches Schnorchelbuch – Schnorchel mit Türmen technischer Überbauten, Tauchmasken halb voll mit Wasser, ein Fisch drinnen, Familienschnorcheln usf. –, das leider nie erschien. Aber was wir an Spaß hatten, wird man ahnen.

Eine Plage war die so genannte Synonymie. In der Systematik gilt als vereinbart, den jeweils älteren Artnamen und den jeweils neuesten der Gattung anzuwenden. Damit ergeben sich fortwährend Abweichungen vom Gewohnten. Für einen solchen Band eine so unnötige wie nur näherungsweise lösbare Aufgabe. Eine Episode mag das illustrieren.

Als ich Bilder von der Mönchsrobbe zur Vorlage brauchte, rief ich Walter FIEDLER an, Studienkollege und Direktor des Wiener Zoos, weil ich wusste, dass es dort einmal diese Art gegeben hatte. Und um mich, wie sich's gehört, fachlich auszudrücken, fragte ich: „Habt ihr Bilder von der *Phoca monacha?*" „Meinst du die alte *Monachus albiventer?*" „Ist das, was du meinst, *Monachus monachus?*" „Na ja, eher *Phoca monacha.*" „Also, was willst du denn eigentlich!?" „Die Mönchsrobbe will ich!" „Ah, die Mönchsrobbe, die haben wir."

Entsprechend steht im Vorwort des Buches ein markiger Satz, der oft zitiert wurde: „Beständige Namen sammeln zu wollen, ist die trügerische Hoffnung des Dilettanten, die Ordnung selbst zu erfahren, das lohnende Streben des Kenners." Das wurde, als der Band fertig war, im Sommer 1963 geschrieben. Hier kommt in unserem Text, wie in meinen wissenschaftlichen Konzepten, erstmals der Begriff der Ordnung vor. Er spiegelt die gemachte Erfahrung mit der Ordnung der Fixierungsmuster wider und wird mich – wie uns – in eine meiner zentralen Studien begleiten.

Woher ich den Begriff 'Ordnung' hatte, würde ich gerne wissen. Aus der wissenschaftlichen Literatur sicher nicht. Selbst umgangssprachlich wird man weder gerne zur Ordnung angehalten noch zur Ordnung gerufen. Auch habe ich sicher nicht angenommen, dass irgendein Geist die Natur zu ordnen trachtete.

Was ich aber an den wohl über tausend Arten, die ich damals schon gesehen, grob oder genau bestimmte hatte, war ganz offensichtlich ein Prinzip, das selbst Ordnung schafft. Das geht schon aus meinem Konzept hierarchischer Gliederung hervor. Was, wie ein Fisch, ein inneres Skelett besitzt, muss es auch in den Beinen der Vierfüßer beibehalten, wer Schulter- und Beckengürtel hat, ist für ein drittes

Beinpaar nicht mehr disponiert und wem an den Beinen Hufe entstanden, macht daraus keine Krallen mehr.

Es muss sich angedeutet haben, was ich Jahre später als *Die Ordnung des Lebendigen* zu bedenken und zu verfassen begann; und zwar ohne Bedacht, welche Wirkung dieser Begriff tun könnte.

Die Schlussabstimmung aller Texte hatte ich selbst zu tippen. Und mit allen Nachtrags- und Änderungswünschen wurden die Durchschläge in einem Maße unbrauchbar, dass nur mehr ein einziges Exemplar verblieb. Konnte man Jahre der Arbeit, zudem von eineinhalb Dutzend Kollegen, der Post anvertrauen? Was hätte man versichern sollen? Freund Harald (ROHRACHER) brachte die siebenhundert Seiten persönlich per Bahn bis in die Hamburger Redaktion.

Aus dem Vorwort der *Fauna und Flora der Adria* von 1963.
„Nicht einen Bestimmungsschlüssel, sondern das natürliche System der Meeresorganismen möchte man vor Augen haben. Aber die systematischen Lehrbehelfe dafür fehlen. Die klassischen Disziplinen der Biologie waren zurückgefallen, die Wunder der geordneten Vielfalt der lebendigen Gestalten schienen überstrahlt von den Fortschritten der Experimentalwissenschaft. Der Erfahrene mochte sich selbst wappnen gegen die fühlbar werdende Beschränkung, den Fachleuten von Morgen aber sollte geholfen werden." (Oder:)
„Rund 1.000 Systemgruppen gliedern den Band. Damit ist das Netz so eng, dass jeder Fund seinen verlässlichen Platz findet. Der erfahrene Praktiker kennt die Systemkategorien als völlig unentbehrliches Rüstzeug und zudem als lebendigen Ausdruck dessen, was wir von Verwandtschaft und Werden der Organismen bisher wissen. In vieler Beziehung sind sie wichtiger als die Arten. Ihnen möge man vor allem vertrauen."
Heute noch freue ich mich über diese richtige Perspektive. In dieser apodiktischen Diktion ist sie oft zitiert worden.

Ich bin Doktor Friedrich GEORGY, dem damaligen Chef des Parey-Verlages, dankbar für das Wagnis, einen solchen Band herauszubringen. Diese *Fauna und Flora der Adria* hatte keine Vorläufer und heute, nach vier Jahrzehnten, erst einen Nachfolger. Man hat das Modell für das Japanische Meer wie für die Nord- und Ostsee anzuwenden versucht. Aber nur mein früherer Schüler Wolfgang STERRER hat das für die See um Bermuda, einen Teil des tropischen Westatlantik, zu Wege gebracht. Mein Buch wurde ein 'long-seller'; 1983 zu einer *Fauna und Flora des Mittelmeeres*

Hinterkiemer-Schnecken, Tafel 144

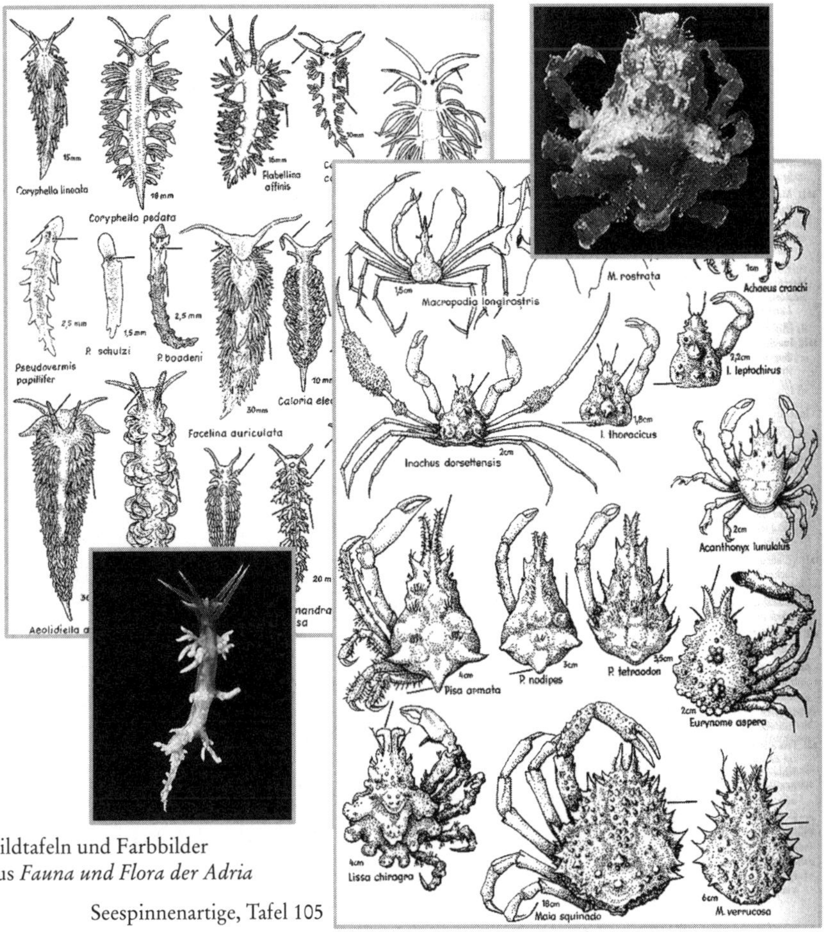

Bildtafeln und Farbbilder
aus *Fauna und Flora der Adria*

Seespinnenartige, Tafel 105

Abb. 24: Beispiele von Tafeln und Farbfotos aus *Fauna und Flora der Adria* von 1963, aus der später eine *Fauna und Flora des Mittelmeeres* wurde. Es kam mir darauf an, aus der Mannigfaltigkeit den jeweiligen Typus erkennbar zu machen.

erweitert, ist es nun seit über vier Jahrzehnten auf allen Mittelmeerkursen daheim.

Im Gästebuch der Station in Rovinj zeigte man mir die Eintragung eines deutschen Kurses, der von Prof. Günther OSCHE geleitet wurde: „Was für den OISTRACH ist die Fiedl, ist in Rovinj für uns der RIEDL". Heute sind beide Bände vergriffen. Anspruchslose Touristenführer haben sie abgelöst .

Das Grundsätzlichste, das ich aus der Herstellung dieses Buches gelernt hatte, blieb in meinem vorbewussten Umgehen mit Systematik stecken. Und es bedurfte zweier weiterer Anläufe, um das Formulieren zu können. Im Band *Fauna und Flora des Mittelmeeres* war das alles nochmals durchzudenken. Und es wird mir dann auffallen, wie schwer manchen meiner Mitarbeiter, die nun schon alle alleine arbeiteten, die jeweilige Gleichrangung der Merkmale gleich hoher Systemkategorien fallen wird. Woher, fragte ich mich, mag das kommen?

Aber erst dreißig Jahre später konnte ich den Zusammenhang formulieren: Es handelt sich um die Durchdringung zweier Hierarchien. In *Strukturen der Komplexität* werde ich sie bestimmen können: Strukturhierarchien der durch Constraints festgelegten Merkmale der Anatomien versus Klassenhierarchien der sich daraus ergebenden Gruppierungen von Ähnlichkeiten; erklärend gesagt: von Verwandtschaft.

Das aber setzt voraus, den Vorgang des Erkennens von dem des Erklärens zu unterscheiden. Man wird verstehen, dass da noch eine lange Entwicklung von Wahrnehmungs- und Erkenntnistheorie wartet.

Freilich änderte sich Rovinj. Als Smoky und ich eines späten Winterabends per Schiff aus Triest eintrafen und uns auf 'unseren' Palazzo freuten, fanden wir das Schloss am Tor ausgetauscht. So mussten wir uns im einzigen Hotel 'Jadran' unterbringen und hofften wenigstens auf eine warme Mahlzeit. Der verschlafene Kellner: „Wollen Sie Snizla?", Wiener Schnitzel; ja, wunderbar. „Nema nischta" (phonetisch wiedergegeben: 'Gibt es nicht'). „Wollen Sie tripe?", Kuttelfleck, schon weniger erfreulich, aber bitte. „Nema nischta." Also was? „Wollen Sie krumpir?", Kartoffeln. Also, wenn's nichts anderes gibt. „Nema nischta." Eine Serienredundanz. Er wollte sagen: 'Die Küche hat schon geschlossen.'

Am Morgen marschierten wir zum Gemeindeamt. Es stellte sich heraus, dass in unserem Palazzo-Kontrakt mit der Stadt ein Formfehler entdeckt worden war. Und ein höherer Polizeioffizier hatte nun mit der Stadt einen Kontrakt ohne Formfehler abgeschlossen. Von nun an wohnten wir überall: beim Pfarrer, bei einer Wäscherin, beim Leuchtturmwärter, im Institut.

Rovinj erwies sich als unverlässlich, aber lange noch als still und heimelig. Bis es der Tourismus entdeckte. Die Fischerboote sind in Ausflugsboote verwandelt, die Fischer in Gigolos. Der Fischmarkt wird von der Nordsee beliefert. In den Buchten stehen Hotelreihen, die rauen Küsten davor sind betongeglättet wie Affenfelsen im Zoo und Wiener und Münchner Touristen ohrfeigen einander um die Parkplätze.

Synoptik eines Lebensraumes

Wir müssen nun zurück in die Studierstube. Man wird sich erinnern, dass ich von der Anatomie zur vergleichenden Anatomie der Tierstämme weitergewandert war. Und dass es das Meer ist, in dem ich von den vierundzwanzig Stämmen gleich zweiundzwanzig ausgiebig repräsentiert fand. Und allmählich konnte ich formulieren, was ich hinter alledem suchte: ein Verständnis für die Ordnung der organismischen Gestalten.

Warum haben wir fünf Finger wie Zehen mit je gleich vielen Gliedern? Warum sitzen an ihnen Nägel? Offensichtlich griffen in den Ursachen Adaptierung und Geschichte ineinander. Und ebenso offensichtlich war eine allgemeine Gesetzlichkeit dahinter aus der einzelnen Tiergruppe nicht zu ermitteln. Man musste das Ganze sehen.

Als die Tyrrhenia-Berichte 1959 erschienen, waren die Adriastudien schon in Arbeit, und als das Adriabuch 1963 herauskam, hatte ich mit einem Höhlenbuch begonnen. Waren bei den Meeresreisen Systematisches und Ökologisches noch durch die Praxis vermischt, begannen sich nun in meiner Vorstellung aus der Systematik die geschichtlichen, aus der Ökologie die funktionellen Ursachen der Formen voneinander besser abzuheben.

Eine Ahnung von den allgemeinen Prinzipien der geschichtlichen Ursachen tauchte mit der Adriastudie auf. Die Prinzipien der funktionellen Ursachen, so dachte ich mir, müssten sich aus einem Überblick über alle Formen eines Lebensraumes ergeben. Vielerlei stand schon im Tyrrhenia-Bericht. Eine Zusammenschau der Lebensbedingungen in den Meereshöhlen war in Angriff zu nehmen.

Im Grunde war der Ansatz wieder naiv. Nämlich zu erwarten, dass sich dieses allgemeine Prinzip aus einem Querschnitt über alle Lebensweisen in einem Lebensraum ergeben müsse. Wie sich zeigen wird, sind die Ursachenmuster von den Bauplänen kaum zu trennen. Richtig war nur, dass man Funktion und Geschichte trennen müsse.

Was ich damals empfand, war eine Mischung aus Ahnung und Unsicherheit. Und ich suchte mir einen gescheiten Kollegen, um das zu besprechen. Wolfgang WIESER war aus Schweden in Wien. Er schien mir der Richtige zu sein. Was, so mag meine Frage formuliert gewesen sein, kann die Monografie eines Lebensraumes an prinzipiellen Einsichten bringen? Im Grunde, meinte Wolfgang, keine. Was da zu gewinnen wäre, könne den Aufwand nicht lohnen. Aber die Ahnungen überwogen und ich begann die Arbeit an dem Band *Biologie der Meereshöhlen*. Denn im Hintergrund stand noch immer das Bedürfnis zu zeigen, was die Unterwasserforschung, und nur diese, leisten könne.

Zunächst trabte ich in merkwürdige Umwege hinein. Einer soll dargestellt werden. Und man folge mir in ein Stück Biologie.

Von REMANE und KÜHNELT kannte ich den Begriff des 'Lebensform-Typus'. Im Grunde eine sehr einfache Sache. Man kann sich leicht vorstellen, dass mehrere Tiergruppen den Typ des Planktonfiltrierers entwickelt haben oder aber solche Zwergformen, die klein genug werden konnten, um durch das Lückensystem eines Sandkörpers zu schlüpfen. Dieses System, das, auf die Spitze getrieben, komisch wird, ließ sich aber gut anwenden. Es war beispielsweise recht aufklärend, aktive und passive Filtrierer zu unterscheiden. Dabei trennen sich aktive Filtrierer in Außen- und Binnenfiltrierer, je nachdem, ob sie den Wasserstrom an ihrer Oberfläche oder aber im Körperinneren erzeugen; dies gegenüber den passiven Filtrierern die warten müssen, was ihnen die Wasserbewegung zuführt. Man konnte Typologien von den Vorgängen entwerfen, wie sich sesshafte Organismen, ähnlich dem Spiel 'Stein-Schere-Papier', in der Raumkonkurrenz durchsetzen, und vieles andere.

Bald war aber zu erkennen, dass den Lebensform-Typen 'Lebensort-Typen' gegenübergestellt werden konnten. Fasst der eine Begriff funktionelle Analogien zusammen, so bezeichnet der andere die Zugehörigkeit nunmehr von Verwandtschaftsgruppen – also historische Einheiten – zu bestimmten Lebensräumen. Und zwar nicht in geografischer, sondern in ökologischer Hinsicht. Kennt man die stammesgeschichtlichen Zusammenhänge, gewissermaßen den Stammbaum einer Tiergruppe, und zudem den natürlichen Lagezusammenhang der Lebensräume, so kann man den Stammbaum in diesem Lagezusammenhang auffinden. Mit anderen Worten, man kann auf diese Weise die Biotope und damit die Lebensbedingungen aufschließen, über welche eine Tiergruppe entstanden ist.

Lebensform- und Lebensort-Typus zusammen lassen nun wieder die Adaptierungschancen, also die Möglichkeiten der Anpassung, von der Baugeschichte trennen. Für die Tiergeografie ist das fast trivial; für die Perspektive des Ökologen keineswegs. Die Biologie hat kaum Nutzen aus dieser Einsicht gewonnen. Die Vorbedingungen für einen solchen Aufschluss sind heute noch für die wenigsten Tiergruppen gegeben. Aber für mich selbst war der nächste konzeptuelle Schritt getan.

Es konnten sich solche Konzepte auch nicht aus der Kenntnis von Meereshöhlen allein ergeben, man musste die marinen Biotope schlechthin kennen. Ich glaube nicht, dass ich das beim Beginn der Arbeit explizit vor Augen hatte. Vielmehr kannte ich schon die Serien der sich anschließenden Lebensräume, vorwiegend aus dem Mediterran. Und diese Kenntnis mag den Hintergrund gebildet haben, vor welchem sich die Arbeit fokussierte.

Man wird sich erinnern, dass ich mich während der ersten Reise monatelang mit den Vegetationsbeständen befasste; in der Nordadria kamen Studien an Sand- und Schlammböden hinzu, wozu sich die Winter anboten. Und freilich mussten auch wieder andere Techniken der Aufsammlung und der Extraktion der Fauna entwickelt werden. Man lebt darin mit technischen Entwicklungen von Bodenschleppnetzen und Dredschen, mit Seekarten, Seegang, rollenden Schiffen, mit der Hand an der Leine der Dredsche. Von Bepo Bruni lernte ich, die Formen des Meeresgrunds mit der Hand an der Leine zu fühlen.

Pittoresker wurde die Entdeckung eines zweiten finsteren Lebensraumes, der nun nicht seewärts, sondern landwärts an die Seehöhlen anschließt. Ich habe seine Formen unter dem Namen 'Randhöhlen' zusammengefasst. Es handelt sich dabei in vielen Fällen um ehemalige Meereshöhlen, die allmählich von der See abgeschnitten wurden, sei es durch Verstürzen und Sedimentverschluss der Eingänge, sei es durch Herausheben des Höhlengebietes; ob nun das Land steigt oder der Seespiegel sinkt. Oft folgen diese Ereignisse aufeinander. In einem weiteren Sinne gehören auch alle Klüfte und Spaltensysteme dazu, die von den unterseeischen Felsküsten gegen das Landesinnere ziehen.

Die allermeisten Randhöhlensysteme sind schlecht zugänglich und darum auch erst so spät entdeckt worden. Zu den Klüften gelangt man nur, wenn sich schliefbare Karstschächte auftun. Dann kann man in diese, so weit eben die Schächte reichen, eindringen. Das ist auch bei den echten Randhöhlen ähnlich, nur dass sich im Inneren große Höhlensysteme auftun können.

Am ehesten findet man diese in der Regel von Macchia verwachsenen Zugänge, wenn man mit Jägern philosophiert. Da bewährt es sich, in einer Wirtsstube Chianti auszugeben und sich ins Jägerlatein zu verfügen. Manch einer mag solch einem Schacht begegnet sein. In einem Fall erfuhr ich, dass ein Hund verloren ging und nach Tagen grau gepudert wieder auftauchte. Das ist dann ein noch verlässlicherer Hinweis, dass sich solch ein Schacht finden müsse. Freilich enden nicht alle im Grundwasserniveau. Aber viele tun das.

Das hängt auch mit der Höhlengenese zusammen. Die meisten und auch die größten Höhlen finden sich im Karstgebiet, waren echte Karsthöhlen, die von der See aufgeschnitten wurden. Sie liegen entsprechend in der Ebene des Grundwasserspiegels, der schließlich am Meeresspiegel anschließt. Ist die Höhle aufgeschnitten, wird sie binnen kurzem, jedenfalls in ihrem vorderen Teil, biologisch zur Meereshöhle. Wird sie zureichend langsam wieder abgeschnitten, entwickelt sich ein Evolutionslaboratorium von eindrucksvoller Art.

Von den marinen Besiedlern überlebt, wer sich an die allmähliche Aussüßung anpassen kann, an den Wegfall fühlbarer Wasserbewegung und vor allem an eine ganz andere Nahrung, die fast nur mehr aus pflanzlichem Detritus besteht, der von der Landseite eingespült wird. In der Folge verschwinden Pigmente und Augen, wogegen das tastende Sensorium kompensatorisch entwickelt wird. Neue Arten entstehen.

Schon bei der Tyrrhenia-Expedition war uns, wie berichtet, aufgefallen, dass Höhlen der mittleren Größe die biologisch reichhaltigsten waren. Die hinteren Höhlenteile, wo die sedentären Bestände verschwinden, nannten wir 'das leere Viertel'. Das war, von der überquellenden Lebenswelt der Seehöhle aus gesehen, schon zutreffend, markierte aber bereits den Übergangsbereich zu jener ganz anderen Lebenswelt.

In dieser fand man sich auch ganz anders. Kein Herumgezerrtwerden durch den Seegang; Gefühl eternaler Ruhe. Kein silbrig-blauer Lichtschein; völlige Finsternis. Kein Brausen und Rauschen; höchstens das 'Gluck' eines einsamen Wassertropfens, jener steten Tropfen, die die Tropfsteine bauen. Stalagmiten unter der Wasserlinie, die zeigten, dass die Höhle sank, Stalaktiten wie Baumstämme abgeschnitten, die zeigten, dass die Höhle stieg.

Abb. 25: Synoptik eines Lebensraumes: aus der Monografie *Biologie der Meereshöhlen.* Das Bild aus der Grotta meravigliosa stammt noch aus der Zeit unserer ersten Capri-Ausflüge mit Leutnant BUCHER.

Überlebensproblem: Die Handlampe darf nicht erlöschen, der Block in einem der Karst-Siphone, um den man gerade noch herumkam, darf sich nicht verschieben. Arbeitsproblem: oft langes Suchen, bis sich im Lichtkegel ein Krebschen, ein Fischchen zeigt. Keine schnelle Bewegung, den feinen Bodenschlamm nicht aufzuwirbeln. Sein Absetzen ist nicht abzuwarten.

Das war der zweite finstere Lebensraum, den ich entdeckte; denn er hat mit den Meereshöhlen nur mehr historisch zu tun. Nicht eine Art käme in beiden Lebensbereichen vor. Es ist schade, dass ich mich ihm nicht mehr ausführlich widmen konnte; mein Weg nach den USA brachte andere Aufgaben. Nur kleinere Publikationen habe ich noch über ihn verfasst.

Aber was ich nicht ahnen konnte: Dort wartete ein dritter, ebenso finsterer Lebensraum auf seine Entdeckung, und zwar in ganz unerwarteter und doch weltweit verbreiteter Lage. Und seine Geschichte wird nicht in Jahrtausenden zu messen sein wie die der Meereshöhlen, nicht in Jahrmillionen wie die der Randhöhlen, sondern in Jahrmilliarden der Geschichte des Lebens auf der Erde. Was für eine Fügung der Begegnungen!

Im Ganzen läuft meine Monografie der Meereshöhlen auf den kybernetischen Zusammenhang ihrer Teile hinaus. Heute würde man von einem Systemzusammenhang sprechen. Damals sah meine Synthese wie ein komplexes Mobile aus, in dem an jedem Faden wieder ein Balken mit mehreren aufgezweigten Faktoren hängt. Alles hängt an einem Faden aus kinetischer und trophisch umsetzbarer Energie und die Diversität der pendelnden Enden ist aus den Festlegungen zu verstehen, welche den systematischen Gruppen in ihrer Geschichte schon widerfuhren, und den Lebensformen, die anzunehmen ihnen blieb.

In dieser Diktion steht es noch nicht im Höhlenbuch. Dort erscheint der Zusammenhang noch zerlegter. Ich referiere ihn aus der Retrospektive. Dennoch wurden zwei grundlegende Dinge verstanden: einmal, wie sich Bauplanschicksal und Lebensformchance verbinden, ein andermal, was ein Netzzusammenhang und was ein System ist.

Der Netzzusammenhang, wiewohl an einem einzigen Faden hängend, besteht aus Wechselabhängigkeiten, rekursiven oder rückläufigen Ursachenbezügen. Meine spätere Sicht der Biosphäre, und die noch spätere Betrachtung des Menschen in ihr, geht auf diese bescheidene Erfahrung zurück. Und was ein System sein soll, ergab sich aus einer öffentlichen Diskussion mit Tom ODUM, dem wir noch nicht begegnet sind.

Genesestadien einer Randhöhle

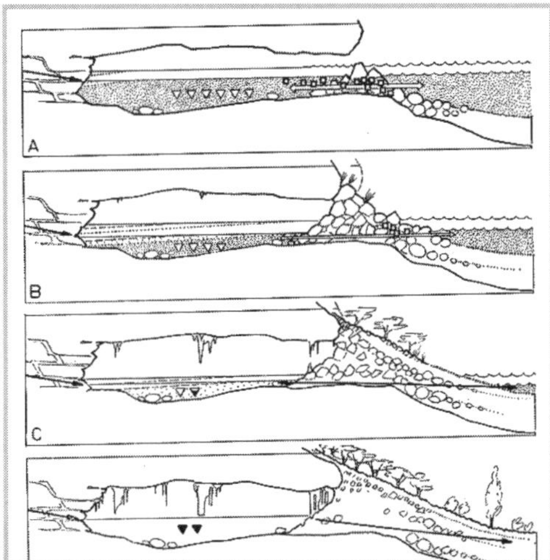

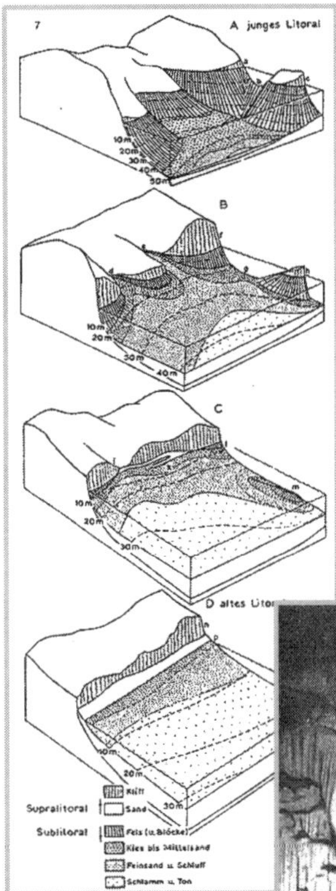

'Altern' einer Felsküste

Der mittlere See der 'Grotta Nettuno' in Sardinien

Abb. 26: 'Randhöhlen' und meine Theorie ihrer Entstehung aus Meereshöhlen im Zusammenhang mit der Alterung von Küsten und dem allmählichen 'Versturz' des Haupteinganges, der ursprünglichen Verbindung mit dem Meer.

In meiner Antrittsvorlesung in den USA, an der University of North Carolina, wenige Jahre später, wünschte man sich eine Darstellung der Meereshöhlen. Im anschließenden Frage- und Antwort-Spiel meinte ODUM, damals schon führender Ökologe, dass ich wohl ein typisches System dargestellt hätte. Das verneinte ich. Nach der europäischen Diktion musste man für ein Ökosystem Mechanismen auch der Selbsterhaltung nachweisen. Ich wusste aber, dass das marine Höhlenbios, schon durch seine Bohrtätigkeit, seine Lebensbedingungen letztlich nicht erhält, sondern zerstört. Es frisst die Höhle auf. Heute weiß ich, dass fast jedes Ökobios an seinen eigenen Wurzeln nagt. Das wussten wir damals noch beide nicht.

Ich war in meiner Position vom Biozönose-Begriff der Ökologie ausgegangen, der Selbsterhaltung in einem Biotop vorsieht, ODUM vom Systembegriff BERTALANFFYS. Warum ich in der Ökologie nicht an meinen alten Lehrer dachte, kann ich nicht angeben. Aber bald wird das Thema wieder aktuell werden.

Zwischenspiel: Zum Roten Meer

Die Studien an der Küste Ägyptens gehören in den Winter 1961/62, also in die Mitte der Zeit, von der ich in diesem Kapitel berichte. Die Tyrrhenia-Berichte waren erschienen, das Adriabuch weit gediehen, das Höhlenbuch begonnen. Zu den mikroanatomischen Kursen, die ich schon abhielt, kamen seit meiner Habilitation 1958 eigene Vorlesungen; vergleichend anatomisch-stammesgeschichtliche Darstellungen: 'Der Ursprung der Bilateria' oder 'Die Wurzeln des Chordatenstammes'.

Von meiner Habilitation ist nicht viel zu berichten. Mit der Höhe der zu erlangenden Würden wuchs damals der Stoff; und von einem Habilitanten erwartete man, dass er den Inhalt der Biowissenschaften, einen Großteil der Geowissenschaften, der Chemie und Physik überblicke. Als Auflage eines Bildungsniveaus mochte das angehen, aber schon damals ritten die meisten der zehn Prüfer auf Einzelwissen herum. Freund Hans SCHWABEL, Gräzist, hatte den Vorgang schon hinter sich und fand mich im Vorzimmer der Kommission. „Wie siehst du denn aus?“, fragte er mich, und als er den Grund meines Erscheinungsbildes kannte, empfahl er, ich solle mir alle Kommissionsmitglieder in der Unterhose vorstellen. Das half.

Die Zahl der Doktoranden, die sich mir anschlossen, wuchs über das Maß, welches man im Institut für angemessen hielt. Und als ich MARINELLI gegenüber diese Gruppe summarisch 'meine Schüler' nannte, wurde ich belehrt, dass man in meinem Alter noch keine Schüler habe. Dennoch, wie sich's zeigen wird, sind viele meine Schüler geworden und es ist mir lieb, von einigen zu berichten.

Ich verlangte von einem angehenden Biologen, dass er wenigstens eine Tiergruppe vergleichend anatomisch – damit auch in ihrem taxonomischen und phylogenetischen Zusammenhang – gründlich kenne. Zum einen brauchte die Biologie diese Kenntnisse, zum anderen war ich überzeugt, dass das erst einen echten Biologen macht. Und da ich nicht mehr zimperlich war, das Studium weiterer Tiergruppen anzuleiten, begann SALVINI-PLAWEN mit Mollusken, Ernst KIRSTEUER mit Nemertinen, Reinhard RIEGER mit Turbellarien, Wolfgang STERRER mit Gnathostomuliden, von welchen noch zu berichten sein wird, Klaus RÜTZLER mit Schwämmen, Jörg OTT mit Nematoden, um nur einmal jene genannt zu haben, die alle Professoren geworden sind.

Aber auch Arnfried ANTONIUS und Heini SCHROM und – noch wichtiger – Christiane SCHÖPFER, Gretlies GÖTZ, Rosl KIRCHSHOFER, Gitti KRIEG und Traudl SCHICKL erweiterten die Runde jeweils mit einer weiteren Tiergruppe, verzierten den Kreis und ganz besonders unsere Exkursionen, unsere Sangesfreuden in den Küstenstädtchen und unsere Brat- und Kochkünste an den Küsten der Adria. Als diese erste meiner Studentengenerationen selbstständig wurde, war es Zeit, die Nase weiter hinaus zu stecken.

Smoky, Ernst KIRSTEUER und ich brachen auf ans Rote Meer. Die tropische Mikrofauna war dort noch so gut wie unerforscht; wir wollten dem Mediterran etwas gegenüberstellen, ganz neue Formen sehen. Und ich werde berichten, welch unerwarteten Ausblick ich gewinnen konnte.

Damals war der Jeep schon gegen einen alten Volkswagenkäfer getauscht und mit überladenem Dachträger ging's im Dezember über die Alpen durch nächtlichen Schneesturm nach Rijeka und mit Warten auf ein Kargoschiff der 'Yugolinia', voll gepackt mit Optik, Reagenzien und Ägyptenliteratur.

An einem halben Dutzend Häfen der Levante wurde ein bis zwei Tage geblieben, was unserer Ambition zu archäologischen Exkursionen sehr entgegenkam. In Beirut beispielsweise nahmen wir ein Taxi, um Baalbek und Damaskus zu sehen. Am Abend des Tages bestand der Fahrer darauf, dass wir mit seiner Familie dinierten – ein gefährlich aussehendes Gericht –, und schenkte uns zur Erinnerung ein kleines Päckchen Haschisch. Fast die ganze Reise stampfte das große Schiff durch stürmische Wetterlagen. Wenn der Stecker vom losen Kabel eines Ventilators an der Wand bis zur Mitte des Tisches wies, musste man die Teller, die uns der Steward bereits mit grünem Gesicht serviert hatte, festhalten. Es war eine wundervolle Reise.

In Alexandrien kamen wir erst mit sinkender Nacht aus den Wirrnissen der Zöllner und die erste Wüstenerfahrung war es, dass man offenbar eine Stunde lang auf ein Licht zufährt, das nicht näher kommt. An der 'Halfway Station' nach Kairo blieben wir unter griechischer Belegschaft und begingen ein seltsames Weihnachten. Tags darauf zum 'Wadi el Natrun' und seinen ungeheuer schmutzigen, koptischen Klöstern und weiter nach Kairo. Ein Sonntag. Das Österreichische Kulturinstitut, das Freund Bernhard STILLFRIED leitete, war verwaist. Nur der Diener ABDU war da, pflanzte sich vor uns auf und hielt uns eine Ansprache, die wir freilich nicht verstanden, und führte uns achtungsvoll zu unseren Zimmern, die er weihnachtlich geschmückt und mit Süßigkeiten versehen hatte.

Unsere ägyptischen Stipendien waren nicht leicht zu erhalten, obwohl wir von einer ganzen Expertentruppe des Institutes eskortiert waren. Wir zogen durch mindestens fünf verstreut liegende Gelasse, so genannte Ämter, in denen Kaffee zu trinken war und sich unsere Mittel als jeweils unauffindbar erwiesen. Wie wir schließlich doch noch zu denselben kamen, habe ich vergessen.

Bei einer Einladung beim österreichischen Botschafter erzählte die Gesellschaft Reisegeschichten. Wir berichteten vom Haschisch, das wir mitgebracht hatten. Die Herrschaften wurden blass. Es stellte sich heraus, dass auf den Import, gleich welcher Menge, die Todesstrafe stand.

Von unserer ersten archäologischen Exkursion ist auch noch zu berichten, weil sie Folgen haben wird. Belesen, wie wir durch die lange Reise waren, begannen wir bei den ältesten Resten des alten Reiches, dem Scheingrab des DJOSER. Smoky wechselte Optiken und schon fiel eine derselben zwei Stockwerke tief in den Flugsand. Die Aufseher flatterten aufgescheucht um uns herum, wussten sich aber keinen anderen Rat, als uns zur Altertumsverwaltung zu bringen. Der Anblick der jungen Frau muss der Grund sofortiger Hilfsbereitschaft gewesen sein. Wir wurden durch die sonst unzugänglichen Fayence-gekachelten Tunnels geführt, fanden die Optik unversehrt und waren auch schon zu einem Bauchtanzabend eingeladen. Einladung und Gegeneinladung machten uns vertraut und wir bekamen ein Schreiben für Scheich ALI ABDEL RASUL MUCHAMED in Kurna, den wir auf unserer Rückreise unbedingt besuchen müssten.

Wir brachen auf. Nicht nach Al Ghardaca oder Hurghada, wo wir hinwollten, sondern – aus offensichtlich fadenscheinigen Gründen, die Professor GOHAR, Leiter dieser Station vorbrachte – nach Ataka, einer Meeresstation bei Suez, begleitet von seinem Assistenten, Dr. ESAWI.

Wieder durch die Wüste. Auf halbem Wege, im Schatten einer verlassenen Tankstelle, machten wir Rast, entflohen dem noch heißeren Auto und breiteten unseren Imbiss aus. Mitten im Plausch sprang ESAWI auf, rief nur: „Hunde!“, drängte uns ins Auto und verlangte, die Fenster zu schließen. Erst sahen wir nur eine Staubwolke nahen, dann tauchten aus ihr ein Dutzend wilde Hunde auf und umschlossen im Nu den Wagen. Allerlei Mischungen, die auffallendsten sandfarben, etwas schlanker und größer als unsere Wolfshunde. Und erst als sie die Reste unserer Mahlzeit verzehrt hatten, verschwanden sie, wie sie gekommen waren.

Wir waren mit ESAWI vertraut geworden, berichteten, dass wir noch eine halbe Flasche Gin besaßen, eine Kostbarkeit im Ramadan, und jene kleine Packung Haschisch. Und ESAWI schwelgte von dem Bankett, das er rund um diese Köstlichkeiten bereiten lassen wollte. In dem scheußlichen Ataka, die Küsten ölverschmiert und voll von Ölsümpfen, von den Tankerauswürfen herausgepumpt in die Wüstentäler, waren wir wieder von einem Diener erwartet. ESAWI übergab ihm bedeutungsvoll die Flasche Gin, mit dem Auftrag, diese sogleich in den Eiskasten zu stellen. Als das Bankett nahte, wurde nach der Flasche verlangt. Das Entsetzen in ESAWIS Augen ist unvergessen. Der Diener hatte sie, guten Glaubens, mit Wasser aufgefüllt. Auch das Haschisch, sorglich in der Alufolie einer Zigarettenpackung angeschmort und tabakgemischt wieder in die Hülsen dieser Filterzigaretten appliziert, tat keine Wirkung. Ataka war, wie gesagt, eine Enttäuschung.

Die Station besaß auch so gut wie kein Gerät. Ich musste also wenigstens eine einfache Sedimentdredsche fabrizieren. Aber als Effendi nahm man mir alles aus der Hand. Ich zeigte darum, wie man aus einem Bandeisen die dreieckige Mündung formt, einen Jutesack drannäht und drei starke Drähte zur Halterung führt. Als diese drei Enden zusammenzufügen waren, fand ich eine große Rolle mittleren Drahts, zeigte dem Meister den

Beginn des Vorgangs und verließ ihn. Nach einer Stunde erschien er mit einem abenteuerlichen Gebilde. Er hatte die ganze Rolle Draht zu einer Wolke um unser Produkt gewickelt.

Nach einer guten Woche des Sammelns stellte sich heraus, warum wir in Ataka postiert worden waren. GOHAR machte mit dem Präsidenten und dem Vizepräsidenten der Universität Kairo Visite. Sie guckten in unsere Mikroskope. Wir waren das Ausstellungsstück. Nun waren wir frei, nach Ghardaca zu reisen. Aber ein Aufenthalt gleicher Art wird uns auch dort erwarten.

Nun erst wurde Wüste begreifbar. Steinwüste, Sandwüste, Salzmarschen, die wie Glas klirrten, wenn man auf ihnen ging, Felsformationen dazwischen, windgeschliffen und sandpoliert, und immer wieder, im Kontrast zur glastigen Helle, das tiefe Blau des Roten Meeres. Nächtigung in Ras Gharib, unter den Matratzen eine schwarze Schichte von Zecken. Wir schliefen in unseren Schlafsäcken am Gang.

Untertags Begegnung mit den Küstenwachen; Zelte, gut bewaffnete Beduinen, weiße Rennkamele und ein Kurzwellensender. Sie hatten im Morgengrauen, nach abgelaufener Gezeit, den Küstensand abzureiten, um Spuren der Haschisch-Schmuggler so rechtzeitig aufzufinden, dass man sie noch in der Wüste fassen konnte. Denn in den Bergen verlieren sich die Spuren, die Hinterhalte aber nehmen gefährlich zu. Wir hatten mit ihnen noch abenteuerlichere Mahlzeiten einzunehmen, als wir sie schon bisher kannten, und sie musizierten auf Zupfinstrumenten, deren Saiten sie über Gerüsten aus Stahlhelmen ihrer Ausrüstung und Astgabeln aus Schwemmholz gebastelt hatten.

Hurghada bestand damals aus so gut wie nichts. Der Weiler umfasste ein Nest dachloser Lehmhütten, als Quartiere und Kaufmannsläden, am Rande zur Wüste das Holzgerüst eines wettergebleichten Clubs aus der englischen Kolonialzeit. Wieder einmal der richtige Stil. Die abseits an der Küste gelegene Station mit zwei Rasthäusern und einem Damm über der Riffplatte, an dem sich die Holzhäuschen der so genannten Labors anschlossen; Präparation, Sammlung, Nasslabor. In Letzteres zogen wir mit unseren Instrumenten ein. Eine Glühbirne hing von der Decke, die wir mit verknüpften Schnurresten in die Nähe der Mikroskope zogen.

Das Quartier erinnerte an das Gefängnis eines Abenteuerfilmes. Wieder ein Diener, nun aber einer mit Englischkenntnissen. Auch dieser pflanzte sich vor uns auf und schloss seine Rede mit dem Satz: „*Mi gibs pselle.*" Letzteres, aus dem Italienischen, 'Piselli'. Zu deutsch: 'Er werde uns ein Erbsengericht servieren.' So kam es auch. Dazu Haifischbraten, was höchst anregend schmeckte. Mitternachts fanden wir uns alle durstgequält bei einem gewesenen Eiskasten, wo sich Coca-Cola-Flaschen in schon klebrigen Jutesäcken 'eingekühlt' fanden. Wir fanden das alles höchst romantisch.

Nach unseren entsprechenden Erzählungen und Fotos fuhren drei Jahrzehnte später Freunde nach Hurghada und stoben sofort wieder davon. Das Nest hatte sich in einen heruntergekommenen Rummelplatz von Touristen verwandelt. – Wir waren noch rechtzeitig da gewesen.

Synoptik eines Erkenntniswegs

Nun aber, nach fünf Seiten des Vorspiels, endlich zum akademischen Zweck der Unternehmung. Und wieder wird sich's zeigen, dass Erfahrungen zu gewinnen waren, die zwar alle bisherigen voraussetzten, mit welchen aber dennoch nicht zu rechnen war.

Die Sedimente, schon auf der Riffplatte rund um das Labor, erwiesen sich dank unserer bewährten Extraktionskünste wie doch erwartet als ungemein reichhaltig. So zwar, dass Ernst KIRSTENER und ich mit dem Zeichnen und Präparieren dessen, was uns Smoky mit schon höchst geübtem Auge aus den Bottichen und Schalen herauspipettierte, kaum nachkamen. Fast alle Arten, aus gut einem Dutzend Tiergruppen, waren neu für die Wissenschaft; und somit war alles, was Ernst, ich und später noch eine Reihe von Spezialisten publizierten, Smokys Entdeckung.

Man wird sich erinnern, dass die faunistischen und vergleichend anatomischen Arbeiten an den Materialien beider Expeditionen sowie die meiner Schüler und des Adriabuches eine gute Übung bedeuteten, die Gesetzmäßigkeiten des Baues und der Verwandtschaftsverhältnisse der allermeisten marinen Tiergruppen kennen zu lernen. Was für ein Abenteuer also, nunmehr Formen wahrzunehmen, die sich auch in die großen Tierstämme nicht einfügten. Dass wir Vertreter neuer Gattungen und Familien entdeckten, nahm uns schon nicht mehr wunder, dass aber Formen auftraten, die sich in keinen der vierundzwanzig Tierstämme einfügten, war schon auffallender.

Gewiss hatte ich mich unbewusst schon oft dabei beobachtet, über welche Denkformen, Vergleiche oder Erwartungen ich zur Beurteilung einer neuen Art gelangte. Nun aber wurde mir der Vorgang erst so recht bewusst. Er besteht aus einer hierarchischen Serie von Erwartungen und Theorien, einschließlich deren Bestätigung oder Widerlegung. Meine ägyptologischen Erfahrungen aus der Studentenzeit, die in den Anatomiekursen die ersten bescheidenen Anwendungen brachten, gewannen nun, ausgerechnet in Ägypten, die nächste Differenzierung ihrer Anwendbarkeit.

Ich will versuchen, diese Entdeckung mitvollziehbar zu machen. Dazu ist es erforderlich, etwas über den Umgang mit diesen kaum millimeterlangen Organismen an der Basis der bilateralen Vielzeller zu sagen. Zunächst einmal muss man sie lebend studieren. Die mikroanatomische Bearbeitung fixierter Exemplare nach histologischen Schnittserien, die zwar folgen muss, kann allein meist nicht mehr alles aufklären. Also verfügt man sie unter dem Präpariermikroskop mit einem Tröpfchen Seewasser auf einen Objektträger, bedeckt sie mit einem Deckglas mit Wachsfüßchen als Distanzhalter und quetscht dieselben so sorglich, bis die Gläser Bauch- und Rückenseite des Organismus berühren und ihn zureichend durchsichtig machen. Ein solches Präparat wandert dann unters Forschungsmikroskop und wird mit zunehmenden Vergrößerungen studiert und gezeichnet.

Man mag mir erlauben, auch in der 'Logik' des folgenden Entdeckungsvorganges einzuführen. Er brachte mir eine entscheidende Erhellung des Wesens der Theorienbildung auch in der Systematik; und er gibt mir die Chance, mich auch gegenüber interessierten Laien verständlich zu machen. Zumal der Vorgang sonst noch nicht verstanden und daher auch nirgends publiziert ist.

Die Erwartung eines solchen Zusammenhangs besaß ich vom Erlebnis bei der Ausgrabung von Fossilien; wie sich die Theorie pro Schaufelstich, später pro Pinselstrich, entwickelt und adaptiert. Nun wurde es konkret.

Die damals erlebte Erregung bei der ersten Einsicht in den Vorgang musste von der Ahnung kommen, dass ich hier etwas Wesentlichem nahe kam. Dass mich die Zergliederung dieses Vorganges bis in mein Alter begleiten werde, habe ich mir jedoch sicher nicht vorgestellt.

Was sich mir im Übersichtsbild darstellte, war ein schlankes, wurmförmiges Wesen. Erste Erwartungen: Es wird sich das Vorderende bestimmen lassen. Erste Theorie: In aller Regel ergibt sich dies bei den Vielzellern aus der Bewegungsrichtung. Diese Kreatur bewegte sich aber in beide Richtungen. Derlei kannte ich nur von Einzellern. Ein Einzeller also? Die Entscheidung konnte noch nicht getroffen werden.

Also nächste Vergrößerung. Zweite Erwartung: Mehrzelliger oder einzelliger Bau wird Aufschluss geben. Theorie zweiter Ordnung: Die wahrnehmbaren Strukturen von Oberfläche und Binnenorganisation lassen einen Vielzeller erwarten. Die Haut mit Wimpern bedeckt, aber seltsamerweise mit nur einer einzigen Wimper pro Hautzelle. Das war nochmals überraschend, denn Einzelwimpern bei Vielzellern kannte ich nur von den Geißelkammern der Schwämme. Und ein Schwamm oder eine Schwammlarve war diese Kreatur keineswegs.

Ist es ein Vielzeller, dann folgt die dritte Erwartung: Es werden sich Vorder- und Hinterende anatomisch unterscheiden lassen. Im einen Ende war ein zangen-, im anderen ein stabförmiger Hartteil auszunehmen. Nun bildeten sich alternative Theorien dritter Ordnung: Die Zange konnte, nach den mir eben noch vergleichbar erscheinenden Organismen, Teil eines Schnappkiefers oder aber eines Genitalapparates sein, aber auch der Stab konnte Teil eines Stechrüssels oder eines männlichen Stiletts sein.

Dritte Vergrößerung. Die Zange erwies sich als muskelumsponnen, der Stab als Röhrchen. Vierte Erwartung: Die jeweils anschließenden Gewebe werden jene offene Frage entscheiden lassen. Theorie vierter Ordnung: Wenn das Röhrchen ein männliches Stilett sein sollte, das mögliche Hinterende, dann muss es mit Hoden verbunden sein, die Zange hingegen nicht. Und sollte die Zange ein Kiefer sein, dann wäre dies das Vorderende, Drüsen (und auch ein Gehirn) müssten in der Nähe sein. Befund: An beiden Organen schließen paarige Gewebssäcke an, beim Röhrchen waren sie größer; ein Zentral-Nervensystem (noch) nicht auszunehmen.

Von den Kontrollbeobachtungen ein Beispiel. Beide Körperenden ließen fädige Anhänge erkennen. Erwartung 4b, wieder aus der vergleichenden Anatomie: Es könnten taktile Wimpern ebenso wie Haftorgane sein. Erstere sprächen für ein Vorder-, Letztere für ein Hinterende. Theorie vierter Ordnung b: Tastwimpern werden mit dem Zentral-Nervensystem, Haftorgane mit Drüsen verbunden sein. Bei gegebener Vergrößerung noch kein Befund.

Weiter zur letzten Vergrößerung, Ölimmersion 100fach mal Okular 16fach. Heikle Prozedur, die man gern vermeidet, weil das Objektiv dem Deckglas mit Öl verbunden und wieder abgelöst werden muss, ohne das Objekt zu verlieren oder zu beschädigen. Okular 25fach, also 2.500fache

Vergrößerung, Phasenkontrast. Erwartung 5a: Der Zellenbau wird den Charakter der beiden paarigen Säcke aufschließen lassen. Theorie fünfter Ordnung a: Drüsen müssen zerfallende Zellen, Hoden 'Tetraden', die Vierergruppen sich entwickelnder Spermien, zeigen. Befund: In den Säcken an der Zange zerfallende Zellen, in jenen am Röhrchen Tetraden. Das wird das Hinterende sein. In der Analyse bereitet sich eine Wahrscheinlichkeit richtiger Deutung vor.

Kontrollbeobachtung mit der Erwartung 5b: Haftorgane und Tastwimpern werden sich hinsichtlich ihrer Versorgung vom Körper aus unterscheiden. Kontrolltheorie 5b: Die Versorgung von Haftorganen wird drüsig, die von Tastwimpern aus Nervenfasern aufgebaut sein. Befund: Haftdrüsen, wie erwartet am Hinterende, am Vorderende taucht nun auch das Gehirn auf und die Wimpern sind über zarte Nervenfasern mit diesem verbunden.

Die Anatomie schließt sich auf, die richtige Deutung gewinnt mit jeder Bestätigung einer Prognose an Wahrscheinlichkeit. Die Erwartungen in den fünf Ebenen der Organisation, in den Theorien und Kontrolltheorien, beginnen einander wechselseitig zu stützen. Ich habe, zur Vereinfachung der ohnedies wortreichen Epistel, nur eine der Kontrollserien ausgeführt. Der Hinweis auf das Zentral-Nervensystem mochte zwar die Möglichkeit weiterer Aufschlüsse schon angedeutet haben, tatsächlich werden aber alle Merkmale zu Kontrollen herangezogen und setzen die Entwicklung eines in sich widerspruchsfreien Systems, einer möglichen Anatomie, voraus.

Was hier entdeckt wurde, erwies sich bald mit weiteren Individuen, Arten und Gattungen als der Repräsentant eines neuen Tierstammes. Er wird den Namen 'Gnathostomulida', Kiefermäulchen, erhalten und uns noch in weiteren Zusammenhängen beschäftigen.

Der Grund aber, weshalb ich diesem Thema so viel Raum eingeräumt habe, ist in dreierlei Erfahrungen gegeben, die in meinem folgenden Denken alle noch eine Rolle spielen werden.

Ich will wieder die noch nicht gesehenen Konsequenzen herausstellen. Die erste Beobachtung, die man schon beim Lesen dieser Zeilen gemacht haben wird, schließt die Erfahrung ein, dass die verbale Darstellung eines solchen Analysevorgangs, der sich im Grunde auffallend schnell, automatisch und in der Regel auch nicht mitverfolgt im Kopfe eines vergleichenden Anatomen abspielt, so große Aufwände macht. Das wird bei der später versuchten Verbreitung der gewonnenen Einsicht in solche kognitive Vorgänge zwei Folgen haben.

Einmal wird man sich fragen, warum ein Vorgang, der ohnedies automatisch ab-

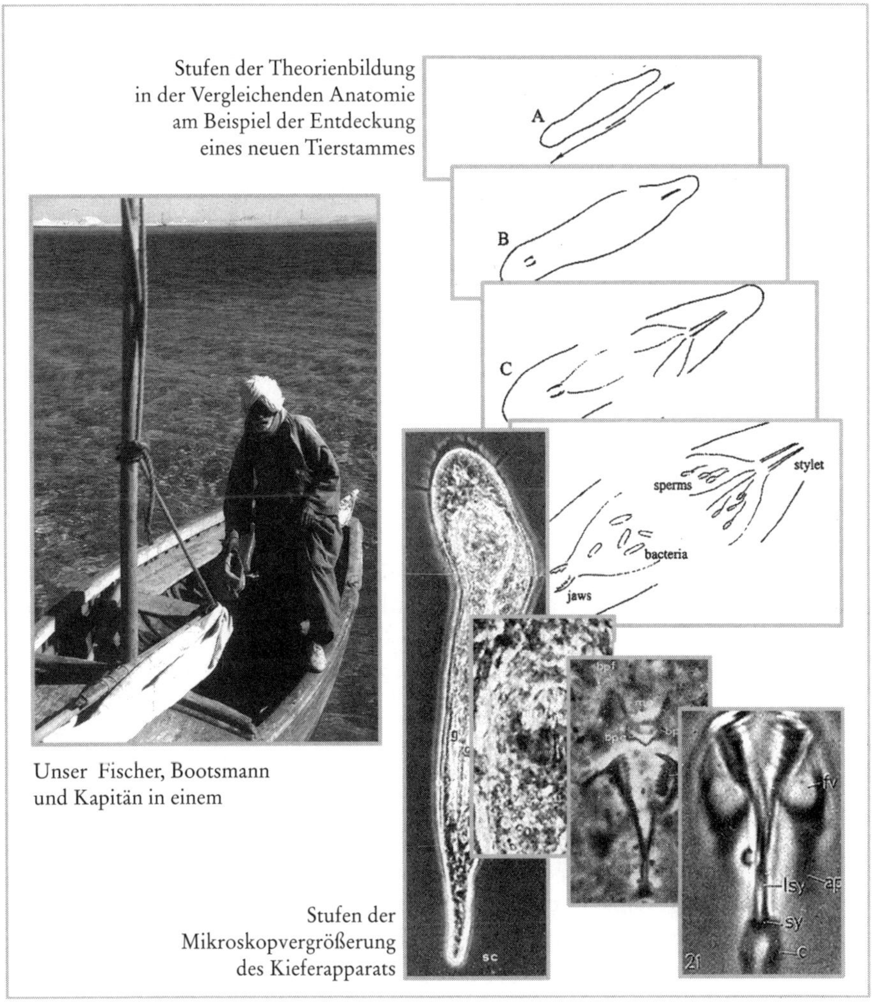

Abb. 27: Hurghada im Labor; 'Wechselseitige Erhellung' beim Aufschluss des Bauplans einer neuen Organismen-Gruppe.
Man vergleiche die Beschreibung des Ablaufs im Text und die folgenden Entdeckungen in den USA, Abb. 31.

läuft, der Aufklärung bedarf. Und ein andermal wird die Kompliziertheit des Vorganges, selbst für den Fall man sich dafür interessierte, misstrauisch stimmen. Denn im Grunde rechnet man bei der üblicherweise höchstens oberflächlichen Beobachtung mit dem Vorliegen einfacher, linearer Ursachenbezüge. Das wusste ich damals freilich noch lange nicht. Und selbst die Struktur des Vorganges habe ich erst zwei Jahrzehnte später ganz verstanden.

Ebensowenig hatte ich von einer zweiten Konsequenz jener Erfahrung eine konkrete Vorstellung. Auch sie wird sich erst viel später formulieren lassen und einen Zusammenhang dreier Vorgänge ergeben: einen Zusammenhang zwischen Erkenntnis- und Erklärungsvorgang mit noch einem dritten Weg, nämlich jenem, über welchen das zu erkennende und zu erklärende Objekt entstanden ist, also mit dem Entstehungsweg. Also sei nicht weiter vorgegriffen.

Das erste Tierchen dieser Gruppe hatte REMANE entdeckt und es half, dass wir das noch nicht wussten.

Nur eine dritte Konsequenz der Beobachtung mochte ich schon geahnt haben. Sie besteht darin, dass man es in einem solchen Kenntnis gewinnenden Vorgang mit der Entwicklung von Wahrscheinlichkeiten zu tun hat. Daran werden, wie man sehen wird, spätere theoretische Arbeiten ansetzen. Im Rahmen des Homologie-Theorems, der Frage, wie die Entdeckung der 'Wesensähnlichkeiten' der Organismen entsteht und zu begründen ist, werden wir dem Thema begegnen.

Die Farben der Geschichte

Nach so vieler und gewiss noch ungewohnter Theorie zurück in die Farbigkeit der damaligen Umgebung. Für die Entspannung der mikroskopgequälten Augen gab es einiges. Alles fanden wir beziehungsvoll.

Die Mittagszeit verbrachten wir mit Coca-Cola, Fladenbrot und einer Dose Fisch in der winterlichen Sonne vor dem Labor. Wenn die Ebbe zu Ende ging und sich das Wasser vom Sandboden der Riffplatte zurückgezogen hatte, tauchten, so weit das Auge reichte, in kaum Halbmeterabständen aberhunderte runder, kirschgroßer Krabben *(Dutilla)* aus ihren Löchern auf, verschwanden in diesen und kamen in Windeseile mit durchmantschten Sandkügelchen wieder, die sie genau nebeneinander an der Sandoberfläche deponierten. Und zwar so organisiert, dass sich zwischen diesen schon nach Minuten sternförmige Laufstraßen abzeichneten, auf welchen, krabbenbreit, dazwischen keine Kügelchen abgelegt wurden. Nach wenig über einer Viertelstunde war der Sand in einem Maße kügelchenbedeckt, dass sich die Ablagegebiete der Nachbarn berührten. Und an diesen Stellen entspannen sich bewegte Auseinandersetzungen ob der Entscheidung, wer da nun noch ein Kügelchen absetzen durfte. Nach einer Stunde war der Spuk vorbei, die einkommende Gezeit ebnete den ganzen Aufwand ein und die Krabben verschwanden bis zum nächsten Tag. – Unter dem Abtritt der Anlage, einem Plumpsklo, das in hüfttiefes Wasser mündete, saß all die Wochen eine spannengroße Krabbe regungslos und wartete auf einen Fisch, der sich bis in ihre Lauerstellung verirren mochte. Welcher Aktivitätsform mochten wir selbst angehören?

Nahe unserem Mittagsplatz, ebenso an der Wasserkante, schlief der 'Telefonist' der Station; auch in der Wintersonne den Turban um Aug und Ohren gezogen. An manch einem Tag läutete auch tatsächlich das Telefon. Meist lange, bis er zu sich kam und sich wankend erhob. Dann hörten wir ihn ebenso lange „*Haluu*" und wieder „*Haluu*" in das Gerät rufen. Aber nie hat sich irgendeine Verbindung ergeben. Wir liebäugelten mit dem Gedanken, den Schlafenden einmal ins flache Wasser zu kippen. Denn gewiss hätte uns niemand den Streich zugetraut.

Für die großen 'Gehege', die auf der Riffplatte durch Dämme errichtet waren, wurden große Haie, Hammer- und Sägehaie geangelt. Da waren wir manchmal dabei. Es war nicht zu glauben, mit welchem Mist sie geködert werden konnten und in welcher Starre sie, nach anfänglichem Toben, zum Heimtransport längsseits an die Bordwand gebunden werden konnten. Die Grenze zwischen Aufbegehren und Resignation schien uns aufschlussreich.

Einige Fischer mussten, wie man angab, aus Altersgründen entlassen werden und freilich gab es keine Dokumente. Der Jammer, der sie fasste, war hinsichtlich ihres wirtschaftlichen Schicksals begreiflich. Allen war Allah Zeuge, dass sie die Altersgrenze noch lange nicht erreicht hätten. Aber nicht Allah wurde angehört, sondern der aus einem fernen Städtchen herbeigeholte Amtsarzt. Er bestimmte das Alter nach der Abkauung der Zähne. Wir kannten solchen Vorgang nur vom Pferdehandel. Uns war er noch erspart geblieben.

Abendspaziergänge führten uns den Strand entlang und in die Wüste. Am Strand kreuzten sich zwei Spuren. Längsseits die der Kamele, von welchen erzählt wurde, quer dazu solche von Einsiedlerkrebsen. Was machten die nachts in der Wüste? Sie holten sich dort die nächstgrößere Schneckenschale und deponierten die schon zu kleine. So wurde die Wüste, ein fossiles Korallenriff, mit rezenten Faunenresten angereichert und das rezente Riff mit fossilen Arten unterspickt. Eine gewiss anziehende Art, seine eigene Geschichte zu nützen.

Manchen Abend zog uns der erwähnte Club an. Und im Monat des Ramadan besonders der hinter der Theke geheim gehaltene Whisky. Wir fühlten uns in all der Bedrängnis ausgezeichnet.

Nach drei Monaten aber hatten wir genug gesammelt und genug von unserem Quartier. Auf uns wartete ja noch der Besuch bei Scheich ALI ABDEL RASUL MUCHAMED in Kurna und wir wollten bald über Luxor dorthin. Aber wieder verzögerte sich die Abreise und wieder unter fadenscheinigen Gründen. In diesen Wochen, hieß es, ließe die Polizei der Banden wegen niemanden durch die Wüste.

Es dauerte aber nicht lange, bis sich merkwürdige Zeichen mehrten. Eine Truppe scheuerte die Labors, die Haifischfischer kamen in Bewegung und auch die 'Gehege' wurden gesäubert. Tote Tiere wurden entfernt und selbst den großen Seeschildkröten sollten die längst dicht bemoosten Rücken von den aufgewachsenen Algen gesäubert werden. Die Kämpfe, die sich dabei abspielten, gerieten so lautstark, dass es uns hinaustrieb. Die Tiere wehrten sich gekonnt und schnappten um sich. Und es bedurfte eines halben Dutzend bis an die Turbane durchnässter Beduinen, ihrer annähernd Herr zu werden. Tatsächlich gelang es, einige der Algen abzubürsten. Aber nun verschwanden die Tiere für Tage im Wasser des Geheges, das die Trübung einer Erbswurstsuppe angenommen hatte.

Tags darauf löste sich das Rätsel um diese Zeichen. Professor GOHAR traf wieder ein und eine Jacht mit den Präsidenten Ägyptens und Jugoslawiens NASSER und TITO mit Gefolge. Auch sie guckten in unsere Mikroskope. Wir waren wieder Ausstellungsstück. Dann durften wir abreisen.

Großes Freiheitsgefühl mischte sich mit neuer Entdeckerfreude. Aus der Wüste in eine felsige Gebirgswelt, die gegen den Nil erst in Schutt, dann in Sand versinkt. Über hundert Kilometer sehen wir kein Leben. Erst im Niltal bei Kena ist es wieder in größter Dichte da. Die Grenze wie mit dem Messer gezogen. „Wassermühlen wie vor tausend Jahren", erzählt das Tagebuch, „Bilder, wie aus Vaters Jugendbuch: Palme, Säule und Verschleierte, Wasserkrug auf dem Kopf." In den Dörfern Unrat, auf den Märkten buntes Treiben, Steinwürfe von Buben. Will hinausspringen, um einen am Ohr zu fassen. Smoky trachtet, mich zu hindern. Dabei trennen wir einen Ärmel aus meiner Jacke.

In Luxor erwartete uns tatsächlich ein Adept des Scheichs mit Segelbarke, um uns plus Auto über den Nil zu schaffen. Aber wir trauten der Sache nicht. Das Schiffchen war um einen Meter schlanker als unser Auto lang. Und wir erinnerten uns unseres Freundes Alexander TOLLMANN. Die Bergungsversuche seines Volkswagens führten zu tagelangen Volksfesten, sogar mit Tribünen, jeden Tag etwas weiter Nil abwärts. Also fahren wir noch über Isna. Beim Versuch an der Brücke zu tanken wird das Auto so umdrängt, dass sich keine Türe öffnen lässt. Einer schafft sich mit Stockschlägen eine Gasse und betankt das Auto aus Blechbüchsen. In tiefer Nacht, samt unseren empfohlenen Lotsen wiederholt verfahren, in Kurna vom Scheich herzlich aufgenommen; ein imposanter, hagerer Alter. Was für eine romantische Welt. Wir sind begeistert.

Der Morgen erst enthüllt die ganze Romantik. Wir bewohnen eine Festung mit Palmenhof und Springbrunnen, die Mauerkronen voll der fantasievollsten Taubenschläge, jedes Loch mit Schieber, um bequem eine für die Bratpfanne herauszuholen zu können. Alle üblichen und unüblichen Besichtigungen, Hieroglyphen-Leseübungen, so gut wie keine Touristen. Der Scheich kennt und durchschaut und dirigiert hier alles. Sein Vater war noch bei der Entdeckung des TUT-ENCH-AMUN-Grabes dabei. Einer der kleinen Jungen, die die Sandkörbe schleppten.

Unter Fellachenhütten müssen noch Gräber von Noblen sein; Familiensafes gewissermaßen. Bei Bedarf wandert ein Stück heraus und über 'wohlgeschliffene Kanäle' nach Europa. Fälscherwerkstätten, viele Skarabäen. Um den Alterungsprozess abzukürzen, werden sie Eseln verfüttert und aus dem Dung wieder herausgesiebt. Wir erwerben eine Handvoll zum Gestehungspreis. Nur ein echtes Pärchen ist teuer. Smoky schätzte sie mit ihrer wundervollen Patina so sehr, dass sie sie später beide zu Manschettenknöpfen in Gold fassen ließ. Einmal wurden sie im Hemd vergessen. Aus der Waschmaschine kamen sie kreidebleich wieder hervor.

Unvergesslich Scheich ALIs Abendgeschichten, von einem jungen Polizeioffizier für uns satzweise in eine Art Englisch übersetzt. Zum Beispiel 'Die drei Fragen des Königs', eine Schachtelgeschichte, gefasst in eine Nachtwanderung und einen Traum in der Wüste. In ihr trafen sich alle drei Kontinente, Semiten, Hamiten und Japhetiten. Kain und Abel als Bedar und Nubis, Minotaurus, Ödipus, und die Geschichte aller drei Propheten unter anderen Namen.

Festzustellen, dass in allem Geschichte sei, ist trivial. Es muss die ungewöhnliche Szene gewesen sein und die eher fantastische Kombination jener kulturellen Relikte, die mich nachdenklich machte. Freilich war in allem Tradition, nur die mögliche Kombinatorik solcher Überbleibsel muss in Natur- und Kulturgeschichte verschieden sein. Die Kulturen können Hybride bilden. Die Organismen können das nicht. In ihnen steckt nur die eigene Historie.

Schließlich war aufzubrechen. Nicht aber ohne Scheich ALIs wärmste Empfehlung an einen Antiquar seines Vertrauens in Luxor. „Außerordentlich eindrucksvolle Fahrt durchs Bauernland." Luxor. Besichtigungen, Hotel und der Antiquar. Eine Fülle von Sachen, wahrscheinlich alles gefälscht. Als wir enttäuscht gehen wollen und bemerken, dass uns Scheich ALI ganz anderes in Aussicht gestellt hätte, wendet die Szene. Türen öffnen sich und wir stehen vor bemalten Holzsarkophagen, lebensgroßen Ibisen, einer Fülle wahrscheinlich zum großen Teil echter Dinge. Alles unerschwinglich. Nur eine gravierte, durch die Mitte gebrochene Platte von den Abmessungen einer Aktentasche, mit Zentralfigur und viel Text, können wir uns leisten. Sie ist zu merkwürdig. Ein Bauer soll sie in Dendera beim Ackern gefunden haben. Ihre Geschichte, meine zweite 'ägyptische Entdeckung', will ich gleich erzählen.

Unser Reisebericht im Kulturinstitut in Kairo schloss diese Stele ein. Ob man sie sehen wolle. Als man den Preis erfuhr, empfahl man uns, sie eingepackt zu lassen. Da wir unsere Trophäe dennoch vorwiesen, machte man große Augen und vereinbarte sogleich einen Besuch im Deutschen Archäologischen Institut. Dort wurde zunächst unter vielen Liebenswürdigkeiten Kaffee getrunken, und als man den Ort des Erwerbes erfuhr, empfahl man, die Stele eingepackt zu lassen. Ein Akt der Höflichkeit war es, sie dennoch anzusehen. Man machte große Augen und vereinbarte ihre Sicherstellung. Zur Ausreise war sie in Wäsche zu packen. Sollte sie der Zoll fassen, waren wir mit einem Dokument versehen. Und sollte auch das nicht helfen, sollte sie der uns begleitende Diener wieder ans Institut zurücknehmen. Beim Zoll in Alexandrien interessierte sich niemand für unser Gepäck.

In Wien marschierte ich mit dem Stück in mein 'altes' Ägyptologisches Institut. Professor CERMAK lebte nicht mehr, Frau Professor TAUSIK versammelte ihre Mitarbeiter und Schüler um die Stele, hielt eine Rede über grundsätzliche Dinge, alle anderen wussten auch etwas, nur ihr Assistent Dr. WINTER blieb still. Ich zog mit meinem Rätselstück wieder ab. Bald darauf rief mich Dr. WINTER an, ich möge ihm ein gutes Foto der Stele schicken, ihm wäre etwas eingefallen. Folgendes enthüllte sich:

Spaziergang

Hai zum zweiten Frühstück

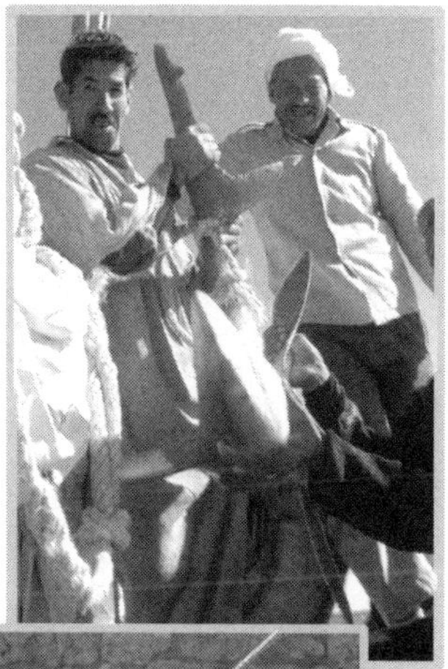

Eine Seeschild-
kröte wird
gewaschen

Abb. 28: Hurghada, um die Station herum Sandwüste, auf der fossilen Riffplatte das Labor, Ausfahrten mit unseren Fischer-Kapitänen und Studien in den 'Freilichtgehegen' für Seemonsters bildeten unsere Umgebung. Auch sie soll einem Touristen-Rummelplatz gewichen sein.

Die Gravierung war die Kopie der inneren Ausmalung eines Sargdeckels, den bereits CHAMPOLLION, der Entzifferer der Hieroglyphen, gekannt und publiziert hatte. Die Nachahmung war plump, denn der Fälscher konnte den Text nicht lesen, er schob den Text an einer verwischten Stelle zu einem sinnlosen Satz zusammen. Auffallend daran war nur der Umstand, dass jener Sargdeckel als verschollen bekannt war. Es gab nun zwei Möglichkeiten: Entweder der Sargdeckel befand sich noch in der Fälscherwerkstatt oder, noch beunruhigender, die Werkstatt besaß die wissenschaftliche Literatur. Dr. WINTER verfasste die übliche Fälschernachricht. Sie wurde allen seriösen Instituten zugesandt. Die Stele schläft bei uns an einer Wand.

Nun bleibt nur noch, die Reise abzuschließen. Ab Luxor war die Straße voll der Reihen scheuender Kamele und dichter Herden von Eseln, Ziegen und Wasserbüffeln. In Assiut mussten wir Quartier machen. Einzige Möglichkeit: das höchst obskure Hotel Windsor, oberster Stock. Schon die Nacht darauf war, wie wir hörten, das Hotel zur Gänze eingestürzt, alle Bewohner tot.

Am nächsten Abend tauchten nacheinander die Pyramiden auf. Wir waren wieder in Kairo. ABDU im österreichischen Kulturinstitut war noch auf und hielt uns schon von der Treppe aus die bislang längste Rede. Soweit wir schon verstehen konnten, hatte er uns über die ganze Zeit unserer Abwesenheit in seine Gebete eingeschlossen und Allah um unser Wohlergehen gebeten. Es musste geholfen haben. Er war klein, hatte nur mehr ein funktionierendes Auge und nur mehr drei seiner vier Frauen. Eine hatte er weggeschickt. Es genügte dazu, dreimal zu sagen: „Du kannst gehen." Wir sahen auch ABDU nie mehr.

Bei den schon gewonnenen Freunden Besuche und Abschiedsgastereien. Auf der *Ausonia* der Linie Achille Lauro internationale Betrieblichkeit. Wien voll Schnee. Die großen Sammlungen waren aufzubereiten.

Werden und Vergehen

Meine Geschichte driftet einem Knotenpunkt zu, wenn man eine Situation, die Höhe- und Tiefpunkte vereinigt, damit richtig bezeichnet. Höhepunkte: Aus der faszinierenden Zweisamkeit, aus Smoky und mir, wird eine Familie, unsere beiden Töchter entstehen und größere wissenschaftliche Aufgaben werden in Aussicht gestellt. Tiefpunkte: Die Eltern vergehen und jene größeren Aufgaben verschwinden wieder, wie sie kamen. Was für mich als Kreatur übrig blieb, ist jener Wendepunkt. Und was er wendet, waren das Werden unserer Töchter, die scheinbaren Lebensselbstverständlichkeiten wissenschaftlicher Betriebsamkeit und das Vergehen der geliebten Eltern. Vieles beginnt sich zu relativieren.

Der Rahmen um diesen Ablauf war eine erste kleine, bürgerliche Existenz. Beide verdienten wir besser. Smoky in der Modewelt, ich nun als habilitierter Assistent, der Alltag mit anatomischen Kursen und Kollegs über niedere Tiere gefüllt, und beide zusammen an Filmen und 'Filmstrips', Dia-Serien für den Unterricht, für die *Encyclopaedia Britannica*. Filme über das Leben der Schwämme oder der Coelenteraten, die nun schon Zeitlupe und Zeitraffer enthielten, uns auf die Boote der dalmatinischen Schwammfischer oder in die Korallenschleifereien der Griechen brachten und ganz gut bezahlt wurden. Der DISNEY-Kameramann kam durch die Hintertür wieder herein. Wir besaßen nun eine kleine, eigene Behausung.

Ein im Grunde unbegreiflicher Höhepunkt: das Werden unserer beiden Mädchen. Unbegreiflich in mehrfacher Hinsicht. Erstens in der psychischen Wandlung, die sich in Smoky mit der Mutterschaft vollzog; von Mode und Weltenbummel zur Nest bauenden Häuslichkeit. Biologisch schon alles vorbereitet.

Zweitens im Werden dieser Organismen. Man muss Biologe sein, um die Ungeheuerlichkeit jenes Programmes abschätzen zu können, das aus der Nachricht, wie sie in zwei molekularen Fäden steckt, die ganze unglaubliche Komplexität eines in allem funktionierenden Säuglings macht.

Als Vertreter der biologischen Zunft darf ich es mir erlauben, das sogar ein Wunder zu nennen, weil ich nachweisen kann, dass man den Vorgang bis heute längst noch nicht durchschaut. Einiges weiß man von den Ablese- und Übersetzungsvorgängen aus dem genetischen Code, einiges aus den Endvorgängen, den so genannten Induktionsprozessen. Nichts weiß man aus der ganzen Mitte, den 'Epigeneseprozessen', den Wechselwirkungen interner Steuerung. Selbst die ganze Theorie dahinter enthält zwar notwendige, aber keine zureichenden Erklärungen. Ich komme später auf all das zurück. Seit meinem Besuch bei Professor MAINX, an den man sich erinnern wird, kam mir das Problem nicht mehr aus den Augen, baute sich über meine gläsernen Arten und Verwandtschaftsgruppen durch die

Jahre auf und fasste mich nun als Mitwirkenden an diesem Vorgang noch dazu ganz persönlich an. Wundern und Staunen hatte mich nicht verlassen.

Ich weiß schon, dass fortgesetzt und allermeist gesunde Kinder entstehen, ohne dass jemand wissen müsste wie das wirklich vor sich geht. Unsere ganze Menschheit ist nicht gefragt worden, ob sie entstehen möchte und schon gar nicht, wie das geschehen könnte. Was ich kritisiere, ist die selbstgewisse Art, wie über dieses Thema Kollegs gehalten und Lehrbücher geschrieben werden. Sich nämlich so zu verhalten, als wäre mit dem Lehrstoff das Wesentliche der Sache erfasst, wo in Wahrheit höchstens das Wesentliche des abprüfbaren Stoffes erfasst sein kann.

Und man sollte drittens viel Entwicklungspsychologie gelesen haben, um wenigstens etwas von jenen weiteren Programmen zu ahnen, die in einer Kreatur, welche auch offenen Auges noch keine Welt sieht, ein Weltbild entstehen lässt. Was da alles geschehen muss, bis sich das Ich und die Welt allmählich voneinander abheben. Und was das ist, dieses Bewusstsein, das uns gegeben und wieder genommen werden muss; im Grunde das schönste Geschenk, das uns die Evolution der Organismen gemacht hat und gleichzeitig das entsetzlichste, wie bald zu erleben sein wird.

Es versteht sich, dass wir glückliche Eltern wurden, mit Barbara und Sabina, kaum eineinhalb Jahre nacheinander geboren. Sowohl Barbara als auch Sabina hätten zunächst Georg heißen sollen, nach einem sehr bewunderten Ahnen meiner väterlichen Sippe. Und es wird erzählt, dass Smoky im Falle des Sabinchens die Impression hatte, ihren eigenen Schwiegervater zu säugen, so groß wäre die Ähnlichkeit gewesen. Und es wird erzählt, dass sie geweint haben soll, weil auch das zweite ein Mädchen, die Familie nicht komplett, der Stammhalter nicht geboren war. Und es wird erzählt, dass sie Freund Harald ROHRACHER mit der Überlegung tröstete, da diese Welt für einen gescheiten Mann ohnedies unerträglich sei, man ihr aber keinen dummen Buben wünsche wolle, es ungleich besser wäre, ein Mädchen geboren zu haben.

Ich sagte, dass das berichtet wurde, denn der Ablauf meiner Tage konnte sich durch all diese Ereignisse kaum ändern. Abende und Wochenenden gaben mir etwas Einblick in dieses Werden und jenes ungemein wärmende Gefühl, das sich aus 'Lebensschöpfer Mensch', Seinserweiterung und so hingebungsvoll übernommener Verantwortlichkeit zusammensetzt.

Meine zwei ersten eigenen Bücher erschienen. Das Adriabuch wurde gemeinsam mit Barbara, das Höhlenbuch mit Sabina geboren. Ein reges Werden. Die beiden Bücher erlebten eine ungeteilt gute Rezension. Es war offenbar genau das, was die Zunft schätzte. Und mit ihnen kamen die ersten Einladungen.

Als ich eines Morgens zum Stockwerk meiner Labors trabte, saß dort auf der Stiege ein mir von Angesicht unbekannter Herr: Professor Ernst MAYR, Direktor der wahrscheinlich bedeutendsten Kombination aus Museum und Forschungsstätte, Harvard University. Als Begründer des modernsten Evolutionskonzeptes, der 'Synthetischen Theorie', die auch heute noch, nach gut drei Jahrzehnten, den Ton angibt, war er mir wohl bekannt. Er stellte mich bald seinen großen Mitstreitern vor, den Professoren DOBZHANSKY und G.G. SIMPSON, die eben zu einem Treffen in Österreich waren, und lud mich ein, zu ihm in die USA zu kommen.

Bald darauf machte Professor ANKEL aus Gießen Besuch bei MARINELLI und nach einer längeren Besprechung wurde ich zugezogen. Er bot mir an, die Neuauflage jenes *Lehrbuches der Zoologie* zu übernehmen – den CLAUS-GROBBEN-KÜHN (man erinnere sich an KÜHN in Neapel) – das, damals schon in vierter Generation bearbeitet, das Standardwerk des Faches im deutschen Sprachraum geblieben war. Er besaß die Rechte vom Verlag Springer, war müde geworden und meinte, dass einer, der das Adriabuch geschafft hat, auch das Lehrbuch schaffen würde. Meine Schüler erzählen, dass ich den Ordner mit dem Höhlenbuchmanuskript zuklappte, die Auflagen jenes Lehrbuches aus dem Regal nahm und mich an das Konzept der Neuauflage setzte. Dann begann ich die Besprechungen mit dem Verlag in Heidelberg.

Auch Professor GESSNER kam aus Kiel mit zwei Einladungen. Wir sollten mit nach Cumana in Venezuela, um die dortige Universität aufzubauen, und im Handbuch der Zoologie, einem mehrbändigen Werk, das noch BERTALANFFY begründet hatte, einige Kapitel übernehmen. Ich begann zu schreiben, Smoky zu zeichnen.

Schließlich meldete sich der damalige Präsident der Deutschen Zoologischen Gesellschaft, Professor SEIDEL. Er schrieb mir, ich möge mich auf einen Hauptvortrag bei der kommenden Tagung der Gesellschaft einstellen und bis dahin ihm und der Max-PLANCK-Gesellschaft ein Konzept entwerfen, wie man die Litoralforschung fördern solle. Seit 'meiner Unterwasserforschung' hatte man begonnen, die biologische Meereskunde in Litoralforschung und Ozeanografie zu gliedern. Wie man das machen musste, wusste ich. Man brauchte dazu eine Feldstation, fern von Häfen, Industrie und Tourismus, von wo aus selbst die Kabeln der Mess- und Fernsehgeräte direkt in die unberührten Biotope laufen konnten. Ich entwarf die Station. Empfohlen war auch ein Küstenfahrzeug, das bei geeignetem Wetter als schwimmende Laborplattform und Kursraum dienen konnte. Mit unserer Werft in Korneuburg entwarf ich das Schiff.

Auch der Kongress der Deutschen Zoologischen Gesellschaft kam; diesmal nach Wien. Ozeanografie wurde gegen Litoralforschung aufgeboten und, wie man es wohl konzipiert hatte, die neuen Materialien der Litoralforschung gewannen mit Abstand. Kenner dieser Markthaltung fragten mich darauf, unter wie vielen Ordinariaten ich mir wohl schon eines aussuchen könne. In diesen Tagen beginnt auch eine lebenslange, ebenso achtungsvolle wie im Wechselverständnis begrenzte Freundschaft mit Professor HASSENSTEIN aus Freiburg. Er besuchte mich in meinem Arbeitszimmer, stieg auf seiner entglittenen Pullmanmütze herum und fragte mich, wie lang mein Arm wäre. Ich hatte im Vortrag gesagt: „Wenn Sie mir gestatten, auch nur eine Armeslänge über die bisherige Erfahrung hinauszugreifen ..." Auf diese Länge einigten wir uns leicht.

Tatsächlich kamen dann die Einladungen zu Vorträgen im Zusammenhang mit Berufungslisten: Hamburg, Helgoland, Freiburg, Mainz, Kiel, Gießen. Ein seltsamer Trab. Was gerade noch auf der Seite der Höhepunkte zu erzählen bleibt, war die positive Art, wie wir uns, Smoky und ich, auf alle diese Möglichkeiten unserer Zukunft einstellten. Besonders in Erinnerung ist mir Helgoland. Wir fanden auf dem Plan dieser kahlen Insel immerhin eine Allee. Bei näherer Betrachtung: eine 'Kartoffelallee'. Und dennoch dachten wir uns aus, wie wir uns auch dort wohl befinden könnten.

Weniger war aus den übrigen Tagesabläufen zu lernen. Mit ihrer Hilfe wurde mir, wie ich glaubte, nur die Gesellschaft der Wissenschaftler relativiert. Ich hatte bislang meine Wissenschaft auf eigene Faust gemacht und unabhängig von welchen auch immer Urteilen anderer. Im Grunde aber wusste ich nicht, dass die Zeit über den Ansatz meiner Perspektiven weitergegangen war, zu meiner Perspektive selbst gar keine Beziehung mehr haben konnte.

Ernst MAYRs Angebot, zu ihm in die USA zu kommen, konnte ich nicht annehmen. Da waren die Eltern zu betreuen und ein Dutzend Doktoranden bedurfte meiner Anwesenheit. Aber einen meiner Schüler konnte ich empfehlen, Klaus RÜTZLER, der denn auch in den USA seine Karriere machte.

Im Grunde suchte MAYR einen guten Systematiker, den bekam er mit Klaus. Mich beschäftigten die der Systematik und vergleichenden Anatomie übergeordneten Fragen. Ich ahnte ein Prinzip, welches das 'Natürliche System' verstehen machen könnte. Es musste MAYRs 'Synthetischer Theorie' überbaut werden. Mehr wusste ich wohl noch nicht. Aber ich hatte das Gefühl, dort nicht hinzugehören. Tatsächlich werden wir uns bald in Konfrontationen begegnen. Und es ist müßig, zu fragen, ob mein Weg zu ihm dieselben hätte vermeiden lassen.

ANKELs Angebot, die Neuauflage des *Lehrbuches der Zoologie* zu übernehmen, führte mich zur Einsicht, dass sich die Anzahl der Familien in der zoologischen Taxonomie seit dem letzten Erscheinen des Lehrbuchs verdreifacht hatte. Wollte man die Gliederung bis zu dieser signifikanten Ebene nicht aufgeben, konnte das Werk, selbst bei weiterer Straffung, nur mehr in zwei Teilen erscheinen. Der Verlag war skeptisch. Ich produzierte Probekapitel, um den Nachweis dieser Notwendigkeit zu führen, und ich machte mir Konzepte zu einer modernisierten Großsystematik.

Der Verlag blieb skeptisch. Ich schlug die erfahrenen Professoren OSCHE und SIEWING für den Test weiterer Probekapitel vor. Diese wurden, wie ich glaube, nie fertig gestellt. Ich ging ab nach Amerika. Der Verlag druckte die alte Ausgabe wieder ab. Reinhard (RIEGER), mein früherer Schüler, hat dann Jahrzehnte später zwei solche Bände herausgegeben.

Im Grunde begann die Zeit, in der man die Einsicht in die Diversität des Lebendigen schätzte, vorbeizugehen. Das wusste ich nicht. Und ich bedachte auch nicht, dass ein moderner, expandierender Verlag für derartigen Wandel ein feines Sensorium besitzt.

Mit Freund Fritz GESSNER und Venzuela ging's ähnlich wie mit MAYR und den USA. Zwei meiner Schüler, zunächst Ernst KIRSTEUER und später Arnfried ANTONIUS, gingen nach Cumana und später von dort in die USA, wo auch sie ihre Karriere machten. Die guten Kenntnisse wanderten aus.

Im Grunde aber waren die beiden Einladungen einander ähnlich. Es war vorauszusehen, dass dort wie da Systematik aufzubauen war, was von den offenen Fragen, den Widersprüchen biologischer Theorie, nur ablenken würde. – Nur die Handbuchartikel wurden von Smoky und mir vereinbarungsgemäß geliefert.

Was die Pläne der Litoralforschung betrifft, gewannen die Ozeanografen; und ich eine Erfahrung, die ich nicht genützt habe. HASSENSTEIN, der beide Gesellschaften, die mich eingeladen hatten, gut kannte – die Deutsche Zoologische Gesellschaft und das Max-PLANCK-Institut –, sandte ich meine Exposees zur Prüfung. Er reagierte nicht. Als ich ihn bald wieder traf, bestand ich auf sein Urteil. HASSENSTEIN wurde ernst und sagte: „Das kann nicht gehen. Mein lieber RIEDL, das ist mit Herzblut geschrieben!" Und er hatte Recht. Es ging nicht. Mit Herzblut schrieb man nicht mehr. Die Ozeanografen rangen um Mittel für ein großes Forschungsschiff, die 'Meteor', die Biologen waren uneins, die an der Wasserkante im Sog der Ozeanografen. Professor GERLACH disqualifizierte meinen Schiffsplan als 'Schönwetterschiff' und die Deutschen bauten die 'Meteor'. Sie wollte international 'Flagge zeigen'. Über Jahrzehnte ist dann keine Feldstation mehr entstanden. Die Litoralforschung blieb ein zigeunernder Betrieb.

Im Grunde aber war die Litoralforschung der Fachwelt über ihre faunistisch-systematischen Leistungen aufgefallen und nicht über das Entstehen einer ökologisch-evolutionären Perspektive, die ich im Auge hatte. Systematik aber reduzierte sich, wenn auch in verdeckter Weise, zu einer Hilfswissenschaft. Und dieser konnte man leicht den Wert einer Repräsentation der deutschen Forschung auf den Weltmeeren entgegensetzen.

Bei den Vorträgen in Berufungssachen wurde ich als Ökologe herumgereicht. Ich wusste aber, dass hinter einer guten Ökologie eine mindestens ebenso gute Faunistik, hinter dieser eine ebensolche vergleichende Anatomie, letztlich Morphologie stehen müsste. Diese sah ich vergehen und musste doch für sie eine Lanze brechen. Die Vorträge gingen gut, die Auditorien waren voll und die Stimmung bewegt. In Gießen wurde ich in der Diskussion gefragt, ob ich denn meinte, dass es physiologische Experimente gäbe, die für die Ökologie keine Bedeutung hätten. Das war freilich eine Herausforderung. Wahrheit stand auf dem Prüfstand. „Gewiss", bekannte ich, „die Wirkung des Haifisch-Zwischenlappen-Hormons auf das Kaninchen ist für die Ökologie ohne Belang." Für meine Familie war nun Deutschland vergeben. Ich hatte die deutsche Physiologie, die stärkste Gruppe in dieser Zeit, wie man verbreitete, lächerlich gemacht.

Im Grunde, was ich freilich erst viel später verstand, wollte man nicht wieder einen Ordinarius vom Typus Ernst HAECKELs. Die Morphologie in ihrer wissenschaftstheoretischen Funktion war vergessen, die Reste waren unangenehm. Denn bald wurden Ordinariate für 'Vergleichende Morphologie', sogar für 'Funktionelle Morphologie' eingerichtet. Ersteres ein

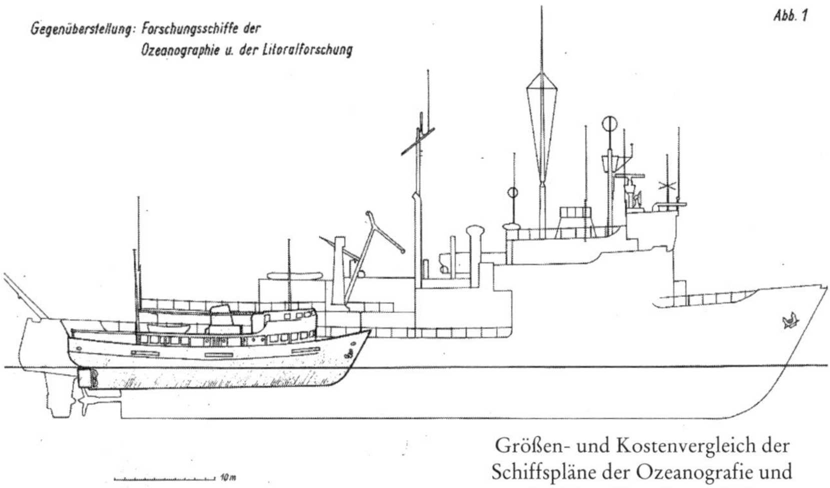

Größen- und Kostenvergleich der Schiffspläne der Ozeanografie und der Litoralforschung 1962; die ‘Meteor’ wurde realisiert.

Memorandum RIEDL 1962

Litoralforschung in der Praxis

Abb. 29: Gegenüberstellung des von Deutschland geplanten und bald realisierten Forschungsschiffes für Ozeanografie mit dem mir in Auftrag gegebenen Plan eines Schiffs für Unterwasserforschung und Kursen im Küstenbereich. Der Konkurrenz hat meine Perspektive nicht standgehalten.

Pleonasmus (ein weißer Schimmel), Letzteres eine contradictio in adjecto; was zeigt, dass niemand mehr ihren harten Kern kannte. Ich komme darauf zurück.

Nun zu den Tiefpunkten; eingeleitet durch das Vergehen meiner Eltern. Zunächst musste sich mein Vater entschließen, sein großes Atelier aufzulassen. Er war achtundsiebzig und die schwere Bildhauerarbeit physisch nicht mehr zu leisten. Für einen Großplastiker ein endgültiger Abschied von einem ungemein tätigen Leben. Da hatte ich noch eine Eingebung. Ich drängte ihn, seine Lebenserinnerungen niederzuschreiben. Eine lange Reihe von Tagebüchern war zur Hand. Natürlich wurde das zunächst abgelehnt. Er habe ja nichts erlebt. Aber bald fanden wir ihn über einem dicken Quartheft schreibend. Vier derselben sind gefüllt und, wie ich schon erwähnte, erhalten worden.

Das große Atelier musste geräumt werden; noch voll der überlebensgroßen Figuren, manche seine Lieblinge. Darunter auch seine Schlussarbeit aus der Meisterklasse der Akademie. Zum Abtransport auf die Müllhalde mussten sie zerkleinert werden. Als Vater heimkam sagte er nur: „Vandalen!“ Was? Köpfe zuerst, dann die Brüste? Was für ein Ende eines Gestalters! Welch eine scheußliche Symbolik!

Dennoch, das Ende der beiden war nicht mehr aufzuhalten. Cerebrosklerose hieß damals die Diagnose. Das Urteil war damit gesprochen. Als Barbara auf diese Welt kam, waren noch beide mit Bewusstsein um uns; als Smoky Sabina gebar, nicht mehr.

Nun stand Beglückung über das Werden der Empörung über das Vergehen geliebter Menschen gegenüber: GOETHES ‘Ganimed’ dem ‘Prometeus’. Der Grat, auf dem Vernunft wandert, erwies sich als ungemein schmal. Mich erinnerte das Erleben an jene Ratlosigkeit des kleinen Jungen, die ich aus der Hofkapelle beschrieb. Damals klärte Vaters strahlendes Gesicht mit Tränen über den Wangen die Sache auf. So sind vielleicht Erleuchtungen. Hier klärte sich nichts. Wir werden dem Thema nochmals mit Kardinal KÖNIG in der Sixtina begegnen.

Von Metaphysik war im bisherigen Text noch kaum die Rede. Auch in der beschriebenen Zeit dachte ich noch nicht wirklich daran, dass Fragen ins Unerforschliche nicht zu vermeiden sind. Wie die meisten Kollegen, die sich am Wege zur ‘Karriere’ fühlen, setzte ich mein Fach fort, ahnte nur, dass es theoretisch einem Paradigma, einem Satz von Regeln folgt, aber keineswegs, dass sich kein Paradigma selbst zu begründen vermag. Aber das Kommen dieses Themas war vorherzusehen.

Wieder ein unbegreiflicher Vorgang, dieses Vergehen. Im Grunde noch viel unbegreiflicher als das Entstehen. Im Grunde unfasslich. Empörend. Was für einen schrecklichen Fehler hat die Evolution begangen, als sie das Bewusstsein im vergänglichen Teil der Kreatur entstehen ließ. Zur Zeit des Entstehens belanglos, eine bloße Kontroll- und Entscheidungsinstanz über die gegebenenfalls widerstreitenden Sinnesdaten und Programme. Es musste belanglos, also kaum von arterhaltender Bedeutung gewesen sein, auch diese Instanz vergehen zu lassen; Platz zu schaffen für neue Chancen neuer Kreaturen. Freilich wusste ich, noch aus BERTALANFFYs Zeit, dass alle Errungenschaften der Evolution mit bösen Kompromissen erkauft wurden.

Mit der Vielzelligkeit war der Tod in die Welt gekommen, mit dem Nervensystem der Schmerz und mit dem Bewusstsein die Angst; und, so konnte man wohl ergänzen: mit dem Besitz die Sorge. Sorge, Angst, Schmerz und Tod hätte diese Entwicklung vermeiden können, wäre es nicht auf Wiedergeburt, Lust, Freude und Glück angekommen. Könnte das Bewusstsein wie das Erbgut weitergegeben werden, es bliebe nur ein somatischer Tod; nicht dramatischer als das Schneiden der Haare. Denn was wir betrauern, ist nicht eine Physis, die vergeht, vielmehr das Unwiederholbare einer Psyche. Kurzum, man sieht mich ratlos.

Das Erste, das mir dämmerte, als uns die beiden verlassen hatten, war, nun an einer Front zu stehen. Niemand war mehr hinter mir, der über Vergangenes gefragt werden konnte. Jene Schuhschachteln voll der alten Fotografien, Porträts, Familienereignisse und Freundesrunden, deren Namen und Umstände verblasst sind. Was für ein schmaler Pfad zeichnete sich ab zwischen einer Vernunft, die in den Kindern erst im Entstehen war und in den Eltern gleichzeitig verging.

Viel war an diesem Schnittpunkt, wenn auch nicht zu verstehen, so wahrzunehmen. Die Existenz wurde relativiert.

Und was daraus zu lernen war ...

Natürlich lief auch in diesen Jahren das Leben inmitten seiner bunten Szenen. Das Merkwürdige an ihm war, dass es sowohl enger wie weiter, besser: intimer wie substanzieller wurde.

Ich will mit der intimen Enge beginnen. Als Barbara noch nicht geboren war, leisteten wir, Smoky und ich, uns nach vollen Arbeitswochen eine höchst anspruchslose Entspannung. Wir fuhren mit dem 'Käfer' in den Wienerwald zu einem Dorfwirtshaus, in dem ich – ich weiß nicht warum – als „Herr Assistent" angesprochen wurde, und genossen bei einem kleinen Abendessen die Fernsehnachrichten. Auf den Gedanken, selbst ein Gerät zu erwerben, scheinen wir nicht gekommen zu sein.

Als eines der Mädchen schon marschieren und das andere herumtappen konnte, waren die Waldausflüge eine Attraktion. Eine an der Hand, die andere meist auf den Schultern, begannen unsere Entdeckungsreisen. Und ich scheine mit Erfolg das weitergegeben zu haben, was auch mir als Kind Eindruck gemacht haben musste. Sehr erfüllte und glückliche Stunden sind mir in Erinnerung.

Auch die Rolle meines Freundes Harald begann zu wachsen. Auf unseren Wanderungen und wunderbaren Faltbootfahrten breiteten sich die Themen beiderseits der Psychologie, von der Biologie bis zur Soziologie, aus. Lebensumstände und Lebenssichten wurden erörtert. Meine Karriere schien mir abgeschlossen, denn auch jene gereiften Assistentinnen, von welchen ich schon erzählte, waren inzwischen noch gereifter, und da man MARINELLI nahe gelegt haben mochte, auch mein akademisches Fortkommen zu bedenken, wurde die Atmosphäre spannungsvoll. Ich äußerte daher die Ansicht, auch als Oberassistent hängen geblieben, ein fachlich erfülltes Leben führen zu können. Da nun wurde Harald ernst, hielt ein und erklärte mir dezidiert, dass wir Menschen zwar Adaptierungskünstler seien, mein einziges Ziel aber nur ein Ordinariat sein könne.

War die Enge leicht zu beschreiben und vielleicht auch mitvollziehbar, so wird das mit der Darstellung der Weite nun anders. Mein Alltagsleben bestand aus eigenen Vorlesungen und der Entwicklung mikroanatomischer Kurse. Und auf diese Weise entstand didaktische Erfahrung. Es wurde deutlich, was leicht und was schwer zu vermitteln war, dass man den Vorgang des Beschreibens, wie man oberflächlich sagt, ebenso wissenschaftlich begründen müsste wie das, was auch, noch oberflächlich genug, unter dem Begriff des Bauplans unterrichtet wurde.

Es muss in dieser Zeit gewesen sein, dass ich HASSENSTEINs Ansicht kennen lernte, der Begriff 'Natürliches System' sei ein Widerspruch in sich selbst. Wäre es ein System, dann ist es menschengemacht, denn die Natur folge keinen Systemen. Ich war überzeugt, dass das falsch war. Aber ich konnte noch nicht entgegnen. Ich muss auch bald darauf seine

Studien zu GOETHEs 'Morphologie' gelesen haben, in welchen er in brillanter Diktion den Nachweis führte, dass das keine Wissenschaft, vielmehr nur eine Kunstform sein könne.

Damit wurde ich auf GOETHEs wissenschaftliche Schriften aufmerksam, deren Studium mir MARINELLIs achtungsvolle Kommentare durchaus nicht anziehend machten. Nun, da ich in GOETHEs 'Morphologie' den schichtweisen Wechselbezug des Erkenntnisvorgangs auch bei GOETHE entdeckte, wusste ich nochmals, dass sich HASSENSTEIN irrt; und dass, von einem so zerebralen Geist vorgetragen, der Irrtum sehr tief sitzen musste. Meine Entzifferungserfahrung, die jahrelange Praxis mit vielen Tiergruppen und meine wieder in Ägypten gewonnene Analyse des Beschreibungsvorganges machten mich ganz sicher.

GOETHEs 'Morphologie' hatte ich noch nicht gelesen. Ich kam (wie übrigens viele andere) nicht auf den Gedanken, dass ein Dichter, wenn auch ein geschätzter, mein erkenntnistheoretisches Problem gelöst haben könnte; zumal mir auch meine Art vergleichende Anatomie, Systematik und Stammesgeschichte zu betrachten als vernünftig und nicht als Problem erschien.

Nun las ich und erkannte in GOETHEs Weise einen Typus zu bestimmen (in seinem Fall des Säugerschädels), jenen rekursiven Prozess, zwischen Fällen von Arten und zu prüfender Theorie des Prinzips, der mich seit meinen Studien in der Ägyptologie trefflich geleitet hatte. Dass sich HASSENSTEIN irren musste, war mir klar; ein kleiner Anstoß nur. Aber er sog mich Ahnungslosen hinein in die zentralste Kontroverse des Wissenschaftbetriebes; in die Themen 'Hermeneutik', 'Rekursivität des Erkennens' und das Gegenüber von Wahrnehmen und Erklären.

Ich verstand, dass man Erkenntnis- und Erklärungsvorgänge trennen und in ihrem Wechselbezug untersuchen müsse. Ich begriff, dass die gegenwärtige Evolutionstheorie zwar eine notwendige, aber keineswegs die zureichende Erklärung bot, alle Literaturerfahrung zurück bis Ludwig PLATE schloss sich zusammen und ich begann, über ein 'inneres' Selektionsprinzip nachzudenken.

Vor allem aber muss ich erkannt haben, dass die Biologie einer erkenntnistheoretischen Grundlage entbehrt, und ich ahnte, dass man ohne eine solche weder die Evolution noch den Platz des Menschen in der Natur werde verstehen können. Der Pfad der Vernunft ist kurz und schmal. Das jedenfalls war ich ja dabei zu erleben. Wusste man das, so dachte ich wohl, musste man seinem Fach behilflich sein und sich auch selbst nicht mehr mit Oberflächlichkeiten, oder doch mit Fragen ohne Hintergrund, abgeben. Ich konnte allerdings nicht wissen, dass niemand interessiert war, dass man dem Fache wissenschaftstheoretisch zu Hilfe käme.

5. Licht in die Urzeit (1965–1975)

In zweierlei, ja sogar dreierlei Hinsichten wird dieses Jahrzehnt in frühere Zeiten des Lebens führen, und zwar ohne dass das Lebendige verlassen werden muss. Man wird, bei solcherart Ankündigung, an lebende Fossilien denken, an den Pfeilschwanz-Krebs oder den Ginkgo-Baum, wie diese, mit ihren konservativen Merkmalen, heute noch um uns sind.

Tatsächlich aber werden wir den Urzeiten in neuer Weise begegnen, nämlich weitere ihrer Bedingungen entdecken. Einmal in den für die Wissenschaft neuen Repräsentanten und Lebensbedingungen des wahrscheinlich ältesten noch erhaltenen Lebensraums dieser Erde. Es wird wieder ein finsterer Lebensraum sein; nun der dritte, den wir aufschließen: das 'Sulfidsystem' des Meeres. Zum Zweiten finden wir in die wahrscheinlich ältesten Strukturgesetzen des Lebens; in der *Ordnung des Lebendigen* und in der *Strategie der Genesis*. Und zum Dritten wird sich ein Weg in die alten, vorbewussten Denkweisen des Menschen zum Mindesten andeuten, den wir noch über weitere Jahre werden gehen müssen.

Dazu mussten sich zunächst zwei Bedingungen erfüllen, wie man solche gerne Wenden des Schicksals nennt, wenn man nicht bedenkt, wie vieles sich an der Stellung solcher Weichen schon vorbereitet hatte. Ich musste zu diesem Zweck das Institut verlassen, in dem ich aufgewachsen war, und meine kleine Familie die Heimat.

Das ungelobte Land

Dass das System der Universitäten Jahrhunderte überdauert hat, ist auf zwei seiner Grundstrukturen zurückzuführen; einmal auf die Kombination von Lehre und Forschung, ein andermal auf jene Generationenverschränkung, die als Lehrer-Schüler-Verhältnis viel mit der Vater-Sohn-Beziehung gemein hat. Ersteres allerdings in rascherer Folge, so zwar, dass ein Lehrer mehrere Schülergenerationen, der Schüler aber gewöhnlich nur eine Lehrergeneration erleben kann. Die Lehrer-Schüler-Trennung, wie ich heute weiß, entspricht zwei Regeln und drei Typen.

Ich muss das etwas ausführen, weil von nun an auch dieses Generationenproblem in mein Leben einzieht, womit ein Blick in jene Gesetzlichkeiten möglich wird, die noch unterhalb der Schulenbildung die Entwicklung der Wissenschaften steuern.

Die Regel lässt eine harmonische Entwicklung zu oder eine Auseinandersetzung, die schmerzhaft ist, weil sie das Zerreißen menschlicher Bande voraussetzt. Zwischenformen sind selten, weil Auseinandersetzungen Emotionen produzieren, die entweder ausbrechen oder aber unterdrückt werden. Brechen Emotionen aus, so ergeben sich zwei Typen: Der Vater vertreibt den Sohn oder dieser begehrt auf gegen den Vater.

Lamenti sind peinlich und meist von trivialer Art. Ich weiß das und produziere darum die Geschichte eines Hintergrundes wegen, der, in den Grenzen an Voraussicht, etwas über Wissenschaftsentwicklung erzählen soll. Der Drehpunkt wissenschaftlicher Wenden scheint oft schwer bestimmbar zu sein; er müsste eine akademische Erörterung zulassen, über welche Richtig und Falsch wohl zu Tage kommen könnte. Aber die Konversation lief anders. Fragte ich, auf welche Weise man eine bestimmte Sicht gewänne, antwortete mein Meister: „Ein erfahrener Morphologe sieht das."

Heute kann ich den Drehpunkt benennen: Es war für mich die seherisch-intuitionistische Art, in der MARINELLI seine morphologischen Einsichten beließ (und sie auch leichter Hand widerrief); für ihn war es der Verdacht, dass der Schnösel das Seherische wohl durch intellektuelle Hebel und Schrauben (GOETHEs Schreckworte) ersetzen wollte. Damals hätte keiner von uns die Sache auf den Punkt gebracht; wir litten einfach. Ich wünschte, manchem Kollegen könnte solche Einsicht nützen.

Im Konkreten: Die Situation im Institut wurde befremdlich. Mein Beitrag zu MARINELLIs allmählich aversiver Haltung war wohl schon durch seinen Hinweis bezeichnet, dass man in meinem Alter noch keine Schüler habe. Damit war ja nicht nur eine Studentengruppe bezeichnet, vielmehr die Erwartung, dass diese eben seine Schüler nicht mehr wären. Er muss geahnt haben, dass ich das, was er als Bauplan sowie als den Bauplan von Bauplänen zwar zutreffend, aber eben nur intuitionistisch auffasste, der wissenschaftlichen Begründung für nötig fand. Und eben das mochte er als eine Einschränkung kühnen Konzeptierens, als eine Art Beckmesserei betrachten. Das unbeschadet der Tatsache, dass diese meine Perspektive auf meine Schüler gar nicht übergegangen war und, wie wir sehen werden, auch späterhin kaum übergehen wird.

Was mich in Isolation brachte, war wohl meine Weise, konkrete Mannigfaltigkeit und Abstraktion sowie Erkennen und Erklären fortgesetzt aufeinander zu beziehen; das, was ich bislang meine gläsernen Arten und Verwandtschaftskreise nannte, aus welchen mir in dieser Zeit auch die Ursachensysteme transparent wurden.

Ich glaube, dass wir damals beide diesen Zusammenhang nicht kannten. Folglich gab es darüber auch keinen fachlichen Disput, vielmehr stellvertretend Auftritte, die ich alle vergessen, sie aber in meinen Tagebüchern wiedergefunden habe. Und offensichtlich muss ich über dieselben ratlos gewesen sein. Da gab es zunächst Bibliotheksverbot für einige meiner Gruppe, dann für alle zusammen. Schließlich wurden wir unter Androhung disziplinärer Verfahren aus dem Seminarraum vertrieben. Zu seltsam.

Man wird verstehen, dass ich damals, mit der Nase am Geschehen, all das nicht rationalisieren konnte. Ging es denn nicht um die Entwicklung einer Wissenschaft? Tatsächlich aber ging es in dieser Zeit um die Nachbesetzung nun auch MARINELLIs Ordinariat. Die Berufungskommission deutete ihm an, dass er in mir wohl den rechten Morphologen aufgezogen hätte. Eine Schlinge, der er sich, wie mir freilich berichtet wurde, nur durch die Behauptung entziehen konnte, dass dieses, sein Gebiet, heute überholt wäre. Das war im Grunde so richtig, wie wir es beide nicht geglaubt hätten. Ich durfte seinen gereiften Dozentinnen nicht vorgesetzt werden.

Ungelobt, so weiß ich heute, ist die universitäre Sozietät. Und ich darf mich auch von ihr nicht ausschließen. Denn meine Haltung, an der Gesellschaft nicht Maß zu nehmen, wenn man für sie etwas tun wolle, hatte meine Sozialisierung gewiss nicht gefördert.

Hätte mir damals jemand gesagt, dass ich mich als nicht domestizierbar erweisen werde, wäre mir das als Unfreundlichkeit erschienen. Dabei hätte mir schon beim Hinauswurf aus der 'Stazione Zoologica' auffallen müssen, wie wenig Eindruck mir das machte. Und wie sehr sich diese Haltung bestätigen, mein wissenschaftliches Tun bestimmen wird, werde ich noch zeigen.

Die Entfremdung aber war für mich wichtiger, als ich wissen konnte. Ich bekam dadurch, wie ich glaube, den Anstoß, mich von der Diktion, in der ich aufgewachsen war, freizumachen. Das geht am glattesten, wenn man meint, Ursache zu haben, den bisher gehörten Umgang mit den uns doch gemeinsamen Fakten für Geschwätz zu halten. So kam ich auch nicht mehr auf den Gedanken, ihn in meine neueren Studien einzubeziehen.

Ich sah mich für das Gespräch nach anderen Personen um. Meine Schüler mussten sich meine Entwicklungen wohl alle anhören, die rechten Kritiker aber waren sie nicht. Sei es aus Einsicht in die Grenzen ihrer Kenntnisse, sei es aus Gründen jener Autorität, die sie mir zumaßen. Ich wandte mich an Fritz SCHREMMER, von dem ich aus meinem Praktikum erzählte und den ich zu bewundern schon lange Ursache hatte. Ich wandte mich an Freund Günther OSCHE, der an meiner Statt das Ordinariat in Freiburg erhalten hatte, an den schon erwähnten Ernst MAYR und an Erich REISINGER, den Ordinarius für Zoologie in Graz.

Eine wissenschaftssoziologische Erfahrung war aber geblieben. Sir Karl POPPER, von dem und von meinen Begegnungen mit ihm später noch die Rede sein wird, vertrat die Ansicht, dass unpassende wissenschaftliche Theorien wie Arten ausgemerzt würden. Was für ein schöner Gedanke. Er wurde von der richtigen Einsicht beflügelt, dass durch die bewusste und reflektive Erwartungshaltung nun die Theorie stellvertretend für ihren Besitzer sterben könne. Gewiss ein neues, arterhaltendes Konzept der Evolution. Bald aber wurde er von Thomas KUHN belehrt, dass nicht Theorien konkurrieren, sondern die Machtgruppen wissenschaftlicher Schulen, die jene vertreten.

Beide Auffassungen kannte ich damals noch nicht. Befragt in der Sache, hätte ich gewiss der optimistischen Sicht POPPERs zugeneigt. Als ich POPPER kennen lernte, war ich schon von KUHNs Auffassung überzeugt. Und ich hatte erfahren, dass der KUHNschen Perspektive noch eine Mikrowelt menschlicher Beziehungen unterlegt ist, aus deren Zufallskonstellationen sich Schulen erst zusammensetzen.

Korrelative Selektion

Unter diesem Titel besitze ich aus jener Zeit eine Studie, mit dem Untertitel: *Ein kausales Modell der gerichteten Erscheinungen in der Evolution.* Fünfundsiebzig Seiten, verfasst vom 'Professor' Rupert RIEDL, April 1967. Ich musste meinen Titel eben erst erhalten haben. Das war die Zeit, als die Meeresbücher aus dem Hause waren und ich an dem Lehrbuch zu arbeiten begann. Ich hatte deutlich vor Augen, dass man die Einsicht in die Ähnlichkeitsmuster der Organismen von deren Erklärung zu trennen hat, und es verdichtete sich die Vorstellung darüber, wie die offenen Fragen im Rahmen dieser Erklärung ihre Aufklärung finden konnten.

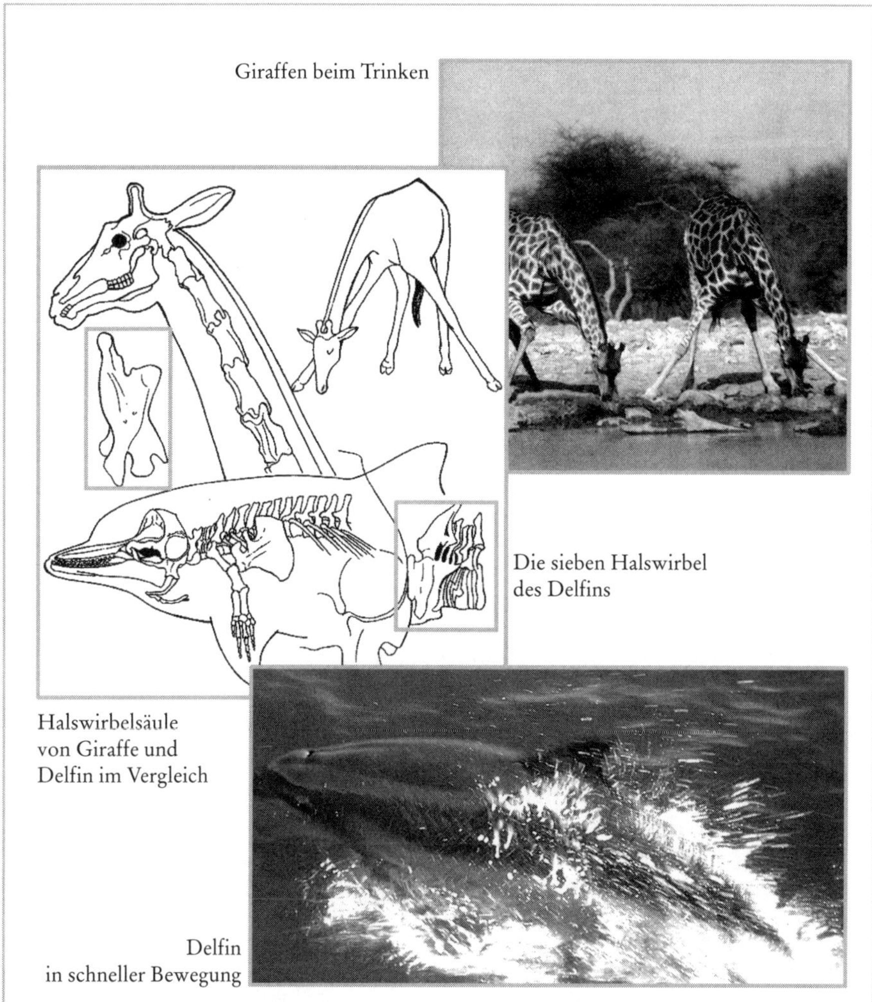

Abb. 30: Die Halswirbel von Giraffe und Delfin. Dass es stets sieben sein müssen, ist aus der Funktion der beiden Hälse nicht zu erklären. Für die Giraffe könnte mehr, für den Delfin weniger nützlich sein. Es muss 'innere Selektionsprinzipien' geben, unabhängig von der Selektion durch das Milieu.

Ich muss in diesem Thema umsichtig sein, einmal, weil mein bisheriges fachliches Denken auf diesen Gegenstand zutrieb, ein andermal, weil es mich mein ganzes weiteres Leben begleiten wird; ein Abenteuer besonderer Art.

Etwa Ende 1966 muss ich das Prinzip verstanden haben, denn, wie das Tagebuch aufschließt, sprach ich meinen Doktoranden von einem ‘dritten Konstrukteur’ der Evolution, der neben der Mutabilität, also der steten, erblichen Veränderung, und der Selektion durch das Milieu den Mechanismus einer inneren Selektion vorsah. Der einzige Faktor, der zu Kanalisierung, Bahnung und zu Stammbäumen führen kann. Auch von ‘Autoselektion’ redete ich damals, womit gemeint war, dass es Veränderungen geben müsse, die nicht durch das Milieu, sondern allein durch Vorgaben im Organismus ausgeschieden werden.

Aber schon diesen ersten Gesprächsnotizen kann ich entnehmen, dass es die Grenze zwischen Milieu- und Binnenselektion war, die dem Vorstellungsvermögen meiner Gesprächspartner Schwierigkeiten machte. Denn fällt nicht doch immer das Milieu über veränderte Funktionen die letzte Entscheidung?

Dabei muss ich eines der zwingenden Beispiele schon damals zur Hand gehabt haben. Die Halswirbelsäule der Säugetiere:

Mit zwei Ausnahmen – Faultier und Dugong – haben alle Säuger sieben Halswirbel ohne dass das funktionell zu verstehen wäre. Denn nur zu offensichtlich würde es den Giraffen leichter fallen, etwas vom Boden aufzunehmen, wenn sie anstelle der sieben sehr gestreckten Halswirbel, eine größere Anzahl kürzerer besitzen könnten. Und dass das im Prinzip möglich wäre, zeigen die Vorfahren der Säuger, die Reptilien, die es bis auf über siebzig Halswirbel gebracht haben. Umgekehrt ist dies bei den schnell schwimmenden Delfinen, deren Organisation man ansieht, dass sie am besten gar keinen Hals hätten, weil die enormen Staudrucke am Kopf dessen Seitenabweichung gefährlich machten. Aber auch sie haben im Hals sieben Wirbel. Nur sind diese ganz abgeflacht, wie ein Tellerstapel zusammengeschoben und teils schon miteinander verwachsen. Nur sieben haben es wieder zu sein. Es müssen also, da Funktionen im Milieu dies nicht begründen, innere Bedingungen sein, die derlei durchsetzen.

Es ist aufschlussreich, dass die Ursache dieser Stetigkeit auch bis dato noch nicht verlässlich aufgeklärt ist. Es ist zwar zu erwarten, dass Veränderungen an der Achtzahl der aus der Halswirbelsäule austretenden Nervenpaare das sich anschließende

Nervengeflecht und dessen abgestimmte Aufträge an Arm, Hand und Finger so stören, dass der Träger ausgeschieden wird. Faultier und Dugong haben keine einzelsteuerbaren Finger.

Ich habe, als Institutsvorstand wieder in Wien, die Skelette von Giraffe und Walen in die zentrale Halle stellen bzw. hängen lassen. Und bald arbeitete ein Schüler von mir an dieser Frage; und versank in der Komplexität dieser Bauform. Kein Wunder, dass von Ahnungen auszugehen war.

Was mich heute bei der Durchsicht dieser vergilbten Blätter überrascht, ist das Faktum, dass ich damals den Grundzusammenhang schon ganz verstanden hatte. Und es wäre aufschlussreich, wenn es gelänge, den Zugang zu demselben rekonstruieren zu können. Aber die Aufzeichnungen in den Tagebüchern quellen von Tätigkeiten und Pflichten über, keineswegs von sich entwickelnden Gedanken. Das ist ein Übel vieler Tagebücher, dass sie sich der Tagesperspektive eben nicht entziehen können. Perspektiven, die über Wochen ihre Struktur gewinnen, fehlen. Man sollte Monatsbücher schreiben.

Ein Schlüsselerlebnis, mit welchem sich die Geschichte mancher Entdeckung zieren kann, vermag ich nicht aufzufinden. Eine gewisse Hilfe bietet mir das Wissen von dem, was ich damals noch nicht wusste, sowie die Erinnerung an meine damalige Lektüre und meine wissenschaftliche Praxis, von welcher ich ausgegangen sein musste.

In der ersten Handschrift von 1966 lautet der Titel: *Erklärung der harmonischen Koinzidenz von Strukturen.*
Im getippten Artikel mit 75 Seiten von 1967: *Korrelative Selektion: Ein kausales Modell der gerichteten Erscheinungen in der Evolution.* In der Einleitung heißt es:
„Die Theorie behandelt Phänomene der transspezifischen Evolution der Organismen. Sie legt eine Erweiterung der auf Mutation und Selektion gestützten Vorstellung von ihrem Vorgang vor. Im Rahmen des Synthese-Prinzips wird aus den Systembedingungen der Baupläne ein zweites Selektionsprinzip abgeleitet. Als 'korrelative Selektion', der bekannten Milieuselektion gegenübergestellt, soll es zur Erklärung der gerichteten und 'ganzheitlichen' Evolutionserscheinungen das kausale Modell liefern."
Auf Seite 6 wird dargestellt, was gelöst werden soll:
„(i) **Bekannte Fragen**, die als Problem in der Literatur schon geläufig sind ... (a) Trend- und Orthogneseproblem mit der Frage: Wie soll man es verstehen, dass häufig über beträchtliche Zeiträume Entwicklungsrichtungen beibehalten werden, ohne dass die Milieuselektion zureichend zuständig sein kann. (b)

Typogenese-Typostasie-Problem: Welche innere Ursache kann für den häufigen Wechsel zwischen Formentfaltung und Formenfixierung in den Phylogenese-Abläufen angegeben werden? Hierher gehört auch das Problem der Sackgassen und der Irreversibiltät.
(ii) **Zusätzliche Fragen**, die bisher erst vereinzelt (REMANE, KÜHN) oder noch nicht mit dem Phänomen gerichteter Evolution in Zusammenhang gebracht wurden – **Morphologische Fragen**; (c) Typus-Metamorphose-Problem: Warum ist den Einzelmerkmalen eines Bauplanes jeweils eine ganz bestimmte Fixierungs- und Metamorphoseweise eigen? (d) Hierarchie-Problem: Warum erscheinen manche Merkmale weitgehend fixiert, wenn andere ebenso variieren, auftreten und verschwinden, und warum zeigen die fixierten Merkmale eine hierarchische Anordnung? (e) Palingenese-Problem: Warum werden einige Merkmale in der Ontogenese wiederholt, wenn gleichzeitig andere verloren gehen? – **Funktionelle Fragen**; (f) Problem der entwicklungsphysiologischen Wechselwirkungen (Epigenotypus-Problem der anglikanischen Autoren): Was ist die Ursache der Ausbildung korrelationsentsprechender Aufbausysteme in der Ontogenie? (g) Problem der schichtfremden Systembedingungen: Woher stammen Systembedingungen in der Phän-Schichte, deren Verankerung in ihr nicht zu finden ist?"
Und in Schlussabsätzen, Seite 74/75, deuten sich sogar eine 'Evolutionäre Erkenntnistheorie' und ihre Bedeutung für unsere Gesellschaft an:
„Man wird den Vorteil nicht leugnen können, aus jener Zukunft, der wir (auf Grund der geschilderten Fixierungen) entgegentreiben, mehr Einzelheiten zu erfahren. Wir werden uns wappnen können gegen die zwingenden Unbilden jener Drift, in welche die Existenz unserer Art, ob wir das wollen oder nicht, hineingestellt ist.
Die Drift derselben Evolution hat uns die Bereiche Erfahrung, Begriff und Vernunft erschlossen; aber sie hat uns gleichzeitig viel genommen; die Wirkung lebensentscheidender Hemmungen beispielsweise (LORENZ) (das muss sich auf einen Vortrag von ihm beziehen). Wir werden nun, so will es mir scheinen, nach dem Erkennen der determinierenden Drift noch mehr gewarnt. Wir werden noch dringlicher verhalten, die Erfahrung zu erweitern, die Vernunft zu verbreiten, wenn wir Hoffnung haben wollen, wider 'Humbug und Betrug', wie HUXLEY (an HAECKEL) schrieb, wie im heute gefährlicher gewordenen 'Sozialwesen' zu sagen wäre: wider 'Dummheit und Demagogie', dennoch zu überleben."

Ausgangspunkt war die Synoptik des Tierreichs, das ich in einer Reihe von Tierstämmen bis in die Feinanatomie kannte, und die ich von da aus in die übrigen Gruppen sowie in die großen Zusammenhänge der Baupläne vorausdenken konnte. Freilich war zu akzeptieren, dass die Konservativität von Bauplänen allein durch identische Replikation verstanden werden kann. Das ist trivial. Nicht trivial ist dagegen der Umstand, dass trotz offensichtlich vorteilhafteren Lösungen an überkommenen Strukturen festgehalten wird. Angeschlossen war die Erfahrung aus der Synoptik der Meeres- und der Randhöhlen. Evolutive Veränderungen treten dort auf, wo die Erfolgschancen derselben mit dem Selektionsdruck im Milieu zufällig zusammenfallen.

Derselbe Ausgangspunkt ließ noch eine zweite Perspektive zu. Diese war aber über die Form einer Ahnung noch nicht hinausgediehen. Kennt man den Komplexitätsgrad organismischer Organisation sehr genau, dann wird es unwahrscheinlich, dass sich komplexe Strukturen durch Zufallsänderungen von Einzelheiten überhaupt erfolgreich verbessern ließen.

Was die einschlägige Literatur betrifft, werde ich sie zur Gänze gekannt haben, und zwar von den ganz modernen Vertretern der Synthetischen Theorie zurück bis PLATE, HAECKEL, den beiden DARWINS, OWEN, Karl Ernst von BAER, GOETHE, GEOFFROY SAINT-HILAIRE, CUVIER, LAMARCK und BUFFON; eine Literatur, welche die Modernen gar nicht mehr zitierten. Mein Zugang zu derselben war mir jedoch durch meine frühen Eindrücke aus PLATE erhalten geblieben. Vor allem durch seine Art, ungelöste Fragen nicht zum Verschwinden zu bringen, vielmehr dieselben durch Beispiele zu illustrieren. Das ist eine Haltung, von welcher die moderneren Lehrbuchautoren abgegangen sind. Sie verhalten sich so, als ob nur von erklärten Phänomenen zu berichten wäre, und zudem so, als ob das auch schon alles wäre. Auf diese Weise sickert in die Leser ein falsches Bild von ihrer Wissenschaft ein, das deren Herausforderungen verdunkelt. Ein Irrtum, der mir erspart blieb.

Aufgefrischt wurde meine skeptische Haltung noch durch die eben erwähnten GOETHE-Studien von HASSENSTEIN, die mir zeigten, dass auch der Erkenntnisweg von dem Weg, den eine Erklärung nimmt, getrennt betrachtet werden muss. Das war, wie erinnerlich, durch meine erste ägyptische Erfahrung angeleitet und durch die zweite ganz gefestigt geworden.

Zwei entscheidende Dinge wusste ich noch nicht, oder genauer gesagt: ich hätte sie noch nicht formulieren können, obwohl sie im Grundkonzept enthalten waren. Wir werden entsprechenden Umständen auch noch bei späteren Entdeckungen begegnen, hinein bis in die viel später auftretenden Erkenntnisfragen. Wenn ich das richtig rekonstruiere, war es nie das Randphänomen eines Problems, das mich allmählich in dessen Mitte zog, wie das oft geschildert wird. Zuerst war der Rahmen da und die Einzelheiten waren es, die sich, manchmal auch erst durch meine Schüler, schrittweise auffüllten.

Es war zwar richtig, dass es eine Selektion nach den Bauplanbedingungen der Organismen sein muss, die sowohl deren gesamtfunktionelle Konservativität als auch die Adaptierbarkeit des Komplexen verstehen lässt, aber den Zusammenhang zwischen den beiden sah ich noch nicht. Erst später begriff ich, dass es 'die Konten des Zufalls' sind, welche den Weg in die Adaptierbarkeit des Komplexen, in scheinbar paradoxer Weise, kompensatorisch mit Konservativität bezahlen lassen. Und gar nichts wusste ich noch von jener rekursiven Kausalität, die nicht nur von den Genen auf die Phäne, sondern rücklaufend auch von diesen auf die Gene wirken muss.

Die Reaktionen meiner älteren Kollegen auf den Aufsatz waren gleich null. Man erinnert sich, dass die Professoren SCHREMMER, REISINGER, MAYR meine Korrespondenten wurden und wahrscheinlich noch einige andere. Außer Verbesserung von Interpunktionen und einiger Satzstellungen wurde nichts angemerkt. Meinen Tagebüchern entnehme ich aber nicht den geringsten Hinweis auf eine erlebte Enttäuschung. Ich muss gedacht haben, dass man Nichtgedrucktes nicht so ernst nimmt oder vorerst für die Sache keine Zeit hatte. Im Grunde hätte ich alarmiert sein sollen. Aber nichts von alledem schien mich beschäftigt zu haben.

Visiting Professor

Eines warmen Sommerabends saßen Smoky und ich bei Laternenlicht im Garten unserer neuen Unterkunft, dem ihrer Familie verbliebenen Gärtnerhaus, als mich das Telefon ins schon finstere Haus holte. Der erwarteten Kleinigkeit wegen machte ich auch nicht Licht, um die Stimmung nicht zu stören. Aber was ich hörte, war durchaus keine Kleinigkeit und in kultiviertem Amerikanisch:

„*Kindly allow to introduce myself as the present Chairman of the Department for Zoology at the University of North Carolina.*“ Es war Professor Eugen LEHMAN, mit dem uns bald eine tiefe Freundschaft verbinden wird und uns heue noch verbindet. Man suchte einen neuen Institutsvorstand, hatte eben Adria- und Höhlenbuch in Händen und meinte, dass ich der Richtige wäre. Die Welt drehte sich ein gutes Stück um ihre eigene Achse. Von North Carolina hatte ich nur eine blasse Vorstellung. Ich gab meine geringen Englischkenntnisse zu bedenken. Die Bedenken wurden liebenswürdig zerstreut und ich versprach, mich mit dem Angebot ernsthaft zu befassen.

Dann war wieder der schon fast nächtliche Garten um uns. Wir besprachen die Sache in einer merkwürdig skeptischen Euphorie. Die Kinder schienen uns das Hauptproblem. So schlichen wir ins Kinderzimmer, betrachteten uns die tief schlafenden Wichte und reflektierten über Schicksalsentscheidungen, die getroffen werden mussten, und wie diese selbst über schlafende Kreaturen hereinkommen.

Der helle Tag machte die Entscheidung nicht einfacher. Die Kinder ahnungslos in der Sandkiste, wo Sandkuchen gebacken, zerstört, wieder gebacken und wieder vernichtet wurden und Protest nur dann ertönte, wenn man nicht selbst, sondern die Schwester ein eigenes der ephemeren Werke zerstört hatte. Wie sich dieses Üben an der Welt doch auch noch im wissenschaftlichen Experimentieren wiederholt!

Wir baten amerikanische Kollegen, mit welchen ich seit meiner USA-Reise noch in Verbindung war, um Rat. Besonders kompetent Professor Bob HIGGINS, da er selbst an einer Universität dieses Staates tätig und übrigens schon einmal bei uns in Wien zu Besuch war, um, wie sich's nun herausstellte, uns und unser Englisch vorzuprüfen. Wir erfuhren zweierlei: Eine 'Chairmanship', wie ehrend auch immer, soll ein Ausländer nicht annehmen; man muss im Lande geboren sein, um an den speziellen Filz der Administration in den USA adaptiert zu sein. Aber in Chapel Hill eine Professur nicht anzunehmen, wäre glatte Tollerei, denn es wäre die älteste, bedeutendste und mit Abstand die am schönsten, am Nordrand der Subtropen, gelegene Universität, gleich weit entfernt von den Blauen Bergen und den großen Sandstränden und Lagunen am Atlantik und so fort.

Nach gar nicht mehr viel an Überlegung ließ ich wissen, dass ich die Chairmanship nicht annehmen könne, ansonsten aber gerne käme. Und im Handumdrehen war eine 'Visiting Professorship' erfunden; wir sollten für ein halbes Jahr kommen, um, wie wir verstanden, zu sehen und gesehen zu werden. Das war gewiss den Versuch wert. Die Wiener Freunde, allen voran Harald, rieten zu, die Wiener Administration war mich los, meine Doktoranden für nicht zu lange. Wir packten vier Koffer und die Kinder und ab ging's nach Amerika.

Die Adaptierung erfolgte schrittweise. Am Flughafen in Frankfurt guckte eine Stewardess in meinem Pass herum und fragte, ob meiner Titel verwirrt: *„Mister RIEDL, do you prefer Professor, Doctor or Mister?"* Ich verstand: Mister war zu wählen. Das Formblatt ließ mehr auch nicht zu.

In New York nahm uns Ernst KIRSTEUER auf, labte die Großen mit

Bourbon, die Kleinen mit Milkshake. Im Hotel, achtzehnter Stock, Borde der offenen Fenster in Kniehöhe. Als Frühstück brachte ein Puertoricaner vier braune Pappschachteln, die kleinere Pappschachteln enthielten, in diesen die Komestibilien in braunem Papier, automatenverpackt. Dazu Pappteller und biegsames Plastikbesteck. Dann auf der Fifth Avenue in den Sechserreihen des Passantenstromes. Quer über den Gehsteig lag eine Alte. Alle stiegen drüber. Wir wollten helfen, wurden aber sofort von unseren Freunden im Strome weitergezogen. Derlei sei eine Falle.

Wir waren froh, mit unseren übernächtigen Winzlingen weiterzufliegen. Schon ab Virginia weite Wälder und verschlungene Küsten. In North Carolina hinunter in ein noch endloseres Waldgebiet. Zwei Ehepaare kamen uns über die Wiese des Flugplatzes entgegen: LEHMANs, Gene und Lil, JENNERs, Charles und Dorohy. JENNER war der vorhergehende Chairman gewesen. Begrüßung wie unter alten Freunden.

Ein Häuschen war für uns angemietet, *'meagerly furnished'* zwar, aber putzig auf seiner Anhöhe in einem Pinienwäldchen. Schließlich war ein alter Ford zu leasen und die Tage regelten sich. Zunächst wollte ich den Waldstraßen entlang zu Fuß ins Labor. Das ging aber nicht. Ich erzeugte Verkehrsstaus. Fast jeder Fahrer blieb stehen, um zu erfahren, was mit meinem Auto passiert wäre. Ich musste fahren. Als ich einmal auf einer Landstraße hielt, um eine Stimmung auf mich wirken zu lassen, hielt ein Streifenwagen. Der Trooper schlenderte lächelnd auf mich zu und fragte: *„Did your engin drop?"*, so viel wie: 'Ist dein Werkl eingegangen?' Ich erfuhr: auf Straßen nicht halten. Übrigens: Der Jefferson-DAVIS-Highway, nach dem geschlagenen General der Südstaaten benannt, war eine Hauptachse. Das gab es in Wien auch nicht. Deutete hingegen am Campus ein Passant nur an, die Straße überqueren zu wollen, dann hielten die Kolonnen beider Richtungen und warteten geduldig, bis die letzte Ferse über der Gehsteigkante war.

Bevor ich zu meinen Entdeckungen komme, ist noch von meinen Englischkünsten zu berichten. Zunächst zwei meiner Leistungen, über die am Ort heute noch gelacht wird.

Erst Führung durchs Institut, Gene an meiner Seite. Eine Türe öffnet sich, heraus trat das Dutzend Full-Professors, von einer Sitzung. Große Gelegenheit, mich gleich allen vorzustellen. Ein weißes Haupt sagte: *„How do you do, Dr. RIEDL?"* Und ich war der Ansicht, angeben zu sollen, wie's uns de facto ginge. Tatsächlich rangen wir in unserem Häuschen noch ums nackte Leben. Das Telefon war noch nicht angeschlossen, das Gas nicht aufgedreht, das Öl nicht nachgefüllt und der Müll nicht abgeführt. Also erklärte ich: „*The* RIEDL*s are just fighting for naked living*"; 'kämpfen für die Nacktkultur'. Die Herren bewahrten Fassung.

Später einmal, als wir schon ein großes Haus bezogen hatten und wissen wollten, wie viel man einer Putzfrau bezahlt, fragte ich die Runde im Professorenclub: „*How much would it cost to rent a wife?*" Das aber löste doch homerisches Gelächter aus und ich wurde meinerseits gebeten, bekannt zu geben, was als Aufwand zu rechnen wäre, 'eine Gattin zu mieten'.

Aber auch umgekehrt gab's Überraschungen. Als ich Jahres darauf, schon im Besitz der als bedeutend erachteten KENAN-Professur, die Flucht meiner Räume zu besiedeln begann und die Technikerin Mary CORLES ein und aus huschte und ich über dem Mikroskop saß, hörte ich wieder das Öffnen der Türe. Es mochte Mary sein. Ich sah nicht auf. Als ich aber eine schwere Hand auf meiner Schulter fühlte, war jene Erwartung zu revidieren. Ich sah, Nase an Nase, in ein bärtiges Studentengesicht. Und das fragte: „*Are you the chap having the phonebook on this floor?*" So viel wie: 'Bist du der Bursch, der da das Telefonbuch hat?' Wie achtungsvoll waren wir Professoren entgegengetreten!

In unser Häuschen brachten alle Mitglieder des Departments Spielsachen, Hausrat und Leckerbissen. Barbara beritt einen Plastiktraktor, der Geknatter von sich geben konnte, was alle Kinder der Umgebung und einen Lieblingshund anzog. Sabina liebte eine Aufziehtrommel, die schnarrend '*apple*' und '*bee*' und Ähnliches sagen konnten. Stundenlang spielten sie mit den kleinen Amerikanern, ohne ein Wort gemeinsam zu haben. Von solcherart Unterhaltung kam Sabina hereinmarschiert, pflanzte sich auf und deklamierte: 'Schrä schrä' – Beginn des wahrgenommenen Idioms. Für den Anfang von Konversation offenbar passend.

Charles JENNER chauffierte mich zu Waldbächen mit ihren abenteuerlichen Libellenlarven, in die Zypressensümpfe mit den Gehängen der Bromelien, vor allem aber an die Schlammwatten und Spartina-Marschen der Sounds. Dorados für Biologen. Die stundenlangen Fahrten schlossen mir das Land auf, die verwitterten Holzhütten der Farbigen, Tabakfelder, Kneipen und Plakate des 'Ku-Klux-Klan-Clan' *(Fight communism and integration!).* Charles interessierten Fragen der Hydrodynamik, der Lebenswelt in den Watten. Also wurde Sediment in vielen Kübeln von der See ins Labor geschafft. Und er war von ungetrübtem Interesse zu sehen, wie etwa man an den Schlamm-Watten nur die millimeterstarke, graubraune Oberflächenschichte entnehmen dürfe, um die Probe mit den schwarzen, sauerstofflos-giftigen Tiefenschichten nicht zu kontaminieren.

Und tatsächlich hatten wir gute faunistische Beute. Das Labor quoll auf Grund meiner Extraktionsmethoden bald über von vielerlei Raritäten. Darunter auch die ersten spärlichen Gnathostomuliden, die in diesem Erdteil noch nie gesehen worden waren. Charles war enthusiastisch und alles, was Beine hatte, musste kommen und sehen.

Einmal kamen wir zu spät an die Küste. Die Flut war dabei, über das Watt hereinzukommen. Eile war beim Probennehmen geboten. Die letzten Kübel füllten wir dann eben in Hast, unbesehen der Schwarzschichten, in welche die Spachteln hineingerieten. Das brachte, wie angekündigt, die Entdeckung des 'Sulfidsystems', des dritten finsteren Lebensraumes.

Das Sulfidsystem

Die Kübel, die auch Material aus den Schwarzschichten enthielten, ließ ich zunächst einmal stehen und wusste nicht, dass auch das ein glücklicher Zufall war. Sie rochen verdächtig nach Schwefelwasserstoff. Darin musste wohl schon alles tot sein. In einem Aquarium, das so riecht, hat erfahrungsgemäß außer Schwefelbakterien nichts überlebt. Die oberste Schichte im Kübel wurde zwar nach Tagen wieder sandfarben, gleich darunter aber strukturierten sich die Sedimentschichten nochmals grau, dann schwarz. Ich wollte sie schließlich schon auf den Müll kippen, als mich doch die Neugierde lenkte, aus ihnen zu extrahieren.

Da aber gingen mir die Augen über: Es wimmelte von nie gesehenen, urtümlichen Vielzellern, allen voran viele neue Gnathostomuliden.

Man wusste natürlich einiges von den Schwarzschichten unterhalb der oxydierten Sande; die marinen Sedimentologen waren dem Phänomen freilich begegnet. Es war auch verstanden, dass der Geruch von den anaeroben Sulfat- und Sulfidbakterien produziert sein muss und die Schwärzung von reduzierten Eisenverbindungen. Aber diese Indikationen machten es nur noch deutlicher, dass in diesen Schichten kein freier Sauerstoff existieren und die vom Sauerstoff lebenden Vielzeller dort nur vergiftet werden konnten. Dennoch: Da lebte eine Vielzahl offenbar anaerober Vielzeller.

Sogleich rundete sich mir der Rahmen einer Theorie. Sie hängt mit unserer Auffassung von der Entstehung der Atmosphäre und des Lebens auf unserem Planeten zusammen. Bekanntlich ist der Sauerstoff der heutigen Atmosphäre das Stoffwechselprodukt der Vegetation. Vor der Existenz grüner Pflanzen muss die Atmosphäre viel dichter, finster und sauerstofflos gewesen sein und aus den wasserstoffreichsten Gasen bestanden haben. Es muss also auch das Leben unter anaeroben Bedingungen entstanden sein, unter welchen noch einige Gruppen von Bakterien, niedere Pilze und Verwandte der Blaualgen leben. Was also, wenn selbst die hier entdeckte Fauna ein Relikt aus jenen Zeiten wäre?

Man kann sich leicht vorstellen, wie nun Charles, mein unentwegter und bald unabwendbarer Betreuer, enthusiastisch wurde und das ganze Department zum Summen brachte. Zumal ich begriff, wo diese Gnathostomuliden wirklich daheim waren, nämlich im Übergang von den Grau- zu den Schwarzschichten, dass sie sich in diesen auch noch im Labor vermehrten und sie meine Extraktionsmethoden zu tausenden zum Vorschein brachten, wo man sie bislang nur in Einzelstücken aus der Nordsee und eben dem Roten Meere kannte. Also gelang es, mit so großem Material auch noch die Eiablage und die Entwicklung zu studieren. Ein großes meereskundliches und evolutionsbiologisches Programm zeichnete sich ab.

Meine Theorie musste sich an den Verwandtschaftsverhältnissen der hier auftauchenden Arten und Gruppen entscheiden. Waren es tatsächlich die urtümlichsten, bilateralen Vielzeller auf dieser Erde, dann musste das aus dem Vergleich mit den aus dem Sauerstoffbereich bekannten urtümlichen Formen hervorgehen.

Uns selber umgab eine recht ursprüngliche oder naive Welt. Wie unter Europäern üblich, entdeckten wir, dass die meisten Amerikaner keine Kultur haben, und standen vor der Aufgabe, dies mit der erfrischenden Offenheit, die einem außerhalb der bösen Städte begegnet, zu relativieren.

In der 'North Carolina National Bank' am Campus mussten wir Schillinge wechseln und hatten zu erklären, woher wir diese hätten. Die Experten beguckten sich die Banknoten und boten uns den Kurs der Australischen Schillinge. Dumm genug, versuchten wir den Irrtum richtig zu stellen. Denn zum einen wäre der Kurs ungleich besser gewesen, zum anderen forderten wir Misstrauen und große Aufenthalte heraus. Als sich über Washington herausstellte, dass der Kurs nur vierundzwanzig zu eins wäre, gab man uns den Rat, derlei wertlose Noten erst einmal gar nicht zu wechseln, wir verlören dabei zu viel.

Bei meiner ersten Fahrt über Land fand ich die Highways so verwirrend, dass ich beschloss, zurück kleine Landstraßen zu nehmen. Mitten in der Waldeinsamkeit bemerkte ich das Tank-Warnlicht, aber ich wusste nicht, wie lange es schon warnte. Bei der nächstmöglichen Gelegenheit musste also etwas geschehen. Diese ergab sich in Form eines Kaufladens, einer Holzhütte, in der man Bier in Dosen, Riemen und Zigaretten angeboten fand. Auf mein Klingelzeichen erschien eine liebe Alte. Oh, das mit dem Benzin werde schwer sein, das kauft hier niemand. Ob es aber welches gäbe? Das wahrscheinlich schon; hinter dem Haus stünde eine Pumpe, aber damit umzugehen verstünde sie nicht. Tatsächlich fanden wir eine Pumpe mit Schwengel und zwei Glaszylinder, in die ich den gesuchten Stoff tatsächlich in die Höhe brachte. Das gab zu allerlei Konversation Anlass. Da guckte mich meine Betreuerin an und bemerkte: „Sie kommen aber von weit her; sind sie aus Georgia?“ „Nein“ ,sagte ich, „ich kam über den Ozean.“ „Meine Güte“, meinte sie, „aus Kanada!“

Nicht anders die fantasievolle Welt unserer Kinder. Sabina, nachdem sie ihre Mutter belustigt hatte, erklärte: „Die Mama lacht noch.“ Barbara, die beim Putzen von Paprika zuguckte, bestimmte: „Das sind die Samen.“ Und befragt, wie sie darauf käme: „Das ist bei den Blumen auch so.“ Vom Strand erzählte sie, sie habe dort viele Zehen gefunden; die Spuren nackter Füße. Und als sie wissen wollte, was die Bäume essen, und erfuhr, dass das vor allem Licht und Wasser sei, meinte sie: „Freilich, weil sie nicht herumlaufen.“

Aber die Konsequenzen der Distanz, die unsere kleine Welt von dem geschichtsvollen und alt gewordenen Europa trennte, waren nicht immer von naiver Art. Dringlich wurde mir geraten, die Meeresstation in Woods Hole zu besuchen, wieder eine ‘Big Science Industry’, wie seinerzeit in La Jolla erlebt, und Ernst Mayr an der Yale-University, an dessen Begegnung, im Stiegenhaus des Zoologischen Institutes in Wien, man sich erinnert.

„Mayr“, verzeichnet das Tagebuch, „alt (was er nicht war) und scharf (was schon durch das hier ungewohnte Deutsch, das wir verwendeten, gefördert gewesen sein mochte); Bild eines Mannes, der die Wege bestimmt. Weder Morphologie, (Kritik an) DNA-Hybridisation, Feldführer (z.B. das Verfassen einer ‘Fauna des Westatlantik’) noch Schulenbildung werden (als Themen) zugelassen, bei Gesetzesfragen (wird das immerhin ausführliche Gespräch) abgebrochen.“

MAYRs Position wird, so ahnte ich, Folgen für das Schicksal der Biologie, die Entzweiung der Biologen in den USA und Europa haben und zu einem falschen Menschenbild führen.

Schon nach den ersten Sätzen mag uns bereits ein Missverstehen, vielleicht sogar Misstrauen umgeben haben. Allein meine Erwähnung des Namens REMANE mochte das vorbereitet haben. Und der Hintergrund ist es wert, dargestellt zu werden. Ich hatte damals die Situation der Morphologie verstanden: als eine Lehre vom Erkennen und die Voraussetzung für die Methoden der Vergleichenden Anatomie, der Systematik und Phylogenetik in der Biologie und, wie ich später begriff, für den Umgang mit komplexen Systemen überhaupt. Sie schien mir in Europa durch REMANE in Knospen wieder vorbereitet, in den USA aber völlig unbekannt. Ursache war nicht zuletzt der Unterschied in den Themen, in den Persönlichkeitsstrukturen und in den Lebensschicksalen zweier bedeutender Männer: MAYR und REMANE.

Beide arbeiteten, als junge Männer, jahrelang nebeneinander am Naturhistorischen Museum zu Berlin; Ersterer als Artensystematiker, im Grunde Ornithologe, musste vor HITLER auswandern, Letzterer Großsystematiker, im Grunde Phylogenetiker, hatte sich mit dem System zu arrangieren. Im akademischen Denken des Ersteren musste das Problem der Rassen- und Artbildung, in dem des Letzteren das der Großabläufe der Stammesgeschichte eine Rolle spielen. Ich halte es heute für möglich, dass sogar eine unterschiedliche Hemisphärendominanz – des Ersteren links, des Letzteren rechts – das wechselseitige Verstehen von Haus aus untergrub. Das habe ich damals sicher noch nicht so überblickt. Aber ich wusste, dass REMANEs entscheidendes Werk, in welchem ich jene Knospen vermutete, nie ins Englische übersetzt worden war, und man machte mir glaubhaft, dass dem MAYRs Urteil entgegenstand.

Letzteres machte auch unser Gespräch klar. Mein Bedenken, dass es nötig wäre, die Vergleichende Anatomie aus ihrem intuitionistischen Mutmaßen herauszuführen und durch Morphologie zu begründen, löste eine auffallend heftige Reaktion aus. Morphologie, so wischte MAYR das Thema vom Tisch, sei nichts als 'deutsche idealistische Philosophie'. Ich wusste, dass das bösartig war. Philosophie war bereits sehr herabsetzend gemeint, 'idealistisch' potenzierte noch diesen Schimpf und den Terminus 'deutsch' konnte ich mir leicht deuten. Die erkenntnistheoretische Situation überblickte ich damals aber noch nicht genügend, um kompetent zu antworten. Ich mochte auch, fälschlicherweise, vermutet haben, dass

MAYR sie überblickte, wo sie im Grunde noch niemand verstand. Und ich ließ das Thema, um den Höflichkeitsbesuch nicht zur Debatte zu eskalieren.

Was ich damals dem Gespräch entnahm, war die Einsicht in eine Aversion und eine autoritative Entscheidung, die der Entwicklung der Biowissenschaften auf Dauer schaden musste. Und der Vorsatz schloss an, mich missleitender Autorität nicht zu unterwerfen. Immer pflegte ich noch das alte Freiheitsgefühl eines vermeintlich weiterhin unabhängigen Forschers.

Das folgende unserer Themen, über 'DNA-Hybridisation', ist dem Ersteren untergeordnet, führte mich aber früher als die anderen zu konkreten Überlegungen und dennoch mitten hinein ins Zentrum des Problems.

Man hatte damals eine Methode entwickelt, die es erlaubt, gewissermaßen den Anteil identischer Texte im Erbgut zweier Arten zu bestimmen. Das machte Eindruck, weil man dachte, nun ein eindeutiges Maß für Verwandtschaftsgrade zu besitzen. Was man dabei nicht bedachte, war der Umstand, dass auch die genetische Kodierung der Erbsubstanz einem evolutiven Prozess unterliegen musste. Diese kann man sich wie die Entwicklung von Sprachen vorstellen, so wie aus dem ursprünglichen *'pater'* die Worte *'father'* und *'père'* werden konnten. Vergliche man nun nur die Ketten deren Buchstaben, würde sich nur Unsinn ergeben.

Den Rahmen um dieses Thema bildet das 'Wägeproblem'. In ihm wird gefragt, wie es zu begründen sei, dass Merkmalen, die zur taxonomischen Bestimmung von Verwandtschaftsgraden verwendet werden, verschiedenes Gewicht gegeben wird. Mich hatte das Thema noch nicht ernsthaft beschäftigt, denn ich ahnte, wie das ging, und mir genügte dies für meine Praxis. Nun erst bemerkte ich, dass dahinter mehr verborgen liegt. Es ist, wie ich später begriff, ein Erkenntnisproblem. Damals wusste ich nur, dass beide vorgeschlagenen Lösungen keine waren. Die 'numerischen Taxonomen' behaupteten, dass es für ungleiche Gewichtungen keinen Grund gäbe. Man müsse darum alle Merkmale (was allein das heißen soll?) messend heranziehen und gleich gewichten. Man stelle sich vor: die Zahl der Farbflecken, Schuppen, Federn und Haare bei Wirbeltieren. Es muss zum Chaos führen. Nein, sagten die klassischen Taxonomen um MAYR, man muss sich auf das Feingefühl des erfahrenen Systematikers verlassen. Wie aber, fragten die Numeriker, sieht deren Computerprogramm aus? Tatsächlich kamen die Klassiker gerade aus jenem Intuitionis-

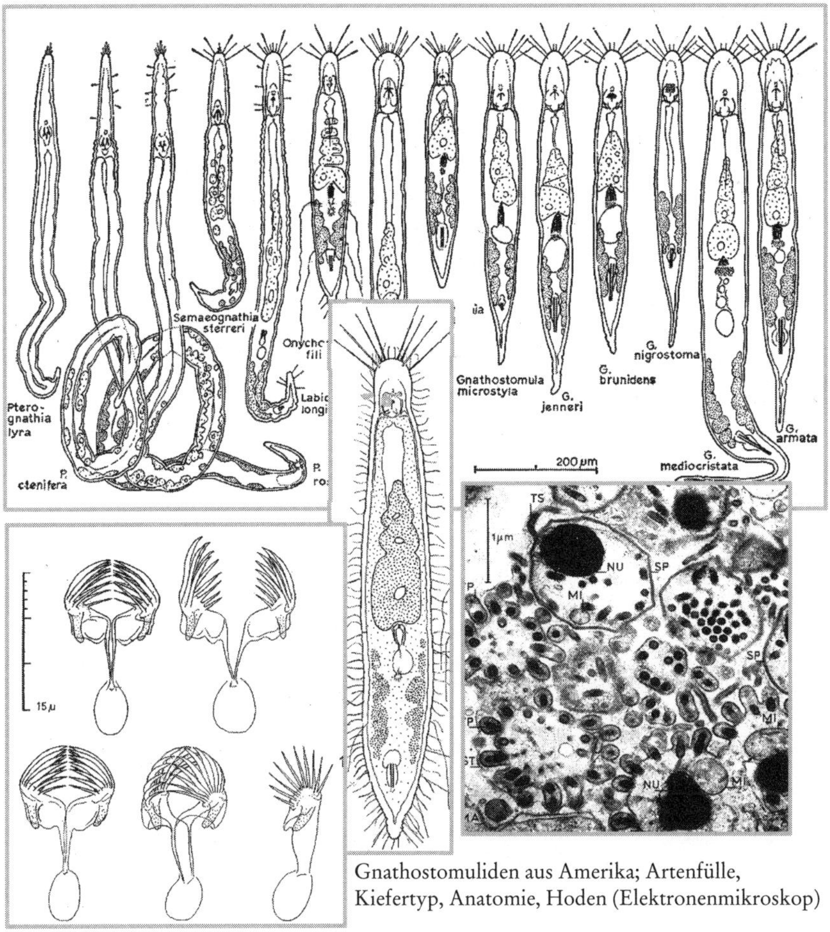

Gnathostomuliden aus Amerika; Artenfülle, Kiefertyp, Anatomie, Hoden (Elektronenmikroskop)

Abb. 31: Der Tierstamm der Gnathostomuliden oder ‘Kiefermäulchen’. Die Zeichnung der von mir bisher erkannten Formenfülle wurde sogar auf die Titelseite von *Science* gesetzt und besiegelte den Entschluss, mich definitiv in die USA einzuladen.

mus nicht heraus, unter dem ich bei MARINELLI schon gelitten hatte und den sie, mit platonischer Ideenlehre verwechselnd, verurteilten.

Ich muss hinzufügen, dass mir damals nicht einmal der Begriff des Intuitionismus geläufig gewesen sein mag. Der obige Überblick ist aus meiner heutigen Perspektive geordnet. Und das Gespräch mit MAYR hätte konziser werden können, wäre mir jener Begriff schon handhabbar gewesen. Wie aber auch immer, eine Ahnung von den vorbewussten Leistungen musste sich in mir festgesetzt haben. Denn deutlich genug hatten die intuitionistischen Systematiker die Welt der Organismen so richtig geordnet, dass eine Theorie von deren Abstammung zur unausweichlichen Folge werden musste.

Über die restlichen Themen, Feldführer und Schulenbildung, wollte ich nur in weicherer Form auf das Grundthema zurückkommen. Aber MAYR, gewitzt genug, roch den Braten und wollte nicht zurück. Ich aber flog zurück nach North Carolina, mit der Absicht, dieses Durcheinander schrittweise aufzuklären. Denn, so muss ich mir vorgestellt haben, es werden beide Lager eine sachliche Aufklärung des Zusammenhangs begrüßen.

Dass das nicht sein konnte, ahnte ich nicht. Denn ich konnte die Schwierigkeiten noch nicht überblicken, die es eingefleischten Fachleuten, selbst meinen talentierten Schülern, machen würde, ihre Denkwelt in eine Erkenntnistheorie der Biologie zu erweitern. Und ich konnte das nicht ahnen, weil mir der Umfang eines solchen Planes selbst noch nicht klar war und zudem von der Resistenz wissenschaftlicher Fakultäten noch keine rechte Vorstellung hatte.

Im Grunde hätte ich von Glück reden können, nicht zu ahnen, wie lang der Weg noch sein musste, das wenigstens mir aufzuklären; ich hätte mich nicht auf den Weg gemacht. Tatsächlich musste erst der Zusammenhang zwischen Welt- und Denkordnung verstanden werden, eine 'Evolutionäre Erkenntnislehre' entstehen, KANT, David HUME und sogar ARISTOTELES begriffen sein und die Gegenüberstellung von gesetzlichem Nebeneinander und gesetzlichem Nacheinander.

Für wen aber konnte das ein Glück sein? Meine Systematik, Faunistik und Ökologie waren geschätzt und geachtet, meine Karriere war vorhersehbar und dennoch driftete ich in ein neues Gebiet zwischen Biologie und Erkenntnislehre, das sowohl den Biologen als auch den Philosophen befremdlich erscheinen wird.

Ich kehrte zu meinen Gnathostomuliden und ihrem Sulfidsystem zurück, schloss die sedimentologische und stammesgeschichtliche Seite des Phänomens an, verfasste darüber eine Studie und schickte sie an *Science*. Sie wird bald weitere Wirkung tun.

Die Monate der Visiting Professorship gingen zu Ende. Ich habe sie in angenehmer Erinnerung, so als ob es damals viel Ausblick und Perspektive gegeben hätte. Dem Tagebuch aber entnehme ich ihre kummervollen Umstände. Wir hatten die Hoffnung auf die Heimat nicht aufgegeben, obwohl das Department um mich warb und mir die University ein vorzügliches Angebot in Aussicht stellte, nun nicht als Chairman, sondern eben als KENAN-Professor, sowohl für Zoologie als auch für Meereswissenschaften, einzuziehen. Selbst eine neue Meeresstation sollte gebaut und in eine neue Richtung geführt werden.

Offen blieben auch die Fragen, wie die Familie ohne ein Deutsch sprechendes Hausmädchen zurechtkommen und wie ich ohne meine Schüler in der erwarteten Breite arbeiten sollte. Die Universität konnte mir nur technisches Personal zusichern. Ich sollte vertrauen, meine Mitarbeiter über Forschungsmittel gewinnen zu können. Pflichtgemäß besuchten wir noch Häuser, die bei der von uns erwarteten Rückkunft zu mieten wären. Aber wir schieden unentschlossen und alle waren wir traurig.

Europäisches Zwischenspiel

Nun war da wieder Wien, grau und eng, das Institut schmutzig, abgewohnt und verstellt wie ein Möbellager, die Perspektiven der Bekannten schmal und die Atmosphäre naphthalinisch, wie eingemottete alte Kleider. Selbst die in den USA vermisste Vielfältigkeit der Europäer wirkte nur komisch. In der Straßenbahn Kümmerer und bepelzte Bojaren nebeneinander. Die Schaffner von unansprechbarer Autorität. Die Grundstimmung der Wiener wehleidig und mieselsüchtig.

Im Wartezimmer eines praktischen Arztes übertrumpften die grämlichgrauen alten Damen einander mit bewegenden Berichten über ihre vermeintlichen Leiden und sonnten sich in dem angestrebten Gefühl, doch das größere Mitleid der Nachbarinnen auf sich gezogen zu haben. Wie anders war das in Chapel Hill gewesen! Auch dort übertrumpften einander die alten Damen, doch mit silberblau getürmter Haarpracht, in grellen Blusen und Tennisschuhen, diesmal aber hinsichtlich der Bagatelle, ja Unnötigkeit ihres Routinebesuchs; nur weil sie Doktor sowieso begegneten und dieser darauf bestand, dass sie doch endlich wieder einmal vorbeischauen sollten. Und ich konnte mich des Eindruckes nicht entziehen, dass einem der letztere Schwindel lieber sein muss.

Was war mit dieser Stadt geschehen? In den Zwanzigerjahren, nach dem Ersten Weltkrieg, trotz Arbeitslosigkeit und physischer Armut eine in jeder Hinsicht blühende Kultur; in den Sechzigerjahren, nach dem Zweiten, eine saturierte, fade und träge Welt, deren Intelligenz im Räumen der Bombenruinen und im Ziegelputzen aufgebraucht schien.

Nun sind wir Menschen eben Adaptierungswunder und diese aversive Haltung bedarf einer Deutung. Ich glaube, dass wir damals mit Europa vorerst abgeschlossen hatten, wiewohl die Ziele, die wir uns vorgaben, alle mit Ankern in der Heimat zu tun hatten. In dieser Situation meinten wir auch, dass das nicht wegzuleugnende Heimweh, das wir in den USA erlebten, weniger auf Mitteleuropa als vielmehr auf das Mediterran gerichtet gewesen wäre. Und das Heimweh, das wir nach den Carolinas hatten, nach jenen endlosen Wäldern, nach der Unkompliziertheit des menschlichen Verkehrs und den weiten Stränden gestanden wir uns wohl noch nicht ein.

Wonach also, so fragte sich's, misst man eine Zivilisation? Waren wir schon gefangen zwischen zwei Kontinenten? Ist es schließlich nur die eigene Befindlichkeit und Lebensabsicht, die als Maß gelten kann? Was war dann die Lebensabsicht, wie diese selbst wieder die Befindlichkeit steuern musste? Denn die Lebensabsicht, wie sie das Kriegstagebuch verzeichnete, war mir gewiss nicht bewusst.

Mussten noch einige Jahre der vergleichenden Anatomie absolviert werden, bis die Theorie, und damit wieder Europa, attraktiv werden konnte?

Freunde, wie Harald ROHRACHER, die uns in die Seele guckten, rieten, in den USA anzunehmen, sobald ein geeignetes Angebot einträfe. Und das Angebot der KENAN-Professorship traf ein. Man müsse, so meinten sie, wenigstens für einige Jahre der akademischen Neidgemeinschaft in Europa entgehen. Man muss sich im Ausland profilieren, weil es hier eben keine Maße gäbe. Ich nahm an.

Die Erleichterung meiner Oberen im Institut war schlecht kaschiert, mein Besuch beim Dekan, den ich zu absolvieren hatte, war peinlich. Er könne zu mir, meinte er, nicht als Dekan sprechen, weil die Interessen der Fakultät, die er zu vertreten hat, zu kompliziert wären. Als erfahrener Universitätsmann aber würde er mir raten wegzugehen.

Smoky und ich wurden Auswanderer, die Kinder freuten sich auf eine lustige Reise, die sie vor allem dem Kindergarten in Wien entwinden würde, den sie hassten. Auch ein Hündchen und eine Katze, die sich unserem

Häuschen in Chapel Hill angeschlossen hatten, besaßen noch große Anziehungskraft. Das Auswanderergut war zu bestimmen und die gesetzten Prioritäten waren wahrscheinlich charakteristisch; unser kleiner kultureller Kreis, der wie ein Schutzmantel mit musste: lieb gewonnene Truhen, Gemälde und alle Bände der damals schon angewachsenen Bibliothek.

Nun war das Aupair-Mädchen zu finden und unser alter Freund Peter (PRINZ), nun in Werbedingen daheim, formulierte uns eine pfiffige Annonce: „Wir, Sabina und Barbara, drei und vier Jahre alt, fahren nach Amerika. Der Papa hat dort eine Professur angenommen und wir suchen ein liebes Mädchen, das auf uns aufpasst.“ Was auf diese Annonce antrabte, hatten wir nicht erwartet; Damen gereifter Halbwelt, die vermuten mussten, dass es jener Papa ist, der für einige Zeit eine Gespielin sucht. Erst als junge Damen kamen, die von der Annonce gehört, sie aber nicht gelesen hatten, fanden wir unsere Bärbel.

Schließlich musste Vaters Wohnung aufgelöst werden. Entscheidungen darüber, was zu behalten war und was nicht, sind wohl immer bedrückend. Gemälde und Tagebücher mussten mit, und natürlich die Bibliothek.

Die wenigen Monate in Europa waren freilich mit Arbeit angefüllt, was uns zu viel an Grübelei vom Halse hielt. Die zweite Auflage des Adriabuches musste fertig werden. Und da bewährte sich bereits meine Doktorandenschar. Die Kapitel über Schwämme, Hydroiden, Gnathostomuliden, Strudelwürmer, Gastrotrichen, Fadenwürmer, Schnurwürmer, Flohkrebse, Mollusken und Moostiere wurden mir für die Überarbeitung vorbereitet. Was leicht ging, denn schon vor meinem Amerikaaufenthalt hatten wir gemeinsam über *Vierzehn für die Adria neue Tiergruppen* publiziert.

Es war leicht zu sehen, wie verlässlich es gelang, in die Praxis der vergleichenden Anatomie einzuführen. Wie schwer es dagegen sein würde, das dahinter liegende Prinzip zu vermitteln, das wusste ich noch nicht. Ich sah aber mit Verblüffung, wie gut hier gearbeitet wurde, ohne die Prinzipien, die hier wirken mussten und die ich auch erst ahnte, zu kennen. Und es festigte sich in mir nochmals die Überzeugung, dass es eines war, wie BUFFON und LAMARCK die Hierarchie der Ähnlichkeiten in der Organismenwelt zu entdecken, ein anderes aber, wie LAMARCK und DARWIN dieser Hierarchie eine Theorie der Erklärung hinzuzufügen.

Das Ganze wurde schließlich noch einer weiteren Probe unterworfen, da nun auch Türken, Libanesen, Ägypter und Tunesier in mediterraner

Faunistik zu unterrichten waren, in deren Ausbildung zum Doktor der Wissenschaften nichts von alledem vorgekommen sein konnte.

Ich übernahm den Auftrag, einen UNESCO-Kurs abzuhalten, und ein Gutteil meiner Schülergruppe reiste mit mir ins alte Rovinj, um als Instruktoren mitzuwirken. Alte Freunde, wie Fritz GESSNER, unser Meeresbotaniker aus Venezuela, und die Meeresgeologen Dieter MEISCHNER und Jürgen SCHNEIDER aus Göttingen, schlossen sich an. Wir hatten viel Spaß und lernten viel; über die Schwerfälligkeit internationaler Organisationen, über den Umgang mit unseren wenig beleckten Studiosi, am meisten aber voneinander.

Es war vor allem die Virtuosität, mit welcher Dieter und Jürgen mit den polymorphen Phänomenen der Küstenmorphologie und der marinen Sedimente umgingen. In meinem Inneren konnte ich nun schon fragen, wie sie das machten, und beobachtete, dass auch hier die Intuition dominierte. Man hatte die Lösungen einfach zu sehen. Und wenn man sie in verschiedener Weise sah, pflegte man Entscheidungen Autoritäten zu überlassen.

Ich dachte mir, dass das wohl bei allen polymorphen Phänomenen so sein könnte, dass die Organismenwelt dafür aber die meisten Beispiele besäße und die meiste Erfahrung brachte, dort also mit der Fahndung nach den Prinzipien zu beginnen wäre.

Auf die Idee, dass man dabei bei den angeborenen Denkstrukturen ansetzen müsse, kam ich nicht. Denn ich konnte von angeborenen Denkstrukturen nichts wissen. LORENZ' Beispiel mit der Brille im Auditorium Maximum hätte wohl in dieser Richtung weiterdenken lassen. Er meinte, dass man sie mit einem Schrei fallen ließe, würde sich ihre Perspektive, in der Hand gedreht, nicht ändern. Dass aber LORENZ' Ethologie mein Problem lösen könnte, wäre mir nicht in den Sinn gekommen. Ich hatte meine, noch vor dem Amerikaaufenthalt verfasste, 'Korrelative Selektion' im Kopf und dachte, etwas wie Gesetze der inneren Ordnung aufspüren zu können. Das war gut so. Denn ich ahnte nicht, dass die zu entdeckende Naturordnung die Denkordnung aufschließen lassen werde, nicht aber die Ordnung der Logik jene der Natur.

Schließlich wurde eine Kiste, so groß wie ein Gartenhäuschen, ein so genannter Lift-Van, mit jener unserer Habe voll gepackt, von der wir erwarteten, sie werde uns unseren kulturellen Rahmen erhalten. Für die weitere Entwicklung meiner Schüler wurden Pläne geschmiedet, SALVINI-PLAWEN empfahl ich, als meinen Vertreter anzustellen, andere hofften, in die USA nachzukommen. Von der Familie, vor allem von Smokys Mutter, war Abschied zu nehmen, ein Vorgang, der erst so recht zeigte, wie viele offene Fragen nicht mehr gelöst werden konnten. Und wieder saßen wir mit unseren Kleinkindern auf den Flughäfen von Wien, Frankfurt und New York herum und wussten nicht, was aus ihnen werden würde.

The Quiet Invaders

Chapel Hill fing uns auf wie ein sanftes Netz unter dem Seil. Am Rasen des Flugfeldes standen Lil und Gen, Dorothy und Charles, als ob weder wir noch sie inzwischen weg gewesen wären. Es gab Jubel und Tränen. Man hatte erreicht, dass uns die Universität in der Parklandschaft des Campus ein stilvolles Haus aus der Kolonialzeit zur Verfügung stellte, womit schon ein alter Wunsch in Erfüllung ging. Blumen, Zeitschriften und Spielsachen waren in ihm schon vorbereitet.

Kaum hatten wir die Tür hinter uns geschlossen, meldeten sich die rechten Nachbarn als Jim und Joe, wir mögen vorerst ihr Telefon benützen. Als sie gegangen waren, läuteten die linken Nachbarn, Frank und Mary (oder so ähnlich); für die Kinder war ein Kuchen gebacken. Und schließlich kam der alte Chancelor HOUSE, der frühere Rektor und unser *'back yard neighbour'*, und unterhielt die Kinder mit seiner winzigen Mundharmonika, damit wir Zeit hätten, uns einzurichten. Die beiden Wichte waren fasziniert. Und während wir räumten, klangen alle alten Südstaatenlieder, die wir so liebten, in dieser bescheidenen, aber gekonnten Weise durchs Haus.

Im Handumdrehen war Wien weit zurückgefallen. Wie konnte man hier weggehen? Meine oben elaborierte Epistel über das 'Adaptierungswunder Mensch' bedarf neuerlicher Relativierung. Das gepresste Lebensgefühl blähte sich wie ein Kugelfisch.

Nun liefen einige Entwicklungen nebeneinander: Bezug und Ausstattung der Labors mit Technik und Instrumentierung, die Einrichtung der Familie, das Gewinnen von zusätzlichen Forschungsmitteln, das Kommen meiner Schüler, die Forschungspraxis an den Küsten und der Ausbau meiner morphologischen Theorien.

Man erinnert sich, dass man überzeugt war, es werde mir gelingen, noch weitere Forschungsmittel an unsere Labors zu bringen. Die versierten Leute hatten mich wohl auch mit diesem Ziele mit der ranghöchsten

Professur ausgestattet, welche die Universität vergeben konnte. Und die Rechnung ging auf.

Wieder sollte die Synopsis eines Lebensraumes entstehen. Zwei Alternativen boten sich an: entweder die Sümpfe der Mangrovenwälder an den Küsten Floridas und vor allem Puerto Ricos oder die Sandstrände und langen Lagunen, wie diese fast die ganze Atlantikküste der USA begleiten. Ich hatte eine Präferenz für das Puzzle der so offensichtlichen Komplexität der Mangroven. Und auch Tom, Professor Howard Tom ODUM, riet dazu.

Also flogen wir zunächst einmal nach Puerto Rico. Tom, wenig älter als ich und kurz vor mir nach Chapel Hill gekommen, zählte schon damals zu den zehn bedeutendsten Ökologen der Welt. Und unser beider Einzug rangte das Department und sogar die jährlich US-weit stets neu bemessene Reputation der ganzen Universität auf.

Tom begann damals ein Werk, das bald darauf unter dem Titel *Environment, Power, and Society* erschien, ihn noch berühmter machen sollte und, vielleicht mit Ausnahme des deutschen Sprachraums, die Ökologie der ganzen Welt befruchtete. Ich konnte zwar Jahre darauf die Übersetzung ins Deutsche, nicht aber deren Veröffentlichung durchsetzen. Die Ökologie war dort noch in Diskussionen um die reine Bestandsaufnahme befangen. Und ich bin in der Sache ausführlich, weil höchst wertvolle Diskussionen mit Tom anschlossen und der Succus derselben mein ganzes weiteres Denken begleiten wird.

Seine geniale Leistung bestand darin, alle Systeme nach ihrem Durchzug an Energie beschreiben zu können und nach dessen Ökonomie zu bewerten: vom Tümpel über den Regenwald bis zu den Institutionen der primitiven und industrialisierten Gesellschaften. Unsere Diskussionen entzündeten sich an der Schnittstelle der Bewertung dieser Bewertungen. Ich war und bin der Ansicht, dass alle solchen Systeme bei begrenzten Ressourcen in der Evolution auf Energieökonomisierung selegiert würden, weshalb ihre Wertung noch mehr nach ihrer Kumulation an Information, Ordnung oder negativer Entropie erfolgen müsse. Wie man sieht, ein Thema der Wertfragen, das sich in Richtung von Ethos und Recht erweitert und sich dem an Limits gewohnten Europäer anders gewichtet als dem an Aufklärung und Kapital orientierten Amerikaner.

Entsprechend wurde daraus eine höchst achtungsvolle Freundschaft, begleitet von allerlei Erlebnissen. Zwei davon will ich wiedergeben, um die Atmosphäre anzudeuten.

Bei unserer ersten Einladung ins Haus ODUM fand ich die Damen der Partygesellschaft in einem Salon isoliert, während alle Herren mit ihren Drinks in einem anderen herumstanden. Sogleich schien mir meine Erziehung zu gebieten, dieser Nachlässigkeit entgegenzuwirken, und ich fügte mich in die Konversation der Damen, bis ich ein gewisses Befremden bemerkte und Tom mich in liebenswürdiger Weise aus derselben wieder herausschälte; in den alten Südstaaten tut man so etwas nicht.

Am Flug hingegen konnte ich nun ihn überraschen. Der Zeitung entnahmen wir, dass Fredi BRENDEL an eben diesem Abend in San Juan konzertiert, und ich sagte Tom, da würden wir hingehen. Er war, was Tom nicht wusste, ein alter Freund aus dem Kreis meiner Studienkollegen. „Ohne Karten?", meinte Tom, das Konzerthaus ist dort über Wochen ausgebucht; und Alfred BRENDELs internationalen Rang als Pianist kannte er. „Ohne Karten", sagte ich, „wir werden zu Fredi ins Künstlerzimmer gehen". So geschah es auch. Fredi war so freudig überrascht, wie Tom der Ehrenplätze wegen platt war. So etwas, sagte ich ihm, tut man im alten Europa.

Von San Juan ging's zunächst in die Berge im Osten der Insel, in deren dichten Regenwäldern Tom gerade ein Großexperiment abschloss. Allein der Wald, den wir entlang seiner Gießbäche durchmaßen, ist mir ein großes Erlebnis geworden. Der Höhepunkt jedoch war Toms Turm, der den Wald in der Vertikalen durchmaß. Aus Gerüstrohren zusammengesetzt und mit einer Grundfläche von kaum zwei Quadratmetern, liefen die Leitern von Absatz zu Absatz durch die Schichten des Unterwuchses, der Bromelien, der Palmen, Lianen und Laubdächer, bis man, schon völlig durchnässt, aus diesem geschlossenen Dach in eine Sonnenwelt der Vögel und Schmetterlinge heraustauchen konnte. Ich verstand, dass ihn das faszinierte.

An der trockenen Westseite der Insel ging es nach Mayaguez und in die Mangroven um die Station von Ribero, die ich schon kannte, und wir entzündeten uns auch dort an der Fülle der in diesen wartenden Probleme.

Zurückgekehrt, riet man mir sehr, zwei Projekte bei der 'National Science Foundation' einzureichen: ein Sand- und ein Mangrovenprojekt. Ächzend formulierte ich also beide, bis ich fand, dass derlei hierorts einfach ein Drittel des Lebens macht: *'Monday teaching, Tuesday research, Wednesday writing proposals.'* Beide trafen auf Interesse, das Sandprojekt wurde, weil für die Staaten wichtiger, zunächst und in vollem Umfang finanziert. Das mochte auch mit meinem Gnathostomuliden-Artikel zusammenhängen, der damals erschien, wobei meine Tierchen ja die Titelseite der reputierten Zeitschrift einnahmen und einen entsprechenden Rummel auslösten. Alle Fachleute, Lehrbuch- und Lexikonschreiber wollten weitere Unterlagen.

Wieder einmal kam meine Sekretärin, unsere talentierte An PAINTER, in mein Labor, mit dem Wunsch, für ein wissenschaftliches Lexikon das Mikrofoto einer Gnathostomulide zur Verfügung zu stellen. An, quick, von einer spanischen Hübschheit und von meinen Mitarbeitern als mit 'tiefem Schwerpunkt' beschrieben, machte das alles selbstständig. Ich musste also gar nicht von der Arbeit aufsehen und sagte nur, in der Lade sowieso seien ohnedies noch Fotos, und hörte, dass sie eines entnahm. „Sieh nur zu", rief ich ihr nach, „dass auch der Gattungsname draufsteht". „Steht drauf", hörte ich noch. Die Sache schien erledigt. Als wir das Belegexemplar des Lexikons erhielten, fanden wir als Gattungsnamen aus Gnathostomula 'Guzthostomulz' geworden. Die Beschriftung resultierte aus meiner zu einer Art Druckschrift heruntergekommenen Handschrift. Das 'a' war zu 'z' und das 'n' zu 'u' geworden. Und in mein Griechisch schienen die Lektoren volles Vertrauen gehabt zu haben.

Mit den Mangroven-Plänen war es vorerst vorbei. Aber, wie sich Pläne nun einmal festsetzen, fast zwanzig Jahre später wurden sie realisiert; zwar nicht mehr von mir, aber von der ganzen Truppe meiner Wiener Schüler: KIRSTEUER war damals schon Kustos für Wirbellose im Museum for Natural History in New York, Klaus RÜTZLER Kustos für Schwämme am Smithssonian in Washington, Jörg OTT und Wolfgang STERRER waren bald bei mir in Chapel Hill. Klaus gründete eine Meeresstation im Golf von Mexiko; alle arbeiteten sie dort immer wieder über die Mangroven-Sümpfe, vieles wurde entdeckt und mit Jörg entstand darüber einen guten Film.

Die großen Forschungsmittel lösten aber auch einen Rummel aus, denn sie waren so disponiert, dass ich eine Reihe meiner Schüler nachkommen lassen konnte. Und für jeden, der nachkam, vermochte ich den der Einwanderbehörde notwendigen Nachweis zu erbringen, dass das, was er konnte, in den USA niemand kann. So erhielten sie auch alle ihre Arbeitsgenehmigungen. Reihenweise machten sie ihre Doktorate, heirateten und kamen. Die Frauen, im Grunde auch unsere Schülerinnen, kamen nach: *Quiet Invaders.* Das ist einem Buchtitel entnommen. Im Institutsjargon hießen wir aber auch die 'Austrian Mafia'.

Als Erster kam Wolfgang STERRER und machte sich an die Gnathostomuliden; Christiane kam nach. Als Nächster traf Reinhard RIEGER ein.

Auf ihn warteten vor allem die zahllosen Turbellarien; Gunde kam nach. Schließlich kam Jörg OTT, den Fadenwürmern zu Leibe zu rücken; Renate kam mit. Als dann noch KIRSTEUERs aus New York, RÜTZLERs aus Washington, Arnfried ANTONIUS aus Florida zur Aushilfe kamen und Rudi MACHAN aus Wien nachfolgte, war, die Kinder und RIEDLs mit Bärbel mitgerechnet, unsere meereskundliche Kolonie bald auf tatsächlich zwanzig Seelen angewachsen; eine Party-, Heurigen- und Sangesgesellschaft gewiss eigener Art.

Barbara und Sabina schien eine solche Umgebung naturgegeben. Von Wolfgang und Arnfried lernten sie freche Lieder, von Jörg OTT Bachkrebse zu fangen, von Reinhard, Bärbel und Rudi die Herstellung von Apfelhäuschen, Papierblumen und Drahtwundern. Und Smoky bewirtete alle und unterhielt alle mit ihrem Kasperltheater so gekonnt, dass die Kinder nicht nur des Departments, sondern auch unserer ganzen Umgebung zuströmten.

So wuchsen unsere Kinder so zweisprachig auf, wie wir in der Mitte zweier Kulturen lebten. Ich erzähle das, weil dies auch später auf Smokys Haltung und die meine ihren Einfluss haben wird. Ebenso wie die geschilderte Kolonie Einfluss nehmen wird auf unsere Rückkehr nach Europa. Vorerst wurde aber nur aufgebaut. Draußen, und sobald ein Amerikaner das Haus betrat, wurde geflissentlich Englisch gesprochen, ansonsten Deutsch. Smoky las den Kindern Englisch vor, ich brachte es mit den verlangten Gute-Nacht-Geschichten in Deutsch auf eine Folge von Tausend.

Rückblickend erwies sich das als günstige Fügung; Geschichten über Geschichte zu produzieren. Ich erfand einen guten und einen bösen Zauberer, welche die Wünsche zweier kleiner Mädchen förderten oder störten, ließ Inseln, Tiere, Schiffe und Städtchen entstehen und fabrizierte, an BOCCACCIO angelehnt, eine 'Kinder-Komödie', in der ich bald an allem, was unsere närrische Geschichte enthält, Anleihen nehmen konnte; vom *Gilgamesch*-Epos über die *Odyssee* zum Alten Testament und der *Handschrift von Saragossa*.

Später wird mich diese Übung zu einem historischen Aufbau meiner Evolutions-Vorlesungen führen; und spät in meinem Leben zu einer *Kulturgeschichte der Evolutionstheorie*.

Mit Rudi hatte es eine eigene Bewandtnis. Er hatte Elektrotechnik absolviert, sich meinem Wiener Labor angeschlossen und manch pfiffige Idee für unsere Messtechniken entwickelt. Da vorauszusehen war, dass wir auch für die Phänomene in den Sandkörpern der Küste neue Techniken zu entwickeln haben würden, kam auch er nach. An, die die Korrespondenz führte, wartete mit wachsendem Interesse von einem Ankömmling auf den nächsten; besonders auf den unvermählten Rudi. Und als unsere böse Truppe das bemerkte, wurde ihr Rudi, in überlegter Dosierung, zu einer Kombination aus Adonis und Nathan dem Weisen aufgebaut. Erst am Gipfel dieses Wunderbaues gaben wir, so getrennt wie vereinbart, einen einzigen Makel zu: Rudi, der tatsächlich schon das Kommen einer Glatze ahnen ließ, besäße, so gaben wir an, leider kein einziges Haar.

Kurz: Es war eine gute Zeit. Nochmals gelang die Synoptik eines den Meereshöhlen diametral entgegengesetzten Lebensraumes, zwischen den Hochenergie-Küsten und dem Sulfidsystem, und die 'Prinzipien der Morphologie' sowie *Die Ordnung des Lebendigen* sollten aufgerollt werden.

Der dritte finstere Lebensraum

Es geht nun um die Biologie der sandigen Böden der See; um die Strände und die kontinentalen Schelfgebiete. Wieso also ein finsterer Lebensraum? Ist der Sandstrand, auf dem die Touristen bräunen und Burgen bauen, nicht geradezu das Sinnbild eines Sonnenlandes? Das täuscht. In Wahrheit dringen die Photonen nur wenige Millimeter in den Sedimentkörper ein. Wo immer wir ihn aufdecken, erreicht freilich unsere Welt des Lichtes seine Oberfläche. Aber in ihm selbst herrscht ein Leben in völliger Finsternis.

Ich wusste, dass das Forscherteam möglichst nahe an den Ort der Untersuchung muss. Es ist nicht genug, von ferne angereist Proben zu bearbeiten, Messungen zu nehmen und auszuwerten. Denn zum einen fällt die Mehrzahl der Phänomene durch den Rost – eben alle, die sich zwischenzeitlich ereignen –, zum anderen kommt die Reaktion auf die gewonnene Erfahrung, die Änderung oder Planung immer zu spät. Meine Truppe wusste das. Und es war darum leicht, uns wieder den unbequemeren Feldforschungsstil zuzulegen.

Freilich konnte die Tauchmethode keine zentrale Funktion mehr haben. Die Sandböden sind, mit Ausnahme der Rippelstrukturen, die ihnen die Zustände des Seegangs applizieren, optisch homogen. Tag und Nacht rollt die Dünung, oft Dünung mit Windsee, herein, die alles an deponiertem Gerät ausgräbt und herumwirft, und die Sichtweite begrenzt sich für den Taucher auf ein bis zwei Meter, bei starkem Seegang, durch Luftblasen- und Sandgewirbel, auch auf noch weniger. Auch ist Vorsicht geboten, weil der Wasserkörper, der stets gegen die Küste geschoben wird, irgendwo zurück muss, sich zu 'Rippströmen' formiert, die, mit der Geschwindigkeit eines Flusses, auch dem geübten Schwimmer keine Chance lassen, gegen sie anzukommen.

In den Sounds ist es gemütlicher. Nur die Sichtweite ist auf Dezimeter reduziert und bei ungeschickter Berührung des Bodens, durch das aufquellende Feinsediment, gleich null.

Ich sagte schon, dieser Lebensraum war dem der Meereshöhlen ganz entgegengesetzt. Wenn wir, besonders in den Randhöhlen, einem Biotop von nachgerade eternaler Ruhe begegneten, waren die 'Hochenergieküsten', also die Strände in der vollen Exposition der Energie des Atlantiks, die mit Abstand beweglichsten. Über einen einzigen Gezeitengang konnte der ganze Sandkörper der Küste bis zu einer Mächtigkeit von einem Meter abgetragen und tags darauf wieder angeschüttet werden.

Die Kabel zu den Messgeräten mussten also zureichend tief eingegraben werden, um nicht sogleich wieder von der Brandung herausgezerrt und herumgeschleppt zu werden.

Das Feldlabor bestand nun aus unserer 'weißen Flotte': Geländewagen, Transporter, Zelte und ein zum Labor ausgebauter Trailer; weiß, um der Sommerhitze entgegenzuwirken. Aufgestellt wurde diese Art von mobilem Labor in den Dünen, deren Beweglichkeit auch zu beachten war. Vor den Dünen konnte kein Posten bestehen. Kamen stecken gebliebene Fahrzeuge vor der Flut nicht mehr frei, versanken sie schon über Nacht metertief, verschwanden bald fast völlig und nichts konnte sie mehr herausholen.

Die Strecke von Chapel Hill an die Küsten konnte man in vier Stunden, großteils über den gut ausgeschilderten Highway 70, zurücklegen, wenn man etwas über dem Speedlimit fuhr. Und natürlich fuhren wir das oft und flott. Die vorgeschriebene Geschwindigkeitsgrenze von 45 oder 50 Meilen schien dem gelernten Europäer für die großen, vielfach einsamen Straßen sehr gering. Also fuhr ich auch wieder einmal 70. Bald aber hatte ich einen Streifenwagen hinter mir, hielt also an. „Sie sind in Eile?“, fragte der Trooper lächelnd. „Nein, nicht wirklich.“ „Wie schnell sind Sie gefahren?“ „70“, sagte ich wahrheitsgemäß. Zornesröte stieg dem Mann ins Gesicht. Da wies ich auf eine nahe Tafel der Straßennummer. „70, 70, 70“, sagte ich, „das zeigt es die ganze Zeit.“ Das Gesicht entfärbte sich. „Um Gottes Willen!, das ist die Nummer der Straße! Papiere!“ Ratlos wendete er meinen österreichischen Führerschein herum, mit dem ich noch fahren durfte. „Wo sind Sie her?“ „Austria – Europe.“ Nein“, sagte er misstrauisch, „Hier steht POL.DION., sie sind Pole. Und das nächste Mal verwechseln Sie nicht mehr die Tafeln, in des Drei Teufels Namen.“ Derlei hat mich wiederholt gerettet. Ich habe gegen den Polen nicht mehr protestiert; die Vertreter dieses Landes gelten als entschuldbar beschränkt.

Noch ein Erlebnis dieser Reisezeiten soll erzählt werden, um das so Anziehende der Südstaaten zu illustrieren. Einmal, um die später auftretenden Fremdheitserlebnisse zu relativieren, ein andermal, um unser noch später auftretendes Heimweh nach den Carolinas zu begründen.

Abend, kleines Motel an der Küste. Ich wollte die Nächtigung gleich bezahlen, voraussehend, dass Jörg und ich sehr früh weiter mussten. Oh, das hätte Zeit. Und wenn man noch nicht auf wäre, dann möge ich nur die zwanzig Dollar ins Büro legen, dort sei immer offen. Und das, ohne dass Ausweise verlangt wurden und obwohl wir, RIEDL und OTT, was sich wie *'riddle'* und *'odd'* anhört, als die Herren 'Rätsel' und 'Seltsam' reisten. Aber so sind die Carolinas. Man lässt die Autos unversperrt und die Häuser die Urlaubswochen über offen. Es genügt, wenn die Haushilfe gelegentlich vorbeikommt.

Der Lernfortschritt der Gruppe war beträchtlich. Von den großräumigen Extrapolationen unserer neuen Messergebnisse über den Wasserdurchsatz im Schelfgebiet der Kontinente und die nur millimeterweiten Zonierungen der Klimagefälle im Sand-Lückensystem und seine winzigen Bewohner reichte die Perspektive bis in den Ultrastrukturbereich von deren Zellbauteilen. Kurz: Eine Synoptik noch ganz anderer Art wurde möglich.

Wir begannen beispielsweise zu begreifen, dass die Sandgebiete das größte Filtersystem der Ozeane zusammensetzen. In ihnen wird mikro-organischer Abrieb und Zerfall eingefüllt und abgebaut. Man kennt diese Substanzen als Meerschaum. Davon leben zunächst Bakterien, von diesen die ganze Kette der Mikrofauna und gefiltertes Wasser fließt zurück in die See. Die Menge ist weltweit so groß wie der Wassertransport der Flüsse aller Kontinente.

Wir erkannten, dass auch die Grenze zwischen den belüfteten und den sauerstofflosen Sedimentschichten von Organismen durchwandert wird, dass auf diese Weise organisches Material in die Tiefe gelangt, dort nicht

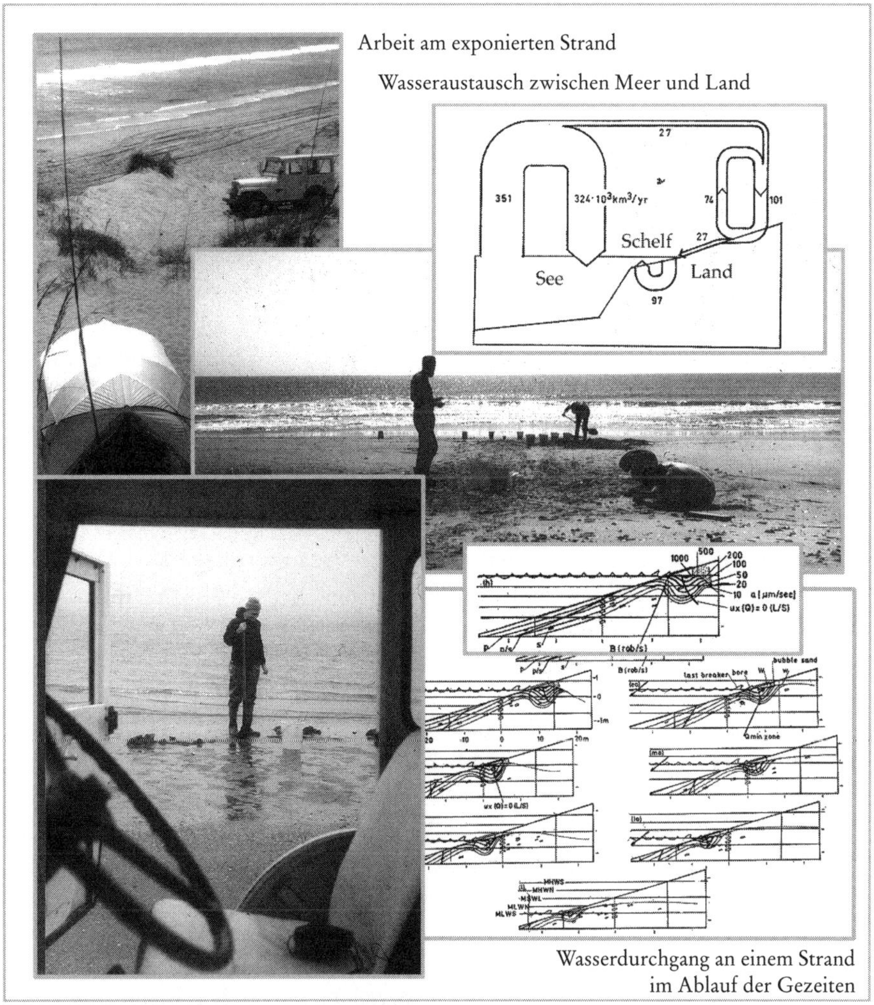

Abb. 32: Arbeiten am offenen Atlantik, technisch ein 'Hochenergie-Strand', mit der Entdeckung seiner Filterwirkung; Sandstrände der Erde als die größten Staubsauger der See.

ganz aufgebraucht werden kann und später unter Druck zu Erdöl wird. Wir konnten bei diesem Prozess gewissermaßen dabei sein.

Um sicher zu sein, dass wir aus dem Sulfidsystem nicht Arten dadurch verloren, dass wir sie in der Sauerstoffatmosphäre unserer Labors extrahierten, versuchten wir, den Sauerstoff auszuschalten. Wir bauten eine Art 'Extraktionszelt' und spülten es mit Stickstoff. Aber wir wurden Reste des Sauerstoffs nicht los. Die einzige Möglichkeit, die blieb, war, in das Zelt Schwefelwasserstoffgas einzuleiten. Das bindet auch die letzten Moleküle, ebenso wie im Sulfidsystem selbst. Und so sorgfältig wir das – ahnungsvoll – auch taten, immer entschlüpfte etwas und das ganze Institut stank stundenlang, als wäre es in eine Jauchengrube versenkt. Petitionen, Proteste und Gelächter unserer Mitbewohner hielten einander die Waage. Aber es zeigte sich, dass wir keine Arten verloren hatten. Alle vertrugen für kurze Zeit den Atmosphärenwechsel. In einem so dynamischen Lebensraum eine weitere Bedingung für das Überleben.

Natürlich kamen auch die erstaunlichsten Adaptierungen der Bewohner zu Tage. Von den Möglichkeiten extremer Verzwergung wusste man schon einiges. Manche Gruppen sind schon auf jene Winzigkeit angelegt, die es erlaubt, im Sandlückensystem gut fortzukommen, und manche reisen im Rhythmus von Wellenschlag und Gezeit, an den treibenden Sandkörnern angeheftet, mit. Man darf nicht ausgeschwemmt werden. Andere schaffen die nachgerade unglaublichste Verzwergung, und zwar über verschiedene Strategien. Außer den Wirbeltieren fanden sich Repräsentanten so gut wie aller Tierstämme. Selbst Tiergruppen, die man nur als sesshafte Kolonien kannte, wie die Moostiere, fanden sich als winzige, solitäre Individuen wandernd zwischen den Sandkörnern.

Und um das Sulfidsystem fanden sich sogar Arten, die auf Mund und Darm verzichteten, dafür aber auf ihrer Haut ein wohl geordnetes 'Gemüsebeet' von großen Bakterien oder Blaualgen mit sich führten, mit welchem sie die jeweils lebenserhaltenden Verbindungen austauschen. Mund und Darm müssen also keineswegs zur Ausstattung der frühesten Vielzeller gezählt haben; so, wie gemeiniglich die Theorie vom Entstehen der Tierwelt in den Lehrbüchern dargestellt wird. Auch hier weitete sich die Perspektive.

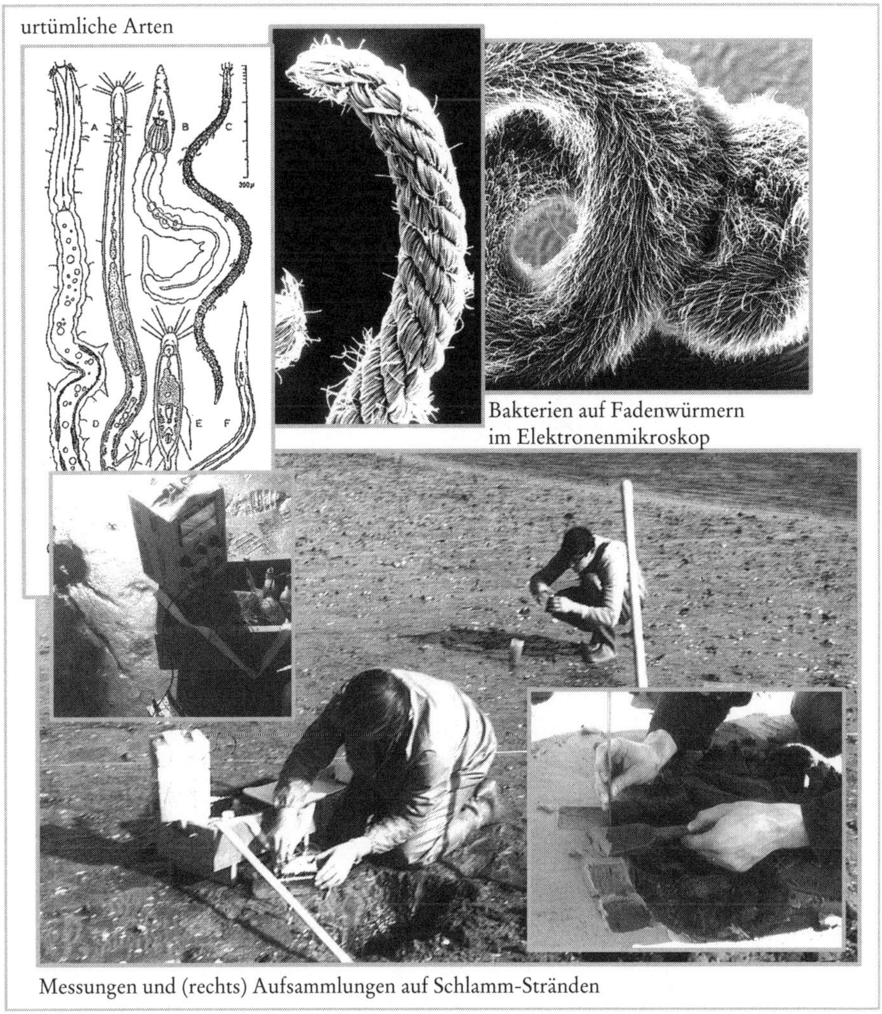

Abb. 33: Entdeckung der Lebenswelt des 'Sulfidsystems', des sauerstofflosen, wahrscheinlich ältesten erhaltenen Lebensraumes unserer Erde. Jörg bei Messungen, Reinhard bei der Probenentnahme an geschützten Stränden, den Watten, in den Sounds.

Bald wurde deutlich, dass wir tatsächlich den ältesten Lebensraum unseres Planeten angeschnitten hatten, der noch aus der Zeit seiner Schwefelwasserstoff-Methan-Atmosphäre stammen musste. Die Diskussion wogte später hin und her und brachte nicht mehr viel. Nur in jüngster Zeit ist noch ein solch urtümliches Biotop gefunden worden: an den heißen Quellen (den *'hot vents'* in vier Kilometern Tiefe) in der Tiefsee. Jörg OTT und seine Schüler waren dann auch dort unten.

Gewiss ist, dass es mir beschieden war, drei versteckte Lebensräume der Biosphäre aufzudecken. Das kommt nicht oft vor; was für ein Gewinn für einen neugierigen Biologen!

Ich selbst gewann durch das alles viel. Nochmals, und in noch intensiverer Weise, lernte ich, die Festlegungen in den organismischen Bauplänen von den adaptiven Freiheitsgraden gebotener Anpassung zu unterscheiden. Und auch die Möglichkeit, nun vergleichende Anatomie bis in den Bereich der Ultrastrukturen zu betreiben, ergänzte die Perspektive. Man hatte damals erwartet, mit dem Ultramikroskop die Arten noch genauer unterscheiden zu können. Wir erkannten jedoch bald, dass wir hier, in der Tiefe lebendiger Organisation, gerade den konservativsten Merkmalen begegneten, die sich über hunderte Jahrmillionen nicht geändert hatten, darum eben umgekehrt für ein näheres Verständnis der großen Zusammenhänge im Stammbaum der Organismen aufschlussreich werden.

Zu den bewährten Sprüchen unserer professoralen Freunde gehörte: *'You have to get your boots wet'*. Und das ist wirklich so. Man muss tief im Material der Natur stecken, um sich ihr nicht spekulierend zu entfremden. Tatsächlich hatten wir nicht nur die Stiefel nass bekommen.

Order in Living Organisms

Ich sagte schon: Mehreres lief damals parallel. Und ich sortiere nur, um jeweils den Zusammenhang deutlich zu machen. Die 'Korrelative Selektion' war nicht vergessen und in stillen Stunden setzte ich daran fort. Das Nachdenken über das große Material, das durch die Labors zog, brachte der Reihe nach ein halbes Dutzend Einsichten, die ich in der Reihenfolge wiedergeben will, wie sie auftauchten.

Zunächst begriff ich einen Zusammenhang, der auch als Erster in der Fachliteratur übernommen wurde. Offenbar ist er am leichtesten mitvollziehbar: 'funktionelle Bürde'. Im Schichtenbau der Organisation tragen die einzelnen Bauteile ungleiche Verantwortung. Am Ende von Funktionsketten sind sie gering, am Beginn verzweigter Ketten sehr groß. Ähnlich wie die Stockwerke eines Gebäudes die Fundamente mit tragender Funktion bebürden. Im Oberstock werden Verschiebungen von Wänden eher toleriert werden als Verschiebungen von Fundamenten. Wenn wir auch annehmen müssen, dass alle Teile der Organisation dem Zufall mutativer Änderung unterworfen bleiben, muss doch die Erfolgschance derselben entsprechend höchst verschieden sein.

Solcherart Bürden gelten aber offenbar nicht nur für die Funktionsteile, die Phäne des ausgewachsenen Organismus. Auch die Phäne, die in der Embryonalentwicklung auftreten, tragen, selbst wenn sie später wieder aufgelöst werden, höchst verschieden gewichtige Verantwortungen. Ich unterschied darum 'Endphäne' und 'Zwischenphäne'. Man begreift, warum alle Embryonen der Säuger ein Kiemensystem und die aller Wirbeltiere eine Chorda oder Rückensaite anlegen müssen, obwohl sie beides wieder abbauen; weil Ersteres die Anlage der wichtigen Gefäße und Drüsen des Halses anleitet, Letztere die der Muskulatur, der Wirbelsäule und des Nervensystems am Rücken des ganzen Rumpfes. Jede Veränderung einer solchen Anleitung muss nicht minder zur Katastrophe führen. Auch diese Begriffe haben sich verbreitet.

Für mich war damit aber der Rahmen einer Erklärung für jene Art von Stetigkeit in der lebendigen Natur gegeben, die verstehen ließ, warum sich manche Baumerkmale der Änderung widersetzen und in allen Nachfolgearten als diejenigen erhalten bleiben, die uns eine Organismengruppe erkennen und einreihen lassen. Daraus muss, und zwar aus einer Abstufung der inneren Baugesetze, die hierarchische Ordnung des Organismenreiches folgen.

Was aber ist Ordnung? Führt man in eine Wissenschaft einen Begriff ein, der in ihr nicht geläufig ist, dann, so kann ein Vorwurf lauten, lassen sich all ihre Inhalte neu beschreiben, ohne dass damit viel gewonnen wird. Das war mir vertraut. Aber ich kannte auch einen naturwissenschaftlichen Ordnungsbegriff, wie dieser auf BOLTZMANN und SCHRÖDINGER zurückgeht, als eine Beziehung zum Maß möglicher Voraussicht in ein System. Das schien mir elementar. Und ich war, unabhängig davon, anlässlich einer Studentenplauderei in Rovinj vor einigen Jahren auf die Idee gekommen, dass der Gewissheitsgrad einer Erwartung von der Anzahl der durch die Erfahrung bestätigten Prognosen abhängen kann. Wir sind vom

Schwindel unseres Gegenspielers beim Münzwurf umso überzeugter, je länger die Serie wird, in der er regelmäßig gewinnt.

Ich hatte, als sich diese beiden Einsichten über Ordnung und Voraussicht zu verknüpfen begannen, noch keine Ahnung davon, dass sich dieselben auf die menschliche Ausstattung, den bedingten Reflex, würden zurückführen lassen, dies mein Ansatz zu einer Evolutionären Erkenntnistheorie werden sowie zu einem profunden Verständnis mit Konrad LORENZ und zu langen Diskussionen mit Karl POPPER führen würde.

Es muss sich in mir die Vorstellung nochmals gefestigt haben, dass der Vorgang des Erkennens von dem des Erklärens zu unterscheiden ist. Aber ich denke, dass ich das hätte noch nicht begründen können.

Zwei Dinge aber verstand ich damals schon. Zum einen, dass man Ordnung als 'Gesetz mal Anwendung' beschreiben kann und Gesetz als eine Regelmäßigkeit in der Natur, die mit Erfahrung Voraussicht zulässt; und zwar in dem Sinne, dass wiederholte Anwendung einmal in der Natur mehr Ordnung schafft, ein andermal uns kognitiv zur Erwartung größerer Gewissheit unserer Voraussichten führt. Zum anderen begriff ich, dass man REMANEs Kriterien der Homologie, also der Bestimmung der schon erwähnten Wesensähnlichkeiten, im Rahmen eines Wahrscheinlichkeitstheorems quantifizieren und begründen kann. Die Anteile bestätigter Prognosen, wie sie im Vergleichen von Arten, Merkmal für Merkmal, auftreten, müssen Einfluss haben auf den Gewissheitsgrad erwarteter Homologien.

Dies scheint eine schwierig mitzuvollziehende Einsicht zu sein, denn kaum jemand ist mir in dieser Erkenntnis gefolgt. Vielleicht, weil es voraussetzt, regelmäßig zwischen der Wahrnehmung konkreter Bauteile und abstrakten Kalkulationen von Wahrscheinlichkeiten zu pendeln. Und weil die Morphologie ein Gebiet ist, das einen speziellen Menschen- und Forschertypus anzieht, der sich eher an konkrete Gestalten hält und seiner Intuition vertraut. Aber ich konnte nicht wissen, dass sich auch dies experimentell bestätigen würde.

Man muss aber auch anerkennen, dass selbst die zum Abstrakten neigenden Physiker der Vision SCHRÖDINGERs nicht gefolgt sind. Und ich habe erst viel später verstanden, was dafür der Grund sein kann. Ordnung ist nicht auf eine einzige Größe zurückführbar, wie man das von der Unordnung oder Entropie gewohnt ist. Ordnung gilt in hierarchischen Zusammenhängen und schließt, über ihren Redundanzgehalt, zudem etwas wie einen Ordnungswert ein. Beides verstand ich damals und kann es leicht illustrieren.

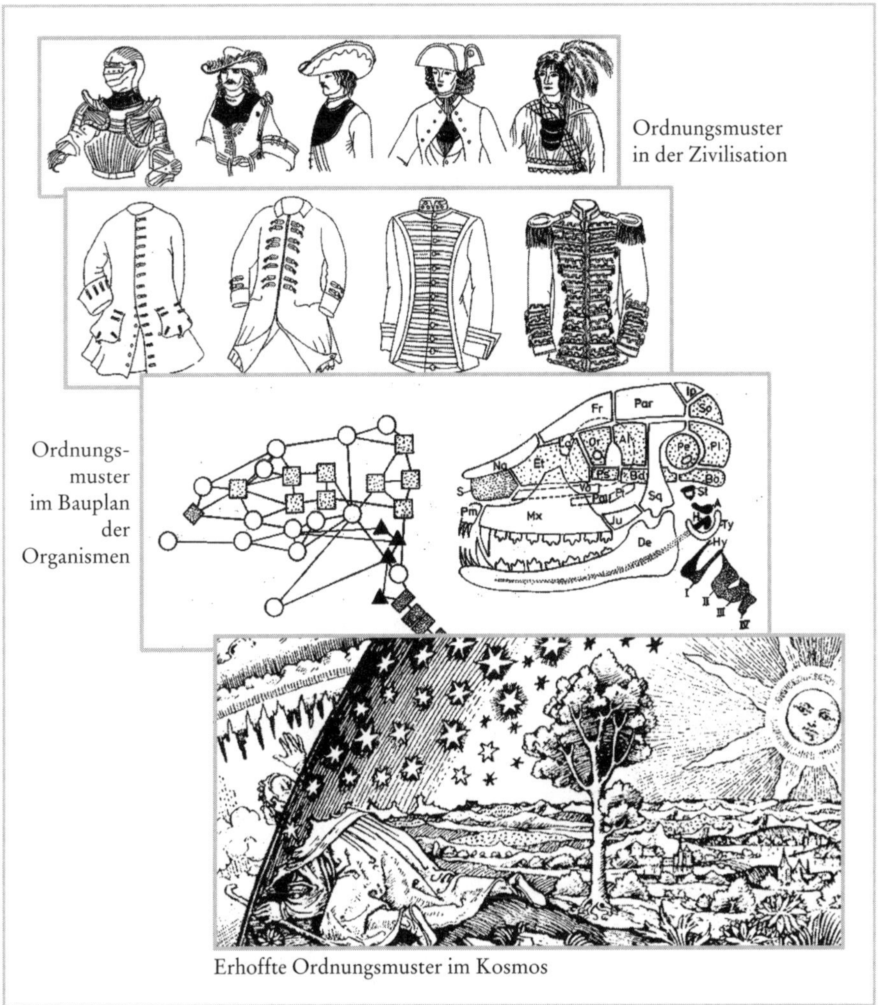

Abb. 34: Die *Ordnung des Lebendigen*; Beispiele von Tradierung, der Weiterführung alter Muster, in der Kultur, im Bauplan von Organismen und in metaphysischer Vorstellung.

Zur Hierarchie: Wenn ich meinen Mädeln sagte, dass sich ihr Kinderzimmer in einem Chaos befände, war gemeint, dass die Spielsachen eine Zufallsverteilung angenommen hatten. Aber, sagen wir: Die Spieluhr war noch in Ordnung. War auch die Spieluhr als kaputt zu erkennen (zweite Ebene), dann hatten deren Teile ihre funktionelle Lage verlassen. Diese selbst waren aber noch intakt. War festzustellen, dass sogar ein Zahnrad gebrochen war (was bei Mäderln nicht vorkommt, aber die dritte Ebene bezeichnet), dann war wenigstens noch dessen Legierung (vierte Ebene) unverändert. Man bedenke nun erst die Ordnungshierarchie in einem Organismus.

Zum Ordnungswert: Mein Heimweg durch die Parks des Campus führte an einer Backsteinkirche vorbei, an der ich gerne verhielt, weil sich in ihrem Vorhof eine große Magnolie mit den Jahreszeiten eindrucksvoll wandelte. Da fiel mir ein, dass sich solche Backsteine in einem Ziegellager mit wenig Information zu vollständiger Ordnung schlichten ließen, für einen Backsteindom aber die erforderliche Information schon die Regale einer Bauhütte füllte. Was war der Unterschied? Im Ziegellager war die Ordnung gewiss vollständig, aber hoch redundant. Von fast jedem Ziegel konnte man auf die Lage seiner Nachbarn schließen. Im Dom war die Redundanz im Maße des Planungsaufwandes viel geringer, wenn auch noch vorhanden. Die Kenntnis seiner linken Hälfte ließ auf die rechte schließen, die eines Fensters auf sieben andere usf. Und der Wert einer solchen Ordnung steigt für unsere Begrifflichkeit mit dem Aufwand, sie herzustellen, wie gleichermaßen mit abnehmender Redundanz. Müsste uns dann redundanzlose Ordnung als die wertvollste erscheinen? Merkwürdigerweise ist das nicht so. Um redundanzlose Ordnung zu erreichen, müsste die Lage jedes Ziegels so geplant werden, dass von keinem auf die eines anderen geschlossen werden könnte. Die Festlegung der einzelnen Raumkoordinaten aller Ziegel würde eine Bibliothek füllen. Das Ergebnis aber wäre, ohne diese Instruktion, von Chaos nicht mehr zu unterscheiden.

Das Thema kehrte für mich in sich zurück. Wir bedürfen, um Ordnung zu begreifen, der Redundanz, der Wiederholung. Eine Ahnung von der Anpassung unserer kognitiven Ausstattung an diese Welt mochte ich damals gewonnen haben, aber noch nicht mehr.

Was ich als funktionelle Bürde erkannte, ließ Wechselzusammenhänge und Hierarchien erwarten. Und in meinem damals schon 120-seitigen Traktat *The Cause of Order in the Living World* haben dieselben schon entsprechende Kapiteln eingenommen. Aber ich fühlte deutlich, dass da noch etwas Wesentliches fehlte, das vielleicht so offensichtlich war, dass der Wald vor lauter Bäumen nicht zu sehen war.

Eines Herbsttages fuhr ich durch die Waldstrecke hinauf zum Campus. Vor mir ein Wagen, in dessen Sog tausende rote Ahornblätter wirbelten. Wie eine Feenwelt umgab dieser Tanz identischer Blätter meine Fahrt. Plötzlich begriff ich: 'identische' Blätter, identische Ziegel, auch die lebendige Natur ist hoch redundant! Und diese Redundanz reicht von Millionen identischer kleiner grauer Zellen in meinem Gehirn, und noch größeren Massen deren identischer Bauteile, bis zu meinen fast identischen Haaren und dem Gleichbau meiner Finger. Redundanz schafft Ordnung billig. Denn das Abschreiben bewährter Information ist biologisch billig und verlässlich, das Erfinden neuer teuer, weil gefährlich, bei den meisten Mutanten lebensgefährlich.

Das Bild rundete sich. *Order and Standards* bildete noch ein Kapitel und unter *Order and Replication* ließ sich zusammenfassen, was ich oben mit dem Beispiel der Zwischenphäne illustrierte.

Rückberufung nach Wien

Amerika wieder zu verlassen, will begründet sein. Ein Rundblick über die letzten Jahre mag das vielleicht verständlich machen. Im Grunde waren es Fremdheitserlebnisse, die unsere kleine Welt umgaben. Smoky und ich waren zu spät ausgewandert, zu europäisch geprägt, um uns zu amerikanisieren.

Zunächst wurde uns das aus dem Umgang unserer Kinder mit ihren amerikanischen Gespielen bewusst. Das dort geschätzte *aggressive child* war nicht von unserer Lebensart. Die verträumte, fantasievolle Bescheidenheit unserer Wichte schien uns eher fördernswert; wo nicht aufgedonnerte Plastikpuppen erforderlich waren, vielmehr Rindenstücke und Fichtenzapfen genügten, um die verkleinerte Welt eines Bauernhofes lebendig zu machen.

Vorschule und Schule kamen über sie herein. Und auch da hatten wir dazuzulernen. Wie wir uns einschätzten, fragten wir nach einer fortschrittlichen Vorschule und bekamen die 'Friends-School' empfohlen. Alle waren's zufrieden. Bis wir bemerkten, dass dort Kinder und Lehrer mit gleicher Stimme über das Vertreiben jedes Schultages abstimmten, dass außer dem Ego nichts gefördert wurde. Jenes Ego, das verstehen ließ, warum die Highways von den Buden der Psychiater und Handleser (*Palmists*) gesäumt werden, warum Ehepaare regelmäßig jeweils einen und zudem einen gemeinsamen Psychiater besuchen. Also kam zunächst Barbara in die konservativste Schule am Campus: 'Saint Thomas More' (nach Thomas MORUS). Da gab's eine gewisse Disziplin. Und doch kam sie eines Tages verweint aus dem Schulhaus. Die Klasse hatte mit der Lehrerin am Globus Austria gesucht und es stellte sich heraus: Es war nicht zu finden.

Zu deutliche Fälle hatten wir auf dem multinationalen Campus kennen gelernt, die die Folge zeigten, wenn die Kinder adaptieren müssen und ihre Eltern es nicht mehr können. In diesem Fall verlieren die Eltern die Kinder und die Kinder die Eltern. Übrig bleiben Entwurzelte: *bloody migrants.*

Zweite Ursache: In sehr österreichischer Weise wurde die Wiener Fakultät auf mich aufmerksam, als sich's herumgesprochen hatte, dass ich ausgewandert war. Ein Extraordinariat wurde angeboten; das konnte ich nicht annehmen; nach gut einem Jahr ein Ordinariat für 'Biologie der Meerestiere' und die Mitvorstandschaft des Institutes für Zoologie. Das ließ sich eher hören, denn das gab Aussicht, auch unsere *Quiet Invaders* wieder in die Heimat zu bringen. Denn es war offensichtlich, dass unsere Forschungsmittel diese vier oder fünf Jahre halten würden, dann aber aller Schicksale ganz ungewiss bleiben müssten. Mir war diese Verantwortung sehr bewusst. Aber auch die Notwendigkeit, mit fähigen Mitarbeitern wieder zu beginnen.

Ich riet jedoch der österreichischen Administration, angesichts von fünf Universitäten und dem Plan nur einer biologischen Meereskunde, diese zwar an der größten der Universitäten bescheiden einzurichten, größer aber, zum Nutzen aller, an der Akademie der Wissenschaften zu verankern. Endlos ging das hin und her, zumal die ministeriellen Schreiben per Schiffspost reisten. Flugpost wäre nach herkömmlichem Reglement zu unsicher (!)

Gewiss hätte schon dies vor dem verzopften Lande warnen sollen, aber das geschah nicht. Schließlich wurde zugestimmt, die Fakultät würde drängen, ich sollte mit meinen Mitarbeitern kommen. Dass das eine Falle war, konnte natürlich keiner von uns für möglich halten. Im Gegenteil. Eine Auf-in-die-Heimat-Euphorie breitete sich aus.

Da war aber noch eine dritte Ursache, von deren Wirkung ich vielleicht weniger überzeugen kann, die aber innerlich Gewicht gab. Man könnte vom Schließen eines Lebenskreises reden, das Institut, in dem ich 'noch meine Pintsche bekommen hatte', zu übernehmen. Auch gab die Akademie die Aussicht, die Station Rovinj international zu führen und der österreichischen Meereskunde wieder einen Anker an der See zu sichern. Wesentlicher war mir aber bereits die Aussicht, an der theoretischen Grundlage der Biologie weiterzuwirken.

Die wissenschaftliche Welt in den USA ist theorienfeindlich. Mit nachgerade katastrophalen Folgen pflegt der Vulgärpragmatismus zwischen Theorie und Praxis zu unterscheiden. Was funktioniert ist ok, das Paradigma dieser vermeintlichen Erfolgswelt wird nicht hinterfragt, die Welt bedenkenlos manipuliert.

Schon bei meinen Kursen hatte ich das zu erfahren. Nachdem ich ein Semester über 'Theoretische Biologie' gelesen hatte, kam, wie üblich, diese so liebenswerte Studentengruppe zu uns ins Haus, um den Abschluss zu feiern, saß mit Bierdosen in der Hand am Boden und reflektierte die Anekdoten aus dem Semester. Nur eines tat ihnen Leid, dass das Kolleg eben nur theoretisch war. Auch meine so achtenswerten Kollegen, die sich die Lektüre meiner *Order in Living Organisms* angelegen sein ließen, suchten nach dem praktischen Nutzen dieser Einsichten.

Ich dagegen hatte BERTALANFFY, REMANE und Paul WEISS nicht vergessen, auch die Haltung Ernst MAYRs nicht, wusste, dass das Fach eines erweiterten Paradigmas bedürfte, und mochte sogar geahnt haben, dass dasselbe gegen seine Zerreißung in Physiologie und Morphologie notwendig werden würde. Dass dasselbe sogar für das Verständnis zwischen Natur- und Geisteswissenschaften notwendig werden wird, ahnte ich noch nicht.

Wieder einmal wurde gepackt, der Rest vor dem Haus in Form eines Basars abverkauft. Harald ROHRACHER hatte als Kurier gewirkt, mir schon eine exzellente Sekretärin vorgesehen und kam selbst angeflogen, mit mir nochmals die Südstaaten zu durchfahren, uns gewissermaßen abzuholen.

Am Campus machte man Anstrengungen, mich zu halten, wollte mich zum Dekan, zum Assistenten des Kanzlers aufrangen, mit unseren verständnisvollen Freunden und Kollegen wurden Austauschprofessuren vereinbart. Und auch mein Abschied vom Kanzler ist unvergessen. „Schade", sagte er, „dass du gehen musst. Ich kann das ja verstehen. Aber wir bauen uns eine enge Verbindung. Und immer wenn du Lust hast zu kommen, komm. Eine Professur werden wir für dich immer haben.“ Das war herzerwärmend und kein Abschied.

Der Flug nach Europa ging damals immer über New York, wo wir bei Paul und Nina (WEISS) erwartet waren. Auch da mit Bourbon für die Großen und Milkshake für die Kleinen. Und ich notiere die Begegnung, weil sie ‘in nuce’ nochmals unsere Haltungen zusammenfasst. Paul war lange Rektor der Rockefeller University und eben erst emeritiert. In meiner Zurück-in-die-Heimat-Euphorie schlug ich vor, sie mögen sich doch auch mit uns dorthin aufmachen. Dort hätten wir beide neue Funktionen. „Gewiss“, sagte Paul, „jeden Tag nach sechs.“ So war das.

Der Empfang war in Wien anders. Viel zu früh war ich zur Angelobung in meiner alten Alma Mater, schlenderte durch den Säulenhof von Büste zu Büste, begrüßte Großonkel Hans MOLISCH, BOLTZMANN (SCHRÖDINGER war damals noch nicht aufgestellt), ferner Büsten, die mein Vater gemeißelt hatte, und hatte das Gefühl, einen großen Schritt getan zu haben. Meine großen Pläne für unsere alte Kultur gingen mir durch den Kopf; wie der Biologie meiner Heimat, durch den akademischen Anschluss an die See, der Blick wieder erweitert und ihr ein wissenschaftstheoretisches Fundament gegeben werden konnte. Und gewiss formulierte ich in Gedanken bereits markige Sätze für meine Antrittsvorlesung, worüber ich mit dem Dekan zu philosophieren dachte.

Punkt zwölf, wie vereinbart, erschien ich an der Türe des Dekanats. Der Dekanatsbeamte trat mir entgegen. Ich erkannte ihn noch an seinem eingerissenen Ohr, der entsprechend auch *‘l’homme à l’oreille cassée’* genannt wurde; und, da ich gerade unter einem Schild stand, das die Amtsstunden um zwölf Uhr für beendet bestimmte, stelle er meine Lesefähigkeit in Frage und empfahl mir, mich heimzubegeben. Ich gab also zu bedenken, dass mein Heim in den USA gewesen wäre und ich Auftrag hätte, anzufliegen, um Punkt zwölf als Professor inauguriert zu werden.

Sofort änderte sich die Tonart: „Haben Herr Professor die Güte mir zu folgen“, habe ich noch im Ohr und im Sog einer Oberkellner-Geste schwebte ich ‘Sir’, ‘feiner Kerl’, ‘Signoria’ ein, um auf einem Diwan, dicht unter einer Wendeltreppe, platziert zu werden. Und jedes Mal, wenn sich die Pforte zum Dekan öffnete, stürzte der Beamte herbei und schützte meinen Kopf, weil er die Erfahrung gemacht hätte, dass man bei solcher Gelegenheit aufspringe und eine Kopfverletzung dabei die Regel wäre.

Sabina und Barbara, noch am Atlantik in North Carolina

Protest-Umzug der Zoologen auf der Ringstraße in Wien zur Durchsetzung des Institut-Neubaus

Drei Generationen in der neuen Abteilung: Ernst Haeckel, Bernhard Hassenstein, Barbara und Sabina

Abb. 35: Zurück in das alte Wien, zu alten Freunden, in die Turbulenzen um den versprochenen Neubau des Institutes und die drei Generationen um den Geist meiner neuen Abteilung: HAECKEL, HASSENSTEIN und die Kinder.

Nun huschten aber nur kleinere Geister durch die Pforte. Ich blieb unverletzt.

Endlich erschien ein Männchen, dessen Würde auf eine Spektabilität schließen ließ, sah mich entgeistert an und produzierte wieder Erklärungen über die Amtszeiten. Als sich die Umstände erklärten, wurde ich geentert; Eile sei geboten. An einem Ende des langen grünen Tisches, der mir von meiner Habilitation wohl bekannt war, bei einem Schichtenbau von Papieren, setzten wir uns. Da kein Thema zur Hand schien, erwähnte ich die Antrittsvorlesung. Da erst wurde das Dekansgesicht lebhafter. Es zog sich zu Säuernis zusammen und erklärte, dass die Kollegen von diesen Antrittsvorlesungen wirklich geplagt seien. Ich zeigte Verständnis. Nun aber fehlte wieder ein Thema.

Hinein in den Augenblick der Stille rief seine Spektabilität: „Herr FELLNER! Die Eidesformel!“ Es erschien ein Bürschchen im Leiberl, denn es war sehr heiß, und brachte einen Karton, der mich an unsere Unterlagen in der Stotterernachhilfe bei Oberlehrer WURST erinnerte. Nur war diesmal das Blatt mit zwei Gummibändern auf dem Karton befestigt. Der Dekan sagte: „Tun wir uns also g'schwind feierlich erheben.“ Wir erhoben uns also so schnell und so feierlich wie möglich, er las die Formeln ab, ich beschwor alles. Aber wieder gebrach es an einem Thema. Man sah seiner Spektabilität an, dass nun etwas Verbindliches gesagt werden müsse. So fasste er sich ein Herz und erklärte mir, weshalb die Eidesformel mit zwei Gummibändern auf dem Karton befestigt sei.

Wir liefen wie die Hühner durch zwei verschiedene Türen auseinander und trafen uns auf der Herrentoilette des Dekanats wieder. Ich war, wie die Toilette, eine öffentliche Einrichtung.

Aus dem Akademie-Institut wurde nichts. In der Fakultätssitzung, in der ich begrüßt wurde, zeigten sich die Herren Akademiemitglieder ob der Berufungszusage überrascht oder belustigt. Dem Ministerialbeamten, der die Zusage gemacht habe, seien eben jene Befugnisse jüngst entzogen worden. Die Familie aber war in Wien, der Lift-Van mit unserer Habe schaukelte gerade über den Atlantik und die *Quiet Invaders* warteten darauf, heimgeholt zu werden. Ich sagte schon, dass keiner mit einer Falle gerechnet hätte.

Es gab aber auch andere klärende Erlebnisse. Ein Vortrag wurde mir empfohlen. Professor Hans TUPPY und Dr. Peter MARKL würden über

TEILHARD DE CHARDIN und über Jacques MONOD sprechen. Beide Kollegen kannte ich noch nicht und werde aber bald mit ihnen befreundet sein. Wie die beiden jene Helden der Evolutionstheorie wie Schachfiguren auf einem sich entwickelnden Felde hinstellten, war mir wie aus der Seele geholt, aber besser gemacht, als ich das damals gekonnte hätte. Ich hatte das erhebende Gefühl, nun erst so recht daheim zu sein.

Die Diskrepanzen zwischen den geschilderten Auffassungen schienen aber offen zu bleiben. TEILHARD DE CHARDIN, weit gereister Paläontologe, erkannte die Bahnungen der Evolution und sah sie, als Jesuit, vom Urknall des Kosmos auf Gott zulaufen. Die Evolution sei darum von prästabilierter Harmonie. MONOD, Pariser Bakteriengenetiker, erkannte den ersten Mechanismus der Genregulation als Produkt von Zufallsmechanismen. Als linker Existenzialist deutete er die Evolution als ohne Harmonie, all ihre Produkte, wir eingeschlossen, hätten in diesem Kosmos keinen Sinn.

Das beschäftigte mich. Und ich sah, dass meine Gesetze korrelativer Selektion und die daraus folgende Ordnung der Natur sich die Ordnung selber schaffen. Die Welt war weder von prästabilierter Harmonie noch ohne innere Ordnung; sie war von 'poststabilierter Harmonie'. Ich war nun ganz daheim.

Wien empfing mich natürlich nochmals anders. Man erinnert sich meiner 'Empfänge' nach den Expeditionen und nach der Gastprofessur. Nun erkannte ich, dass Österreich schon immer eine Diktatur gewesen sein musste, gemildert durch Schlamperei; und dass beides von der monarchischen Verwaltung auf die Oberbeamten dieser Republik tradiert worden sein muss. Ich begriff auch, dass seit vor-josefinischen Zeiten Beamte streng bestraft werden, wenn sie etwas Nachteiliges durchlassen, keineswegs aber, wenn sie etwas Vorteilhaftes verhindern.

In diesem Milieu waren die Labors aufzubauen. Zunächst mit Jörg OTT Seewasserlabors, mit Rudi RIEGER die Elektronikwerkstätte, mit Reinhard MACHAN die Ultrastrukturforschung. Das alles war für das Institut neu. Die Jahre der Querelen, die das erforderte, haben mich erst zum gelernten Österreicher gemacht. Ansonsten ist das alles wenig aufschlussreich. Es war eben durchzustehen. Eine andere Zeit des Aufbaues.

Die Meereskunde, so wusste ich, musste mit Elektronik, Fernsehen und Zeitraffer die zeitliche Reichweite des Tauchers verlängern. Die Feinstrukturen würden unsere Sicht in die Großabläufe der Evolution erweitern. Und meine theoretischen Interessen fanden bald Freunde in dem Theoretischen Physiker Roman (Ulli) SEXL und dem Wissenschaftstheoretiker Erhard OESER, beides Professoren ganz nahe meinem Labor. Die Bearbeitung der 'Korrelativen Selektion' fand ihre dritte, wieder deutsche Fassung; nun zu einer Buchform. Und all das wurde durch meine hervorragende Europasekretärin möglich: Hermi TROGLAUER.

Unser Häuschen wurde erweitert und adaptiert und auch unsere Mädeln begegneten einer Schule neuer Art. Die bescheidene Liberalität, an die sie gewohnt waren, erschien den Lehrern in unserer Dorfschule am Stadtrand Wiens orbitant. Das war nun nicht ein Problem der Disziplin, vielmehr der tolerierbaren Fantasie. Einmal hatten wir Eltern zu erscheinen, um Klagen über Sabinchen entgegenzunehmen. Ein geschmückter Christbaumzweig war zeichnen. Alle zeichneten folglich Kerzen und Sternchen. Das passte Sabina nicht. Das war zu einfallslos. Sie zeichnete eine stinkende Zwiebel und einen vertrockneten Regenwurm. Wir mussten also alle wieder einmal adaptieren.

Ordnung und Erkenntnis

Wissenschafts- oder Erkenntnistheorie waren bislang meine Sache nicht gewesen. Philosophie, wie ich ihr bislang begegnet war, brachte mich auch nicht auf den Gedanken, damit meiner Wissenschaft nützlich werden zu können. Im Gegenteil. Was ich bisher an Bedingungen des Fortschritts in Wissenschaft und Karriere wahrgenommen hatte, deutete, wie jedem, auch mir an, es etwas besser als seine Altvorderen zu tun und sich um derlei nicht zu bemühen. Ich konnte nicht wissen, dass das nur gelten kann, solange man den Grenzen seines Faches nicht begegnet. Und ich wusste nicht, dass ich denselben mit meinem Ordnungsbegriff schon begegnet war.

Was ich wusste, war, dass es nützlich ist, seine vermeintlichen Entdeckungen dem kritischen Blick eines erfahrenen Kollegen auszusetzen. Besonders dann, wenn Gefahr besteht, sich mit Hilfe einer erweiterten Terminologie zu weit von den allgemein anerkannten Weisen der Beschreibung entfernt zu haben. Das besprach ich mit Freund Bernhard HASSENSTEIN. Und was er zu bedenken gab, war Herausforderung genug.

Er meinte, es könnte mir geschehen sein, dass die Ordnungsmuster, die ich in der Natur beschreibe, in Wahrheit die dem Menschen gegebenen Denkmuster seien, weil wir diese Natur außerhalb unserer Denkmuster wahrscheinlich gar nicht zu denken vermöchten. Das war natürlich Erkenntnistheorie, der ich noch nicht begegnet war. Und wie ich heute von Bernhard erfahre, hatte auch er keineswegs Erkenntnislehre studiert, sich vielmehr selbst, über langes Ringen, sein eigenes Bild zu machen versucht. Aber er hatte mir gegenüber noch ein Weiteres voraus. Er fand die selbst entwickelte Auffassung stark gestützt durch eine von Konrad LORENZ 1943 publizierte Studie, die sich mit *Angeborenen Formen möglicher Erfahrung* befasste. Davon aber wusste ich nichts. HASSENSTEIN war für mich eben ein klarer Kopf.

So kam ich auch nicht auf den Gedanken, mich in der Philosophie umzusehen, und kannte auch nur einige naturphilosophische Schriften, wie einen Band von DESSAUER, den genannten von BAVINK, und auch diese nur oberflächlich. Ich blieb darum bei der Ansicht, ein Problem solcher Art naturwissenschaftlich lösen zu können. Und gelöst musste es werden. Denn wenn sich HASSENSTEINs Verdacht bestätigte, wären meine vermeintlichen Naturmuster nichts als eine Projektion meines eigenen Spekulierens.

Ich begann also, mich in der Weise unseres Denkens umzusehen, indem ich zunächst unsere Kulturprodukte, von der Sprache über die Künste bis zu den Produkten der Technik, auf Ordnungsmuster untersuchte. Und da waren sie alle wieder. Zum Beispiel die Norm von den Buchstaben bis zu den Bauformen, die Hierarchie von der Struktur der Sprachen bis zu jener der Gesellschaft, die Interdependenz der Merkmale komplexer Gegenstände in unseren Begriffen und Produkten und die Tradierung alter Muster in allen Artefakten. Die Übereinstimmung zwischen Natur- und Kulturmustern war jedenfalls so groß und formenreich, dass der Zufall als Erklärung nicht in Betracht kam.

Diese Muster in den Kulturprodukten konnten nun freilich auch als eine Projektion, aber gewiss zugleich als eine Folge unseres Denkens verstanden werden. Denn es war ganz unwahrscheinlich, dass wir in unseren Artefakten nur jene Ordnung erkennen, die wir denken können, wir aber darüber hinaus Ordnungsformen produziert hätten, die wir nicht zu denken vermögen. Die Erklärung als reine Projektion verlor an Gewicht.

War aber auch der Zufall als Erklärung auszuschließen, dann musste eines die Ursache des anderen sein; für den Naturwissenschaftler das Ältere die Ursache des Jüngeren. Die Naturmuster mussten die Ursache für die in den Artefakten kenntlichen Denkmuster sein. Dann aber ist der Schritt für den Biologen nicht mehr groß. Ich sagte mir, die Denkmuster werden ein Anpassungsprodukt an die Naturmuster sein. Weil von allen Möglichkeiten, die Natur zu interpretieren, jene am vorteilhaftesten sein müssen, die dieser Natur am besten entsprechen.

Das war eine atemberaubende Unternehmung. Ich ahnte, damit die Lösung für ein Erkenntnisproblem vorzuschlagen, spürte aber, dass die Kette der Begründungen gewiss noch weiterer Prüfungen bedürfte. So fielen denn auch meine Formulierungen aus.

Einige Sätze aus dem Manuskript *Die Ordnung des Lebendigen:*
„Wir werden", stellte ich (S. 93) einführend fest, „noch zu finden haben, in welchem ganz erstaunlichen Maße die vier Grundmuster der organischen Ordnung gleichzeitig die Voraussetzungen unseres Denkens sind. Zufällige Koinzidenz wird ganz unwahrscheinlich. Wie aber, wenn sich diese Koinzidenz nur als Projektion erwiese? Was, außer der eigenen Logik, erführen wir dann noch aus der Ordnung des Lebendigen?"
Und ich meinte abschließend (S. 325): „Wir befinden uns am Rande der Naturphilosophie" und offenbar deshalb nur am Rand, weil die folgenden Überlegungen „keineswegs von einem Philosophen, sondern wieder nur von einem Anatomen verfasst sind".
Tatsächlich bin ich erst später mit der Erkenntnistheorie und sehr spät mit der Geschichte der Philosophie vertraut geworden. Konrad LORENZ beglückwünschte mich einmal zu dieser Situation, denn für Entdeckungen solcher Art, meinte er, „bedarf es des philosophisch unverbogenen Menschen".

Ich bin achtungsvoll mit dem mir unbekannten Gebiet umgegangen. Denn noch immer galt das Ethos, wie man sich erinnert, 'jene Gebiete am meisten zu schätzen, von welchen man am wenigsten versteht'.

Die Lösung habe ich damals (S. 331) folgendermaßen gesehen: „Die Koinzidenz der Denk- und Naturmuster liegt jenseits des Zufalls. Sie sind dazu viel zu ähnlich und merkmalsreich. Sie müssen eine identische Ursache haben oder sich gegenseitig verursachen." Eine gemeinsame Ursache war mit dem Werkzeug des Anatomen nicht aufzuschließen. Was für eine naive Sicherheit. „In der Wechselbeziehung aber muss die ältere Naturordnung die Ursache, die Denkordnung die Folge sein." Und ich resümierte: „Die Denkordnung muss folglich eine Nachbildung der Naturordnung sein."

Die Annahme einer identischen Ursache hätte der transzendenz-philosophischen Lösung PLATONs und der meisten ihm folgenden Rationalisten entsprochen. Das wusste ich nicht. Nichts wusste ich auch von der Möglichkeit der transzendental-philosophischen Lösung KANTs, wie sie praktisch über meinen Unsicherheiten schwebte, nach welcher das Denken das Wahrnehmen der Natur ordnet. Und ich erkannte nicht, dass ich die evolutionäre Lösung des Erkenntnisproblems gefunden hatte. Was ich wusste, war, dass das alles noch weiterer Erhärtungen bedarf.

Da erschien, 1973, als der Umbruch meines Manuskriptes abzuschließen war, von Konrad LORENZ der Band *Die Rückseite des Spiegels.* Und sofort erkannte ich: Da ist mein bedeutender Gewährsmann. Nur mehr in einem Dutzend Fußnoten konnte ich mich noch auf ihn beziehen.

Im Bezug auf die Übereinstimmung der Natur- und Denknormen hieß es in meinem Text (S. 150) zu den Ordnungsformen der Norm, dies kann „nur dadurch erklärt werden, dass normatives Denken als eine Notwendigkeit, als Denkkategorie, im Mechanismus unseres Gehirns aufgenommen worden ist, da von einer wohl auch hier unerbittlichen Selektion jene Denkmuster ausgewählt werden mussten, die, den Strukturmustern am nächsten kommend, diese am verlässlichsten zu erkennen und vorauszusehen vermögen".
Und in der Fußnote dazu heißt es: „Dies wurde von Konrad LORENZ glänzend bestätigt. Das Normative unseres 'Verrechnungsapparates' muss vor dem Bewusstwerden von Logik und Begriffen entstanden sein; in einem ratiomorphen Zustand; als Vorläufer der Ratio, durchgesetzt von einer Selektion, die dem Organismus 'hypothetischen Realismus' aufzwingt."
Oder in Bezug auf die Hierarchiemuster stand bei mir: „Unter allen möglichen Formen von Gedächtnis und Vergleich muss die Evolution stets jene bevorzugen, die den objektiven Zusammenhängen in der Natur subjektiv am besten entsprechen."
Und auch an dieser Stelle lautet die entsprechende Fußnote: „So kann ich mit Befriedigung nachtragen, dass die Konsequenz, die wir aus den Fakten der Anatomie unabhängig erarbeitet haben, nun von Konrad LORENZ aus den Fakten der Verhaltensforschung vollends bestätigt wird."

Zu Konrad LORENZ in seinem großen Anwesen in Altenberg ergab sich aus dieser Koinzidenz ein besonderes Nahverhältnis. Nicht nur waren wir fast zu gleichen Zeit in die Heimat zurückgekehrt – er aus Deutschland emeritiert, ich aus den USA rückberufen –, wir hatten auch, jeder von der

Seite seines Faches, dieselbe biologische Lösung des Erkenntnisproblems entdeckt, die später die 'Evolutionäre Erkenntnistheorie' heißen wird. Das war uns beiden eine weitere Stütze. Aber bald ergab sich noch eine dritte.

Konrad machte man nach Erscheinen seines Bandes darauf aufmerksam, dass man den Gedanken im Prinzip schon in der Philosophie Karl POPPERs finden könne. Also schrieb er ihm einen hochachtenden Brief – „*dear Sir*" – nach London. Und POPPER antwortete: „Lieber Konrad, kannst du dich nicht erinnern, dass du mich im Jahre 1909 im Altenberger Park an den Marterpfahl gebunden hast?" Die beiden kannten einander sogar schon von Kindesbeinen und waren auch nicht auf den Gedanken gekommen, dass der eine das Problem des anderen hätte lösen können.

Heute wissen wir, dass diese Perspektive bei Ernst HAECKEL und schon um die Jahrhundertwende, im frühen 'Wiener Kreis', bei den Physikern und Wissenschaftstheoretikern Ernst MACH und Ludwig BOLTZMANN zu finden ist, was wieder POPPER nicht wahrgenommen hatte. Erhard OESER hatte auch einen solchen Zugang gefunden. Diese Häufung derselben, im Grunde unwahrscheinlichen Entdeckung, mehrfach und unabhängig voneinander und aus viererlei Wissenschaften in derselben Stadt, muss etwas mit ihrem kulturellen Unterstrom zu tun haben. Mir erschien derselbe wie ein unterirdisches Myzel, das da und dort einen verwandten Pilz zum Vorschein kommen lässt; Konrad, der sich das leisten kann, nannte das „ein Früchte tragendes Haupt".

Die Strategie der Genesis

Die Ethologie konnte in der von mir gesuchten Lösung keine große Rolle spielen. Mir war schon bewusst, dass das Verhalten als ein Motor der Evolution verstanden werden musste. Aber um die Bürden, Constraints und Kanalisierungen der adaptiven Möglichkeiten nachzuweisen, die zur Natur des Natürlichen Systems und zur Ordnung des Lebendigen führen, bedurfte es wohl anderer Quellen.

Meine Einsicht in die Vorbedingungen menschlichen Kenntnisgewinns war ein Nebenprodukt. Nun wurde mit dem direkten Zugang durch LORENZ die Vergleichende Verhaltenslehre wichtig. Und es tauchten mit seinem Opus Autoren wie Egon BRUNSWICK, Donald CAMPBELL, Noam CHOMSKY, Eric LENNEBERG auf, die mich in die wissenschaftstheoretischen Fragen der Psychologie und der Sprachwissenschaften weiterführten. Was ich schon seinerzeit von Harald (ROHRACHER) über Psychologie und vor allem Sozialpsychologie erfahren hatte, fand hier neuerlichen Anschluss an die Biologie.

Dazu kamen Begegnungen mit den erwähnten Kollegen Hans TUPPY und Peter MARKL und vor allem mit Ulli (SEXL) und Erhard (OESER). Von Ersteren wurde ich mit der Theorie der Chemie, von Letzteren mit jener der Physik und der Wissenschaften überhaupt vertraut gemacht. Was ich seinerzeit von Paul FEYERABEND über theoretische Physik erfahren hatte, fand hier seine Fortsetzung. Nur Wissenschaftstheorie im Ganzen war mir neu und Erhard erwies sich auch als kongenialer Partner, weil er dem evolutiven Ansatz ja selbst schon nahe gekommen war.

Ich kann heute mit Bestimmtheit angeben, dass ich das Glück hatte, außerordentlich gescheite Freunde zu gewinnen und dass ich ihnen so gut wie allen Zugang zu meinen Nachbarwissenschaften verdanke. Man kann es gar nicht hoch genug einschätzen, in jeweils eine dieser Welten von Fachliteratur mit vorbereiteten Denkstrukturen und Gewichtungen selektiv einzuziehen.

Die Interdisziplinarität des Gespräches wurde zur Selbstverständlichkeit, die Schwierigkeit, über die unterschiedlichen Sprechformen der Wissenschaften hinwegzukommen, eine bald gekonnte Übung. Von den Seminarien zur 'Theorie der Naturwissenschaften' mit Erhard, Ulli, Peter (MARKL) und fallweise anderen wird noch zu berichten sein, wenn es weiter um die Entwicklung meiner Erkenntnistheorie gehen wird. Das betrifft auch das Zusammenwirken mit Konrad und Erhard, von dem ich nur dessen Zustandekommen vorwegnehme.

Konrad war skeptisch hinsichtlich der Wirkung der Philosophie. Er nannte sie „das schönste und geschlossenste System der dem Menschen nicht lösbaren Fragen“. Er behauptete, außer KANT keinen Philosophen gelesen zu haben, auch von diesem nur die 'Prolegomena' zur *Kritik der reinen Vernunft*, und erst nachdem er sie in sein Deutsch übersetzt hätte.

So erzählte er, er habe vor dem Antritt seiner Lehrkanzel für vergleichende Psychologie in Königsberg den dortigen Kantianern brieflich seine Thesen erklärt und die kritischen Reaktionen 'schamlos' für die Formulierung seiner ersten Publikation zur Erkenntnistheorie, im Jahre 1941, ausgenützt: *Die Kantischen Apriori im Lichte zeitgenössischer Biologie*, die wir vordem alle nicht kannten. Er bezog sich aber auch gern auf Nicolai HARTMANN und andere. Naturphilosophen hatte er jedenfalls mehr gelesen als ich. Dennoch fühlten wir beide einen Mangel an theoretischem Hintergrund.

Also fragte er mich eines Tages, ob ich nicht jemanden wüsste, bei dem wir 'Nachhilfestunden' in Erkenntnistheorie nehmen könnten. Den aber kannte ich. Unsere Abteilungen (der Institute für Philosophie und für Zoologie) waren im selben 'Verfügungsbau' der Wiener Universität untergebracht und wir hatten schon zwei Semester an Seminarien zusammengewirkt: So verbrachten wir, Erhard und ich, Nachmittage zweier Sommer im LORENZschen Park, wo viel gelernt wurde. Ich komme, wie gesagt, darauf zurück. Es wird mein Jahrzehnt evolutionärer Erkenntnistheorie einleiten.

Dieser Hintergrund meines Wiener Umfeldes war zu schildern, um meine Haltung zu erläutern, die mich auf meiner Reise, nun zum vierten meiner Aufenthalte in den Südstaaten, begleiten werden.

Die Labors meiner 'Abteilung für Meeresbiologie und Ultrastruktur-Forschung' waren eingerichtet. Traudl KLEPAL, eine frühe Schülerin, war aus Schottland als Assistentin für die Ultrastruktur hinzugekommen und Toni LOSERT hatte als technischer Assistent neben Rudis elektronischer Werkstätte eine spanabhebende aufgebaut. Die Doktoranden und Kurse waren betreut.

Die Familie war in unserem Häuschen passabel eingerichtet, mein Traum, einen großen Raum zur Bibliothek zu machen, erfüllte sich, die Mädchen entwickelten sich zu intelligenten, motivierten Wesen, bestanden die Aufnahmsprüfungen ins Gymnasium mit derselben Mühe wie ihr Vater, waren in der Schule ebenso wenig angepasst und Smoky hatte alles im Griff. Das Feld war entspannt.

Nur Heimweh hatten wir nach den Carolinas. Kollegen in Chapel Hill drängten, dass ich wieder einmal käme. Also machte ich mich – diesmal allein – als Gast der Universität in Chapel Hill erwartungsvoll auf den Weg.

Alles, was ich an Gutem über die Südstaaten schon sagen konnte, bestätigte sich wieder. Kollege Jim HENDRIX, ein früher Kämpfer für die Rechte der Farbigen, überließ mir sein weitläufiges, altes Holzhaus in einem Pinienwald voll der Magnolien, Azaleen und Spinnenlilien. Er selbst war forschend in den Tropen. Ein alter Ford stand unversperrt vor der Tür.

Und Smoky hatte es zuwege gebracht, dass mir auch unsere alte Maid Magery, eine liebe, lustige, dicke, alte Schwarze, wieder behilflich war. Das Feld entspannte sich noch mehr.

Meine Morgenkollegs über Morphologie und über Meereskunde waren für mich anregend und unbelastend, manchen Abend nahm ich eine Einladung zu Freunden an. Überwiegend aber war ich mit mir wunderbar allein, besorgte mir am Heimweg *Kentucky fried chicken* und *cole slaw* in einem Buffet für Schwarze, schubste das eine in den Griller, das andere in den Eiskasten und lebte in der Sommerhitze des Hauses in einem etwas zu kurzen Seidenkimono aus Jims Garderobe, las viel und machte mir Skizzen zu weiteren Studien.

Ich sagte schon, dass ich viel las. Beispielsweise hatte ich mir Arthur KOESTLER entdeckt und verschlang zunächst *The Case of the Midwife Toad* (deutsch mit dem dummen Titel *Der Krötenküsser*), die katastrophale Geschichte des Paul KAMMERER und des Neolamarckismus, gut recherchiert und von Paul (WEISS), der in Wien KAMMERERs Nachfolger war, mit lebendiger Kompetenz angereichert.

Man mag daran denken, dass ich bis zu dieser Zeit nur trockene Fachliteratur publiziert hatte; einige Dutzend Studien in Archiven und die drei Monografien: über die Tyrrhenia-Expedition, die Adria und die Meereshöhlen. Und ich staunte daher, wie locker KOESTLER über ein so fachliches Thema schreiben konnte. Smoky schickte mir daraufhin alle KOESTLERs, deren sie in Wien habhaft werden konnte.

Ich besitze wenig Korrespondenz über die Entwicklung meiner Arbeiten. Nur als die *Strategie* ausgedacht wurde, ohne Familie in Chapel Hill, führten schon die finanziellen Sorgen daheim und die fast monatlichen Überweisungen nach Wien zu einer Korrespondenz, welche die Umstände rekonstruieren lässt.

1. Okt. 1973 (4. Brief)
„Immer stärker (habe ich) das Gefühl, ich sollte die Stille dieses Hauses nicht ungenützt lassen und mit – etwa – einer populären Version des letzten Buches *(Ordnung des Lebendigen)* beginnen. Aber ich wandere wie die Katze um den heißen Brei, ohne außer einigen Dispositionen irgendetwas Brauchbares geleistet zu haben ... Sehr wertvoll ist mir die Lektüre geworden *(Der Krötenküsser)* Und zwar hat sie mir über KAMMERER hinaus eine ganze Literaturgruppe aufgeschlossen, die ich bislang nicht auffasste, weil sie mir zu philoso-

phisch erschien. Alle diese Bände sagen, dass unsere Evolutionstheorie unvollständig ist und dass eine neue nun unmittelbar bevorsteht (sic!). Und alle ihre Voraussagen habe ich in meinem Text (*Die Ordnung des Lebendigen*, eben in Satz) erfüllt. Ihr könnt Euch denken, mit wie viel Bewegung und Unruhe ich diesen Seiten folgte."

Ich nehme die folgende Stelle als einen Beleg dafür, dass ich die *Ordnung* und nun auch die *Strategie* tatsächlich ohne jede philosophische Ambition angegangen bin. Und die Situation war tatsächlich dafür angetan: Die Kollegs belasteten mich nicht und das Haus war weit, still, abgelegen, waldumschlossen und voll der Geschichte und Kunst der Südstaaten. Erkenntnistheorie kann aus der Wissenschaft allein entstehen. Heute liegt das als 'Naturalistische Wende' sogar im Trend der Zeit. Ich dokumentiere mein Erlebnis dazu ausführlicher, weil es einen solchen Zusammenhang von Ahnung, Umweg und Weg ganz passabel vorstellt.

15. Okt. (7. Brief)
„Arthur KOESTLER, *Case of the Midwife Toad*, begann ich zu lesen wie einen Journalisten, bis ich entdeckte, dass ich einen Humanisten ganz neuen Schlages vor mir hatte. Einen Humanisten der Wissenschaft. So besorgte ich mir sogleich in unseren Bibliotheken die anderen für mich versprechenden Bände: *The Ghost in the Machine* und *Beyond Reductionism* und sehe nun, dass ich einen bewundernswerten Bundesgenossen besitze, von dem ich nichts gewusst habe. Wie ich arbeitet er seit sieben Jahren am Bild einer Evolution, das der offensichtlichen Ordnung unserer Natur und der notwendigen Humanität für unsere Zeit gerecht wird. Seine Zuversicht, dass eine Lösung gefunden werde, ist nicht minder bestärkend wie meine Beobachtung, dass ich all seine Voraussichten bereits bewiesen habe. Ist es nicht seltsam, dass alle meine Vorbilder: BOLTZMANN, SCHRÖDINGER, von BERTALANFFY, WEISS, LORENZ und KOESTLER Wiener sind? ...
Ich begann den Konsequenzen der Konsequenzen nachzugehen und sehe nun immer klarer, dass es eine Theorie der Menschlichkeit ist, die da verfasst wurde. Wir sind weder ein sinnloses Produkt des Zufalls, wie uns der Determinismus lehrt, noch ein Produkt unserer Wünsche, wie einmal der Lamarckismus meinte. Wir sind das Produkt eines Weges, den wir immer wieder suchen und immer weiter werden suchen müssen, um ihn nicht zu verlieren. Wir haben daher auch weder Rechte über unser Milieu noch dieses über uns; wir und es sind dasselbe. An einem Milieu der Humanität zu wirken, ist die Hoffnung, die wir noch haben."

In meiner Erinnerung ist es die freche Schreibweise KOESTLERs gewesen, die mir Eindruck machte und mich auf den Gedanken brachte, GOETHEs Mephisto stets gegen die Schöpfungstage aus dem 'ersten Buch Moses' zu setzen. Und es gab amüsante Szenen, im *'German Department'* diese Bücher in deutscher Sprache zu besorgen.

Nicht minder habe ich vergessen, dass das Buch aus ethischen Ambitionen angelegt war. Diese haben sich zwar in den populären Schriften erhalten, in der Diskussion um das Evolutionskonzept aber kaum. Tatsächlich bin ich mir auch gar nicht sicher, wie das damals gemeint war. Ich redete später von 'poststabilierter Harmonie', ein Begriff, der zwar schon im Laufe der Arbeit an der *Strategie* entstand, aber jener 'wissenschaftliche Humanismus', von dem ich ausging, muss dessen Oberkonzept gewesen sein.

Auch ist die *Strategie* keine populäre Version der *Ordnung* geworden. Ich denke, dass der Rahmen über die Tage der Schöpfung es war, fünf Evolutionsprozesse abzuhandeln. Was denn in deren Vergleich dem Thema eine weitere Richtung gab.

22. Okt. (8. Brief)

„Es hat mir keine Ruhe gelassen, das Thema der Evolution des Humanen, und ich habe wieder zu schreiben begonnen. ... Und kaum hatte ich begonnen, wurde mein Vorsatz durch die Auszeichnung meiner alten Lehrer FRISCH und LORENZ (Nobelpreis 1973) noch bestätigt. – Was ich vorhabe ist eine kürzere und populärere Version des alten Themas. Eines, das, falls der erste Band Anerkennung findet, eine größere Verbreitung finden könnte; aber ganz anders aufgebaut. Mit der Lösung in der Hand, eher ein Bild des Menschen und seiner Reflexion wie seiner Rechte und Hoffnungen gegenüber dieser Natur, die ihn gemacht hat. Als Arbeitstitel nehme ich jetzt einmal *Die Strategie der Genesis* und der erste der neun Teile heißt 'In des Teufels Küche'.
Ich bin mit ihm so weit (fast fertig), dass ich sehe, Sprache, Unterströmung und Struktur durchhalten zu können; wobei ich aus der Genesis (Moses Buch I) wörtlich zitiere und über wieder wörtliche Zitate aus GOETHEs Mephistopheles, den der Herr ja merkwürdigerweise unter seinem Gesinde duldet, in jene Erkenntnisfragen hinüberführe, die unsere Einsicht in den Mechanismus der Evolution bislang geschaffen hat: in jenen Weg zur möglichen Vollkommenheit, auf dem, nachdem nun einmal eingegangenen Pakte, für jeden glücklich gemachten Schritt mit barer Münze bezahlt werden muss. Denn die Konsequenz meiner Theorie steht ja zwischen LAMARCK und DARWIN (bzw. was die Genetik und die Moderne aus ihnen gemacht haben); sie sagt, dass wir weder unser Schicksal selber machen, noch Produkt blinden Zufalls sind, sondern das Produkt der Ziele, die wir verfolgen. Diese Einsicht ist so hoffnungsvoll und so nötig für unsere Zeit, dass ich wirklich wieder gerne an der Arbeit bin."

Das Konzept war offenbar mit Titel, Struktur und Idee in einer Woche gemacht, die 'Rückzahlung an die Konten des Zufalls' war auch schon da und hat wohl jenes Humanitätskonzept angeleitet. Etwas, das ich heute, wenn nicht 'geborgtes', so doch 'kanalisiertes Glück' nennen würde. Und der Band hat sich gut verbreitet.

Man wird sich auch daran erinnern, wie sehr mich die beiden letzten Wiener Jahre mit Physik, Chemie, Psychologie und Sozialpsychologie in Zusammenhang brachten. Und längst war mir schon der Gedanke gekommen, die Evolution der Organismen in einem weiteren Rahmen zu betrachten. Es war viel über die Evolution des Kosmos, über die der chemischen Verbindungen in Richtung auf die Lebensentstehungen diskutiert worden, über das Entstehen der Vernunft und der menschlichen Gesellschaft. Und es reifte der Plan, die Kette der Evolutionsvorgänge von den physikalischen und chemischen zu den biologischen und von da über die psychischen und sozialen fortzusetzen. Ich vermutete, dass sich in allen auch identische Prinzipien werden finden lassen, die es erlaubten, das Gesamtkonzept zu überprüfen.

Wie aber könnte man über Disziplinen schreiben, deren Gegenstände man nur angelesen hatte? Wie man das macht, meinte ich, zeigte KOESTLER. Ich begriff jedenfalls, welche Aufgabe es in einer Kultur sein muss, wissenschaftliche Einsicht, über die fachliche Leserschaft hinaus, verständlich zu machen. Ich war auch von einem Satz Konrads angeleitet. Als ich ihn einmal bewunderte, dass er für jeden abstrakt-fachlichen Zusammenhang ein allgemein zugängliches Beispiel zur Hand hat, sagte er nur: „Weißt du, sonst merk' ich mir's ja nicht". Ich konnte damals seine Diktion schon deuten und wusste, das heißt: 'Sonst kann das für unsere Gesellschaft nichts bringen.' Beides schloss sich zusammen und ich sagte mir, dass man das können muss.

Ich habe schon früher über jene Glücksgefühle geschrieben, die sich einem auftun; hier war es wie das Öffnen eines Tores zu erleben. Da wartete eine Herausforderung nun ganz anderer Art. Nach der Synoptik von Faunen und Lebensräumen, die dem Fachmann dienen, muss man sich an die Synoptik von Phänomenen machen, die der Öffentlichkeit zu richtigeren Urteilen, wie hier über unseren Platz im Kosmos, lenken. Man versteht: ein Höhenflug.

Eines der Fundamente in meinem sich entwickelnden Konzept war auch nicht von mir. Es stammte aus Gesprächen mit BERTALANFFY: die Einsicht, dass, wie schon erwähnt, alle Errungenschaften der Evolution ambivalent sind. Für jeden Gewinn muss bezahlt werden: für die geschlechtliche Vermehrung mit dem Tod, für das Nervensystem mit dem Schmerz, für das Bewusstsein mit Angst und, wie ich mir dachte, für den Besitz mit der Sorge.

Wie aber lässt sich das allgemein, also auch für den präbiotischen Teil der Entwicklungsgesetze anschaulich machen? Da fiel mir ein, wie überzeugend GOETHE seinen Mephisto die blauäugigen Ansichten Fausts relativieren lässt. Und als mir noch deutlich wurde, in welch frappanter Weise der Schöpfungsbericht im Ersten Buch Moses mit seiner Symbolik unserer heutigen Vorstellung auch der kosmischen Evolution nahe kommt, war die Ausformung des Rahmens vorgestellt. Beides wollte ich aufeinander beziehen.

Weniger wohlmeinende Fachwissenschaftler haben darum später das ganze Buch eine Collage genannte. Aber das macht nichts. Die mitgeteilte Einsicht ist richtig und hat sich weit verbreitet.

Man mag sich auch daran erinnern, dass von Kritiken an meinem Opus noch nicht die Rede war. Meine drei synoptischen Bücher waren so gut aufgenommen worden, dass die wenige Besserwisserei, die ich in den Rezensionen zu lesen bekam, von der fast einhelligen Zustimmung so überwuchert wurde, dass es nicht lohnt, sie darzustellen. Das Fach begrüßte die frühen Bücher. Man brauchte sie. Das wird, wenn man an die Grenzen des Faches gelangt, anders.

Nun hatte ich weder den *Faust* noch eine Bibel bei mir, wollte aber sogleich beginnen. Wie gesagt: '*German Department*', die beiden deutschen Ausgaben. Mit Lust machte ich mich an die Arbeit.

Das schrittweise Durchdenken des ganzen Szenariums brachte viele Fragen, die zu lösen und deren Lösungen zu illustrieren waren. Aber so hatte ich mir ja auch meine Aufgabe gedacht.

Zunächst war Stellung zu einem alten Problem zu beziehen, das ich schon seit meinen Gesprächen mit Tom (ODUM) kannte. Man kann freilich alle evolutiven Prozesse in Termini der Energie beschreiben, es muss aber gewiss falsch sein, zu glauben, dass das alles wäre. Im Organischen jedenfalls ist der Energiedurchzug eher eine notwendige Folge als die Ursache von Entwicklungen. Es kommt eher auf seine Optimierung an. Entscheidend ist der wachsende Speicher passender Information.

Welche Beziehung aber besteht zwischen Energie und Information? Im Grunde glaubte ich damals an ein Energie-Informations-Äquivalent. Nach MAXWELL hatte man sich einen Dämon ausgedacht, der zwischen zwei Räumen ein Türchen beaufsichtigt. In beiden befinden sich schwirrende Gasmoleküle. Wann immer eines vom rechten Raum dem Türchen zusaust, lässt er es durch, kommt eines vom linken Raum auf das Türchen zu, dann nicht. Damit baut er ein Druckgefälle vom linken gegen den rechten Raum auf. Mit dieser Information über Molekülbewegungen, die er uns prinzipiell voraus hat, kann er eine Maschine betreiben, deren produzierte Energie wohl dem Maße dieser Information entsprechen müsse.

Auch SCHRÖDINGERs Einsicht wurde mir wieder fundamental: dass eben Ordnung nur durch Zerstörung von Ordnung aufgebaut werden kann. Es war evident, dass Pflanzen die Ordnung ihrer Moleküle aus dem Strom der Lichtquanten aufbauen, dafür aber Chaos, in der Form nicht mehr verwertbarer Wärme, in den Kosmos abgeben müssen, dass Tiere zu ihrem Aufbau und Erhalt noch dazu pflanzliche Moleküle degradieren und der Mensch zu alledem auch noch Moleküle von Tieren zerstören muss. Wie aber wäre der steigende Speicher an Information oder genetischer Instruktion mit dem Strom an Energie zu vergleichen, der diese Prozesse begleitet? Entspricht der Instruktionsgehalt eines Bandes Physik dem der Atombombe, die man nach ihm herstellen kann, oder nur dem Heizwert seines Papiers? Es geht also offenbar mehr um die Verwertbarkeit durch den zu Instruierenden.

Ich lasse es bei diesem Beispiel, weil es kennzeichnend ist für viele andere Fragen, die in Angriff zu nehmen waren.

Es kann sein, wie ich heute sehe, dass uns dieses Äquivalent durch jenen kognitiven Dualismus verdunkelt ist, der sich bereits in der begrifflichen Dualität von Welle oder Teilchen der Quanten ausdrückt, wo die Welle als Kraft, der Nachweis eines Teilchens aber als Information begreifbar wird. Wieder hatte ich einen Rahmen angefasst, von dem ich nicht wissen konnte, dass mich sein Inhalt weitere Jahrzehnte, bis in die Grundprobleme der Existenzbedingungen der Menschheit, begleiten würde.

Aus dem Ende dieser Zeit ist mir noch so manche intime Plauderei mit meinen in Chapel Hill verbliebenen akademischen Söhnen, wie den RIEGERs, in Erinnerung, Plaudereien mit deren Schülern, die nun schon fast meine akademischen Enkel waren, und an manch menschlich wärmenden Plausch an Jims Kamin, als sich draußen schon der Schnee über den Wald legte.

Und was daraus wurde

Zurück in Wien gab es viel Literatur einzuarbeiten. Smoky machte zu dem Band Serien gekonnter Vignetten. Und Claus PIPER nahm ihn gerne in seinen Verlag, weil er zwischen jenen von Konrad LORENZ, Manfred EIGEN, Carsten BRESCH, Jacques MONOD und Ilya PRIGOGINE einen vornehmen Platz zu finden schien.

In das Szenario dieser Zeit gehören die Abende, die ich mit Smoky in unserer Bibliothek verbrachte, unter Stapeln von Bänden Anregungen und Orientierung für die Illustrationen zur *Ordnung* und zur *Strategie* zu finden, die Smoky zeichnete. Man erinnert sich, dass sie als Modezeichnerin ausgebildet viel zu unserem frühen Haushalt beigetragen hatte. Sie wirkte am 'Adriaführer' mit, illustrierte von nun an in außerordentlich geschickter Manier alleine meine weiteren Bücher und auch zwei von Erhard OESER.

Im Rückblick meine ich, viel von dem 'Strich' gelernt zu haben. Besonders die Vignetten in der *Strategie* haben Stil. Aber auch unsere Mädchen müssen von dieser Begabung, und vom Zusehen bei der Mutter am Zeichentisch, viel für ihre eigenen Zeichenambitionen profitiert haben. Dass auch der schreibende Vater Wirkung tun wird, ahnte ich wohl nicht.

Die *Ordnung* brauchte zwei Jahre zum Erscheinen, weil für den Satz ein Computer-Composer-System ausprobiert wurde. So kam es, dass die *Strategie* schon ein Jahr darauf, 1976, auf den Markt kam. Anlässlich eines Vortrags – ich glaube in Bochum – wurde ich gefragt, ob ich nun auf der Reise das dritte Buch geschrieben hätte. Zwar ist das, von Wien kommend, gewiss eine lange Bahnreise; gemeint war aber, dass ich mich mit solcherart Publikationen aus der Reihe der Kollegen stellte. Das erschien unakademisch und hätte mir eine Warnung sein können. Aber es wirkte nicht. Denn schon beim Erscheinen der *Ordnung* meinte einer meiner alten Freunde, es wäre ein verfrüht erschienenes Alterswerk. Vom Rand des Faches wollte man nicht beunruhigt werden.

Nun habe ich auch weiterhin die üblichen so genannten Originalbeiträge für wissenschaftliche Archive und Symposienbände verfasst. Aber der größte Teil meiner Arbeit blieb den Büchern vorbehalten. Aus dem einfachen Grund, weil mir die Themen für Aufsätze zu groß erschienen. Der Hang zur Synoptik hat mich nicht mehr verlassen; und das gegen die frühe Warnung schon meines Lehrers MARINELLI, man solle originale Mitteilungen nie unter Buchrücken publizieren, weil man derlei nur für Sekundärliteratur halten werde. Das hätte mir eine zweite Warnung sein können. Aber auch sie wirkte nicht.

In der Rezension wurden die Bücher besser aufgenommen als ich in Erinnerung hatte. Was die *Ordnung* betrifft, waren die Kollegen überrascht, die Natur auch so sehen zu können. Die Rezensenten begrüßten die Perspektive aus der transspezifischen Evolution und einige auch die hier eingeführte rekursive Kausalbetrachtung. Ernst MAYR schrieb mir, dass der Band für Methodologen entscheidend, anderen aber zu formal sein werde. Das hat sich bestätigt; nur Morphologen gab es schon kaum welche mehr.

Und er meinte, dass man über weite Gebiete an diesem Werk werde nicht mehr vorbeigehen können; darin täuschte er sich.

„Lieber Rupert (...) Zweifellos ist die bedeutende Funktion Deines Buches eine wissenschaftliche Brücke zu bilden zwischen Philosophie und Biologie, vielleicht sollte ich (sogar) sagen Morphologie. Morphologie war immer ein Rätsel, sowohl für Biologen als auch für Philosophen. Man braucht (dazu) nur die so genannten idealistischen Philosophen GOETHE, TROLL und VAN DER KLAW zu lesen. (...)
Ich bin sicher, dass dieses Buch eine neue Nische der wissenschaftlichen Literatur geschaffen hat. Da sind beträchtliche Gebiete, in welchen keine künftige Arbeit geschrieben werden kann, die sich nicht auf Dich bezieht; und ich sehe nicht, wie es diese Autoren vermeiden könnten, eine große Menge an Erleuchtung und Anregung aus dieser Analyse zu beziehen. (...)
Mit wärmsten Glückwünschen zur Publikation dieses bedeutenden Werkes (...) Mit wärmsten Grüßen Dein Ernst MAYR“
Havard University, 28. Mai *1975* (von mir übersetzt)

Auch Ernst MAYR selbst, noch immer die einflussreichste Gestalt in der Evolutionsbiologie, hat in allen seinen folgenden Büchern und Artikeln die *Ordnung* nie mehr zitiert. Er muss, als er die Kausalität meines Themas erkannte, erschrocken sein; sie schien seiner ‘Synthetischen Theorie’ entgegengesetzt. Ich war abgeschrieben. Für einen jüngeren Mann wäre das ein akademisches Todesurteil gewesen. Ich habe das, wie sich zeigen wird, überlebt; aber es hat mich endlich nachdenklich gemacht. Freilich hat es dazu geführt, dass weniger Einflussreiche den Band gar nicht oder doch mit spitzen Fingern in die Hand nahmen.

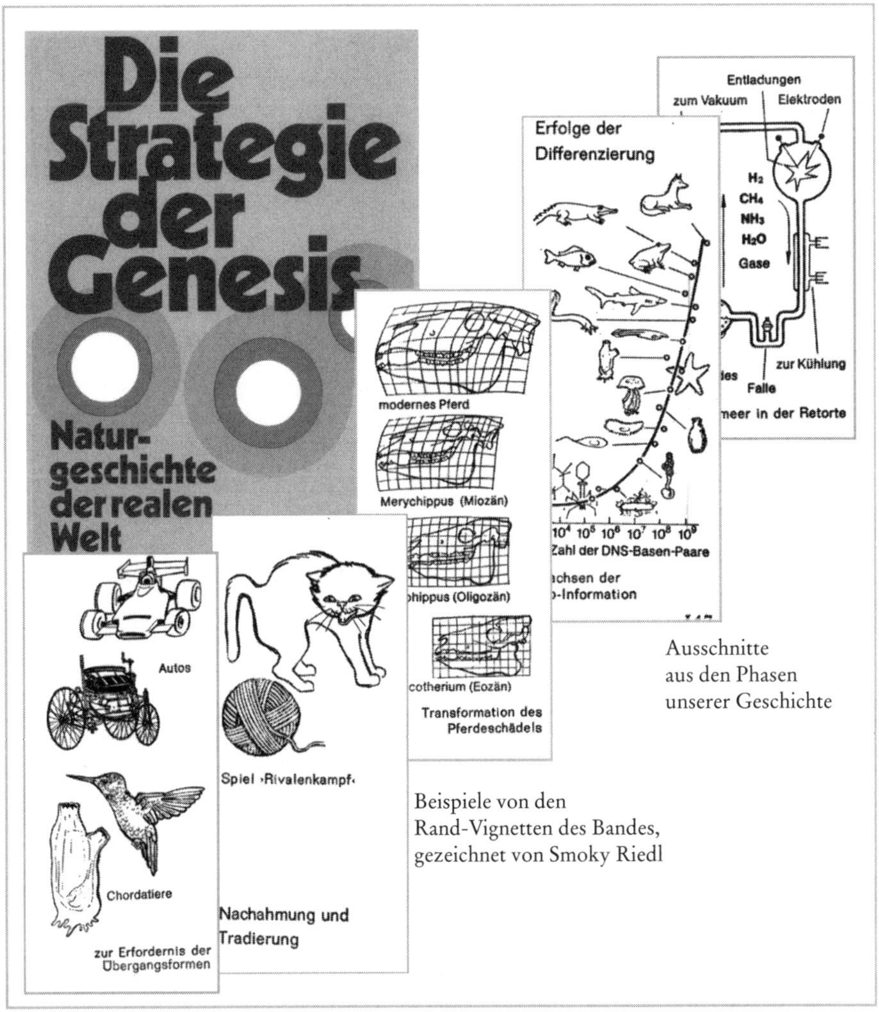

Abb. 36: Es war eine schöne Zeit, zwischen Bücherstapeln aus unserer Bibliothek gemeinsam mit Smoky die Randabbildungen für den Band zu entwerfen; und eine Anregung für Barbara und Sabina.

Als man Jahre darauf tiefer hineingelesen hatte, wandelte sich die freundliche Haltung allgemein. Heute weiß ich, dass zwei Dinge befremdlich waren.

Erstens meine Annäherung an Erkenntnisprozesse, zwar noch immer keine Erkenntnistheorie, dennoch als Philosophie diskreditiert.

Zweitens wurde mein Nachweis, dass der Erfolg der Produkte (der Phäne) auf ihre Bauanleitung (die Organisation der Gene) zurückwirkt, mit Lamarckismus (der längst verteufelten Wirkung des Milieus auf die Gene) gleich getan, die ganze Sache abgetan. Freilich hörte ich derlei nur mehr über Dritte. Denn auch der lobende Ernst MAYR hat bei späteren Begegnungen auf Symposien das Thema nachgerade verboten: „Da ist das Genom, und das Genom macht alles! Tableau!" Ich komme darauf noch zurück.

Wohlmeinende Kollegen dagegen rieten, den Band von den letzten Kapiteln her zu lesen. Die Struktur der einführenden Theorie war zu fremd. Was ich damals davon wahrnahm: Die Sicht auf eine rekursive Kausalität schien meinen Kollegen nicht zugänglich, Morphologie als nicht mehr als ein ohnedies selbstverständlicher Vorgang des Vergleichens.

Ich ahnte nur, dass die Schwierigkeiten in der menschlichen Ausstattung liegen müssten. Ich bin daher auch in keine akademischen Schlachten mehr gezogen, sondern wollte diesen Hintergrund aufklären. Und, als ob es eine Fügung gewesen wäre, wird das aufzuklären Thema des ganzen nächsten Jahrzehntes sein. Eine noch buntere Welt konnte für mich entstehen.

Die *Strategie* fand gute Aufnahme, naturgemäß von einer breiteren Rezensentengruppe. Was allgemein am meisten beschäftigte, war die Entwicklung, die ich von den physikalischen Naturgesetzen bis zu den emotionell besetzten Begriffen von Sinn und Freiheit führte. Das konnte man bejubeln, überraschend finden oder auch verurteilen. Jedenfalls nahm man die Sache zu Recht weltanschaulich. Daneben heben sich bei den über hundert Rezensionen alle Extreme gegeneinander auf. Manche meinten, da stünde nichts Neues, allein die Sprache sei bewegend. Andere behaupteten, derlei Gedanken seien noch nicht dagewesen, seien aber kaum zu lesen.

Im Ganzen ist's ein Beitrag zu einem sich wandelnden Weltbild geblieben. Und der Verlag hatte ganz richtig erkannt, wohin der Band in unserer Kultur gehört. Alle diese Beiträge laufen auf eine Gesamttheorie der Entwicklungsgesetze hinaus, für welche ein jeder von uns Autoren die Lösung aus seiner Sicht erbracht hat. Wenn MONOD das Thema vom physikalischen Zufall her aufrollte, EIGEN von dessen Steuerung, LORENZ den

Kenntnisgewinn im Auge hatte, PRIGOGINE die Komplexität, ich die Rekursivität, dann glaube ich heute voraussehen zu können, dass alle diese Terme, und einige weitere, in einem Gesamttheorem ihren Platz werden zu finden haben.

Zu diesen Termen gehört zum Beispiel auch jener der 'Selbstorganisation', der mich erst im nächsten Jahrzehnt näher beschäftigen wird. Und so muss noch einer Begegnung gedacht sein, jener mit Erich JANTSCH, die mich sehr bewegt hat. Wieder ein Wiener, wenige Jahre jünger als ich, vom Aussehen des Klaubautermanns, seiner Genialität und der Buntheit seiner frühen Studien wegen Paul (FEYERABEND) vergleichbar, schloss er sich, mit einem Band über *Die Selbstorganisation des Universums*, dem Reigen an. Bald nach Erscheinen des Buches ist er verloschen. Er hatte sich in dessen Kindbett erschöpft.

Es ist nicht leicht, die Geburt eines Buches zu überstehen. Fast kann ich Erich verstehen. Viel Kraft wird einem entzogen. Ich kann das nachempfinden. Man fragt sich bei Abgabe des Manuskriptes, wie viele Jahre man denn über eine derartige Trivialität vergeudet hat. Und dass es nur an etwas mehr Begabung gemangelt hätte, um daraus etwas wirklich Brauchbares zu machen.

Ich hatte es wahrscheinlich etwas leichter als Erich. Vielleicht dadurch, dass ich mit der Synoptik an vergleichsweise greifbareren Gegenständen begann. Vielleicht hatte auch Freund Harald (ROHRACHER) recht mit der Ansicht, dass meine Erfolge, sollten sich solche einstellen, mehr auf Motivation als auf Intelligenz beruhen könnten. Ich will das auch gar nicht ausschließen. Denn es mag wirklich Motivation sein, ein ja eher unreflektiertes Selbstwertgefühl, das mich die unverkennbaren Tiefs solcher Situationen überstehen ließ. Bisher habe ich mich an das Kindbett gewöhnt.

In der Zwischenzeit gingen auch die meereskundlichen Aktivitäten weiter. Kurse und Symposien waren zu absolvieren, einen 'Sea-Rover', eine ferngesteuerte Unterwasser-Fernseh-Raupe, hatte ich geplant, die ersten höchst aufschlussreichen Zeitrafferaufnahmen von Seeböden kamen zustande, wir gewannen auch eine Vorstellung von einer Art von 'Ultra-Ökologie', nämlich zu sehen, welch unerwartete Zusammenhänge das Elektronenmikroskop auch in Fragen der Ökologie aufschließen kann. Wir bekamen also weiterhin 'unsere Stiefel nass'. Und besonders Jörg

(OTT) war so tüchtig geworden, dass die Dinge schon allein liefen. Es wurde Raum für weitere und grundsätzliche Fragen.

6. Licht in die Vernunft (1975–1985)

In einer seltsam anmutenden Wende wird eine bloß gute Kenntnis organismischer Organisation und allerlei Voraussicht in deren Dechiffrierung dennoch notwendigerweise zu Lösungen von Erkenntnisfragen führen. Es wird uns die Herkunft von Verstand und Vernunft beschäftigen, ihre biologischen Anlagen und deren Grenzen. Notwendig deshalb, weil wir ansonsten unser Missverstehen jener Organisation nicht verstünden. Wir wandern nochmals weiter von den physischen zu den geistigen Abenteuern.

Wie sich aber der Abstand der Zeit vom Schreiben zum Beschreibenden verkürzt, bedarf es mehr Umsicht um die für eine objektive Darstellung erforderliche Distanz zu wahren. Freilich mag weniger vergessen oder geschönt werden, da weniger Zeit vergangen ist. So, wie eben jede Zeit ihre Geschichte verfälscht, weil getrachtet wird, Mühseligkeiten der Gegenwart ihrem kulturellen und sozialen Erbe anzulasten. Dennoch, der geringer werdende Abstand macht die Aufgabe nicht leichter, weil nun die zunehmende Nähe zur Gegenwart das Bild beeinflusst. Auch die Geschichte soll nicht langweilig werden.

Als einigermaßen verlässlich kann ich angeben, dass ich mit der Publikation der *Ordnung* und der *Strategie* an (oder über?) den Rand jenes Rahmens getreten war, den sich meine Zunft der Tierkundler damals gesetzt hatte. Ich muss das wohl bemerkt haben, denn beide Themen hatte ich gewiss absichtsvoll in Angriff genommen. Aber ich musste mir gedacht haben, meinem Fache dadurch zu nützen und die Erfolgserlebnisse, welche mir die erarbeiteten neuen Einsichten brachten, nun auch durch die Reflexion meiner Kollegen bald bestätigt zu finden. Die Rezeption war, wie ich ja schon sagte, im Ganzen freundlich, ging aber fast stets am Wesentlichen vorbei.

Wie aber wird man verständiger Reflexionen gewahr? Welche Art von Selektion muss man zwischen den abgedruckten und den nicht verfassten Rezensionen annehmen? Und was bedeutet es, wenn einem ein geschätzter Kollege am Gang begegnet und sagt: „Ich habe Ihr neues Buch schon gesehen; ist ja bewundernswert, wie produktiv Sie sind." Und ferner sei bedacht, dass es ein bis zwei Jahre, unter Umständen noch viel länger dauert, bis die Reaktionen jene Dichte erreichen, welche erst ein brauchbares Urteil zulässt. Und selbstverständlich wird derlei nicht abgewartet. Das Leben geht darüber hinweg.

Auch war ich durch die Aufnahme, welche der 'Adriaführer' und das 'Höhlenbuch' gefunden hatten, verwöhnter, als ich das weiterhin erwarten konnte. Kurz: Ich muss mir gedacht haben, dass sich ein Verstehen meiner Sache schon einstellen werde.

Worin ich mich verschätzte, das war die Starrheit, die man dem Rahmen eines Faches vorschreibt, und dass ich ihn, in anderer Augen, nicht erweitert, vielmehr übertreten hatte. Im Grunde, was ich nicht geglaubt hätte, war ich schon ausgeschlossen. Denn, wenn man im Fache schon Bücher schreibt, dann jedenfalls nicht solche wie die beiden letzten.

Nun glaube ich nicht, dass mich diese Einsicht, hätte ich sie besessen, zu einer anderen als zu der nun zu schildernden Entwicklung gelenkt hätte. Ich konnte mich späterhin darin beobachten, nie kämpferisch aufzutreten, vielmehr mich aus einer Fachgruppe, in welcher ich mit meinen Ansichten nicht willkommen war, zwar verwundert, aber kaum gekränkt sogleich zurückzuziehen.

Ich war am Weg zu den nächstweiteren Rahmen, die mir mein Tun rechfertigen sollten; zunächst von der Ökologie zur Evolutions- und weiter zur Erkenntnistheorie. Und ich hatte nicht bedacht, wie sich Kollegen, die bei ihren Leisten blieben, das erklärten. Mussten sich nicht jene, die man verließ, sagen: „Eigentlich hat er nie so recht zu uns gehört." Und die im neuen Gebiet: „Was macht denn der bei uns?"

Das war eine Haltung, die Folgen haben musste. Wie ich mir das damals rechtfertigte? Gewiss ist nur, dass ich meinen jugendlichen Glauben verloren hatte, wissenschaftliche Tätigkeit sei schon gerechtfertigt, welchen Winkel der Welt oder der Seele man auch immer durchleuchte. Es muss Verantwortlichkeit gegenüber der Gesellschaft geben. Man muss, sobald man das versteht, Prioritäten setzen.

Evident war mir damals, dass der Erkenntnisvorgang, der uns die Zusammenhänge in der komplexen Welt meist erstaunlich richtig erahnen lässt, aber auch zu katastrophalen Irrungen führen kann, nicht zureichend erschlossen und noch weniger verständlich gemacht worden ist. Der musste zunächst verstanden werden. Und ich ahnte, dass mit seinem Verständnis meinem Fache, vielleicht dem Umgang mit komplexen Systemen überhaupt, eine wissenschafts- oder erkenntnistheoretische Grundlage gegeben werden könne. Daraus folgten vier Bücher; gut ein Jahrzehnt der Betriebsamkeit im Rahmen der Wissenschaftstheorie.

Heute, aus der Retrospektive, ist evident, dass mich dieses Jahrzehnt in die Erkenntnistheorie und damit noch weiter aus dem Rahmen der Tierkunde führte. Und es ist zu vermuten, dass ich auf Grund der nun folgenden Arbeiten niemals eine Professur in den Naturwissenschaften erhalten hätte. Aber diese hatte ich schon. Und man wusste nicht, wohin ich's noch treiben werde.

Im Peter-Prinzip

Bevor ich auf dieses Prinzip eingehe, das mich in diesem Jahrzehnt auch in seinen Bann zog, ist ein Blick auf die Grenzen meiner wissenschaftlichen Erwartungen zu tun, in deren bescheidenem Rahmen sich das Folgende abspielen wird.

Man möge über meinen Weg in die Theorie nicht übersehen, dass das, was ich vor Augen hatte und gut kannte, die Organismen waren, zwar von ihren Ultrastrukturen bis zu den Stammbäumen, die sie zusammensetzen, aber in den theoretischen Fragen der wissenschaftlichen Literatur war ich unbewandert. Ich muss gedacht haben, dass für das Studium von Komplexität kein Gebiet so viel Material und erworbene Kenntnis bieten könne wie die Welt der Organismen. Das erwies sich zwar als richtig, täuschte mich aber über den Umstand hinweg, dass ich dadurch keineswegs mehr über Wissenschaftstheorie wusste. Ich kam erst viel später zur konkreten Kenntnis jener differenzierten Auffassungen, welche sich namentlich die Geisteswissenschaftler und Physiker schon zurechtgelegt hatten.

Ich muss angenommen haben, dass dieselben mein Problem ohnedies nicht hätten lösen können und es besser, jedenfalls interessanter sein müsse, sich selbst auf den Weg zu machen. Und als ich schließlich um deren Literatur freilich nicht herumkam, war meine Lösung im Grunde strukturiert und konnte ungefährdet Vergleichen standhalten.

Natürlich war auch dieser Entschluss wieder nicht ganz naiv. Ich hatte verstanden, dass die Biologie dabei war, methodisch auseinanderzubrechen. Die physiologischen Disziplinen operierten kausalistisch und so, als ob man Funktionen zureichend aus dem Fließen von Kräften verstehen könne, die morphologischen intuitionistisch und so, als ob das auch schon genügen würde. Und ich muss immerhin verstanden haben, dass sich das

Paradigma der Physiologen mit dem der Physik vergleicht und das der Morphologen mit jenem der Kulturwissenschaften.

Was mir an Problembewusstsein zur Verfügung stand, das war, von heute aus benannt, scheinbar sehr bescheiden: das Problem der hierarchischen Strukturen, das Wägeproblem und das Gewinnen von Graden 'empirischer Wahrscheinlichkeit'. An Ersteres erinnert man sich aus meinen Wahrnehmungen in der Ägyptologie und am Roten Meer, an das Zweite aus meiner Opposition gegenüber den Positionen von MARINELLI und MAYR. Zu dem Dritten habe ich Beobachtungen nachzutragen, die zu ihrer Zeit so bescheiden waren, dass es sich bislang nicht lohnte, sie auszuführen.

Aber bei einem der Kurse in Rovinj, einer feuchtfröhlichen Abendplauderei auf der 'Roten Insel', forderten mich einige Studentinnen heraus anzugeben, wie ich denn zu den Gewissheiten in meinen wissenschaftlichen Einsichten gelange. Das fiel mir damals nicht leicht zu erklären, denn ich ahnte den Zusammenhang mehr, als dass ich ihn verstand. Und ich nahm gewissermaßen Zuflucht zu einem mir eingängigen Beispiel. Ich schlug eine Wette mit Münzwürfen vor und behauptete, man werde von dem Umstand, dass ich schwindle, umso überzeugter werden, je länger die Serie wird, in der ich ununterbrochen gewinne. Das wurde bald darauf zu einem Test entwickelt, mit welchem ich mich auch in überfüllten Anfängerkollegs verständlich machen konnte, sowie zu einem über Jahre laufenden Forschungsprogramm. Dass ich damit jene Lösung gefunden hatte, wie sie von der Konditionierung bis zu unseren nichtbewussten, vernunftähnlichen Leistungen führt, wusste ich noch nicht.

Diese drei Themen sind erwähnt, weil sie wieder alle den Rahmen von Problemen angeben, deren Lösung ich in derselben Reihenfolge in ebenso drei Bänden entwickeln werde, mit einem einführenden Band, der diesen vorangestellt werden wird: die *Biologie der Erkenntnis*.

Die Biologie hatte sich damals schon längst bis in den Bereich der Moleküle erweitert. Sie wird sich nun, an ihrem komplexen Ende, bis in die Entstehung von Verstand und Vernunft erweitern. Das hatte ich wohl schon angestrebt, aber das Vertrauen in die Lösbarkeit einer solchen Aufgabe war LORENZ' Haltung entnommen.

Bis dahin ist aber noch einiger Weg zu gehen. Und ich schildere das, um meine damalige Geisteshaltung mit jenen Erwartungen zu kontrastieren, die in diesem Jahrzehnt in mich gesetzt worden sind. Hier begegnen wir dem Peter-Prinzip. Es besagt, dass in unseren Kulturen ein Mechanismus existiert, der kompetente Personen so lange in höhere Positionen delegiert, bis sie sich in denselben als endgültig inkompetent erweisen.

Ich nehme dies als eine weitere Einsicht in Anspruch, von der ich annehme, sie damals meinen Lebensumständen entnommen zu haben. Freilich unter Harald (ROHRACHERS) Anleitung. Aber ich muss gleich hinzufügen, dass mir das nicht in jedem Fall bewusst war. Man muss ja jenen Probanden, die ins Peter-Prinzip geraten, konzedieren, dass sie nicht nur aus Geschmeicheltheit und in voller Bewusstheit in diese Falle laufen. Man muss annehmen, dass sie sich die jeweils höheren Funktionen, jenseits kritischen Reflektierens, wie dieses empfohlen wäre, tatsächlich, 'kommt Zeit, kommt Rat', auch zugetraut hätten.

Was mich lenkte, der Falle wiederholt zu entgehen, war die frühe Mutmaßung, meinen Beruf verfehlt zu haben. Wie man sich erinnert, wollte ich Naturforscher werden. Darunter verstand ich eben einen HUMBOLDTschen Geist, der mit Tropenhelm und Botanisiertrommel den Widrigkeiten tropischen Urwalds trotzt. Diesen Beruf, wie sich's herausstellte, gab es nicht. Ich musste in den Lehrberuf und war Schulfuchs geworden. Weiter aber sollte der Kompromiss nicht gehen.

Die Einschätzung, die man damals begann mir zuzudenken, muss mit meiner Redeweise zu tun gehabt haben. Aus meinen Büchern und populären Schriften, Auftritten im Fernsehen und in akademischen Gremien meinte man einen Mann gepflegter Selbstdarstellung zu erkennen, der bereit ist, den Mund voll zu nehmen und in 'markigen' Sätzen zu argumentieren. Auch kam eine gewisse Wertschätzung hinzu, weil mich mein späterer Freund Franz KREUZER, damals Wissenschaftsjournalist und Fernsehintendant, schon Anfang der Siebzigerjahre in bedeutende Umgebung setzte.

In seinen renommierten Studiogesprächen und Club-Diskussionen brachte er mich sogar mit Konrad, damals schon Nobelpreisträger, und mit Sir Karl POPPER in eine Reihe, was zur Folge hatte, dass mein Bekanntheitsgrad unproportioniert wuchs und ich mich der Vortragseinladungen im deutschen Sprachraum kaum mehr erwehren konnte. Ich hatte eine Art Popularität gewonnen. Sogar fremde Menschen sprachen mich auf der Straße achtungsvoll an. Ein neues Erlebnis. Ich lief sogar Gefahr, zu einer Art Festredner zu werden, was mich amüsant an die Stotterer-Nachhilfestunden bei Oberlehrer WURST erinnerte.

Freilich war ich nicht vor allen Verlockungen gefeit. In einem dieser Jahre verzeichnet das Tagebuch hundertneunundzwanzig Reisetage. Das war zu viel. Ein gewisser missionarischer Eifer, wie man ihn wohl schon wahrgenommen hat, muss mich beflügelt haben. Der elementareren Abdriften von meinem Lebensziel aber erwehrte ich mich standhaft.

Da wartete zunächst die Auszeichnung, als Präsident für die 'Deutsche Zoologische Gesellschaft' zu kandidieren. Die Gruppe um meinen späteren Freund Professor Ernst FLOREY legte mir das nahe. Aber ich hatte als Mitglied des Vorstands schon Einblick in das Getriebe der Schulenbildungen gewonnen, der Verteilungsweisen von Reputationen; und ich wusste, dass es mein Talent nicht sein konnte, das zu ändern.

Dann legte mir die Gruppe um unseren Dekan Professor LAVKA nahe, mich für das Dekanat der Philosophischen Fakultät der Wiener Universität zu bewerben. Ich war aber schon in Gremien eingeteilt gewesen, die das neue Universitäts-Organisations-Gesetz zu erörtern hatten. Es war uns von Frau Minister Herta FIRNBERG nach dem Berliner Modell verordnet worden, obwohl man dort schon wusste, dass es den Abbau des akademischen Niveaus zur Folge hat. Dafür durfte man Verantwortung nicht übernehmen.

Meine Gespräche mit FIRNBERG, zu welchen ich delegiert wurde, führten nur zu Konfrontationen. Meine späteren Wissenschaftsminister FISCHER, Hans TUPPY, BUSEK und SCHOLTEN verstanden alle meine Bedenken, machten aber verständlich, eine Änderung politisch nicht mehr durchsetzen zu können.

Es folgte die Überlegung, mich zum Direktor der 'Stazione Zoologica' zu berufen, gerade jener, von welcher wir schon bei unserer ersten Begegnung vor die Türe gesetzt worden waren. Die Gruppe gerade um jenen nun resignierten Professor Peter DOHRN, der uns damals die Standpauke hielt, setzte sich dafür ein. Ich war aber schon länger Mitglied des Wissenschaftsrates der Station, war beim Aufbau einer Außenabteilung für Ökologie behilflich und hatte ihr altes Archiv zu einer modernen Zeitschrift – *Marine Ecology* – gewandelt. Ich kannte also den Filz Administration in Rom und Neapel und ließ die Finger davon.

Schließlich, auf diese Geschichte sei vorgegriffen, machte mir eines Tages Dr. Erhard BUSEK Besuch, damals Vizebürgermeister von Wien. Unser Freund und sein Stadtrat für Kultur, Jörg MAUTHE, Literat und Umweltkämpfer, war verstorben. Ich möge sein Nachfolger werden. Das nahm ich ernster. Denn es gibt bekanntlich Städte, die sind Universitäten, wie Heidelberg, solche, die haben Universitäten, wie München, aber auch solche, in denen sind bloß Universitäten, wie Wien. Der Kontakt – da die rote Stadt, dort die reaktionären Fakultäten – hatte nie funktioniert. Gerade noch zur Zeit des 'Wiener Kreises', da Persönlichkeiten wie Otto NEURATH die Klammern bildeten. Nun war die Stadt nicht mehr ganz rot und die Fakultäten nicht mehr ganz reaktionär. Wäre die Verbindung Wiens zu ihrer Wissenschaft nun herstellbar?

„Aber“, sagte mir BUSEK, „was erwarten Sie, lieber Professor? Wien war immer eine Musik- und Theaterstadt.“ Darin hatte er Recht. Und so ist's auch geblieben. Das, was man später im Nachschatten Konrads einen 'Zweiten Wiener Kreis' nennen wird, war noch nicht sichtbar und wird sich auch auflösen.

Später einmal machten sich österreichische Zeitungen Gedanken, welche 'Quereinsteiger' dem Bundespräsidenten KIRCHSCHLÄGER nachfolgen könnten. Man fand mich auf ihrer Liste. Tatsächlich wurde meine Bewerbung bedacht. Aber ich konnte mir nicht vorstellen, mit meiner bescheidenen Ausstattung und meiner Skepsis gegenüber der Diplomatensprache, Jahre im Stresemann vor Defilees zu verbringen.

Ich habe aus alledem gemeint, zwei Erfahrungen gemacht zu haben. Zum einen war vielerlei Anerkennung oder doch Erwartungshaltung auf mich zugekommen; und sie hatte mit dem, was ich für meine Leistung hielt, kaum etwas zu tun. Zum anderen verstand ich, dass sich die Hierarchie der Gesellschaft aus zweierlei Motiven strukturiert. Viele drängen mit spitzen Ellbogen nach oben. Aber es gibt auch Grenzen. Nämlich dort, wo man delegierte Verantwortungen nicht mehr übernehmen will, gibt es Gegenkräfte. Dort sagt man sich: „Das sollen andere machen.“ Das Peter-Prinzip ist zu relativieren.

Seminarien und Abendkollegs

Von den Begegnungen mit Erhard (OESER) und Ulli (SEXL) hatte ich schon zu erzählen. Wir bildeten den 'harten Kern' des 'ORS-Seminars', das weitere Freunde aus der Fakultät anzog: den Chemiker Peter MARKL, die Mathematiker Karl SIGMUND und Hans-Christian REICHEL, den Anthropologen Eike WINCKLER und immer wieder eine Reihe anderer, die alle an Beiträgen zur 'Theorie der Naturwissenschaften' interessiert waren. Wir hatten den Theoretischen Chemiker Peter SCHUSTER zu Gast, Konrad (LORENZ), Paul (WEISS) und Ernst MAYR. Und von meinen Schülern taten sich bald Günter WAGNER mit Kompetenz in Biologie, Logik und Mathematik, Robert KASPAR mit Biologie und Wissenschaftstheorie hervor und Manfred WUKETITS überhaupt als rezeptives Talent.

Ich glaube, dass ich damals wieder in meinem Element war, und ich weiß, dass ich von allen wie auch von der Rezeption meiner eigenen Referate viel gelernt habe. Ich will das in einer eher anekdotischen Form darlegen.

Erhard, wie ihn Konrad später apostrophierte, erwies sich als 'ordnender Geist'. Wenn Begriffe unsauber angewendet wurden, seien es Homologie, Analogie und Metapher, seien es Erwartung, Hypothese und Theorie oder empirische, rationale und, was ich hinzufügte, kollektive Wahrheit, er war sofort zur Hand, um die Konditionen anzuschreiben, die sich für deren Bestimmung als erforderlich erweisen.

Ulli war unübertrefflich in der Illustration komplexer Begrifflichkeit. MAXWELLs Dämon klärte sich auf, SCHRÖDINGERs Katze, das EINSTEIN-PODOLSKY-ROSEN-Paradoxon und der LAPLACEsche Geist, mit dem die Unmöglichkeit eines völlig determinierten Kosmos zu begründen war. Drei Beispiele will ich ausführen, weil wir Ulli nicht mehr begegnen werden. Er hat diese Welt, wie Erich JANTSCH, zu früh verlassen.

Die Verlängerung des mikrophysikalischen Indeterminismus in den Makrobereich ergab der Fall eines mathematisch idealen Billard. Lagen die Kugeln einen Meter auseinander, so musste die siebente die achte Kugel nicht mehr mit Sicherheit treffen, weil die Unschärfe der Lage der Oberflächenmoleküle, siebenmal mit sich selbst multipliziert, schon größer wurde als eine der Kugeln. – Die Unmöglichkeit, die Qualitäten eines neuen Systems, auch bei zureichender Kenntnis seiner Konstituenten, zu erraten, erwies sich aus der unübersehbaren Anzahl der ihnen möglichen Kombinationen. – Und, so führte Ulli aus, könnten wir mit unseren Radioteleskopen beliebig weit sehen, müssten wir in jeder Himmelsrichtung auf unseren eigenen Hinterkopf blicken; allerdings erst nach geraumer Zeit.

Die Gespräche mit REICHEL und SIGMUND brachten mir das Begründungsproblem der Mathematik nahe. Soll man sich der Intuition ausliefern oder hat man nicht doch, wie PLATON, auf ein Prinzip zu rekurrieren, das der Welt wie dem Denken gleichermaßen vorgegeben sein muss? Oder genügt es, sich darauf zu berufen, dass Mathematik ohnedies funktioniert, oder man es immer schon so gemacht hat? Aber wir lernten auch viel über die erstaunliche Extrapolierbarkeit der Verfahren in den komplexen Bereich.

Mit Eike wurden die Ränder zwischen naturwissenschaftlicher und ideologischer Debatte, beispielsweise an der Rassenfrage, wiederholt deutlich sowie der Umstand, dass sich das, was Konrad so bildlich als 'Fulguration', als zündende Funken im Werden neuer Systeme bezeichnete, als gleitende, langzeitige Prozesse erwies.

Bei meiner ersten Universitätskommission, zu der ich eingeladen war, ging es um die Besetzung einer Lehrkanzel für Chemie. Das war fünfzehn Jahre vor der hier vorgetragenen Geschichte. Ich setzte mich, noch in US-Manier, lautstark für das Fach 'Theoretische Chemie' ein, weil ich mir eine Verbindung von 'Theoretischer Biologie' und 'Theoretischer Physik' wünschte. Erstere war mit nahe, Letztere hatte ich schätzen gelernt. Ich kannte damals schon Manfred EIGEN und hatte prächtige Visionen.

Die Kommission war skeptisch (und vielleicht ebenso unbedarft wie ich), schloss sich aber meinen Argumenten an.

Das Ordinariat erhielt Peter SCHUSTER und es entwickelte sich vorzüglich; aber reduktionistischer als die Physiker, man fühlte sich als eine Verlängerung der Physik. Grundsatzgespräche mit uns biologischen Holisten erwiesen sich bald als nicht möglich. Man konnte sich mit mir nicht 'auf diese Stufe stellen'. Und, was ich für unmöglich gehalten hätte, das wird meine Bemühungen eine ganze Generation zurücksetzen.

Aus den Diskussionen mit MARKL und SCHUSTER begriff ich, dass man die Theoretische Chemie nicht, wie man hätte hoffen wollen, als eine Brücke zwischen Theoretischer Physik und Theoretischer Biologie auffassen wollte. In ihr wird vielmehr versucht, die Reichweite der Theorien der Physik in den Bereich der Chemie zu verlängern. Nirgends sonst wurde mein Konflikt mit dem 'Reduktionismus' deutlicher, mit dessen unerfüllbarer Hoffnung, komplexe Systeme zureichend aus ihren Konstituenten verstehen zu können. Ein Konflikt, der uns auch heute noch trennt.

Auch in anderen Dingen wurden Fronten klar. Nach einem Vortrag von Ernst (MAYR), der zum Ziele hatte, seine 'Synthetische Theorie der Evolution' als zureichendes Erklärungskonzept darzustellen, versuchte ich nochmals, ihm die Notwendigkeit rekursiver Kausalität zwischen Gen- und Phänsystemen nahe zu legen. Da wurde er aber ärgerlich. „*There is the genome*“, rief er, „*this is the blueprint. And the blueprint transports everything!*“ Die Differenz war auf den Punkt gebracht.

Und ganz zum Anekdotischen gehört eine Begegnung der alten Freunde Konrad (LORENZ)und Paul (WEISS). Paul, herausgefordert, hielt einen glitzernden Vortrag zur Systemtheorie. Als schließlich jedes Faktum in seiner Lade war, fragte Konrad harmlos: „*Paul, what is a system?*“ Paul stutzte nur einen Augenblick und antwortete: „*Everything that deserves a name.*“ Wir hatten also viel Spaß.

Eines meiner stärksten Erlebnisse hat natürlich mit der Reaktion auf eine Serie meiner Referate zu tun. Ich hatte versucht, eine erkenntnistheoretische Systematik dessen zu geben, was Konrad als ‘angeborene Anschauungsformen’ aus der Ethologie, ich als ‘angeborene Hypothesen’ aus den Ordnungsformen des Denkens extrahierte. Erhard fing mich noch am Gang ab und sagte: „Was du da beschreibst, das sind die KANTschen Apriori.“ Die kannte ich noch nicht, aber es klang sehr wichtig. KANT war also zu lesen. Und es wird sich zeigen, dass diese Sicht zu einer der Lieblingskontroversen, zum Dauerbrenner in der Auseinandersetzung mit der traditionellen Philosophie werden wird.

Natürlich waren, was ich ‘angeborene Hypothesen’ nannte (die Erwartung von Wahrscheinlichkeit, Vergleichbarkeit, Ursachen und Zwecken), nicht mit den KANTschen Apriori identisch. Das muss Erhard bemerkt haben; allein schon waren meine synthetisch, jene KANTs analytisch gewonnen. Die große Ähnlichkeit musste ihn aber überrascht haben, zumal kenntlich war, dass ich von KANT nichts wusste.

Mir machte es erst recht überraschenden Eindruck, durch eigenes Denken jenem Denker nahe gekommen zu sein. Und da ich nun, wie auch Konrad, Aprioris jedenfalls empirisch erforschen und begründen konnte, hoffte ich, den Philosophen eine willkommene Lösung zu bieten. Das war ein Irrtum; man wehrte sich gegen den Übergriff in ein Lieblingsthema der Philosophie.

Gewöhnlich war der Seminarraum, der uns damals in unserem Hause Währingerstraße von Peter SCHUSTER zur Verfügung gestellt wurde, randvoll. Nach der Übersiedlung der Zoologie in den Neubau ‘Biozentrum’ konnte ich den großen Hörsaal verfügbar machen, und auch der füllte sich. Je zwei Semester wurden einem Thema gewidmet, woraus die Bändereihe *Wiener Beiträge zur Wissenschaftstheorie* entstand. Das war aber Jahre später.

Mit dem Neubau ergab sich für mich auch ein erweiterter Rahmen für theoretische Vorlesungen. Carl Friedrich von WEIZSÄCKER riet mir einmal, allgemeine Kollegs solcher Art in den Abend, in die Konzert- und Theaterzeit zu verlegen, um sie auch dem Stadtpublikum zugänglich zu machen. Man wird verstehen, dass mir dies gerade für Wien nahe lag. Und ich las mit den Jahren einen Zyklus von fünf Semestern, der mit der *Ordnung* begann und sich im Vorlauf der entstehenden Buchmanuskripte mit den Themen *Biologie der Erkenntnis*, *Spaltung des Weltbildes*, *Begriff und Welt* und *Wahrheit und Wahrscheinlichkeit* erweiterte.

Tatsächlich sprach sich die Sache herum und ich hatte bald auf einem Drittel der dreihundert Plätze Hörer aus dem so genannten Stadtpublikum; eine bunte Welt von Wirtschaftlern bis Theologen, Personen mit natur- wie geisteswissenschaftlichen Ambitionen. Eine gute Übung für gemeinverständliche Sprechweise.

In einen der ersten Reihen erkannte ich einen Herrn, bald mit Familie, der mich einmal in der Bahn, auf der Reise zum Besuch desselben Symposiums, angesprochen hatte. Er war mir, groß gewachsen, in dunklem Kutschermantel und mit seiner gescheiten, etwas schwebenden Ausdrucksweise in lebhafter Erinnerung geblieben. Worüber wir in der Bahn sprachen, weiß ich leider nicht mehr. Wahrscheinlich über Gott und die Welt. Nun wurden auch nach den Kollegs gelegentlich einige Sätze gewechselt. „Da haben Sie Recht, Herr Professor", ließ er einmal fallen, „die Evolution hat uns fest im Griff." Ein andermal meinte er, was ich da machte, interessierte ihn, denn es wäre für unsere Gesellschaft lebenswichtig. Er wolle das fördern. Ich dachte, er werde ein Stipendium stiften.

Bald wurde ich zu einem Abendtisch gebeten. Der Herr erwies sich als Peter ENGELHORN, Mitbesitzer des Konzerns Böhringer Mannheim. Und er hatte vor, nicht nur ein Stipendium, sondern einen Trust zu stiften, aus dessen Kapital ich ein ganzes Forschungsinstitut werden betreiben können. Dies ist aber ein Thema für ein späteres Kapitel.

Der Altenberger Kreis

Vom Zustandekommen unserer 'Nachhilfestunden' in Erkenntnistheorie hatte ich schon zu erzählen. Ich glaube aber, dass wir eher über Wissenschaftstheorie sprachen, weil wir mit unseren Interessen stets auf die Greifbarkeit der Dinge zurückkamen.

Konrad verstand Erhard ungleich flinker als ich, doch hatte ich auf der Rückfahrt nach Wien Gelegenheit, alles nochmals abzufragen. Bald schlossen sich unsere erwachsenden Schüler an, allen voran Robert (KASPAR), Manfred (WUKETITS)und Günter (WAGNER), aber auch meine Freunde: der Arzt Anton FÜHRLINGER, der Anatom Gerd MÜLLER und Eike (WINCKLER), der uns schon bekannte Anthropologe. Die wöchentlichen Treffen begannen sich herumzusprechen und bald nahmen auch Mathematiker, Physiker, Literaten und Juristen regelmäßig teil.

Nun sollte der Kreis noch immer an einem Tisch Platz haben; wenn auch an einem großen. Man musste bremsen. Und so wurde die Einladung zur Teilnahme zu einer Auszeichnung und erzeugte noch mehr Zutrieb. Überstieg die Truppe zwanzig und mehr Köpfe, musste aus der Bibliothek des LORENZ-Hauses ins nahe Dorfwirtshaus, den 'Schneiderwirt', ausgewichen werden. Aber auch dort blieb Konrads Anziehungskraft so ungebrochen, dass sich im Sesselgedränge selbst die Türe zum 'Extrazimmer' nicht mehr schließen ließ. Und draußen standen die Dörfler und lauschten achtungsvoll ihnen wohl rätselhaften Themen.

Es versteht sich, dass Konrad der Mittelpunkt war und blieb. Selbst wenn er in späteren Jahren gelegentlich unwohl war und nicht erscheinen konnte, schwebten seine Perspektiven über der Szene und den Referaten. Viel ist über die Lehre LORENZ' geschrieben worden. Aber auch über den Menschen erfährt man mancherlei in den Bänden, die Franz KREUZER und ich, Norbert BISCHOF und sein langjähriger Schüler Wolfgang SCHLEIDT herausgegeben haben. Ich will mich daher auf Anekdotisches beschränken; auf jene Einflüsse nämlich, von welchen ich annehme, dass sie mein ferneres Denken beeinflussten.

Konrad war ein Geschichtenerzähler. Manche zur Illustration eines ihm wichtigen Zusammenhangs produzierte Geschichte kenne ich in zwei, sogar drei Versionen. Ich verstand, dass es nicht auf den Kontext, vielmehr auf dessen Mitteilung ankam. Er war Empiriker in dem Sinn, als er Entwicklungen ohne Erfahrungshintergrund leicht vom Tisch wischte. Dennoch schätzte er Theorie. Auch darin fand ich meine Auffassung bestätigt; dass Erfahrung ohne theoretischen Hintergrund keinen Sinn hat. Man muss erfahren, was eine Erfahrung bedeuten soll. Verzicht auf Theorie ist nur schlampige Erwartungshaltung. Und Schlampereien sind es nicht wert, Bestätigung zu finden. Selbst 'Mikrotheorien', nur entworfen, um ein zu bescheidenes oder isoliertes Kollektiv an Fakten zu legitimieren, sind methodisch Ausweichmanöver.

Diese Wertschätzung der Theorie galt allerdings nur unter zwei Bedingungen. Theorien, fand er, sind wie Rüstungen. Sie sind nur mehr an wenigen Gelenken beweglich. Um sie umzubauen oder zu adaptieren, muss man sie zur Gänze auseinandernehmen und die Teile völlig neu arrangieren. Und, vor allem, man muss seine Theorien auch zur Gänze verwerfen können und als geistige Morgengymnastik jeden Tag eine seiner Theorien über Bord werfen. Das fand ich ja allerhand, denn es verlangt wohl eine Menge Theorien und will überhaupt gekonnt sein.

Manche kritisierten diese Fähigkeit, über die Jahreszeiten hin in Theorien zu blühen, als eine Übertreibung. Mir schien das eher famos. Andere 'Auswärtige' fanden wieder, dass Konrad, der auch die einmalige, jedoch eindeutige Beobachtung als verbindliche Erfahrung akzeptierte, nur eine '*anecdotical science*' betreibe. Nun war mir schon klar, dass Bestätigungen von Prognosen einen Einfluss auf den Wahrscheinlichkeitsgrad eines Urteils haben. Aber waren wir 'Entdecker' denn nicht stets gezwungen, auch einen einmaligen Fund zu klassifizieren? War es nicht eher komisch, dass Journale auf dem Gebiet experimenteller Wissenschaften sieben Wiederholungen einer Erfahrung verlangten, um den Gegenstand zu publizieren? War der Übergang von der sechsten zur siebenten wahrheitsentscheidend?

Da war dann noch die Haltung, 'ein einziges, geistreiches Wort', wie man das in den Gesprächen mit ECKERMANN bei GOETHE so geschätzt findet, nachgerade blindlings aufzugreifen. Dafür ist der Begriff des 'Ratiomorphen' von dem Wiener Psychologen Egon BRUNSWICK typisch. Konrad hatte ihn aufgegriffen und ihn für das Ensemble der von ihm beschriebenen angeborenen, nichtbewussten, aber vernunftsähnlich lenkenden Mechanismen verwendet; wohingegen BRUNSWICK etwas ganz anderes, Simpleres im Sinn hatte. Hatte er BRUNSWICK, den er noch kannte, gar nicht gelesen? Er hatte diese Studie nur 'angelesen'. So, wie er KANT nur angelesen hatte und doch den so nützlichen Begriff der Apriori aufnahm. Auch sein Begriff der Fulguration gehört hierher, der 'zündende Funken'. Wenn man ihm nachwies, dass solche Blitze, die das Neue schaffen, oft Jahrtausende glosen, bis sich das Neue in zarten Flämmchen ausformt, so mochte er das gerne akzeptieren. Ich fand, dass eine aufweckende, wenn auch noch unreine Theorie der Dynamik der Wissenschaft mehr bringt als eine erhärtete, banale.

Der Altenberger Kreis war leicht zu einem sich festigenden Zyklus von Referaten zu lenken. Jeder war immer wieder einmal dran. Die Darstellungen sollten eine akademische Stunde nicht überschreiten, mit den Einwürfen und anschließenden Diskussionen dauerte ein solcher Nachmittag aber gewöhnlich von vier bis sieben oder acht, wurde oft erst durch Hunger oder Ermüdung abgebrochen, um sich die Woche darauf im selben Thema fortzusetzen. Und wenn sich Konrad zurückzog, diskutierte der 'harte Kern' oft in einem der nahen Gasthöfe noch bis in die sinkende Nacht weiter.

Die Themen spannen sich um eine biologische Lehre von der Erkenntnis, welche Konrad für die wesentlichste Entdeckung seines Lebens hielt, was wir auch fanden, sowie um eine Erkenntnislehre der Biologie, in der ich mich damals wahrscheinlich mehr daheim fühlte. Daran schlossen sich die Disziplinen, aus welchen diese beiden Perspektiven entstanden, sowie jene, in welche sie hineinwirkten. Manchmal waren es Themen, die einer von uns als aufschlussreich schilderte; und schon war er zu einem Referat gefordert. Öfter aber waren die Themen in Reihen geordnet, handelten unsere Sympathisanten ab, die Feindbilder, alles, was mit Systemtheorie zu tun hatte, mit Sprache, mit menschlicher Ausstattung und Umwelt.

Mir sind die Gespräche über Systemtheorie und Reduktionismus in besonderer Erinnerung. Dabei zeigte es sich, dass wir einen theoretischen, pragmatischen und ontologischen Reduktionismus zu unterscheiden hatten. Man war gewiss legitimiert, komplexe Zusammenhänge auf eine Formel zu reduzieren, aus praktischen Gründen auf die Bauteile. Man musste sich aber vor dem katastrophalen Irrtum bewahren zu glauben, dass das auch schon alles wäre. Schließlich begriff ich, dass der Reduktionismus zwar eine Domäne der Materialisten ist, aber auch ein idealistischer Reduktionismus nun über den Kulturwissenschaften schwebt.

Gewiss wäre aus dieser Zeit noch vieles an fachlichem Einfluss anzuführen, das auf mein ferneres Denken wirkte. So zum Beispiel, dass viele von uns erst so richtig mit der Ethologie vertraut wurden; nämlich kritisch und aus erster Hand. Auch manche Philosophen, von PLATON über KANT bis POPPER und STEGMÜLLER, gewannen ihr Profil erst durch Referate von Günter, Robert und in erster Linie durch Erhard. Gewiss ist auch vieles in jener 'osmotischen' Weise eingesickert, die nicht festgenagelt werden kann. Ich glaube, dass es in erster Linie die Statur dieses Mannes, seine wissenschaftliche Lebenshaltung war, die besonders wirkte.

In einer Weise war ich vertraut mit Konrad. Er sagte: „Mit dem Rupert kann ich nicht diskutieren, sondern nur zweistimmig singen.“ Das war nun nicht auf meine Kenntnisse in Ethologie zurückzuführen, sondern auf eine uns gemeinsame Haltung gegenüber dem Fache Biologie. Wir hatten beide große Achtung vor Kenntnissen in vergleichender Anatomie, Systematik und Phylogenetik. Konrad war ja akademisch beim Wiener Anatomen HOCHSTÄTTER aufgewachsen und hatte aus einer profunden Kenntnis vergleichender Anatomie und das Homologietheorem auf die

Adolf-Lorenz-Gasse

Drei Generationen

Wagner,
Wuketits,
Oeser,
Lorenz

Konrad,
etwa 1975 vor dem
Vaterhaus am Beginn
unserer Treffen

Abb. 37: Konrad LORENZ war 72, als sich die Seminarien entwickelten, und über 80, als sie allmählich versiegten.

Raum-Zeit-Gestalten des Verhaltens übertragen. Der Biologe begann bei uns überhaupt erst in diesem Kenntnisbereich. Wir waren zudem beide Eidetiker und kamen über die Anschauung der komplexen Raum- und Zeitgestalten zu unseren Perspektiven und Theorien, wie das Zusammentreffen meiner *Systemtheorie* mit seinem *Rückspiegel* in ein und derselbe Erkenntnistheorie zeigen wird. Selbst ein Misstrauen gegenüber der vermeintlichen Naturnähe experimenteller Befunde, den Extrapolationen reiner Theoretiker und der Adaptierbarkeit der Logik an die komplexe Welt muss uns verbunden haben.

Einen gewissen Einfluss mögen auch private Berührungen von Familienmitgliedern genommen haben. Seine ältere Tochter Agnes saß seinerzeit mit Smoky einige Jahre in derselben Klasse eines Wiener Gymnasiums, mit seinem Sohn Thomas konkurrierte ich einmal um die Gunst derselben jungen Dame und auch unsere amphibischen Wanderungen durch die sommerlichen Auen in meiner Studentenzeit waren nicht vergessen. Die Familien besuchten einander und ich verbrachte manche Abende in einem kleinen Kreis der seinen am Kaminfeuer der Halle des Altenberger Hauses.

Man mag das aber nicht überschätzen. Auch wenn er mich in viele seiner Sorgen einweihte, mir unangenehme Amtsbesuche und Vorsprachen überließ, das Lehrer-Schüler-Verhältnis erlebte ich dennoch als ungebrochen. Solche Dinge haften in manchmal ganz unrealistischer Weise. Als ich einmal fragte, ob er mit meinem Adriaführer etwas anfinge, sagte er: „Oh, gewiss! Der steht bei mir schon lange am Klo." Ich war erschrocken. „Nein, nein", korrigierte er lachend, als er das bemerkte, „das ist eine große Auszeichnung; keine Bücher studiere ich so lang und regelmäßig wie die wenigen, die dort aufgestellt sind."

Es gab aber auch Perspektiven, die er zwar hinnahm, die ihn aber nicht mehr beschäftigten. So zum Beispiel die Notwendigkeit, die 'Synthetische Theorie des Neodarwinismus' durch eine 'Systemtheorie der Evolution' zu überbauen, was mir sowie meinen im Kreise vertretenen Schülern deutlich vor Augen stand. Es muss wieder jenes Lehrer-Schüler-Verhältnis gewesen sein, das es nicht nahe legte, Gespräche über diesen Gegenstand insistent auf den Punkt zu bringen. Und es war auch das Ringen von Konrads Generation, das Grund gab, immer noch kämpferisch für den Darwinismus aufzutreten und allen Ergänzungsversuchen dieser Lehre einen geringeren Wert zuzumessen.

Gewiss war Konrad das Faszinosum jener fast achtzehn Jahre unseres Altenberger Zusammenwirkens. Er war der Grund, aus welchem sich der Kreis so stetig hielt, warum es leicht war, auch Kapazitäten, wie solche immer über Zeitnot ächzen, nach Altenberg zu bringen. Es sei aber eingeräumt, dass auch das Ambiente das seine tat.

Man traf sich eben nicht in einer kahlen Neubauwohnung, sondern in einem geschichtsträchtigen Gemäuer mit überhobenem Villen- oder nicht ganz erreichtem Palais-Charakter in einem schon leicht verwilderten Park mit Kieswegen und hundertjährigen Baumriesen – Platanen und exotische Flügelnuss –, die selbst schon das große Haus mit seinen seltsamen Erkern und Türmchen überragten. Im Haus die ansehnliche Bibliothek, Halle und Gemächer mit Achtung gebietenden Familienporträts, ausladenden Seestücken und mit Wand- und Deckengemälden, auf welchen sich Putti und Najaden um Faune und griechische Götter tummeln. Da war die 'Empore', auf der die Geschichten von der Gans 'Martina' spielten, der Park – von der Familie 'Garten' genannt – mit seinen Dohlen- und Hundeanekdoten.

Im Ganzen ein kulturelles Kuriosum der Stile, das aber, seiner Bewohner wegen, in sich die Anlage zu einem Kulturdenkmal trug. Und es war im Grunde nicht der Rahmen für Konrads Lebensstil, der Gummistiefeln, Fischeimer und Planktonnetz ebenso einschloss wie derbe Späße und Ruppigkeiten. Es war das Ambiente, das sich sein Vater Adolf LORENZ, erfolgreicher Orthopäde, zumaß. Denn solange Konrads Eltern lebten, bewohnte er, auch noch mit Frau und Kindern, das Dachgeschoss, das erst über eine verschwindende Tapetentür vom 'Wandelgang' um den Oberstock der Halle aus erreichbar war. Aber man hatte sich angepasst und das Haus mit seinem Fluidum leicht wieder gefüllt.

Es mag also auch dieser Ort dazu beigetragen haben, dass die Unternehmung von einem Nimbus umgeben wurde. Wir Seminaristen sprachen vom LORENZ-Seminar, Konrad nannte es das RIEDL-OESER-Seminar, in Wien hießen wir der 'Altenberger Kreis' und wohlmeinende Ausländer begannen von einem 'Zweiten Wiener Kreis' (der Erkenntnislehre) zu sprechen.

Ich bin in der Sache ausführlich, weil eben dieses Ambiente meine Geschichte noch über Konrads Tod hinaus begleiten wird. War dessen Erhaltung auch für einen Bestseller-Autor ein stetes wirtschaftliches Problem, so konnte die Frage nahe liegend werden, was nach seinem Ableben daraus werden sollte. Das Anwesen zu erhalten wäre der Familie nicht erschwinglich geworden, kaum vermietbar, der Park aber ein nur zu einladender Baugrund. Man würde den Bau leicht fortschaffen. Natürlich war das kein Thema unserer Gespräche; auch noch keineswegs meiner Pläne. Aber Konrad äußerte doch manche Bedenken. Einmal meinte er, wenn sein Enkel Max, an dessen in die Halle wuchernden Gemälde er sich nur mit Mühe gewöhnte, einmal ein PICASSO werde, würde er das Haus wohl erhalten können. Wenn nicht, dann mag die Vorsehung darüber verfügen.

Ich konnte nicht wissen, dass ich einmal federführend werden würde für die Erhaltung von Haus und Bibliothek, Sammlungen und Forschungsstil. Das aber ist eine Geschichte, die sich in das nächste Jahrzehnt fügen muss. Hierher gehört nur noch eine Erwähnung das Erbes, das einmal schützen sein wird.

Da war zunächst einmal die scheinbar ungebrochene Reputation des Nobelpreisträgers. Übrigens, so sagt man, der Einzige der österreichischen Nobelpreisträger, der seinen Preis in Österreich empfing. Und zwar nur deshalb, weil er sich, eben emeritiert, gerade auf dem Wege in die Heimat befand. Alle anderen wirkten zur Zeit der Preisverleihung schon oder noch im Ausland.

Welche Widerstände bereits warteten, vermochte ich nicht abzuschätzen, obwohl ich bisherige Lehren hätte berücksichtigen sollen. So bemühte ich mich zunächst, Konrad zum Honorarprofessor der Universität Wien zu machen, und hätte mir das überraschende Maß an Widerständen, welches ich in meiner Fakultät erlebte, hinter die Ohren schreiben müssen. Auch als die Stelle eines Direktors für das Konrad-LORENZ-Institut für vergleichende Verhaltensforschung am Wiener Wilhelminenberg neu zu besetzen war, wählte die Österreichische Akademie der Wissenschaften einen LORENZ-Kritiker. Und ich musste mir den Rückhalt einiger Universitätsgremien sichern, um dem Präsidenten der Akademie nahe zu legen, das Institut umzubenennen oder aber einen LORENZ-Schüler einzustellen. Wolfgang (SCHLEIDT) wurde schließlich zu diesem bestellt.

Heute ist es schon fast selbstverständlich, an der LORENZschen Methode zu zweifeln. Einfach deshalb, weil es Morphologie war, was niemand verstand. Man meint sie durch Physiologie ersetzen zu können Und so sehr ich mich auch für Morphologie einsetzte, das konnte ich damals noch nicht überblicken.

Was war einzuwenden? Nun, für die Konservativen war die Lehre zu wenig christlich. War es nicht unerhört, nachdem der Mensch bereits an den

Rand des Kosmos und zudem ins Tierreich gestellt war, auch noch dessen Seele auf Naturgeschichte zurückzuführen? Für die Linken war die Lehre zu rechts. War es nicht eine politische Herausforderung, anstelle des Gleichheitspostulates ein stammesgeschichtliches Erbe menschlicher Begabungen zu postulieren? Ich glaube nicht, dass mich derlei Bedenken damals schon beschäftigten. Ich muss der Annahme gewesen sein, dass sich die Wahrheit schon erweisen werde. Und ich besaß schon eine Reihe von Argumenten, welche mich aus der neuen Lehre eine höhere Form der Humanität ableiten ließen.

Da gab es aber noch eine ganz andere Bürde, die in der österreichischen Presse auch schon angelegentlich seiner Preisverleihung deutlich wurde: der 'Eugenik'-Verdacht. Es fand sich in den LORENZschen Schriften aus der Nazizeit je eine Passage, in der von Rasse die Rede war und von der Aufgabe, Erbkrankheiten in ihr nicht kumulieren zu lassen. Nun muss man zugeben, dass die Kumulation von Erbkrankheiten kein humanitäres Ziel was auch immer für einer Ideologie sein kann. Man unterschob ihm aber, dem Holocaust das Wort geredet zu haben, wo er in Wahrheit Juden schätzte, mit vielen befreundet und mit einigen verschwägert war. Ich aber wusste schon, dass Geschichtsdeutung mit Geschichtsverfälschung zu tun hat.

Als er verstarb, wurde das noch deutlicher. Journalisten wie Günther NENNING, die ihn schätzten, stellten fest, „dass Euch der unbequeme Mann rechtzeitig gestorben ist“. Durch sein Auftreten gegen eine Plünderung der Welt durch Profitstreben war er Machern wie Politikern unbequem geworden. Journalisten, die es ehrlich meinten, schrieben mir, man müsse damit rechnen, dass Denkmäler eben angepinkelt werden. Ich musste derlei also wissen. Und dennoch unterschätzte ich die zu erwartenden Wirkungen.

Bei den internationalen 'Alpbacher Hochschulwochen' beispielsweise hatte ich einen Arbeitskreis zum Thema 'Evolution und Erkenntnis' zu leiten und bei dessen Vorstellung ein Dutzend Buchtitel, die zum Nachschlagen angeschafft wurden, anzugeben; darunter *Die Rückseite des Spiegels*. Bei Tisch hörte ich darauf ein englisch geführtes Gespräch mit, in dem man sich fragte, wie man dazu käme, hier mit Nazis an einem Tisch sitzen zu müssen. Ich wurde auch nie mehr eingeladen. Vielleicht ein Zufall.

Mit alledem war auch nach Konrads Ableben zu leben. Und es lebte sich damit auch so weit passabel, als die Widerstände nicht fühlbar wurden. Zumal noch die Ansicht POPPERs mitschwang, dass sich die bessere Theorie notwendigerweise bald durchsetzen werde. Und zumal ich auch dem Ethos meines Vaters treu blieb, dass, wollte man für eine Kultur schaffen, man an ihr nicht maßnehmen dürfe. Doch will ich mich nicht heroischer machen als ich bin. Die Zuneigung der Öffentlichkeit zum LORENZschen Werk überwog noch immer die Querelen. Der Auftrieb überwog.

Im Rückblick kann ich meiner Haltung in dieser Zeit ein weiteres Ethos entnehmen. Es zeigte sich, wie schwer es der Anlage des Menschen fiel, die komplexen Dinge dieser Welt zu durchschauen. Also gerade jene, von welchen er sich als abhängig erweist. Musste es darum nicht die vornehmste Aufgabe sein, diese Anlage und deren Grenzen verstehen zu lernen?

Aristoteles

Eines Abends, entlang einer Kaminplauderei über organismische Strukturen und wahrscheinlich deren Beziehung zum Schichtenmodell des Nicolai HARTMANN, den wieder Konrad schätzte, war das Holz weit heruntergebrannt. Neues war zu holen. Konrad und ich machten uns auf den Weg durch den finsteren, verschneiten Park zum Schuppen. Das Gespräch setzte sich noch lose fort. Und wie es bei Unterbrechung und gewechseltem Ambiente zu sein pflegt, die Statements wurden lapidar. Als wir uns wechselseitig je einen Arm voll Scheite aufluden, sagte er: „Weißt du, das ist wie bei der *causa formalis* beim ARISTOTELES." Dann schwankten wir mit den Ladungen zurück ins Haus und fanden, dass das Thema gewechselt hatte.

Freilich war mir ARISTOTELES ein Begriff. Insofern wenigstens, als ich ihn zu Recht für einen Überwinder PLATONs und den Begründer der Biologie, der Systematik, Embryologie, selbst der vergleichenden Anatomie halten konnte. Vom Ursachenkonzept des ARISTOTELES wusste ich nichts. Aber offenbar war es wichtig, sich das anzusehen. Die Tage waren aber in andere Pflichten eingeteilt und kein einschlägiger Band war zur Hand. Im Brockhaus informierte ich mich über die vier *causae* und von Erhard oder aus der Kulturgeschichte von Will DURANT wurden sie mir am Beispiel des Hausbaues illustriert. Kräfte, Materialien, Plan und Absicht oder Zweck waren alle unentbehrlich. So ist es. Das saß.

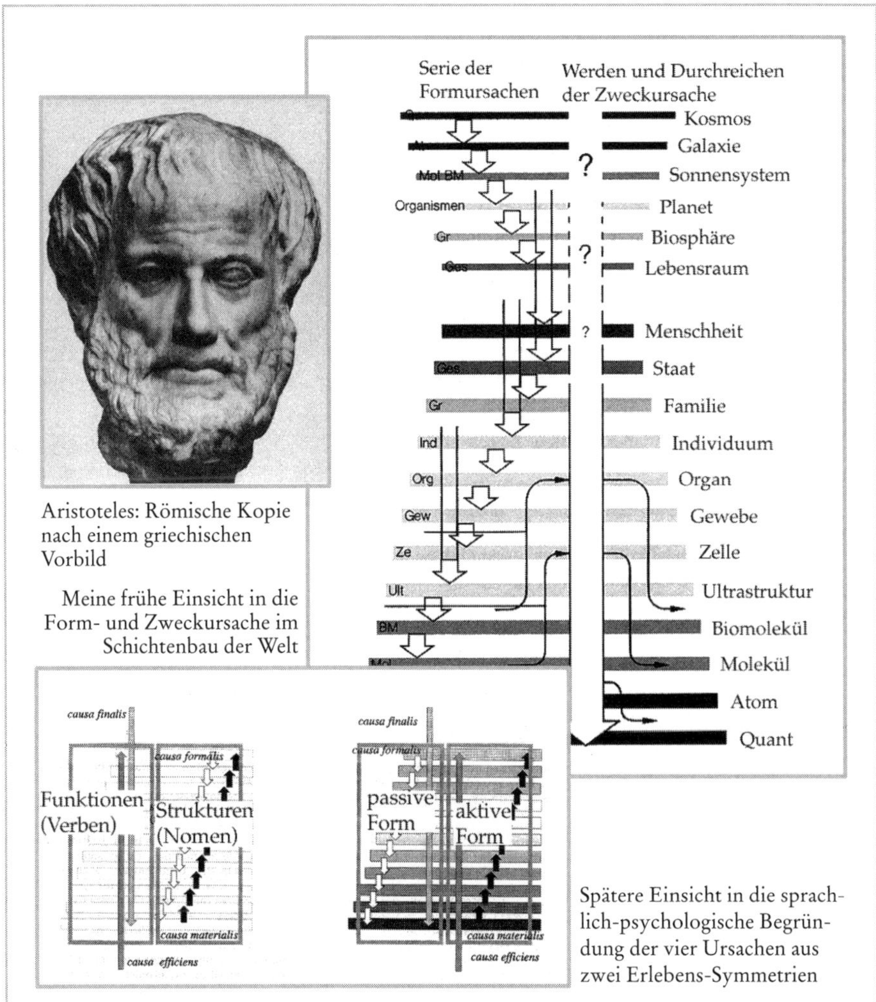

Abb. 38: Was aus den Schriften des ARISTOTELES und den Kommentaren über sie in diesem Jahrzehnt allmählich in meine Kenntnisse einsickerte, war mir plausibel, eindrucksvoll und es erschien mir wert, eben da fortzusetzen.

Mein Bild von der Welt gewann eine neue Festigung. Und meine Ansicht vom hierarchischen Schichtenbau des Organismischen, ja der ganzen Welt, brachte die vier Ursachen sogleich in die Ordnung einer doppelten Symmetrie; zunächst in eine Hierarchie der Strukturen. Und das bedenkend, stellte es sich bald heraus, dass das Prinzip auch für eine 'Klassenhierarchie' unserer Begriffe, wie der Gruppierung des Systems der Organismen, passte. Davon aber später.

Was sich hier als Struktur- und Klassenhierarchie einfach darstellen lässt, ist nicht meine Diktion von damals. Ich dachte (und schrieb) über Bauformen und Verwandtschaft. Erst viel später erkannte ich das Prinzip: dass die beiden Hierarchien einander begrifflich voraussetzen und in der Weise schneiden, dass sich deren entsprechende Begriffsreihen in der Schnittebene treffen.

Im Grunde muss diese Einsicht schon durch meine Bearbeitung der Adriafauna vorbereitet gewesen sein. Aber die Formulierbarkeit eines Zusammenhangs folgt erst nach dessen (ahnungsvoller) Anwendung.

Zunächst war mir eine Strukturhierarchie in Bezug auf den organischen Schichtenbau klar. Die Kräfte und Materialien reichen vom Energiegewinn und den Strukturen der Zellorganellen über Zellen, Gewebe, Organe bis in die Organismen, Populationen und Kulturen. Umgekehrt reicht der Überlebenszweck von der Art und vom Individuum durch alle Schichten bis zu den Zellfunktionen, wie die Gestalt des Individuums die seiner Organe, diese die ihrer Gewebe bestimmen und so fort.

Aber noch eine zweite Symmetrie tat sich auf: eine solche begrifflicher Qualitäten. Es zeigte sich, dass das, was wir unter Kräften und Zwecken verstehen, in unveränderter Begrifflichkeit durch die Schichten hindurchreicht und dass dagegen die Materialien und die Formen, zu welchen sie gehören, Schicht für Schicht andere Begriffe verlangen, wie in der Zellen- und Gewebslehre, der Organologie und der Systematik. Diese Symmetrie war schon ARISTOTELES aufgefallen. Er unterscheidet innere und äußere Ursachen. Und in einem gewissen Sinn reichen die Kräfte tatsächlich von den Unterbedingungen der anorganischen Materie und die Überlebenszwecke von den Oberbedingungen der Biotope in die Organismen hinein. Aber das bedachte ich noch nicht.

Mich beschäftigte vielmehr die Frage nach der Ursache dieser Begriffsqualitäten. Ich löste sie damals nicht. Erst später erkannte ich, dass die gestuften Begriffe Nomina sind, die auf die Gestaltwahrnehmung zurückgehen, die durchlaufenden dagegen

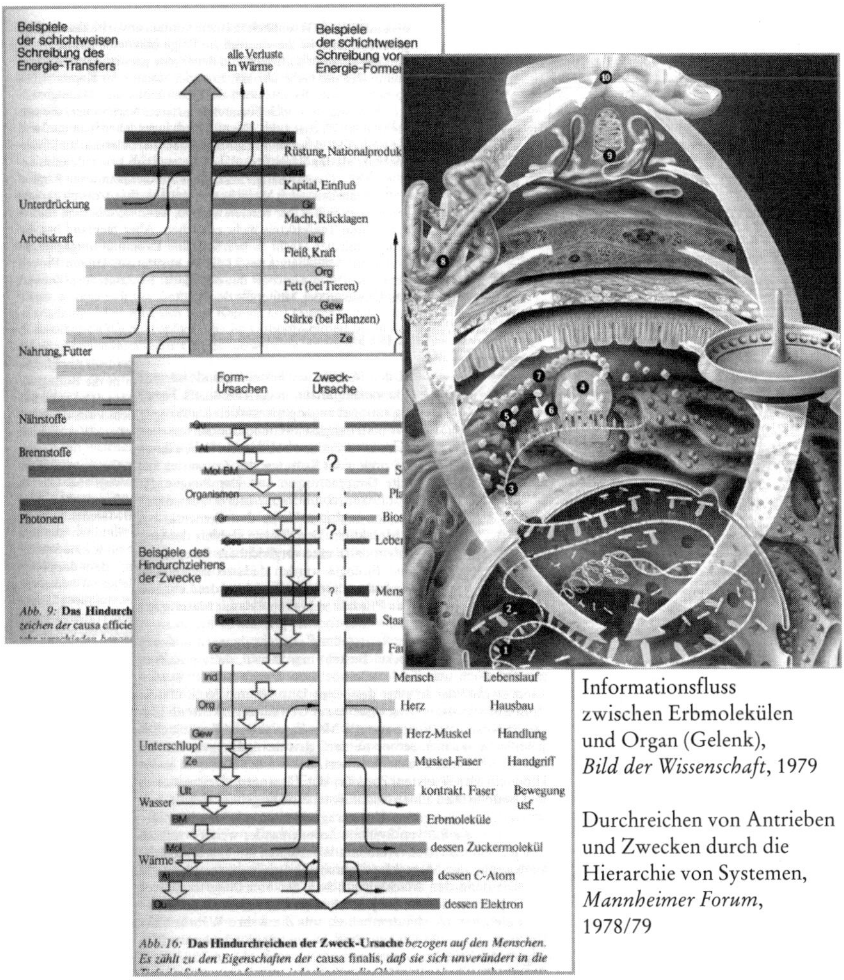

Informationsfluss zwischen Erbmolekülen und Organ (Gelenk), *Bild der Wissenschaft*, 1979

Durchreichen von Antrieben und Zwecken durch die Hierarchie von Systemen, *Mannheimer Forum*, 1978/79

Abb. 39: Zum Durchdenken der vier Ursachenformen des ARISTOTELES war besonders die Zweckursache weiterzuführen. Das interessierte Buch- und Zeitschriften-Herausgeber, deren Grafiker meine Skizzen verschönten.

Abstrakta von Funktionen darstellen, die über ganz andere Sinneskanäle entstehen. Klar war mir dagegen, dass diese doppelte Symmetrie eine kognitive sein musste. Nicht die Welt kann viergeteilt sein, vielmehr unser Vermögen, sie zu begreifen.

Nun spannen sich meine vergleichend anatomischen und taxonomischen Kenntnisse mit meinen Beobachtungen kognitiver Vorgänge der 'ägyptischen Begegnungen' zusammen und es wurde klar, dass quer zu den Bauteilen ein Verwandtschaftsmuster vorliegt, wobei alle Gegenstände die Inhalte aus ihren Unterbegriffen, ihren Sinn aus jenen Oberbegriffen erhalten, in deren Rahmen sie stehen. Das war besonders für das Natürliche System der Organismen aufschlussreich, weil Begriff, Bauform und das genetische System, sagen wir der Raubtiere, nur aus den Katzen- und Hundeartigen seinen Inhalt und nur im Rahmen der Säuger, Vierfüßer und Wirbeltiere sein Sinn erhält.

Das führte zu einigen Konsequenzen. Zunächst wuchs erneut das Interesse an dem Verhältnis unserer kognitiven Prozesse zu den Strukturen der außersubjektiven Wirklichkeit. Es muss damals auch eine Ahnung davon entstanden sein, dass Erkenntnis- und Erklärungsvorgänge gegenläufig sind und, was das Interessanteste werden wird, dass Erklärungsvorgänge eine Rekapitulation der Entstehungsvorgänge sein können. So weit sind wir aber noch nicht.

Ich war, was ich nicht wissen konnte, durch Unkenntnisse geschützt. Ich wusste nicht, dass man die vier Ursachen für Dinge der Welt hielt und sich bald nach ARISTOTELES darum bemühte, eine Ur-Ursache der drei anderen Ursachen zu finden, und dass sich bei den Natur- und Kulturwissenschaften jeweils die Kräfte oder aber die Zwecke als eine solche durchsetzten. Für mich waren die vier eine Denkanleitung.

Als es zum nächsten Gespräch mit Konrad kam, stellte es sich heraus, dass er von alledem nichts wusste. Selbst die aristotelischen *causae* waren ihm nur oberflächlich geläufig. Ja, er war der Ansicht, dass alle Ursachenbezüge als eine Art Kraftverwandlung dargestellt werden können.

Auch die nächste Begegnung mit HASSENSTEIN brachte eine ähnliche Ansicht zu Tage. Lediglich mit der Ergänzung, dass kybernetische Regelsysteme mit eingeschlossen werden müssten. Ich dagegen hatte mein Bild schon so klar vor Augen, dass es im Vergleich nicht mehr gefährdet war.

Die Universalität aller vier *causae* nahm für mich von nun an eine fixe

Position für das Verständnis aller komplexen, historischen Systeme ein; jede Einzelne bildete eine notwendige, aber alle zusammen bildeten erst eine zureichende Erklärung. Das wurde schon deshalb klar, weil ich verstand, dass die Komplexität dieser Welt nicht dadurch zustande kommt, dass eine komplexere Schichte auf eine weniger komplexe draufgesetzt wird; vielmehr war jede neue Schicht als ein Einschub zu verstehen, zwischen den Konstituenten aus Untersystemen und einem Milieu, in dem sich das alles abspielt, einem Obersystem. Eine doppelt zweiseitige Erklärung war erforderlich.

Das musste auch für die Kybernetik gelten. Sobald man nach der Entstehung eines solchen Systems fragte, gaben die involvierten Kräfte keine zureichende Erklärung. Material- und Auswahlbedingungen, also Selektion, mussten ebenso verstanden werden wie der systemerhaltende Zweck, in dessen Rahmen es entstand. Alle Behauptung, dass Kräfte schon alles erklärten, gehörte in den ontologischen Reduktionismus. Wie waren aber dann die enormen Erfolge der anorganischen Wissenschaften zu verstehen, welchen die Kräfte zur Erklärung genügten? Waren die Anorganiker selbst das Selektion und Zweck setzende Obersystem, das sie deshalb außer Betracht lassen konnten?

Was ich nicht voraussah, war, dass ich mit meiner Perspektive notwendigerweise in eine Zwei-Fronten-Situation geriet. Wenn einer in den exakten Wissenschaften von Zwecken redet, so erklärte Professor Peter SCHUSTER, „dann ist der Ofen aus". Und Freunde unter den Geisteswissenschaftlern meinten dagegen, man könne die Zwecke nicht unter die Ursachen mengen, denn Kausalität und Finalität wäre eben zweierlei.

Ich dachte mir aber, dass das eine Koinzidenz befremdlicher Annahmen sein müsse. Machte man die Sache deutlich, dann würde sich die Notwendigkeit dieses Konzeptes schon erweisen. Ich begann darum auch nicht, für meine Einsicht eine Lanze zu brechen. Gegenüber Konrad schlossen dies schon die Reste des Lehrer-Schüler-Verhältnisses aus, gegenüber allen anderen schien mir kämpferische Haltung als eine Form der Ungezogenheit. Ich würde, so muss ich gedacht haben, mich schon noch erklären können; und ich denke, dass diese Erwartung auch durch die Einsicht gefördert wurde, dass gewiss noch allerlei in diesem Zusammenhang der Aufklärung bedürfen werde.

Diese Gelegenheit ergab sich auch unmittelbar. Hoimar von DITFURTH war wahrscheinlich durch Peter ENGELHORN oder über die Durchsicht meiner *Strategie der Genesis* auf mich verfallen und machte mir den Vorschlag, für das von ihm herausgegebene *Mannheimer Forum* einen Beitrag über das 'Ursachendenken' zu verfassen. Auch Paul WATZLAWICK, bald ein vertrauter Freund, mit dem mich eine Symposiumplauderei zusammenbrachte, wünschte sich für sein Buch *Die erfundene Wirklichkeit* einen solchen Beitrag. Welche Rolle Hoimar von DITFURTH im gegebenen Kontext noch spielen wird, erzähle ich im folgenden Kapitel.

Alles konnte nun noch gründlicher durchdacht und geprüft werden und ich vertraute aus Erfahrung meiner Umkehrung des Liktoren-Prinzips. Wenn Rom mit dem Liktorenbündel ausdrücken wollte, dass jeder Stab eines Stadthalters geknickt werden könne, alle gebündelt aber nicht, dann machte ich die Erfahrung, dass man einen im Ganzen nicht handhabbaren Block an Problemen nur so lange spalten müsse, bis sich jeder Span knicken lässt.

Biologie der Erkenntnis

Lange schon war ein Buchplan in Sicht. Er wurde mit der Bestätigung der kognitiven Konsequenzen aus der *Ordnung* durch Konrads *Rückspiegel* nahe liegend, gewann durch meine Referate im ORS-Seminar und im Altenberger Kreis Strukturen, war durch die neue Einsicht in die kognitive Problematik von Kausalität und Finalität gefördert und hatte zu alledem zur Entwicklung empirischer Erfahrung im Problem um Wahrheit und Wahrscheinlichkeit geführt. Von Letzterem muss noch die Rede sein.

Man wird sich der Idee erinnern, die auf der 'Roten Insel' in Rovinj geboren wurde; dass nämlich die wiederholte Bestätigung einer Erwartung die Annahme nahe legt, sich mit größerer Gewissheit der nächsten Voraussicht zu nähern. Ich dachte zunächst, dass das über ein Wahrscheinlichkeitstheorem zu begründen wäre.

Aber Günter (WAGNER), der zu dieser Zeit wieder mein Mitarbeiter in Wien war, wies mir nach, dass das rational, also mit mathematischer Wahrscheinlichkeit, nicht zu begründen sei. Auch aus der Lektüre POPPERS ergab sich, dass ein 'wahrheitserweiternder Schluss' nicht möglich ist. Denn: Wie viele Schwäne muss man als weiß gesehen haben, damit der nächste Schwan, den man sehen werde, deshalb weiß sein muss? Deduktive, logische Operationen, so war bald zu sehen, scheinen empirisch nicht begründbar. Ich wusste aber, dass sich Menschen gefühlsmäßig, und zumeist mit Erfolg, auf bestätigte Erwartungen verlassen, und erkannte bald, dass auch alle 'bedingte Reaktion', die Konditionierung im ganzen Tierreich, in derselben Weise funktioniert. Schon im einfachsten Fall, beim bedingten Lidschlussreflex, muss nur wiederholt und kurz vor dem Luftstrahl auf die Cornea, der das Lid als Schutzreflex blinzeln lässt, ein Glockenton gegeben werden, und bald führt der Ton, zur Vorwarnung der kommenden Störung, zur Reaktion des Augenlids. Die Konditionierung verrechnet also sich wiederholende Koinzidenzen als notwendigen Zusammenhang und löst diesen wieder auf, sobald sich die Koinzidenz nicht mehr bestätigt. Man spricht darum von Verstärkung und Löschung. Heute wissen wir, dass das Prinzip schon mit der Durchlässigkeit der Einzelnerven zusammenhängt.

Es müssten sich darum im Menschen zweierlei Operationen der Wahrheitsfindung darstellen lassen: eine rationale und eine ratiomorphe. Darüber wusste man noch nichts. Also wurde das Experiment erforderlich.

In meinem so genannten 'Reihentest' wurden Versuchspersonen mit einer sich entwickelnden Reihe von zwei alternativen Merkmalen konfrontiert, die entweder ein sich wiederholendes Muster erkennen ließen oder nicht. Und Ereignis für Ereignis musste angegeben werden, in welchem Grade man die Reihenfolge für eine gesetzliche oder eine aus dem Zufallsgenerator hielt. Einige solcher Reihen erwiesen sich als besonders unterscheidend. Nämlich dann, wenn die Entscheidung zwischen beiden alternativen Lösungen schwer zu treffen war. Beispielsweise eine Dreier-Sequenz mit einer Abweichung um die elfte Position. Zum Ende dieses Jahrzehntes gebe ich ein konkretes Beispiel zum Ausprobieren.

Tatsächlich polarisierten sich die Lösungen. Man wurde entweder ratiomorph vom Herrschen von Gesetzlichkeit oder rational vom Zufall überzeugt; ratiomorph wurde die Abweichung weggesteckt (nichts ist perfekt), denn die Fortsetzung der Dreier-Sequenz bestätigte alle weiteren Erwartungen; rational blieb die Abweichung ein unauflösbarer Widerspruch zu einer scheinbar so gesetzlichen Serie. In den Populationen, von der Unter- zur Obermittelschule, über Biologie- und Mathematik-Anfänger bis zu den Mathematikprofessoren, nahm die Überzeugung von den ratiomorphen Lösungen ab, wie die von den rationalen Lösungen zunahm.

Also leben zwei Seelen in unserer Brust. Die kybernetisch-induktive Haltung wird mit dem rationalen Ausbildungsgrad von der deduktiven überbaut. Aber beide machen weiterhin Fehler, und zwar die jeweils entgegengesetzten. Das entscheidet eine Grundkontroverse der Psychologie, ob nämlich unsere Leistungen auf die Anlage in den Säugetieren zurückzuführen oder aber als Kulturprodukt zu verstehen seien. Die Anlage ist erhalten, aber sie wird von den Möglichkeiten kultureller Lösungsfindung überbaut.

Das zusammen bildete einen Gutteil des geistigen Hintergrunds für die Entwicklung des Buches. Arbeitstitel: 'Eine evolutionäre Theorie der Erkenntnis'. Es war angelegt als eine denktheoretische Systematik dessen, was wir aus Konrads *Rückspiegel* schon ausgiebig diskutiert hatten, gegliedert nach den in der *Ordnung* aufgetauchten Vorbedingungen des Denkens, die ich nun als jene 'angeborenen Hypothesen' beschrieb; mit viel Ähnlichkeit zu den Apriori KANTS.

Es kam aber noch eine wichtige Einsicht dazu, die ein Produkt all unserer Seminarien gewesen sein mochte. Ich verstand, dass die genetischen (phylogenetischen), assoziativen (individuellen oder ontogenetischen) wie kulturellen (sozialen oder wissenschaftlichen) Lernvorgänge demselben Muster folgen. Alle waren sie auf Wiederholungen desselben zweiteiligen Kreisprozesses angewiesen, der in den drei Schichten nur jeweils anders, nämlich Mutation/Selektion, Erwartung/Erfahrung oder Induktion/Deduktion genannt wird.

Sehr ging mir in dieser Zeit mein Forschungsassistent Robert (KASPAR) zur Hand, holte und brachte Literatur, las kritisch Korrekturen, war jederzeit zu ausführlicher Diskussion zu haben und nahm mir schließlich auch noch die lästige Herstellung des Glossars ab. Claudia, Tochter Harald ROHRACHERS und Psychologiestudentin, befasste sich experimentell mit dem Reihentest.

Anton FÜHRLINGER war uns auch nahe geblieben und überraschte uns immer wieder mit der Demonstration erstaunlicher Dokumente. So holte er eines Tages im ORS-Seminar aus einem Plastiksack ein menschliches Becken hervor, dessen Teile er bis auf die tiefsten Muskelschichten abgetragen hatte, und zeigte uns in Natura jene vier winzigen Muskelchen, die sich noch an der Innenseite unseres Steißbeines befinden.

Wieder einmal erschien er in meinem Arbeitszimmer; jedoch mit schreckgeweiteten Augen. Eine Tatarennachricht war zu erwarten. Und er erklärte: „Das Buch, an dem du gerade schreibst, ist eben erschienen."

Ich darf wahrheitsgemäß angeben, dass mich das nicht wirklich schreckte. Denn schon lange wusste ich: Wenn zwei das Gleiche tun, ist es noch lange nicht dasselbe. Aber natürlich waren wir alle neugierig, was sich da entpuppte. Gerhard VOLLMER erwies sich als der Autor; Physiker und Philosoph. Von ihm hatten wir noch nie gehört. Ein Vorwort war von Hans MOHR verfasst. Den kannte ich oberflächlich durch HASSENSTEIN als Professor für Pflanzenphysiologie in Freiburg. Beide hatten sich mit Konrads *Rückspiegel* befasst – unser Kurztitel für *Die Rückseite des Spiegels* – und MOHR hatte VOLLMER angeregt, das Thema philosophisch aufzubereiten.

Nun war der Unterschied unserer Arbeiten klar. Ich war gar nicht dabei, eine philosophische Erkenntnistheorie zu verfassen, denn diese hätte, wie bei VOLLMER, die Grundthemen der Erkenntnisprobleme in den Vordergrund nehmen müssen. Was ich verfasste, war hingegen eine *Biologie der Erkenntnis*, mit dem Ziel, die 'stammesgeschichtlichen Grundlagen der Vernunft' darzulegen; im Grunde also eine Erweiterung des Lehrgebäudes der Biologie.

Beispielsweise erschien mir das Realitätsproblem, das später zur zentralen Debatte mit den Philosophen führte, durchaus nicht so bedeutsam. Die Annahme, dass die Welt schon so ähnlich sein werde, wie sie uns erscheint, schien mir trivial. Denn wenn die Kette unserer Vorfahren, zurück bis zur Amöbe, mit ihrem Verhalten gegenüber dieser Welt nicht wenigstens lückenlosen genetischen Erfolg gehabt hätte, so wären wir nicht existent und könnten daher auch nicht über Erkenntnis reden. Oder, wie Konrad, wenn er über den unnötigen Disput über die Realität der Welt verärgert war, gerne ein deftiges Zitat weitergab: „Dass sich nämlich all die Millionen Schmeißfliegen beim Finden von Scheiße täuschen, sei unwahrscheinlich."

Späterhin aber wurden VOLLMER und RIEDL vielfach über einen Leisten geschoren, mir seine philosophischen Argumente übel genommen und ihm wahrscheinlich meine biologischen. Dennoch wurde meine *Biologie der Erkenntnis* ein Erfolg und ich glaube auch seine *Evolutionäre Erkenntnistheorie.* An sich war das in meinem Falle gar nicht wahrscheinlich. Wie das kam, bleibt zu berichten.

Von dem Kontakt mit Hoimar von DITFURTH habe ich erzählt. Eines Tages lud er mich zu Fernsehaufnahmen nach Hamburg ein. Als die Aufnahmen gemacht waren, merkte ich erst, was Popularität ist. Er wurde bis zur Wehrlosigkeit umringt. Wir hatten aber ein Gespräch geplant. Also steckte er mir einen Zettel zu, mit dem Vorschlag, uns hier getrennt loszumachen und uns in einem Restaurant in der Stadt wieder zu treffen.

So geschah das auch und bei Pizza und Valpolicella plauderten wir über unser Tun und Treiben. Er erzählte, dass ihm Rezensenten seiner ersten Bücher allerlei ans Zeug geflickt hatten. Das waren: *Im Anfang war der Wasserstoff* und *Der Geist fiel nicht vom Himmel*. Und als er erfuhr, dass ich ein ganz ähnliches Thema fast fertig hatte, machte er mir das Angebot, meiner *Biologie der Erkenntnis* für die Zeitschrift *Der Spiegel*, kurz vor dem Erscheinen zur Buchmesse, eine Rezension zu verfassen. Ich nahm das mit Dank zur Kenntnis, noch ohne zu ahnen, was das bedeutete.

Tatsächlich war das Ergebnis überraschend. Die ganze Auflage war mit dem ersten Tag der Buchmesse verkauft, eine zweite wenige Wochen später und Übersetzungen in eine ganze Reihe von Sprachen waren vorgemerkt; und die Wirkung auf mein weiteres Tun und Treiben, und zwar jenseits meiner unmittelbaren Verdienste, sei nicht unterschätzt: Denn im Kern sagte Hoimar von DITFURTH, es werde mit dem Buch eine 'dritte kopernikanische Wende' eingeleitet. Hätte KOPERNIKUS den Menschen an den Rand des Kosmos, DARWIN ihn ins Tierreich gestellt, so erführe man nun, woher der menschliche Geist geweht kam, der bislang als eingehaucht gedacht war.

Was in dem Bande steht, braucht nicht wiederholt zu werden. Wie er aufgenommen wurde, mag interessieren. Die Rezension des Buches war entsprechend lebhaft. In wenigen Jahren erreichte der Umfang der Korrespondenz und auch der Besprechungen den des Bandes. Ganz überwiegend waren diese positiv, angenehm überrascht über die Konsequenzen der Biologie und das Angebot einer naturwissenschaftlichen Lösung des Erkenntnisproblems. Diese Gruppe von Rezensenten waren aber keinesfalls Zunftphilosophen, vielmehr überwiegend an den Wissenschaften interessierte Personen. Auffallend war das große Interesse der Pädagogen, die über meinen Weg meinten, sogar philosophische Probleme eingängig darstellen zu können. Auch Physiker und Mathematiker waren der Lösung sehr zugeneigt.

Die ganz wenigen Philosophen, die die Sache einer Besprechung wert fanden, reagierten hingegen gereizt. Das war überraschend, hatten wir doch gedacht, gerade dort Lob zu ernten, wo wir meinten, die Philosophie bei der Lösung eines zentralen Problems zu unterstützen. Kennzeichnend ist eine von Professor Alfred LOCKER im *Wiener Jahrbuch für Philosophie* veröffentlichte sechsseitige Epistel, in welcher mir nicht nur Unkenntnis unterstellt wird, sondern den Wissenschaften überhaupt die Unfähigkeit, Erkenntnisprobleme zu lösen, weil jene sich nicht selbst hinterfragen.

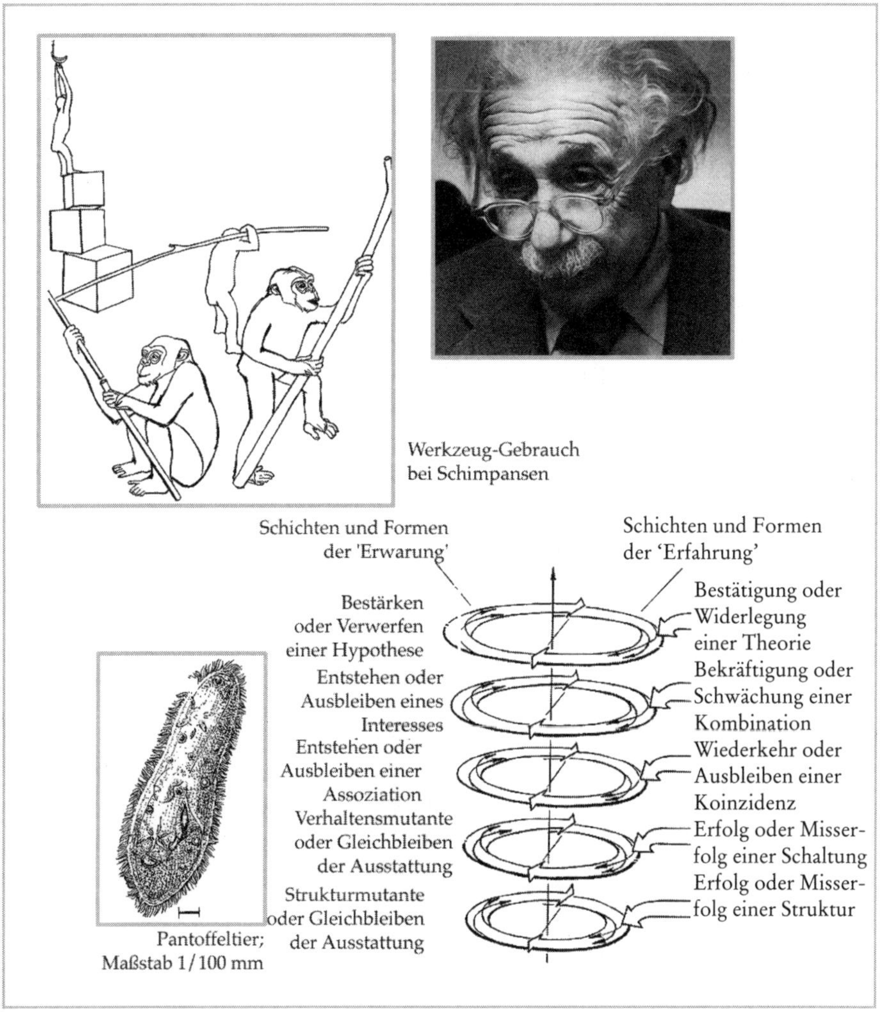

Abb. 40: Auch in den Einzelheiten besehen bestätigte sich die Einsicht von Sir Karl POPPER: Von der Amöbe bis EINSTEIN folgt der kenntnisgewinnende Prozess demselben Muster (Grafiken aus *Biologie der Erkenntnis*).

„So oft", sagt LOCKER, „auf der Basis einer sich nicht reflektierenden, also sich überschätzenden Einzelwissenschaft Philosophie in Frage gestellt wird, so oft wird diese aus der *'tranquilitas ordinis'* ihres Denkens in aller Gelassenheit antworten können." In Wahrheit wollte man philosophische Probleme nicht hinterfragt sehen, weil sich die philosophischen Systeme selbst nicht zu hinterfragen vermögen.

Dieser Zusammenhang wurde mir erst langsam klar. Zunächst dachte ich, man wünschte nicht, dass Fremde über jene heiligen Haine trampelten. Ich hatte vor Augen, dass alle Wissenschaften emanzipierte Kinder der Philosophie sein müssen, dass alles, was sich lösen lässt, von einem Problem der Philosophie eben zu einer Lösung und einer Wissenschaft wird. Das mochte im Grunde stimmen. Nur aber rückte unsere Theorie der Philosophie empfindlicher an den Leib, als ich dachte.

Nun war Alfred (LOCKER), so wie ich, noch Hörer von BERTALANFFY und empfand sich auch als sein Schüler und mich vielleicht als Konkurrenten. Kurz, alle Bösartigkeit mochte eine simple Erklärung finden. Das Wetterleuchten wurde gesehen, aber das Gewitter würde wohl vorbeiziehen. Es zog nicht vorbei; und weitere zehn Jahre, bis zu meinem Band *Mit dem Kopf durch die Wand*, sah ich mich verhalten, tiefer in Erkenntnisfragen zu dringen.

Nun war das nicht die einzige harsche Kritik und ich hatte sie alle verdrängt, als jüngst Alfred und ich uns zum selben Symposium eingeladen fanden. Er lief auf mich zu und beichtete, dass er wegen jener Rüppelei schon wiederholt schlecht geträumt hätte. Wir verstanden uns. Ich war in der Frage aber schon getrost, denn gewiss hinterfragte ich meine Positionen eher als manche Philosophen.

Überraschend war das Interesse der damals noch 'ostdeutschen' Philosophen. Ganz offensichtlich war es meine mit Erkenntnisfragen verknüpfte Systemtheorie, in welcher sie eine Verwandtschaft zu der in der DDR vorgeschriebenen materialistischen Dialektik sahen. Denn was sie erhofften, war, einen legitimierbaren Ausweg aus der Staatsdoktrin zu finden, einen zulässigen Anschluss an die Moderne. Oft wurde ich daher zu Vorträgen in die DDR gebeten. Erlebnisse eigener Art.

Am meisten befasste die Rezensenten meine Überlegung, dass man sich durch wissenschaftliche Argumentation mit dem Antagonismus von Sinn und Freiheit befassen, sich den Widersprüchen in der Philosophie entwinden, die Grenzen des Denkens bestimmen und über die Mängel der Zivilisation urteilen könne. Kurz: Hoimar von DITFURTHs Besprechung führte zu einem Rummel, auch der Besuche und der freundlichsten Korrespondenz.

Das war beim Erscheinen der *Ordnung* noch ganz anders gewesen. Die Rezensenten waren entweder ratlos oder kritisierten meine Haltung gegenüber dem Wahrscheinlichkeits- oder aber dem Informations-Problem, um irgendetwas zu kritisieren, und der Band brauchte Jahre, bis er sich weiter herumsprach.

Und weiter blieben die Stiefel nass

In der Zwischenzeit lief die praktische Arbeit weiter. Der Umzug ins neue Institut brachte neuen Raum und neue Möglichkeiten. Der geplante 'Sea-Rover' gewann wenigstens die Form eines elektronisch gut bestückten Schlittens und gab uns, hinter Forschungsschiffen in Transekts über die Seeböden geschleppt, synoptische Übersichten über die ganze Nordadria. Die räumliche Reichweite des Tauchers war, wie geplant, wesentlich erweitert. Solche Übersichten über ganze unterseeische Landschaften hatte noch niemand gewonnen.

Ebenso kam der Unterwasser-Zeitraffer zum Einsatz. Die Reichweite in der Zeit dehnte sich um Größenordnungen und die neuen Erfahrungen waren noch erstaunlicher. Was sich da an Ereignissen auf wenigen Quadratmetern der Seeböden, mit dem Wandel des Seegangs, mit dem Kentern des Gezeitenstromes, alles an Wanderungen und Verhaltensänderungen abspielte, war ebenso unbekannt.

Für die Biologie war das ein Gewinn. Auch einer der multinationalen Zusammenarbeit. Denn wir Österreicher waren nicht nur politisch, sondern auch in der Sache neutral. Niemand musste befürchten, dass wir Italienern oder Jugoslawen die Fischbestände dezimieren oder Erdöl anbohren würden. So operierten wir in beider Hoheitsgewässer, dort mit italienischen, da mit jugoslawischen Forschungsschiffen, und besaßen als die Einzigen komplette Querschnitte durch die Adria.

Für mich brachte die Fortsetzung der Praxis aber noch Gewinne ganz anderer Art. Die Perspektive weitete sich von meinen 'gläsernen Arten und Lebensräumen' der frühen Meeresforschung um die Dimension unse-

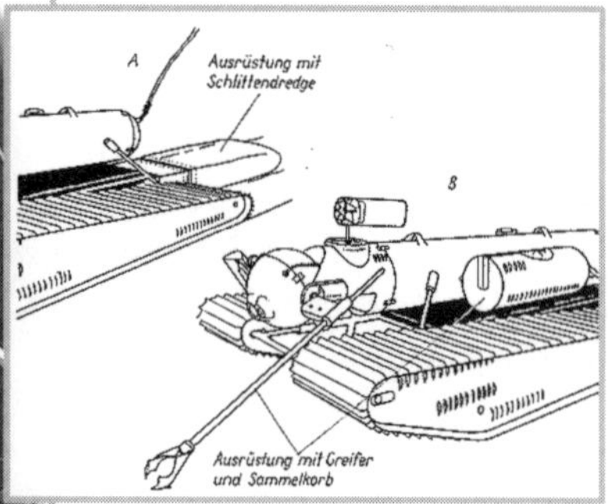

Mein Entwurf des 'Sea-Rovers', eines Fernseh-Raupenfahrzeuges

Realisation als Fernseh-Schlitten

Abb. 41: Aus der Taucherei wusste ich, dass es darauf ankam, die erreichbaren Tiefen, Strecken und Beobachtungszeiten zu erweitern. Jahre später wurden solche Geräte zuerst von Japanern, dann von vielen anderen gebaut.

Abb. 42: Die Zeitrafferaufnahmen brachten sogleich eine überraschende Fülle neuer Einsichten. Aber, soweit mir bekannt wurde, scheint man meiner Arbeitsgruppe in dieser Technik nicht weiter gefolgt zu sein.

rer kognitiven Prozesse. Ich wusste nun, was bei der Beobachtung und Prognostik geschieht. Es wurden mir die Unterschiede der Bedingungen für verschiedene Formen des Kenntnisgewinns klar; was zum Beispiel die Begriffe 'Bestand', 'Assoziation' und 'Biozönose' unterscheidet. Nämlich Einzelwahrnehmung, statistischer Zusammenhang und kausale Begründung des Zusammenseins von Organismen.

Nun kehrten mit der Einsicht in die Hierarchie der Zusammenhänge auch die vier Formen des Ursachenverständnisses wieder. Die Zwecke in den ökologischen Systemen konnte man zu 'Erhaltungsbedingungen' generalisieren, zu den Antrieben kamen jene der Hydrodynamik hinzu und was die Material- und die Formbedingungen betrifft, so wurden sie zu zwei Selektionsbedingungen synthetisierbar. Materialien wirken präselektiv, weil ein System nicht zustande kommen kann, wenn notwendige Konstituenten fehlen. Die Formbedingungen wirken postselektiv. Sie testen erst nach dem Zusammentreten des neuen Systems seine Chancen im übergeordneten Milieu.

Diese Perspektive erweiterte den ökologischen Aspekt in den Mikro- wie in den Makrobereich. Gegen den Mikrobereich entstand etwas wie eine Ökologie in den Dimensionen des Elektronenmikroskops. Jenseits dessen, was das Lichtmikroskop noch gut aufzulösen vermag, gab es Einsichten in das Ringen um die Besiedlung von biologischen Oberflächen, den Wettstreit der winzigsten Bakterien und Pilzsporen um Lebensraum. Gegen den Makrobereich begannen wir die Ursachen des Zusammenbruchs ganzer unterseeischer Landschaften zu verstehen. Das Zusammentreffen einer scharfen unterseeischen Thermokline, also einer die Wasserkörper trennenden Temperatur-Sprungschichte, mit einer hohen Nährstoffe-Einfuhr aus dem Po und einem sommerlichen Wandel der Küstenströmung konnte das Leben eines ganzen Seebodens ersticken.

Was da klar wurde, das waren die Fehler der Extrapolation, ein Grundübel des Empirismus. Die einzelne Kette von bestätigten Erwartungen führt nicht notwendig zur empirischen Gewissheit. Wer in den Mikro- oder Makrobereich extrapoliert, ohne diese zu kennen, verhält sich so wie jenes Huhn, das mit jedem Tag seiner Fütterung seinen Fütterer mehr für seinen Wohltäter halten muss, ohne wissen zu können, dass es gefüttert wird, um im Suppentopf des Wohltäters zu landen. Jener Spaß von Bertrand RUSSELL. Ich verstand, dass man ein Netz von bestätigten Theorien für alle Ebenen vorsehen müsse, wenn man Hoffnung haben will, sich nicht böse zu täuschen.

Was da auftauchte, werden wir bald als 'Subsumptions-Schema' kennen lernen, wie es von den Wissenschaftstheoretikern HEMPEL und OPPENHEIM entwickelt wurde. Das kannte ich noch nicht. Sobald ich aber dem Begriff begegnete, war ich aus aller Erfahrung auf seine Anwendung vorbereitet. Und freilich war es wieder nicht genau das, was jene Philosophen meinten. Wie Konrad von BRUNSWICK den Begriff 'ratiomorph' und ich von ihm die *'causa formalis'* blauäugig übernommen hatte, war es auch nur ein richtunggebendes Wort; für mich ein Konzept der Forschungspraxis. In dem bald anzuschließenden Thema *Spaltung des Weltbildes* komme ich darauf zurück.

Aber noch ein Thema anderer Art rundete sich in dieser Zeit. In den Sitzungen des 'Concilio Scientifico' der Stazione Zoologica in Neapel war man meiner Empfehlung gefolgt, der Außenstelle für Ökologie auf der Insel Ischia einen erweiterten Arbeitsstil zu geben. Das pittoresk gelegene Gebäude, pompeianischrot und im phlegräischen Stil noch vom Stationsgründer Anton DOHRN errichtet, wimmelte bald von nationalen und internationalen Meereskursen für Doktoranden und Graduierte und die lokale Forschung bekam Auftrieb.

Eines Tages war der 'Professore', mein Freund Alberto MONROY, angesagt, damals Direktor der Station Neapel. Ich wusste, dass Alberto einem bloßen Höflichkeitsbesuch nicht drei Tage widmen würde und war neugierig, was da kommen werde. Zwar wurden zunächst die Labors beguckt, vieles gelobt, Anregungen verteilt und Beförderungen in Aussicht gestellt, aber als wir nach der abschließenden Käseplatte allein bei einer Flasche Chianti Ischitano saßen, kam der Kern zu Tage.

Alberto klagte über den Niedergang der Zeitschrift des Instituts. Eben vor hundert Jahren war sie als *Mitteilungen der Zoologischen Station zu Neapel* gegründet, über den ersten Weltkrieg zu den *Pubblicazioni della Stazione Zoologica di Napoli* geworden und hatte allmählich ihre internationale Bedeutung eingebüßt. Das sollte anders werden. Ein neuer, internationaler Verleger, ein neuer Herausgeber, ein neuer Stil waren gesucht.

Ich erklärte Alberto, dass die Meeresstationen in den Häfen biologisch verlandet sind, was er wusste, dass man sich lieber künstliches Seewasser anrührt, als in den trüben Buchten zu grundeln, was er auch wusste, und dass sich gegen diese Abkehr von der schmutzigen Wirklichkeit eine junge Meereskunde aufgemacht hatte, um sich wieder direkte Anschauung in der See zu verschaffen; und dass es auf der Welt noch kein Archiv für *Marine Ecology* gäbe. Ein solches müsse man machen. Das leuchtete ihm ein. Ich riet ihm ein halbes Dutzend Kollegen, die derlei könnten. Aber er sagte, er wäre gekommen, um mich zu gewinnen, das selbst zu machen.

Friedrich GEORGY, mein alter Verleger in Berlin, ließ sich darauf ein und bald erschien das erste Heft der *Marine Ecology.* Ich schrieb den einführenden Artikel, der die Erfolge der Synoptik, der direkten Anschauung der komplexen unterseeischen Welt demonstrierte, und warb dafür, dass sich dies fortsetzen sollte. Über die bisher zwanzig Jahrgänge nahm mir Jörg OTT vieles, dann alles ab. Und noch immer haben manche der publizierten Artikel aus aller Welt etwas mit Anschauung und Komplexität der unterseeischen Welt zu tun.

Ich erzähle das freilich aus dem Rückblick gemachter Erfahrung. Die Anerkennung einer neuen Perspektive dauert eine Generation; die der Unterwasserforschung von Anton DOHRN bis Alberto MONROY. Und auch Jörg hatte es schwer, in der Zeitschrift die Synoptik durchzuhalten, denn Autoren schützen sich weiterhin gern mit Ergebnissen, die sich als Punktereihe zwischen logarithmischen Koordinaten darstellen lassen. RUSSELLs Huhn macht sie nicht besorgt.

Dasselbe allgemein: Schon als ich, früh zurück in Wien, an der *Ordnung des Lebendigen* saß, hieß es in der alten Zoologie: „Der RIEDL philosophiert in der Währingerstraße." (Wo meine Abteilungen damals untergebracht waren.) Dabei lief die Praxis forciert weiter. Auch sie sorgten sich nicht um die unbestimmte Basis ihres Faches. Vieles ist dabei geblieben und die Biologie droht zu einer Hilfswissenschaft der Biochemie zu werden

Im Dunstkreis von Holistik und Reduktionismus

Die beiden Begriffe im Titel lassen die Abhandlung zweier Paradigmen und Weltanschauungen erwarten. Tatsächlich wird es aber noch nicht mehr als eine Sammlung von Materialien sein, die mir durch Begegnungen zu denken gaben. Ich ahnte, dass hier ein Zentralproblem der Wissenschaftstheorie auf seine Lösung wartet. Ein Problem, das, solange es nicht gelöst ist, uns mit dieser Welt schlecht umgehen lässt. Die ganze Lösung fand ich aber noch nicht.

Vieles von dem jüngst Erzählten entwickelte sich unter Entzug des Vaters von seiner Familie. Ich ging früh und kehrte spät nach Hause zurück. Was ich miterlebte, waren Reiterfreuden und Schulsorgen. Smoky, Barbara und Sabina waren hingebungsvolle Reiterinnen, Letztere aber ebenso schlechte Schülerinnen, wie ihr Vater und Großvater schlechte Schüler gewesen waren. Ohne Nachhilfestunden wäre das Wiederholen mancher Klasse nicht zu vermeiden gewesen.

Meine Haltung dazu war gewiss ambivalent. Ich muss gewusst haben, dass es sich um Legasthenie und um Konformitätsmängel handelte, dass beide aber, wie auch ihr späteres Leben zeigte, hoch begabt waren. Sie gewannen landesweit Preise für ihre intellektuellen Konzepte und bestanden Rechtschreibübungen nicht. Woher also die Ambivalenz? Ich wollte ihnen, wie ich glaube, Misserfolgserlebnisse und Zurücksetzungen ersparen und mahnte, gegen besseres Wissen, zu Konformismus und Adaptierung. Und das, obwohl ich wusste, dass man Geschichte zu seiner eigenen Rechtfertigung manipuliert.

Mehr von ihnen sah ich in unseren Ferien am Meer, wo wir alle das von mir so geliebte amphibische Leben genießen konnten. In Cephalinia waren noch ihre Püppchen mit, in Monemvasia hatten wir schon mit ihren griechischen Kavalieren Konversation zu machen, in Ischia war ich zu den älteren Herren eingeteilt, mit welchen die Kavaliere keine Konversation mehr machten, und in North Carolina besuchte Barbara bereits die Kollegs in Anthropologie, während ich Kollegs in Biologie gab.

Inmitten dieser Zeit liegt ein Erlebnis, das nochmals auf mein Denken wirkte. Die Koinzidenz ergab, dass ich an ein und demselben Tag dreimal über die Evolution der Vernunft zu sprechen hatte. Einmal mit den Schulkindern Barbara und Sabina, ein zweites Mal zu den höheren Semestern meines Abendkollegs und ein drittes Mal, in die Nacht hinein, mit Konrad am Kamin. Ich weiß, dass ich das Erlebnis nicht adäquat wiedergeben kann. Es sitzt an einem Ende der Seele, die sich verbal nicht artikuliert. Wenn ich sagte, dass das Erlebnis etwas mit Liebe oder mit kreatürlicher Ergebenheit zu tun hat, wird man mich ebensowenig verstehen, als wenn ich platterdings angebe, dass man in dreierlei Sprechweisen und Termini zu reden hatte.

Der schmale Grat, auf dem unsere Vernunft wandelt, von dessen Erleben ich aus der Zeit erzählte, als die geliebten Eltern ihre Vernunft zurücklegen mussten und unsere Babys noch keine besaßen, gewann eine zweite Dimension. Diese liegt im Schichtenbau des uns Begreiflichen. Davon, nämlich von solchen Begegnungen, soll dieses Kapitel handeln.

Die liebenswürdigste dieser Begegnungen ist jene mit Steve. Steven Wainwright, Kalifornier, Erbe eines bedeutenden Vermögens, verfügte sich klugerweise dennoch in einen recht bürgerlichen Beruf; nämlich in jenes stochastische Getriebe, das man Universitätskarriere nennt. Wir waren uns schon als Studiosi in Napoli begegnet, wo sein Vater einmal das Hotel kaufte, in dem er erkrankt lag, um seiner Ruhe sicher sein zu können.

Als ich Steve wieder begegnete, war er Chairman des Department for Zoology an der Duke University in North Carolina, von Chapel Hill kaum eine halbe Wagenstunde entfernt. Neben hervorragenden Studien in Biomechanik schnitzte Steve, und zwar überlebensgroße Grotesken aus halben Bäumen. Wir waren beide über das Schauen zur Wissenschaft gekommen, verstanden uns sofort und machten, zwecks ungestörten Plauderns, lange Wanderungen durch die dunstigen Wälder der Südstaaten.

Wieder einmal musste ein großer Waldbach gequert werden; vom Gelände gezwungen, wohl zum vierten Male. Das war lästig. Schuhe, Socken und Hose aus- und im Gestrüpp wieder anzuziehen. Wir kämpften uns also vorerst noch den Bach entlang. Da tat sich eine Häufung von schwerem Schwemmholz auf, das Aussicht gab, den Bach balancierend überqueren zu können. Offenbar das Geschiebe von einer Überschwemmung. Unwillkürlich schweifte der Blick nach anderen Hochwasserzeichen: niedergelegtes Gras, Schlammspuren an den Stämmen. Aber nichts derlei. Da!, plötzlich zwei konische Nagespuren, kaum kniehoch an einem Stamm. Und sofort wandelte sich das vermeintliche Schwemmholz in einen Biberbau und alles, was die Gedanken an Unwettermerkmalen unaufgefordert gesucht hatten, schwenkte ebenso automatisch in die Vorstellungsfelder von Tierbauten.

Ab da wusste ich, dass wir in Ähnlichkeitsfeldern denken, und wir zelebrierten diese Erfahrung. Am Strand, den wir gern bewanderten, guckte etwas aus dem Sand: gelblich bogenförmig. Ein Jochbein? Und sogleich steht nicht nur der gedachte Hundeschädel von Augen, sondern das ganze Ähnlichkeitsfeld der Säugerschädel. Die Zehe gräbt nach der Lösung. Und heraus kommt der Henkel eines Topfes und zieht sogleich alle Scherben nach sich, die man, von der Brandung deformiert und abgerollt, schon gesehen hat.

Wir beschlossen, uns wenigstens jedes zweite Jahr zu treffen. Als Gastprofessoren, sei's in Wien oder in den Carolinas, oder – noch viel besser – irgendwo wandernd in der Welt, auf den 'Outer Banks' der Ostküste, in Apulien oder sonstwo. Und das Besondere dieser Wanderungen bestand darin, dass wir jedes Mal die Gedanken für einen zu verfassenden Band durchstrukturierten. Einer hieß: '*The Evolution of Mobility*', einer: '*Weaving an Inventive Culture*', er machte die Bedingungen der Kreativität auf; ein anderer: '*Predictability in Evolution*'. Steve konnte die Analogien vorhersehen (wer immer rasch durchs Wasser muss, erhält ein doppelspiraliges Unterhaut-Bindegewebe), ich die Homologien (was immer für ein Wirbeltier entstehen mag, seine Sehzellen werden verkehrt zum Licht stehen).

Keines der Bücher ist je geschrieben worden. Die Entwürfe genügten. Das intellektuelle Abenteuer war der Gewinn. Steve war wie die meisten amerikanischen Kollegen ohne Wertschätzung von Theorie aufgewachsen, nahm sie aber nun begierig auf und brachte mich in die Lage, biologische Theorienbildung von Grund auf explizieren zu müssen; das musste erlernt werden.

Eine Erfahrung besonderer Art verschaffte mir Steve, indem er mich bat, in seinem Department ein Semester über '*The Biology of Knowledge*' zu lesen; nach der englischen Ausgabe von *Evolution der Erkenntnis*. Ein Gutteil der Fakultät war versammelt. Besonders die Psychologen machten mir Eindruck. Da nun kamen die Einflüsse der Sprache auf das Denken zum Vorschein. Über drei Beispiele will ich berichten.

Der ohnedies schon aus dem Lateinischen entnommene Begriff der '*causa efficiens*' des ARISTOTELES wird im Deutschen mit 'Wirk-Ursache', im Englischen mit '*efficient cause*' dargestellt. Nun bedeutet '*efficient*' bekanntlich nicht nur 'bewirkend', sondern mehr noch 'tüchtig' und 'brauchbar', mit einer Näherung an 'zureichend'. Das legt nun keineswegs die Erwartung nahe, dass man neben einer tüchtigen und zureichenden Ursache auch noch untüchtige oder unbrauchbare brauchen würde.

Noch mehr unterscheidet sich 'Zweck' von '*aim*' und '*purpose*'. Die Begriffe haben mit dem Erhalten oder Erreichen einer Sache oder eines Zieles zu tun, aber ihre Grenzen differieren. Der deutsche Begriff ist auf das Lebendige beschränkt und auf alles, was dem dienen kann; vom Muskel bis zu Artefakten. '*Aim*' und '*purpose*' dagegen setzen bewusste Vorgänge voraus und sind besser mit 'Absicht' übersetzt. Ein Muskel hat keine '*purpose*', sondern eine '*function*'. Man kann zwar von einer '*purpose of life*' sprechen; das ist aber schon sehr literarisch. Und so klingt jede Rede von Zweckursachen im Englischen nur mehr metaphorisch.

'Bildung' spielt im Deutschen eine große Rolle. Wir nehme sie als das verlässlichste Regulativ gegen jederart Humbug und Betrug, der bloß

'Ausbildung' zum Hintergrund hat. Das Englische hat dafür keine Differenzierung; *'education'* scheint Bildung einzuschließen.

So wie sich eine Kultur ihre Sprache macht, bestimmt auch die Sprache die Kultur. Die Zugänge zu den Phänomenen dieser Welt müssen darum verschieden sein. Die Neigung der englisch sprechenden Welt zu tüchtigen, praktischen Absichten mag damit zusammenhängen. So stecken auch in Sprachen Anleitungen zu Paradigmen; und das Englische beginnt die übrigen zu verdrängen.

In welcher Form derlei auf die Entwicklung des Paradigmas der modernen Naturwissenschaften wirkt, ist nicht leicht zu sagen. Aber schon unsere Tendenz, englisch zu publizieren, um weltweit verstanden zu werden, wird seine Wirkung tun.

Das sind erste Erfahrungen zur Konsequenz der Sprachen gewesen; und man kann sich vorstellen, dass sich diese später häuften. Was mag es bedeuten, dass das Englische zwischen Wahrheit und Wirklichkeit, Vernunft und Verstand schlecht unterscheidet, dass das Englische *'power'* nur aus 'Kraft', 'Macht' und 'Gewalt' gemeinsam zusammensetzen kann?

Ich war, wie man sich erinnert, dem Reduktionismusproblem schon begegnet und begegnete ihm als pragmatischem Reduktionismus bei den Anorganikern, namentlich den Chemikern, in meiner Kollegenschaft wieder, wobei dieser Pragmatik auch immer etwas wie ein ontologischer Reduktionismus unterlegt ist. Die Welt, so lässt dieses Konzept erwarten, könne durch die wirkenden Kräfte allein zureichend beschrieben werden.

Meine interessantesten Gesprächspartner waren Peter (MARKL) und Professor Peter SCHUSTER, die wir aus Wien schon kennen, sowie die Professoren Bernd-Olaf KÜPPERS und Manfred EIGEN in Göttingen. Und die Gespräche litten alle unter erstaunlichen, teils nicht überwundenen Schwierigkeiten. Ich hatte mehrfach das Gefühl, dass es nur mehr die Höflichkeit war, welche geharnischte Debatten ausschloss.

Aber neben den Geboten der Höflichkeit müssen es auch Unsicherheiten auf beiden Seiten gewesen sein, die dazu führten, nicht immer wissenschaftstheoretisch, sondern letztlich weltanschaulich zu argumentieren. An der Schwelle zur Ideologie pflegte man abzubrechen. Ich bekam auf diese Weise eine Ahnung davon, dass vielleicht jedem wissenschaftlichen Paradigma ein nicht auflösbarer metaphysischer Rest, eben eine Art Ideologie, zugrunde liegt. Und wenn ich nun über diese Begegnungen reflek-

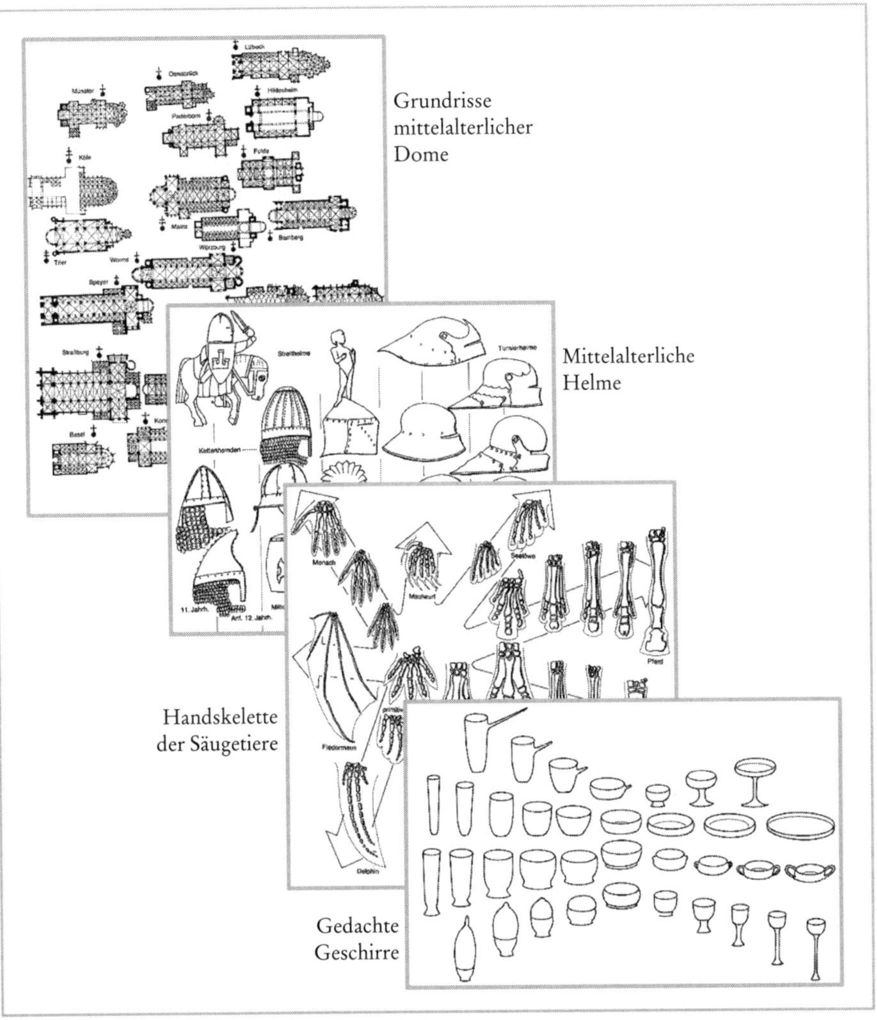

Abb. 43: Das Denken in Ähnlichkeitsfeldern war begriffen und ließ die großen, vorbewussten Leistungen nun auch der Morphologen und Systematiker verstehen (Grafiken aus *Die Spaltung des Weltbildes*).

tiere, muss ich annehmen, dass ich damals noch recht unsicher argumentierte.

Da war zunächst mein Argument, dass alle Systeme nicht nur aus Konstituenten, sondern auch stets innerhalb eines wirkenden Milieus entstünden, eine zureichende Erklärung also doch mindestens zweierlei Seiten berücksichtigen müsse. Aber man bedachte nicht reagierende Milieus, sondern Computer oder nichtreagierende Glaskolben im Labor, hielt die Wirkung, etwa der Bestrahlung oder Wärmezufuhr, konstant, um die Dinge nicht zu komplizieren, oder konnte auch jene Zufuhr, selbst eine Variable, in Kräften über die vier physikalischen Wechselwirkungen ausdrücken.

Argumentierte ich mit Formursachen, im Grunde mit Selektionsbedingungen, und gab zu bedenken, dass eine Beschreibung etwa der Wirkung der Lochgrößen eines Siebes über Kräfte am Wesentlichen vorbeigehe, dann wurde entgegnet, dass man aus den Ansprüchen exakter Beschreibung komplexe Phänomene ausschlösse. Argumentierte ich mit der Präselektion etwa nicht zureichender Materialien, beispielsweise mit fünf Kohlenstoffmolekülen, welchen ein sechstes fehlt, um den Kohlenstoffring zu bilden, schien die Sache überhaupt trivial zu werden.

Also schloss ich konkrete Beispiele an. Etwa das 'lac-Operon', ein rekursiver Ein- und Ausschaltemechanismus im genetischen Material der Kolibakterien, den man damals schon zureichend kannte. Da konnte die Frage gestellt werden, unter welchen Selektionsbedingungen es gelingen könne, dessen viele Bauteile in die geeignete Reihe zu bringen. Aber auch hier griff das Argument, dass man den komplexen Bereich eben ausschließen müsse.

In den Lehrbüchern jedoch verhielt man sich weiterhin so, als ob die molekularen Mechanismen des Abschreibens und Übersetzens molekularer Codices zureichen würden, das Entstehen eines Menschen aus zwei Molekülketten zu verstehen. Man kann voraussehen, dass mich der Gegenstand weiterhin beschäftigte.

Dass mich diese Differenz der Auffassungen einmal auf die Abschussliste von Wissenschaftlern bringen werde, konnte ich nicht ahnen. Es werden aber auch noch gut zwei Jahrzehnte vergehen, bis man vom RIEDL endgültig genug haben wird.

Es begegnete mir aber, gewissermaßen wie im Gegenzug, auch eine Paradigmengrenze gegen das komplexe Ende unserer naturwissenschaftlichen

Auffassungen: der Konstruktivismus. Von der Begegnung mit Paul WATZLAWICK war schon zu erzählen; Heinz von FÖRSTER, auch mein Landsmann, sowie den Chilenen Umberto MATURANA und Francisco VARELA begegnete ich zunächst in St. Gallen bei Referat und Koreferat; eine amüsante Truppe. Das mag schon eine Anekdote beleuchten, die mir Francisco erzählte.

Als er sich bei Umberto, seinem künftigen Lehrer, vorstellte, wurde er gefragt, womit er sich forschend befassen wollte. Er erklärte: „Mit der Psyche des Universums." „Da sind Sie bei mir ganz richtig", hätte Umberto erwidert, „wir beginnen mit dem Auge des Frosches." Wunderbar!

Man kann den Konstruktivismus als einen Gegenzug gegen den naiven Behaviorismus verstehen, der Organismen auf Reiz-Reaktions-Mechanismen reduzieren will. Die Welt, sagt er, ist komplexer und anders, als sie uns erscheint. Zu Recht stellt er fest, dass es in unseren Gehirnen ziemlich still und ganz finster ist, wir Töne und Farben erst als Deutung in die Welt hineinlegen, uns diese also selbst konstruieren. Und wenn das so ist, dann ist schließlich alles nur Konstruktion; das aber musste ich bezweifeln.

Man hat uns wiederholt zu jenen akademischen Gladiatorenspielen aufgeboten, die man Podiumsdiskussionen nennt, und wir beherrschten unsere Argumente und Gegenargumente bald bühnenreif. Das Ergebnis ist wieder ein Fall von Weltanschauungen.

Der radikale Konstruktivismus landet im Solipsismus (in dem man annimmt, dass nur sein eigenes Bewusstsein existiert, alles andere erdacht sei) und kann von der realen Welt nichts wissen. Er interessiert hier nicht. Der moderierte muss anerkennen, dass man sich diese Welt – ich nenne sie 'b' – zwar weitgehend ungestraft auslegen kann, sodass sie sich ein jeder irgendwie anders vorstellt, dass aber dort, wo man mit falscher Auslegung nicht überlebt, eine zureichende Übereinstimmung zwischen Welt 'a' und Verhalten, wenn auch nur in einer symbolisierenden Weise, für alle Kreatur bestehen muss. Die weltanschauliche Differenz beginnt dort, wo die Konstruktivisten die Korrespondenz mit Welt 'a' für eine Trivialität halten, weil sich alles Entscheidende in Welt 'b' abspielte. Man kann entgegnen, dass die Freiheiten in Welt 'b' nichts zur überlebenswichtigen Kenntnis der Welt 'a' beitragen, und der Vulgärkonstruktivismus zur gefährlichen Beliebigkeit des *laissez-faire* einlädt. Freilich aber haben die Freiheiten der Auslegung Kultur gemacht.

Kurz: Die Welt muss ein Ganzes sein. Zwar ein systemhafter, komplexer Zusammenhang, aber sie muss aus all ihren Enden verstanden werden, und auch unser Verstehen aus diesen. Sie zieht durch uns durch. So viel wusste ich damals. Viel mehr, so glaube ich, noch nicht.

Der Kardinal und der Papst

Seine Eminenz Franz Kardinal KÖNIG achtete ich sehr, weil er mir als weit blickender Kirchenfürst und als Gelehrter bekannt war. Er kannte von mir die *Strategie* und lud mich zu einem Symposion an die (katholische) Bayrische Akademie. Dort war ich, übrigens gemeinsam mit LORENZ, in einen Arbeitskreis gebeten, in dem die geistlichen Herren von unserem Kreis erfahren wollten, dass das Menschsein mit der Befruchtung der Eizelle beginnt. Denn im Hintergrund stand die Frage, wer im Entscheidungsfall sterben muss: das Ungeborene oder die Mutter.

Konrad und ich sahen die Dinge anders, relativ zur Würde und Verantwortung der Kreatur; nicht also durfte die Mutter sterben. Mein Beispiel war ontogenetisch. Ich meinte, dass die Herren ihr Frühstücksei eher ins kochende Wasser steckten, als einer Henne den Kopf abzuschneiden. Konrad hatte ein phylogenetisches Beispiel: Legte man einem Menschen ein Radieschen, einen Regenwurm, Frosch, Hund und Affen in eine Reihe, mit der Aufgabe, durch eines dieser Geschöpfe durchzuschneiden, und diesem wäre es gleichgültig, wo er schnitte, so gehörte er sofort eingesperrt.

Vom Kardinal sah ich nicht viel. Was ich aber sah, war, dass man sich um Gelehrte kümmerte, die, wie zum Beispiel Professor BLECHSCHMIED, dem Menschen doch noch eine Herkunft außerhalb des Tierreiches sichern wollten. Das konnte auch der Kirche nicht nützen. Und ich begriff, ob der Lebensdauer dieses Problems, dass unsere Ableitung der menschlichen Vernunft (der Seele?), beugte man nicht vor, ein noch gravierenderes Problem nach sich ziehen werde. Ich hielt Glauben und Wissen für unverzichtbare, lebendige Säulen der Kultur. Es konnte nicht gut sein, wenn sie einander, wie nach KOPERNIKUS, KEPLER und GALILEI oder nach DARWIN, HUXLEY und HAECKEL, gegenseitig Wunden schlagen.

Diese Einsicht schien mir zu genügen, um den Kardinal um ein persönliches Gespräch zu ersuchen. Es wurde sogleich eingeräumt; im Erzbischöflichen Palais in Wien. Bevor ich auf mein Thema kam, hielt ich es für angebracht, zwei Dinge vorauszuschicken. Erstens möge er mich nicht für einen ausübenden Katholiken halten, ich hielte mich zwar nicht für einen

Agnostiker, aber doch bestenfalls GOETHEs Perspektive nahe; zweitens hätte ich zwar ein spezifisches Anliegen, könne aber nicht bestimmen, welches Maß an Wichtigtuerei mich zusätzlich um diese Audienz ersuchen ließ.

Der Kardinal lachte herzlich und ich hatte für den Rest unseres gemeinsamen Erdendaseins einen väterlichen Freund gewonnen. Er verstand, achtete mein Anliegen sogleich und schlug mir vor, ihm ein Symposion zum Thema 'Glauben und Wissen' einzurichten. In Schloss Klessheim bei Salzburg hat es dann auch stattgefunden und war in mancher Hinsicht aufschlussreich.

Wir sahen uns bald mit einiger Regelmäßigkeit. Themen waren: Jesus, Gottessohn oder Messias, KLEANTHES, PAULUS, Korintherbriefe, die Apologeten, die Scholastik, die Kurie, die Ostkirche, aber auch die ARISTOTELES-Forschung, Metaphysik, GALILEIs Prozess, Emma DARWINs Bigotterie, der Determinismus, MONOD versus TEILHARD DE CHARDIN, Scientology und vieles andere. Einmal fragte er mich, ob ich meinte, dass TEILHARD DE CHARDIN einem Gespräch wie dem unseren genützt hätte, und ich sagte, zehn TEILHARDs hätten noch mehr genützt, man sollte solche fördern.

Im Zentrum der Gespräche stand freilich eine Gewichtung des Gegensatzes von Kreationismus und Evolutionismus. Ich gewann den Eindruck, dass sich der Gegensatz mit einiger Bildung auflöst. Der Kardinal hat mir das zwar nicht wörtlich bestätigt, muss aber derselben Ansicht gewesen sein. Denn wie soll der wenig gebildete Landpfarrer die tiefe Symbolik der Heiligen Schrift vermitteln? Und wie soll das oft noch ungebildetere naturwissenschaftliche Fußvolk anerkennen, dass es ohne Metaphysik nicht geht?

An wenigen Stellen verblieben aber auch unsere Perspektiven in unterschiedlichen Dimensionen. Bei einem Gespräch über das Gebet machte ich einen Einwand. Ich meinte, wenn man sich die Zahl der Sonnensysteme in unserer Galaxie, die Menge der Galaxien in unserem Galaxienhaufen und zudem die noch gar nicht übersehbare Anzahl von Galaxienhaufen in diesem Kosmos vor Augen nimmt, könne es einem wohl anmaßend erscheinen, zu erwarten, dass der Schöpfer dieser Welt ein Ohr für meine kümmerlichen Anliegen haben sollte. „Das", antwortete der Kardinal, „hängt davon ab, wie man sich Christus denkt."

Zu einem dritten Symposion lud er mich nach Rom ein. *'Nova Spes'* war das Thema und mir ist davon nur wenig in Erinnerung. Verwirrspiele mediterraner Art mögen dazu beigetragen haben. Zweierlei ist mir freilich erinnerlich: eine Lüge und ein Abenteuer. Einmal fragte er mich, mit einem Blick auf meine Raucherei, ob ich mit der Pfeife auch ins Bett ginge. Ich verneinte das. Eine Lüge. Ein andermal bat er mich, das Symposion gemeinsam mit ihm im Römischen Fernsehen vorzustellen; italienisch, verstand sich. Ich wand mich. Denn ich kannte den Unterschied zwischen seinem noblen, flüssigen 'Romano' und meinem ungeübten Bauern-Napolitano. Schließlich überwog die Scham zu kneifen und es wurde gar nicht so schlecht. KÖNIG war so angetan, dass er darauf bestand, mir nun sogleich auch einen Wunsch zu erfüllen; ob ich einen hätte?

Ich hatte einen. Er möge mir behilflich sein, die so genannten Vatikan- oder auch RAFFAEL-Stanzen zu sehen, die dem Publikum nicht zugänglich sind. Wunderbar, sagte er, da gehen wir gemeinsam hin. Im Nachhinein weiß ich, dass das überhaupt nur mit ihm möglich war.

Die Schweizergarde am Parktor erkannte den Kardinal auch im Fond des Wagens und winkte uns durch. Der Park, freilich alt, aber klein. Im Loggienhof wurde mein Mitkommen von Garde zu Garde schwieriger, schließlich in den Arkaden des zweiten Stockes scheinbar unmöglich. Nur seine Eminenz durfte passieren; aber bald tauchte KÖNIG in einer Seitentüre auf und winkte mir, wie bei einem Schulbubenstreich, schleunigst hereinzuhuschen. Da also waren wir. Wände und Decken voll figuraler Szenen, großflächiger Werkstattbetrieb RAFFAELS.

Nun wusste ich, dass der Haupteingang in die Sixtina von diesen Stanzen ausgeht und schwärmte von deren Bedeutung. Also meinte KÖNIG: „Gucken wir hinein, aber nur durch den Türspalt, denn eben wird ein Pontifikalamt zelebriert, bei welchem ich hätte dabei sein sollen."

Das Bild, das sich auftat, ließ mich wie angewurzelt stehen. Das erste Drittel des Kirchenschiffes schwarz, voll gedrängt stehender Kutten, da die Nonnen, dort die Mönche, Ukrainer, in dröhnendem Wechselchor, dass der Boden vibrierte. Die Mitte rot voll der Kardinäle, das dritte Drittel weiß, Ministranten, Helfer, Adepten und der Papst zelebrierend. Unter der Decke Weihrauchqualm und hunderte Kerzen. Wenn man sich erinnert, was mir ukrainische Lieder, Kerzenschein, MICHELANGELO, Chöre und die Renaissance schon einzeln bedeuten, wird man die Wirkung dieser Kumulation verstehen.

Am Rückweg zum 'Germanicum' sprachen wir nicht viel. Nur ein Thema kam stückweise vor. KÖNIG meinte, dass einem das Glück einer Erleuchtung ein metaphysisches Erlebnis von ganz ungewöhnlicher Sicht und Empfindung gäbe, was er mir gewiss einmal sehr wünsche. Er hatte freilich bemerkt, wie mich jenes Bild gepackt hatte. Zwei Tage darauf trennten wir uns wieder.

Vielleicht wird man sich erinnern, dass ich schon einmal Ursache hatte, über Erleuchtung nachzudenken. Auch in der Zeit, in der die Vernunft in meine Kindchen noch nicht eingezogen war, meine Eltern sie aber wieder zurücklegen mussten, dachte ich mir, dass Erleuchtung eine plötzliche, glückhafte Erhellung inmitten einer existenziellen Ratlosigkeit sein müsse.

Ich habe sie bis zum Schreiben dieser Zeilen nicht erlebt. Meine Vorstellung vom Weltenschöpfer kam über das '*deus lex mundi*', dass Er, verehrungswürdig genug, den Gesetzen des Kosmos entsprechen könnte, nicht hinaus. Aber immer wieder hatte ich bei den kleinen, erhellenden Entdeckungen, die als 'Aha-Erlebnis', wie von fremder Hand, auf einen zukommen, das dankbare Gefühl, dem Schöpfer noch am nächsten gekommen zu sein.

Ein viertes Mal waren wir beide von Papst JOHANNES PAUL II. für zwei Wochen in seine Sommerresidenz Castelgandolfo eingeladen. Das Kastell liegt am höchsten Punkt des Kraterrands jenes Vulkans, dessen tiefe Mitte nur mehr der Albanersee füllt. So tief unten, dass der Verkehrslärm nicht mehr heraufdringt, und niedere Wolken als Nebel durch die weißen Vorhänge der weißen Hallen ziehen. In einer solchen trafen wir einander vor- und nachmittäglich, vom Papst und dem Kardinal begrüßt; die Professoren GADAMER, SPEMANN, LE ROY LADURIE, René TOM, Carl Friedrich von WEIZSÄCKER und einige Polen, deren Namen ich vergessen habe.

Vor- und nachmittags je ein Referat. JOHANNES PAUL am Ende der Tafel, die tief liegenden Augen noch tiefer unter der Hand eines aufgestützten Arms geborgen. An manchen Stellen ein Blick zu den Sekretären, die sofort Notizen machten. Bei den Diskussionen hellwach, aber weiterhin kein Wort. WEIZSÄCKER versuchte den Papst mit einer gescheiten und liebenswürdigen Frage in das Gespräch zu locken. JOHANNES PAUL reagierte auf die Liebenswürdigkeit mit einem lächelnden Nicken. Der Mund blieb geschlossen. Unfehlbarkeit fügt sich nicht in einen fachlichen Disput.

Beim Kommen und Gehen und bei Tisch war's freilich lockerer, aber banal. Wichtige Dinge gehören nicht in den Rahmen höflicher Konversation. Damals war das Problem der Geburtenkontrolle, der Empfängnisverhütung, heute freundlicher 'Familienplanung' genannt, noch immer aktuell und der Schaden JOHANNES PAULs konservativer Haltung bereits offensichtlich. Keiner in der Runde hat ihn darauf angesprochen und, so muss ich bekennen, auch ich nicht. Ein überraschtes Heben der Augenbrauen hätte das Thema beendet.

Näher besah ich mir das angeschlossene Päpstliche Observatorium. Einige ganz wenige, der Welt schon ganz entfremdete Jesuiten waren, neben (ebenso wenigen) Schaben, das einzig Lebendige in dem staubigen Allerlei überholter Geräte. Befremdet, aber liebenswürdig wurden mir die besten Stücke gezeigt und Klage geführt über geringe Mittel und den trüben Himmel über Rom. Als ich das Thema auf die Frage brachte, ob die heutigen Erfahrungen der Astronomie noch ein Problem für die Kirche wären, bemerkte ich meine Unhöflichkeit. Hier war alles überholt.

Wessen die Kirche eher bedürfte, wäre ein Päpstliches Laboratorium. Gegenüber der Biologie waren die Probleme noch da und weitere würden sicher kommen. Da könnten sich Kirchenmänner selbst informieren über das Verhältnis ihrer Erwartungen zu den Fakten aus der Natur.

Bald darauf machte mir in Wien eine alte Dame Besuch: Annemaria ALETTI, gebürtige Wienerin, Witwe eines vermögenden Kalabresen. Sie wusste von meinen Meeresstudien. Latifundien an der Küste Kalabriens und ein Palais in Rom würde sie stiften. Ich sah mir beides an. Die Küste vor dem Haus war für Meereskunde leider ganz ungeeignet und im Zentrum Roms brauchte man keine Meeresforschung. So riet ich ihr, das Palais, da nicht fern vom 'Germanicum' gelegen, für ein Päpstliches Laboratorium zu stiften. Dies wäre ein noch dringlicherer Belang. Frau ALETTI ging darauf ein.

Ich fragte Kardinal KÖNIG, an wen man sich da wendet; und mit einem Augenzwinkern meinte er: „So nahe wie möglich zum Papst und so weit wie möglich von der Kurie." Heraus kam allerdings der '*Pater Economo Generale*' HILLENGAST, Jesuit, Finanzminister der Kurie. Nun begann mein wahrscheinlich seltsamster Briefwechsel. In seinem letzten Brief fragte dieser, ob ich dächte, dass die Kirche, gerade in Rom, für das Thema lebendig wäre. Das war sie gewiss nicht.

Im Grunde konnte er mich nicht verstehen; und schließlich wurden andere Aufgaben dringlicher und das Palais wurde zum Jugend-Gästehaus. – Fünfzehn Jahre später sah ich mir das Palais wieder an. Annemaria ALETTI war schon verstorben, aber die dort eingezogene Jugend und ihre priesterlichen Betreuer rätselten nach wie vor im Evolutionismus-Kreationismus-Karussell herum. Das blieb lebendig.

Populäre Schriften

Im Laufe dieser Jahre konnte ich mich vielerlei Reisen zu Universitäts-Seminarien, Treffen, Kongressen und Symposien nicht entziehen und das Ergebnis waren so verstreut erscheinende Artikel, dass mir mein Verleger Claus PIPER den Vorschlag machte, einiges davon zu einem Band populärer Schriften zusammenzufassen. Das wollte ich gerne tun, zumal ich selbst sehen wollte, ob derlei noch ein geschlossenes Bild machte.

Meine Beziehung zu diesen Schriften ist ambivalent. Manchmal war es eine gute Herausforderung. Manchmal aber lässt man sich in Themen hineinschwätzen, die einen dann plagen. Und manchmal hofft man, keine schriftliche Fassung produzieren zu müssen; wird dann nachträglich doch eine erbeten und wehrt man sich, so wird die Abschrift eines Tonbandmitschnittes angeboten. Man möge diese nur durchsehen. Zweimal ließ ich mich auf derlei ein, nur um zu bemerken, dass meine freie Rede zwar lebendig klingen mag, aber unpublizierbar ist. Es gibt Personen, die druckreif sprechen. Carl Friedrich von WEIZSÄCKER gehört zu diesen. Ich sicher nicht. Auf das Thema komme ich am Ende diese Kapitels zurück.

Eines Mittagstischs bei Kardinal KÖNIG, mit Kollegen Hans TUPPY und den Sekretären des Kardinals, umhuscht von geistlichen Schwestern, kam das Gespräch natürlich auch auf unsere laufenden Arbeiten und ich bemerkte, dass ich mich nun bald in Klausur begeben müsse, um Ruhe zu haben, verstreute Schriften zu einem Band zusammenzustellen.

Bei Weggehen nahm mich Sekretär Dr. Johannes HUBER, später ein berühmter Arzt, zur Seite und eröffnete mir, dass er bereits mit den Prälaten der Stifte Melk und Sankt Florian meiner Klausur wegen telefoniert hätte, dass ich überall willkommen wäre, das Essen in Sankt Florian aber bekannt besser wäre, und ich möge den Abt bald wegen eines Termins anrufen. Er hatte meinen Wunsch wörtlich genommen.

Mir wurde auf diese Weise wieder ein köstliches Erlebnis zuteil. Die Klausur im Stift war über lange Gänge und große Schlüssel von der Welt tatsächlich trefflich abgeschieden. Die mir zugewiesene 'Zelle' stand voll der wertvollen, ausladenden Barockmöbel, das drei Meter hohe Fenster blickte weit in eine stille Welt hinaus, überragt von einem gewaltigen Wasserspeier, aus dessen Maul um Mittag Schmelzwasser tropfte, das danach wieder zu langen Eiszapfen gefror.

Außer dem Weg zum Refektorium, wo übrigens unter Verlesung erbaulicher Episteln sehr bescheidene Mahlzeiten gereicht wurden, gab es keinen Zeitverlust. Meine Erwartung, mit dem Abt Konversation machen zu sollen, wurde widerlegt. Denn kaum war ein Gedanke entwickelt, wurde die Suppe schon wieder abserviert. Selbst der mir zugewiesene Bruder FLORIAN sparte mir Zeit und ordnete meine Zelle nur in meinen Abwesenheiten. Er hatte natürlich meine ausgebreitete Arbeit beguckt und meinte, dass, wenn man so viel schreiben könne, das zeigte, wie Gott es den seinen eben gebe. Mit meinen Themen war ich zum Kauz geworden und lebte somit als Kauz unter Käuzen, was mir interessante Perspektiven in meine Kapitel gab.

Abwechslungen waren nur für den Abend vorgesehen. Manchmal schloss ich mich einigen jungen Theologen an, vorzügliche Organisten, die, in die Nacht hinein, die mächtige BRUCKNER-Orgel zum Brausen brachten. Von der Klausur aus erreichte man den völlig finsteren Kirchenraum in den Arkaden auf halber Höhe des Kirchenschiffs und wanderte im engen Lichtkreis der mitgeführten Kerzenleuchter, ohne dass deren Strahlen die gegenüberliegenden Arkaden erreichten. Manchmal verschwand ich in aller Stille nach Linz und genoss den Kontrast der gehabten Abgeschiedenheit mit der bunten, lebensvollen Welt, die mich dort für Stunden aufnahm.

Die Schriften, die ich mithatte, ließen sich leicht und zu einem überraschend einheitlichen Ganzen zusammenfügen. Ein Umstand, über den ich zunächst immer wieder staunte, bis ich die simple Erklärung fand: Allen lag ich ja selbst zugrunde. Alle Schriften waren Variationen eines Themas. Und wenn mir auch die verschiedenen Gelegenheiten Stellungnahmen zu unterschiedlichsten Sachbereichen abnötigten, ich sprach doch immer wieder über das Verstehen und Sich-Einfügen in eine, durch uns durchziehende, komplexe Welt.

Ein analoges Erlebnis hatte ich einmal in meiner Bibliothek. Ich war überrascht, dass ich über alle ausladenden Enden eines Themas lückenlosen Aufschluss unter meinen eigenen Büchern fand. War es denn denkbar, dass diese Bücherei derart lückenlos assortiert war? Sie war es durchaus nicht! Es waren meine Interessen, die sie enthielt, und meine Kenntnisse stammten folglich auch meist aus ihr. Kein Wunder also, dass ich mich dort wiederfand; und zwar in einer sehr spezifischen Weise, die ich erst jüngst in Rom verstanden hatte.

Zur Zeit meines Erlebens der RAFFAEL-Stanzen war der Kongress auch zu einer Papst-Audienz geladen. Ich hatte gerade mein Referat hinter mir und schlenderte mit Marion Gräfin DÖNHOF über den Petersplatz der Audienz entgegen. „Wo“, fragte sie mich, „mag denn Ihre Position in unserer Kulturgeschichte hingehören?“ Ich meinte, dass man diese vielleicht einmal eine zweite Aufklärung nennen werde. „So?“, überlegte sie. „Ich würde das eher eine Abklärung nennen.“ Da hatte sie aber wirklich Recht.

Der in St. Florian zusammengestellte Band erschien dann bald unter dem Titel *Evolution und Erkenntnis* und wenige Jahre darauf ein zweiter. Beide reden einer Abklärung das Wort.

Es wird erzählt, dass man diese Aufsatzsammlungen gerne in die Hand nimmt. Sie hätten den Vorteil, einen Kontext nicht erst nach zweihundert, sondern schon nach zwanzig Seiten abgerundet zu finden. Auch wären sie bequemer in der Diktion. Die auf ein Thema zugeschriebenen Bände sind ja nicht nur für wohlmeinende Leser, sondern auch gegen übelmeinende Kollegen geschrieben. Die Terminologie soll sich keine Blößen geben. Damit ist das Rotwelsch der Fachsprache nicht leicht zu vermeiden. Gewiss bietet das Rotwelsch ein Versteck, eine Art Immunisierung gegen Widerlegung, die Fachsprache ist aber eben auch genauer.

Das wurde einmal vorzüglich auf den Punkt gebracht. In der Diskussion nach einem Vortrag von mir, damals im Hörsaal I der Wiener Universität, fragte ein Herr aus dem Auditorium: „Sagen Sie, Herr Professor, warum schreiben Sie nicht so, wie Sie reden? Dann könnte man Sie auch verstehen.“ Auch er hatte Recht.

Das gespaltene Weltbild

Als ich in der *Biologie der Erkenntnis* über die angeborenen Hypothesen der Erwartung von Ursachen und Zwecken schrieb, war ich längst Professor. Als ich die Hierarchie der Theorien bei der Entschlüsselung von Organismen beobachtete (am Roten Meer), war ich Dozent. Und als ich die Notwendigkeit wechselseitiger Erhellung für die Entzifferung von Schriften wahrnahm und auf den Brustmuskel des Huhnes anwandte, bin ich noch Student gewesen. Und nichts von alledem war vergessen.

Im Gegenteil: Ich habe den Eindruck, dass gegenüber allem, was in diesen Jahrzehnten an zu Denkendem durch mich hindurchzog, jene hermeneutischen, wechselseitigen und hierarchischen Denkmuster stets bereitstanden, wie um auf ihre Kontrolle sowie auf ihre Anwendung zu warten.

Es war mir evident, dass alle vier jener Hypothesen noch einer ausführlicheren Bearbeitung bedurften. Vor allem musste man sie noch mit mehr Materialien prüfen, ihre Anwendungen und Irreleitungen darstellen. Zu allen diesen hatte sich auch schon vielerlei neue Überlegung und Erfahrung angesammelt.

Es war klar, dass eine Ausarbeitung der 'Hypothese vom anscheinend Wahren' noch viel an experimentellen Daten brauchte. Die Untersuchungen mit den Reihentests entwickelten sich sehr aussichtsreich. Meine Mitarbeiter Ludwig HUBER und Gerhard MEDICUS experimentierten erfolgreich mit Fischen und Pinseläffchen. Und auch für den Rahmen der 'Hypothese vom Vergleichbaren' waren Hörsaalexperimente schon sehr aufschlussreich. Man erinnert sich an das Wägeproblem und das Denken in Ähnlichkeitsfeldern. Das musste man fortsetzen. Lediglich für die Hypothesen von den 'Ursachen und Zwecken' lag schon so viel Material, Durchdachtes aus der Literatur, vor, dass man die geplante Bändereihe wohl mit diesen beginnen musste.

Es war mir auch klar, dass die Wahrscheinlichkeitshypothese eine Voraussetzung für die Vergleichshypothese war und beide zusammen die Vorbedingung für die Entstehung wie für die Begründung der Ursachen- und der Zweckhypothese. Es war aber umgekehrt auch evident, dass aus diesen komplexeren der angeborenen Erwartungshaltungen Erfahrungen für das Verständnis der ihnen vorauslaufenden zu gewinnen sein werde. Das mitbedacht, ließ mich am komplexen Ende beginnen.

Nicht klar war, was ich mir mit dem Band einhandeln werde. Ich sah zwar voraus, dass eine kritische Vergleichung die Widersprüche der natur- und der geisteswissenschaftlichen Methode zum Vorschein bringen werde; denn jene will die Welt allein aus den Kräften erklären, diese sie aus dem der Zwecke. Ich wusste, dass ich die Ursachen dieser *Spaltung des Weltbildes* würde aufklären können, und dachte mir, dass man eine Lösung begrüßen werde. Wird das Schisma zwischen den Fakultäten nicht schon längst beklagt?

Unter vieler einschlägiger Literatur war mir auch die berühmte 'REDE-Lecture' von Lord SNOW untergekommen: *The two Cultures.* Im Wesentlichen sagte er, dass die Naturwissenschaftler diese Welt recht unbedacht verändern, die Geisteswissenschaftler dagegen außer Lamenti nichts beizutragen haben. Das war auch meine Ansicht. In der Rezension wurde SNOW von allen Seiten gezaust. SNOW, sagte man, ist schlechthin ein Unheil; und zwar deshalb, weil er nichts zu sagen hat, dennoch aber eine ganze Kultur in katastrophale Verwirrung treiben könnte. Das hätte mir wohl eine Warnung sein sollen. Aber wieder war es keine. Fast zwanzig Jahre, sagte ich mir, waren seit SNOW vergangen; wir haben doch wohl dazugelernt und ich brauchte ja niemanden zu kritisieren, sondern bloß die Gründe der Schwierigkeiten aufzuklären, die uns zugestoßen sind.

Meine Lösung dieser Spaltung ist eine hermeneutische. Ich weise nach, dass alle komplexen Systeme aufgrund ihrer hierarchischen Organisation und Entstehung, gleich ob Naturprodukte oder Artefakte, auch nur über eine wechselseitige Erklärung zureichend verstanden werden können, wir aber durch den doppelten kognitiven Dualismus des Kausalverständnisses, den unsere Sprache suggeriert, irregeleitet wurden. Will man das Schisma und die Widersprüche vermeiden, muss man die Grenzen seiner ratiomorphen Ausstattung durch Erfahrung übersteigen.

Dieser Entwicklung liegen drei gründliche Fehleinschätzungen zugrunde; Fehleinschätzungen zwar nicht wissenschaftstheoretischer, vielmehr wissenschaftssoziologischer Art. Dieser Zugang setzt die Argumente der Evolutionären Erkenntnislehre voraus, zum Mindesten eine gute Kenntnis von Konrads *Rückspiegel* und meiner *Biologie*. Das durfte man nicht voraussetzen. Es gilt als Regel, dass man bei Einzelstudien keine einschlägige Einzelstudie übersehen darf. Man gilt sonst als inkompetent. Den Inhalt von Büchern aber darf man übersehen.

Zweitens erinnert man sich der Warnung meines Lehrers MARINELLI, mit der Einsicht, Neues nicht in Buchform zu veröffentlichen, weil man das nicht für Originalliteratur hält und Sekundärliteratur nicht zitieren muss. Aber fast immer waren mir die Themen zu weit, um sich in kleine Aufsätze zu fügen.

Der dritte Fehler ist aber wahrscheinlich der gravierendste. Erhard OESER warnte mich bereits anlässlich eines Seminars, in dem ich Teile des Buchkonzeptes vortrug, ich sollte den Terminus 'Hermeneutik' vermeiden. Er sei, in seinem wissenschaftstheoretischen Kontext, schon über ein Jahrhundert verwirrt und missbraucht worden. Darin hatte er zweifellos Recht. Verlangte es aber nicht die historische Redlichkeit, zu zeigen, wie aus den Verwirrspielen einer '*hermeneutica sacra*' des Mittelalters und der '*hermeneutica profana*' ab der Renaissance GOETHE das Prinzip durchschaute und August BOECKH, klassischer Philologe der späten GOETHE-Zeit, es klar formulierte? Musste es nicht aufschlussreicher sein, die Gründe anzugeben, warum es die Wissenschaftler nicht verstanden und die Philosophen es wieder verwirrten? Ich halte das noch immer für gerechter,

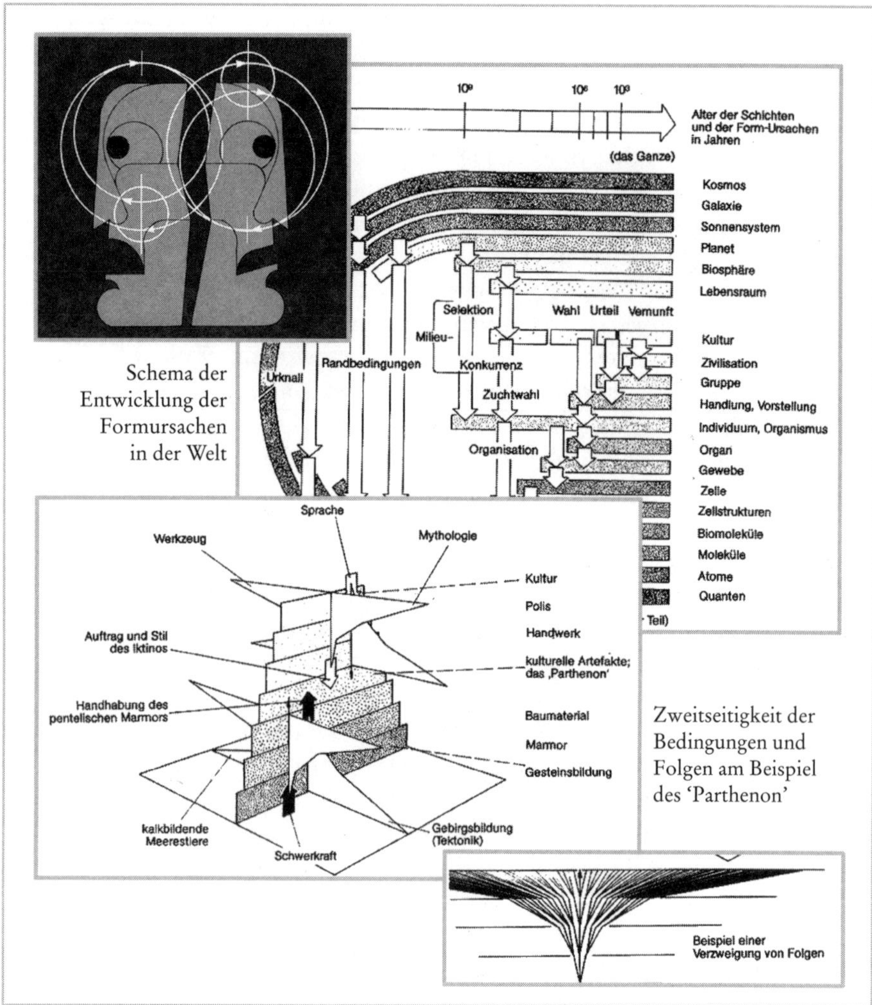

Abb. 44: Betrachtungen über Ursachen und Wirkungen; Beispiele aus *Die Spaltung des Weltbildes.*

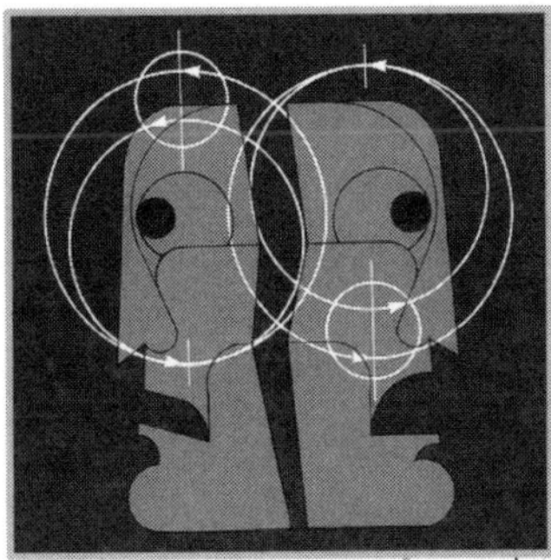

Form- und Materialursachen
in anorganischen, kulturellen
und organischen Systemen

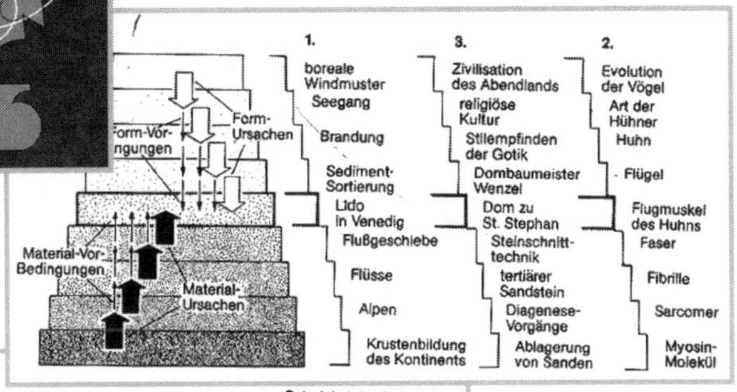

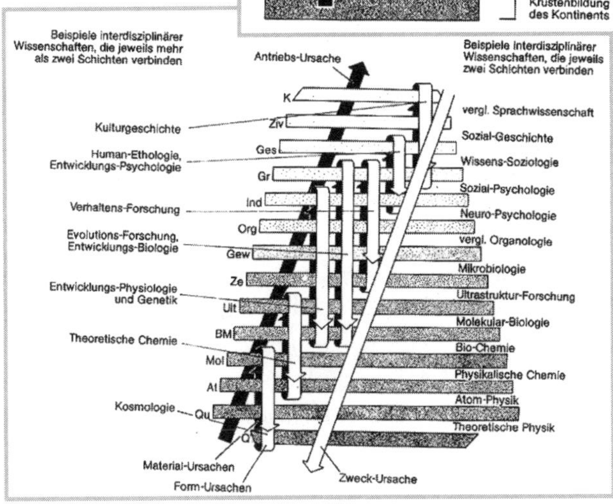

Die doppelte Symmetrie
der Ursachen zwischen
zwei oder mehreren
Ebenen des Schichtenbaus

Abb. 45: Ursachen-Zusammenhänge nach dem Schichtenbau der Dinge und dem der Wissenschaften; Beispiele aus *Die Spaltung des Weltbildes.*

als unsere Geistesgeschichte zu ignorieren und sich mit einem neuen Kunstwort Priorität zu erschwindeln. Aber im Hinblick auf unsere Gesellschaft von Wissenschaftlern war es falsch.

Das alles hatte ich in den Wind geschlagen und ich genoss bei der Durcharbeitung der Themen wiederum und wiederholt jenes zarte Glücksgefühl, das Entdeckung mit sich bringt; Zusammenhänge erkannt zu haben, die auf dieser Welt vielleicht noch niemand kennt. In solchen Augenblicken fühle ich mich dem Schöpfer dieser Welt, wenn man einen solchen denken will, besonders nahe; und begann sogar diesen Umstand zu verstehen.

Technisch half mir das so genannte 'Subsumptions-Schema', das ich bei HEMPEL und OPPENHEIM sauber formuliert fand, weiter. Es klärte mir den schon erkannten hierarchischen Zusammenhang von Theorien wie auch den erwarteten Ausweg aus einer der kapitalen Fallen des Empirismus, den Ausweg aus der Erwartungshaltung jenes RUSSELLschen Huhns.

Für entscheidend halte ich meine Widerlegung des Zirkularitäts-Vorwurfes, mit welchem Wolfgang STEGMÜLLER die Hermeneutik vom Tisch der Wissenschaft fegt. „Denn“, stellt er fest, „wie sollte A aus B erklärt werden, wenn B aus A erklärt werden muss?“ Tatsächlich aber hatte man die Ansätze zweier gegenläufiger Systeme von Theorien übereinander geworfen.

Über diese Einsicht entdeckte ich, dass all unsere Theoriensysteme eine doppelte Hierarchie, eine Doppelpyramide bilden. Beide Systeme nehmen ihre Basis an Theorien über das unmittelbar und anschaulich Wahrnehmbare, ihre Spitzen aber enden in den grundlegendsten Zusammenhängen des Mega- und des Mikrokosmos, biologisch in den Erhaltungsbedingungen der ganzen Biosphäre und den Antrieben aus dem Stoffwechsel der Zelle, kulturell in den metaphysischen Zwecken und im Energiehaushalt der einzelnen Kreatur.

Und es folgt weiter, dass die Erkenntniswege jeweils von jener Basis zu den Endtheorien verlaufen, der Erklärungsvorgang aber gegenläufig, von jenen Enden zu den vielfältigen Phänomenen an der gemeinsamen Basis. Die Entstehung all der basalen Vielfalt hat aber selbst die ganze zweiseitige Hierarchie der Vorbedingungen zur Voraussetzung. Der Erklärungsweg entspricht somit einer Rekonstruktion des Entstehungswegs. Alles zusammen ein Abenteuer, das sich heute so leichthin kondensieren lässt, aber mit Skrupel und Herzklopfen aufgeschlossen wurde.

Heute steht mir dieses Buch, zwischen den frühen und den späteren Einsichten, immer noch als ein Drehpunkt im Werden meines Weltbilds wie der Einschätzung, die mir zuteil wird; achtungsvoll oder befremdlich. Dazu gehört auch die Gelegenheit, die es bot, von den Theorien der Physik und Chemie bis in jene der Kunstgeschichte und der Rechtstheorie weiterzugehen. Und ich danke natürlich einer ganzen Reihe von Kollegen der Wiener Fakultäten, mich in diese Themen eingeführt zu haben.

Ich glaube auch, dass noch alles richtig ist, was der Band enthält; freilich manches dort noch nicht ausgeführt. Ich weiß inzwischen auch, dass er Mängel hat. Beispielsweise habe ich, wie ich das heute für notwendig halte, Struktur- und Klassenhierarchien nicht getrennt, die strukturelle Identität von Hermeneutik und Subsumption nicht zureichend deutlich gemacht. Aber das haben auch meine Rezensenten nicht bemerkt, weil sie davon noch weniger wussten.

Was also sollte man dazu sagen? Hatte ich unsere Irrtümer begründet, die Akteure entlastet und Snow rehabilitiert? Ich glaube nicht. Die Rezensionen, die ich erst zum Schreiben dieser Zeilen wieder angesehen habe, sind zur Hälfte achtungsvoll bis bewundernd. Diese Fraktion ist von Personen verfasst, welche die Beunruhigung der Spaltung schon vor meiner Darstellung empfunden haben dürften. Sie begrüßen deren Darstellung und Lösung. Ich glaube aber, dass die rekursive Verfahrensweise meines Konzeptes einer wissenschaftlichen Hermeneutik nur von ganz wenigen mitvollzogen wurde.

Es ist das eine Denkweise, auf welche wir nicht vorbereitet sind. Schon die Endlosigkeit der Zinseszinsrechnung haben wir in der Schule als eine Unannehmlichkeit erlebt. Und erst über spätere Arbeiten habe ich verstanden, in welch bedürfnisgesteuerter Weise wir bemüht sind, kausale Zusammenhänge zu zerreißen und die Einzelstücke gerade zu richten. Das Dilemma unserer ganzen Zivilisation geht darauf zurück. Das darzustellen kann erst ein Thema des nächstfolgenden Jahrzehntes sein.

Zur Zeit der Arbeit an dem Band bemerkte ich aber selbst an mir, wo ich mir offenbar Komplexität eidetisch leicht vorstellen kann, dass man beispielsweise jede der beiden Pyramiden hierarchisch verflochtener Theorien für sich betrachten muss, um seiner Vorstellungskraft entgegenzukommen. Und ich habe diese Empfehlung auch wiederholt in dem Buch ausgesprochen.

Nun sollte man glauben, dass die betont negativen Rezensionen den Finger an entscheidende Stellen gesetzt hätten. Die Geisteswissenschaften fühlen sich nicht angesprochen, die Naturwissenschaftler schlagen nur affektbetont um sich, wollen von meiner Aufforderung, Komplexität endlich ins Auge zu sehen, nichts wissen, und warnen vor der Lektüre. F.W. Stöcker erklärt: „Der Rezensent sieht sich außerstande nachzuvollziehen, was der Autor mit dem Buch erreichen will – er versteht es nicht.“ Und in der Zeitschrift Naturwissenschaften beginnt P. Fischer ebenso mit der Feststellung: „Dieses Buch ist nicht zu lesen.“ So seien es denn auch nur 'Arbeiten von Studienanfängern', „zusammengeklaubte Ansichten“, enthielte „schlichte Begriffsverwirrung“ und einen Vortrag „unerträglicher Arroganz“.

Nur M. Busse kommt dem Kern meines Gegenstandes näher, indem er meint, der Autor hätte „Schwierigkeiten mit der Hermeneutik. Der sinnvolle Zusammenhang, in dem man sich auf Stegmüller stützen kann, ist ihm entglitten.“ Man will in seinen simplifizierten Weltvorstellungen nicht gestört werden.

Kein Gegenstand des Buches hat auch späterhin eine Widerlegung gefunden, aber auch deshalb, weil man diese entweder nicht erkannt oder nicht für widerlegenswert gehalten hat. Das erscheint zunächst komisch. Aber ich nehme an, dass Zeit vergehen muss. Ich hatte mich mutwillig aus der Biologie hinaus – und in die Philosophie nicht hineingestellt.

Max Planck hat einmal gemeint, dass die Alten das, womit sie aufwuchsen, nicht verlassen, die Jungen das Neue für gegeben nehmen. Nachgedacht hat niemand. Lorenz unterschied für die Akzeptanz größerer Schritte in den Wissenschaften drei Phasen: (1) Die Sache wird ignoriert, (2) bis aufs Messer bekämpft und (3) schließlich für selbstverständlich genommen. Ich will darauf gerne vertrauen.

Diese Erfahrungen zusammengenommen lassen erwarten, dass ich mit der *Spaltung* wie noch mit keinem anderen Thema den vermeintlichen Selbstverständlichkeiten der gängigen Auffassung von wissenschaftlicher Methode an den Nerv geraten war. Tabus waren berührt und es entstanden, was ich nicht für möglich gehalten hätte, echte Feinde. Die nächsten beiden Bände werden aufklären, was da noch im Hintergrunde steht. Sie haben aber weniger Affekte ausgelöst, weil ihre Gegenstände abgerückter erscheinen, was sie freilich nicht sind; sie werden sich die Grundbedingungen des Zusammenhangs vornehmen.

Jüngst hat der Wiener Journalist Helmut Gansterer meine Akzeptanz in unserer Gesellschaft wahrscheinlich zutreffend bezeichnet. Er meine, dass mich die einen für 'papabile' hielten, die anderen für einen 'Geisteshalunken', der in unverschämter Weise Natur und Geist zusammenrührt. Ich komme zur gegebenen Zeit darauf zurück.

Lorenz, Popper, Feyerabend

Was das Kapitel verspricht, nämlich über Konrad, Karl POPPER und Paul (FEYERABEND) und deren weitere Wirkung auf mein Denken zu sprechen, muss mit POPPER beginnen, da wir ihm noch nicht näher begegnet sind. Die Lösung des LORENZ-POPPER-FEYERABENDschen Missverstehens wird dann handhabbar.

Noch vor der Veröffentlichung der *Spaltung* begegnete ich Sir Karl POPPER. Gehört hatte ich über ihn schon vielerlei in unseren Seminarien, gelesen hatte ich noch wenig; einiges aus der *Logik der Forschung*, war aber bald der Ansicht, dass die Logik nicht jeden Segler zu einem zuverlässigen Ankerplatz führen könne. Ich wusste von dem gescheiterten Versuch CARNAPs, die Erkenntnis der Welt logisch zu begründen, und dachte, seiner *Logischen Struktur der Welt* einmal eine 'Weltliche Struktur der Logik' entgegenzusetzen. Freilich kannte ich die Grundzüge des Vulgär-Popperismus, seinen Falsifikationismus, den Optimismus, es könnten nun Theorien konkurrieren, und dass man in seinen Theorien die Möglichkeit der Falsifikation schon vorsehen sollte, wo ich dachte, dass bösmeinende Kritiker schon reichen würden.

Natürlich war ich bei unserer ersten Begegnung Sir Karl thematisch nicht gewachsen, denn wir sprachen nicht über Biologie, sondern über Philosophie. Er kannte meine *Biologie der Erkenntnis* offenbar gut, kam mit ausgestreckten Händen auf mich zu und sagte: „Mein lieber RIEDL, ich habe mich vor dieser Begegnung so gefürchtet, denn was Sie sagen, ist ganz falsch."

Ich deutete mir diese in aller Liebenswürdigkeit vorgetragene Begrüßung nachgerade humoristisch, denn ich hatte von der Zweiseitigkeit seiner Persönlichkeit noch keine Ahnung, gewahrte ein Bild zugetaner Bescheidenheit und hatte von der Unumstößlichkeit seiner Ansichten noch keine Ahnung. Kurz: Es dauerte einige Jahre, bevor ich ihn einen väterlichen Freund nennen konnte.

Was also war ganz falsch? Zunächst bereits, dass ich ihm mit schmauchender Pfeife entgegenkam, was ihm schon das Foyer im Hotel Schwarzenberg unerträglich machte, das Gespräch darum bei einem Spaziergang im Park zu beginnen hatte. Als falsch erwies sich, nach allerlei Sprachschwierigkeiten, meine Auffassung, man könne den Erkenntnisvorgang als einen induktiv-deduktiven Schraubenprozess verstehen, denn induktive Vorgänge könne man streng wissenschaftlich nicht erfassen.

Wir waren also im Handumdrehen am Problem der Wissenschaftlichkeit einer Methode angelangt. Und ich erkannte bald, dass er zwingende Schlüsse im Auge hatte, erinnerte mich, dass 'wahrheitserweiternde Schlüsse' freilich nicht möglich sind und ahnte, dass sich seine Festigkeit auf ein rationalistisches Weltbild stützen müsse, das mir selbst als keine zureichende Stütze erschien. Also wurde das Thema fürs Erste zu grundsätzlich und wir ließen es.

Die zweite, ausführlichere, Begegnung fand im selben Ambiente statt. POPPER kam zu einem für ihn eingerichteten Symposium, und zwar erst als er über die Auswahl der einzuladenden Personen selbst bestimmen konnte und Franz KREUZER ihn in London dazu überredet hatte. Die Personen, die mit ihm das Podium besetzen sollten, waren zu Vorgesprächen eingeladen; und ich staunte, als ich erfuhr, dass darüber zu reden war, wer und worüber einer in dem Podiumsgespräch nicht reden sollte.

Unter diesen akademischen Maulkörben wurde auch mir einer zugedacht. Über Induktion sollte ich nicht sprechen. In einer gewissen Weise war das rührend. POPPER war also groß genug, die wunden Punkte seiner Philosophie gut zu kennen und dennoch besorgt, über diese zu sprechen. Ich musste aber gerade in jenem Punkt Übereinstimmung finden. Ich sagte darum zu, über den Mechanismus assoziativen Kenntnisgewinns bei Organismen und im Nichtbewussten des Menschen zu referieren. Damit war man einverstanden.

Im Referat begann ich konsequenterweise beim bedingten Reflex und zeigte, dass sich schon das Nervensystem als darauf selegiert erweist, auf sich wiederholende Koinzidenzen wie auf einen notwendigen Zusammenhang zu reagieren; weil sich wiederholende Koinzidenzen in der Natur zumeist tatsächlich als nicht von zufälliger Art erweisen. Das gelte für die Erfolgswahrscheinlichkeit einer Lösungsfindung aus sukzedanen Ereignissen ebenso wie für die simultane Koinzidenz von Merkmalen, die uns schon vorbewusst zum Wiedererkennen eines komplexen Gegenstandes lenken; weil sich auch die Gleichzeitigkeit von Merkmalen meist als nicht beliebig kombinierbar erweist. Das wurde nun gerne anerkannt. Die Biologie der Abstraktion einer Erwartung aus bekannten Fällen leuchtete ein. POPPER wusste, dass sich daraus die Induktionsleistung jenes *'common sense'* ableitet, aus welchem wir uns in dieser Welt zurechtfinden. Das aber war für ihn noch keine wissenschaftliche Methode. Der Gegenstand aber war auf den Punkt gebracht.

Die dritte Begegnung fand in der 'Wiener Gesellschaft der Ärzte' statt und mein Bericht darüber hat zunächst nur anekdotischen Charakter und wird erst in der Konsequenz aufklärend. POPPER war zu einem Vortrag eingeladen und wurde, glaube ich, Mitglied. Ich glaube, ich war es schon und wurde mit allerlei Zelebritäten in die erste Reihe platziert. Sir Karl sprach über den Zweckbegriff und riet Biologen und Ärzten, sich um die Verwendung des Teleonomie-Begriffes nicht herumzudrücken. Das war Wasser auf meine Mühlen.

POPPER legte immer wieder Teile des großen Manuskriptes beiseite, um, wie er betonte, endlich zur Diskussion zu kommen. Da war sie dann; und im Auditorium zog man die Köpfe ein.

Nun winkte mich der Vorsitzende heran, mit der Behauptung, dass Professor RIEDL dazu gewiss Profundes zu sagen haben werde. Das hatte ich aber nicht. Und um nicht nur den abgeklungenen Applaus auch noch verbal fortzusetzen, sagte ich, dass der Begriff der Teleologie über vielerlei Geschwätz in unserer Geistesgeschichte schon Ähnlichkeit mit dem der Astrologie hätte und PITTENDRIGHT auf den Gedanken kam, ihm den Begriff der Teleonomie gegenüberzusetzen, der sich angenehmer mit dem der Astronomie vergleichen ließe. POPPER ließ mich mit einem Witz abfahren, den ich vergessen habe, der aber das Auditorium gut unterhielt.

Tags darauf begannen POPPERs Seminarien im Rahmen eines Ludwig-BOLTZMANN-Institutes, das ihm der damalige Minister Franz KREUZER in Wien eingerichtet hatte. Ich fand die Villa bereits voll der wissenschaftlichen Würdenträger und der Adabeis. POPPER wieselte im Foyer. Als er meiner ansichtig wurde, kam er gestreckten Schrittes auf mich zu und erklärte: „Das ist bei Ihnen immer so!" Und da ich offensichtlich nicht wusste, was bei mir immer so wäre, fügte er hinzu: „Und das ist deshalb so, weil Sie schon alles im Vorhinein wissen."

Bei einem späteren Bankett im Rathaus winkte er mich zu sich und seiner Frau an seinen Tisch und erklärte ihr, was alles ich schon im Vorhinein wusste. Er hatte verstanden, dass er seine Erkenntnistheorie, wie diese das schon seit einem Jahrhundert tat, allein an der Physik orientiert hatte und die Biologie im Kommen war. Ich hingegen war, wie man sich erinnert, immer noch von meinen 'gläsernen Organismen, Stammbäumen, genetischen und assoziativen Lerngesetzen' angefüllt und war mir darum auch der Methoden deren erkenntnistheoretischer Aufklärung sicher.

In der Zeit, von welcher ich erzähle, waren auch meine Töchter schon im kleinen Kreis unserer Kultur tätig. Barbara hatte, umgekehrt wie ich, Biologie als Nebenfach gelassen und in Anthropologie promoviert, Sabina war nach verschiedenen Studien ebenso erfolgreich in der Wissenschaftsredaktion des Österreichischen Fernsehens tätig geworden. Sie erlebten all das Folgende nun auch aus aller akademischer Nähe mit. So zum Beispiel das nicht sehr glückliche Kamingespräch, das KREUZER mit Konrad und Sir Karl in Altenberg führte und im Fernsehen ausstrahlen ließ. Und als in Wien gedreht wurde, war Sabina im Filmteam und ihr kleines Auto, in dem sie POPPER herumführte, hieß bald das 'POPPER-Mobil'.

In dieselbe Zeit gehört auch das erste Symposium: *Die Evolutionäre Erkenntnistheorie*. Konrad hatte zusagen wollen, POPPER kam sowie alle weiteren Vertreter der Lehre. Und als Kommentatoren hatten wir – Manfred WUKETITS nahm mir einen Gutteil der Organisation ab – die wesentlichen Repräsentanten aus den verschiedensten philosophischen und erkenntnistheoretischen Schulen geladen. Über tausend Interessenten kamen und konnten teils nur über Fernsehübertragungen in weitere Säle meines Institutes teilnehmen. Vorträge wie Diskussionen waren substanzvoll und lebhaft. Sir Karl bot mir das Du-Wort an. Man sieht, es war ein Erfolg.

Die Rezeption des Bandes, den Manfred mit mir erscheinen ließ, war auch lebhaft; und deutlich polarisiert. Die Skeptischen sagten, es war eine Auseinandersetzung untereinander nicht verträglicher philosophischer Schulen vor dem Zufallshintergrund einer biologischen Theorie. Die Zugeneigten meinten vorauszusehen, dass sich die Erkenntnislehre, die sich bislang ausschließlich an der Physik orientiert hatte, nun an der Biologie nicht mehr vorbeikommen wird. Beides, glaube ich, ist ziemlich richtig.

Paul (FEYERABEND) bin ich persönlich nicht mehr begegnet. Aber aus der dünnen Korrespondenz, die ich noch besitze, geht hervor, dass wir unsere Bücher wechselseitig ganz gut kannten, fortgesetzt ein Treffen planten, zuletzt in der Toskana, zu welchem es dann bis zu seinem Tod nicht mehr kam. Paul hatte zunächst, und zum Unterschied von mir, Sir Karl erst bewundert und dann unter dessen Methodenmonismus gelitten, wohl weil er ihm ganz in der Nähe war, bis er sich freigespielt oder freigeschrieben hatte. Und er setzte, zu einer amüsanten Opposition neigend, POPPER einen wilden Methodenpluralismus entgegen.

Nun kann man auch meiner Haltung eine monistische Tendenz nicht absprechen. Sie hat aber nur unsere menschliche Ausstattung im Auge, mit der Einsicht, dass Geistes- wie Naturwissenschaftler ein und dieselbe, an derselben Welt geprüfte Anlage mitbekommen haben. Meine Haltung schien mir die eines Wissenschaftlers zu sein, nicht die eines Philosophen, in welche Abteilung ich Paul einreihte. In unserer Korrespondenz verbot er sich's aber, ihn einen Philosophen zu nennen. Er bestand darauf, zur Zunft der Wissenschaftler gezählt zu werden. In Grunde war er ja auch vorwiegend an Erkenntnis- und Wissenschaftstheorie interessiert. Es ist schade, dass wir über die Frage, welche Vielfalt der Zugänge gleichartig ausgestatteten Gehirnen denn möglich wäre, nicht mehr sprechen konnten.

Die Einstellung zur Philosophie war bei Karl POPPER freilich anders. Als ich ihn bat, mich nicht für einen Philosophen zu halten, sagte er: „Mein lieber Rupert; wir sind alle Philosophen." Was also sind wir? Wer oder was grenzt hier ab? Vernunft oder Erfahrung? Karl ging zurück nach London. Wie man sagte, weil er von den Wiener Ministerialbeamten wie ein ganz gewöhnlicher Universitätsprofessor behandelt wurde. Auch ihn sah ich nicht mehr. Und es ist schade, dass ich mit ihm über das Verhältnis von Vernunft und Erfahrung nicht mehr sprechen konnte.

In mancher Hinsicht schließen sich hinter uns die Deckel der von uns verfassten Bücher, ohne dass sich deren Inhalte noch einmal wesentlich berührten.

Nochmals in dieser Zeit verließen einmal Franz KREUZER und ich nach irgendeiner Gelegenheit gemeinsam Kardinal KÖNIG und über die Stiegen des Erzbischöflichen Palais hinuntertrabend, löste sich durch den Freund eine mir wichtige Frage.

Es drängt mich, wenigstens an dieser Stelle, das offizielle 'Franz KREUZER' zu begründen. Ich verwendete längst die im Freundeskreis gewohnte Anrede 'Sansi', seinen Kindernamen, weil er Franz und schon gar Franzi nicht leiden kann. Dennoch erschiene es mir unpassend, ihn in diesem Kontext als Sansi erscheinen zu lassen. Und nur darum muss ich bei Franz KREUZER bleiben.

Wir hatten, wenn der Ausdruck anlässlich einer Kardinalsaudienz noch passend erscheint, über Gott und die Welt und so auch über LORENZ und POPPER geredet. Da sagte KREUZER: „Weißt du, für Popper ist Leben lehren und für Lorenz lernen." Dann liefen auch wir auseinander. Diese Bemerkung brachte die gesuchte Verschiedenheit ihrer Perspektiven auf den Punkt.

Karl, der in der Kultur unserer Wissenschaften namentlich von der Physik ausging, hatte ein gutes Gefühl dafür, dass sich der induktive Vorgang, welcher einen Wissenschaftler zu einer neuen Theorie führt, nicht mit Strenge bestimmen lässt. Er bezog sich gern auf eine Kritzelzeichnung EINSTEINs, in der dieser den Induktionsvorgang wie aus dem Nichts als einen Salto in den Himmel der Theorien darstellte. Dagegen war aus einer solchen Sicht der deduktive Vorgang, das Belehrtwerden durch die Bestätigung oder – erst richtig eindeutig – das Scheitern der Prognose an der Erfahrung entscheidend.

Konrad hingegen ging vom genetischen und assoziativen Lernen der Organismen aus und in diesem ist das Scheitern zumeist nicht nur nicht mitverfolgbar, sondern als Phänomen trivial. Fast sämtliche mutativ veränderten Kreaturen gehen zugrunde. Und auch bei den in der Tausendschaft unverändert produzierten Nachkommen, sagen wir eines Schneckenpärchens, vergehen bei Gleichbleiben der Populationsdichte alle bis auf eben nur wieder zwei. Und zwar ohne dass sich all diese individuellen Katastrophen beobachten ließen. Dagegen gehört der induktive Vorgang des Lernens, wie denn komplexe Systeme zu neuen Lösungen befähigt seien, zu den genuinen Forschungsinteressen des Biologen.

Nun erscheint der deduktive Vorgang unserem rationalen Bewusstsein als logisch und mitverfolgbar, der induktive, nämlich aus empirisch wahrgenommenen Fällen ein Prinzip, eine Erwartung, Hypothese oder Theorie zu entwickeln, dagegen nicht. Karl ist den Problemen dieser Welt rationalistisch, Konrad empiristisch auf den Leib gerückt. Karl blieb Deduktivist, Konrad Induktivist.

Auch diese Scheidung der Geister wird mich weiterhin nicht loslassen. Aber erst im kommenden Jahrzehnt werde ich die Ursache auffinden und unter dem Buchtitel *Mit dem Kopf durch die Wand* die Lösung anbieten können.

Dazu hat auch ein Fernsehfilm beigetragen; ein Kamingespräch, das KREUZER als Moderator mit Konrad und Karl im LORENZ-Hause führte. Konrad war das Resultat unangenehm. Tatsächlich hatte er sich von Karls liebenswürdiger, aber insistenter Art immer wieder ins Gestrüpp der Philosophie locken lassen und darin nicht geglänzt. Auch mir schien der Inhalt nicht bemerkenswert, bis ich beim wiederholten Sehen Franz KREUZERs Einsicht bestätigt fand: Der induktiv-deduktive Kreislauf, wie ihn Erhard OESER und ich darstellten, war für alle Lernhorizonte goldrichtig.

Die biologische Erkenntnislehre rundet sich

Nochmals Abenteuer in Büchern. Wie man sich erinnert, plante ich, den vier in meiner *Biologie* beschriebenen Hypothesen noch eingehendere Darstellungen zu liefern. Zwei, die Hypothesen von den Ursachen und von den Zwecken, waren in der *Spaltung* abgehandelt, zwei blieben noch zu bearbeiten: die 'Hypothese vom Vergleichbaren' und die 'vom anscheinend Wahren'. Mit den Fragen zur Wahrheitsfindung wurde noch kräftig experimentiert. Hörsaalexperimente zu den Wahrnehmungsfragen waren aber schon schlüssig geworden und Materialien reichlich versammelt. Ich nahm mir also die nächste Hypothese der Reihe vor, die Hypothese vom Vergleichbaren.

In deutlicher Erinnerung sind mir die Abende dieser Zeit, an welchen wir, Smoky und ich und bald auch schon Barbara, wieder in unserer Bibliothek beisammensaßen und Entwürfe für die Illustrationen machten; umgeben von Stapeln von Büchern, aus welchen wir uns Anregungen und Unterlagen zusammenholten. So kommt es, dass die ganze Quadrilogie, von der *Biologie* bis zu *Wahrheit und Wahrscheinlichkeit*, auch grafisch eine einheitliche Darstellung fand. Auch die Einbände gehen alle auf Entwürfe von Smoky zurück; ebenso die zweier Bände von Erhard OESER, die sich anschlossen. Von den Philosophen wurden sie 'die bunten Bücher' genannt. Nichts also, was sich gut in deren Bibliotheken fügte.

Die Denkprozedur an diesem Gegenstand ist, wie erinnerlich, so alt wie mein Studium. Da war meine Abneigung gegen die Zufriedenheit mit intuitionistischen Lösungen in der vergleichenden Anatomie, die Einsicht in das Wägeproblem und die Unmöglichkeit, es nach Art der 'Numerischen Taxonomie' zu generalisieren; da war die Erfahrung mit GOETHEs Typus, mit der Hierarchie der Theoriensysteme beim Vorgang, neue Tiergruppen einzuordnen, oder mit dem Denken in Ähnlichkeitsfeldern anlässlich der Entdeckung eines Biberbaues und natürlich noch vieles andere, das sich nicht so leicht orten lässt.

Zudem lernte ich von meinen Experimenten, dass Versuchspersonen in einem Kontinuum von Wahrnehmungen Diskontinuitäten suchen und, wenn es keine gibt, sich solche zurechtmachen, dass sie Gesetzlichkeit suchen, weil diese die Merk- und Reproduzierbarkeit erhöht, und dass der Vorgang der Bildsynthese im angeborenen Wahrnehmungsapparat im Aufbau der Bildkomposition eines Künstlers eine Parallele hat.

Das Wesentlichste aber war die Voraussicht auf die Existenz hermeneutischer Wechselbezüge zwischen Ähnlichkeitsfeldern, zwischen Merkmalen und zwischen Ähnlichkeitsfeld und Merkmal; und das mit der Aussicht auf deren Entschlüsselbarkeit.

Was ich bei Beginn der Studie noch nicht wusste, war, in welcher Weise uns die Art unserer Sprache bei der Aufdeckung dieses Prozesses behindert, dass wir, wollen wir uns auch nur über denselben verständigen, Kompromisse eingehen müssen, um erst nach der Begründung eines Begriffes diese Kompromisse wieder zurücknehmen zu können. Und es war gut, dass ich das noch nicht wusste. Ich hätte mich ansonsten an dieses Thema wohl gar nicht gewagt.

In der Art des Abenteuers, das im Laufe dieser Untersuchung zu bestehen war, hatte ich allerdings schon etwas Übung. Ähnlich wie man die Grenzen seines Denkens im Falle der Doppelpyramide des Subsumptions-Schemas dadurch umgeht, indem man wechselweise nur an die eine oder aber die andere der beiden Theorienhierarchien denkt, war auch die Denkblockade zu umgehen, welche den Vorgang der Begriffsbildung analysieren lässt. Man musste einmal die Merkmalsbegriffe optimieren, so als ob das Ähnlichkeitsfeld schon eindeutig bestimmt wäre, ein andermal das Ähnlichkeitsfeld, so als ob die Merkmale schon ihre endgültige Gewichtung erfahren hätten.

Dabei zeigt sich's, dass man einem Merkmal zwar schon im Vorhinein ein Gewicht, eine Bedeutung zudenken muss, jedes aber erst im Zusammenhang mit allen anderen zur Bestimmung eines Ähnlichkeitsfeldes gewichtet werden kann. Und dass die Grenzen der hierarchisch geschachtelten Ähnlichkeitsfelder nicht minder vorausgedacht werden, in ihrer Gewichtung aber nur von jener der Merkmale abhängen. Es ist ein Schaukelverfahren typisch wechselseitiger Erhellung, das keinen verlässlichen Anfang, keine verlässliche Mitte hat, ein Optimierungsprozess, der selbst an seinem Ende offen bleibt.

Das Merkwürdige an der Sache ist, dass unser ratiomorpher Apparat das alles ganz passabel leistet, die rationale Aufklärung des Vorganges aber schwindeln macht. Das hat nochmals Ähnlichkeit mit unserem Beispiel von der Briefentzifferung. Ratiomorph laufen alle Hypothesen auf allen Ebenen glatt und gleichzeitig. Die rationale Aufklärung und Darstellung des Vorgangs bedarf dagegen disziplinierter Umsicht, systematischen Aufbaus und beträchtlichen Wortreichtums. So konnten im Band auch nur wenige Beispiele ganz ausgeführt werden.

Abb. 46: Definitionen sind schlechte Mittel, komplexe Gegenstände zu bestimmen. Die Logik unseres Sprach-Denkens verleitet dazu. In Wahrheit grenzen sich Begriffe wie Teile einer Landschaft ab. Beispiel aus *Begriff und Welt.*

In einer solchen Situation drängt sich die Frage auf, ob denn die Aufklärung einer solchen Prozedur noch lohnt, wenn dieselbe unbewusst, ratiomorph, ohnedies mit einiger Verlässlichkeit automatisch abläuft? Dagegen kann man einwenden, dass schon Neugierde und Entdeckerfreude die Mühe lohnen. Es steckt aber mehr dahinter. Erstens der Umstand, dass wir in den vielen Fällen konfligierender Lösungen keine Instanz besäßen, die über richtig und falsch zu entscheiden vermöchte: Das ist das Beschämende der Auseinandersetzungen über intuitionistische Lösungen. Zweitens führt der Mangel einer richtigen Lösung zu reduktionistischen Lösungsangeboten, wie der 'Numerischen Taxonomie', die nur dazu angetan sind, unsere Ratlosigkeit zu kaschieren. Und das leitet drittens dazu, unserer Sprache zu vertrauen, die gerade in solcher Problematik unser Misstrauen verdient.

Die Weise, in der wir kommunizieren, ist ja nicht entstanden um die Grundstruktur dieser komplexen Welt zu entschlüsseln, sondern eine Semantik zu entwickeln, um uns über unsere einfachen Wahrnehmungen zu verständigen. Es kam darauf an, Baum und Wald, Korn und Haufen durch Lautsymbole eindeutig zu bezeichnen, und nicht darauf, in den vielen Übergängen Diskontinuitäten aufzuspüren und zu gewichten.

Wir bedürften einer transitiven, nicht der üblichen definitorischen Logik. Die Säuberung unserer Sprache zur klassischen Logik hat das aber nicht zugelassen. Wenn Erkenntnislehre und Philosophie ihren Untersuchungen unsere Worte und Sätze als verlässliche Basis zugrunde legen, so erfüllte mich das schon lange mit Misstrauen.

Es traf sich also, dass ich in WEIZSÄCKERS *Einheit der Natur,* die damals gerade erschien, eine, wie ich glaube, bedeutende Stütze fand. WEIZSÄCKER gelangt von der Beobachtung nun der syntaktischen Eigentümlichkeiten zur gleichen Skeptik gegenüber der Verlässlichkeit unserer Sprache.

„Diese Beobachtungen“, stellt er fest, „erwecken ein begreifliches Misstrauen gegen die Dogmatik der jeweiligen Philosophie. Wir werden mit Grund skeptisch gegen unsere eigenen überlieferten Grundüberzeugungen (... und) es entsteht dann sehr leicht die faszinierende Ansicht, eine Philosophie sei überhaupt nichts anderes als eine Artikulation der sprachlichen Grundformen der Kultur, in der sie entstanden ist (...)“ und, füge ich hinzu, der philosophischen Schwierigkeiten, die wir uns einhandeln, wenn wir Sprache zu wörtlich nehmen.

Nimmt man unsere Sprache als das Grundmaß, welchem die Erkenntnis der von uns schrittweise entdeckten Welt entsprechen soll, dann muss man mit Widersprüchen rechnen, die selbst so alt sein können wie eben diese Sprache. Man muss darum die Eigentümlichkeiten in der Evolution der Sprachen ebenso in Betracht nehmen wie jene in der Entwicklung unserer physischen und geistigen Ausstattung.

Auch diesem Thema konnte ich mich nicht mehr entwinden, wenn es darum ging, über diese komplexe Welt in einer ihr gemäßen Weise zu sprechen. Aber erst zehn Jahre später meinte ich mich gerüstet, um diesem Problem in dem Buch *Mit dem Kopf durch die Wand* auf den Leib zu rücken. Und tatsächlich erwies es sich, dass die Evolution der Kommunikation anderen Selektionsgesetzen folgt als die unserer Ausstattung. WEIZSÄCKERs Perspektive blieb mir zur Seite.

Die Rezeption, die das Buch *Begriff und Welt* mit der Darstellung der 'biologischen Grundlagen des Erkennens und Begreifens' fand, war, wie ich schon sagte, freundlicher. Die Marxisten lobten meine rekursive Methodologie als vermeintliche Akzeptanz ihrer Dialektik. Selbst im Organ der Lutherischen Kirche fand man, dass meine biologische Systemtheorie „für einen konstruktiven Dialog mit der ganzheitlich-inkarnatorischen Rede (sic!) christlicher Theologie den notwendigen Bedingungsrahmen schafft". Aber nur ein Rezensent, Gerhard ROTH in den *Naturwissenschaften*, in denen die *Spaltung* so verteufelt worden war, drang bis zu dem von mir aufgerollten Konflikt mit unserer Sprache vor.

Natürlich waren das dargelegte Problem und die vorgeschlagene Lösung um nichts bequemer als jene, die ich in der *Spaltung* darstellte. Der Unterschied besteht nach meiner Ansicht nur darin, dass nicht bemerkt wurde, wie sehr auch das vorliegende Thema unserem Weltverständnis an den Nerv geht. Es ist nur etwas mehr von den Rechtfertigungen unserer Fakultäten-Trennung abgerückt.

Nun blieb schließlich unsere Ausstattung zu bearbeiten, die Urteile über Wahrscheinlichkeit und Wahrheitsfindung enthält. Das Thema reicht zwar schon in das kommende Jahrzehnt, ist aber seinem Inhalt nach noch hier anzuschließen.

Mehr und mehr musste in der Reihe dieser vier angeborenen Hypothesen neues, experimentelles Datenmaterial gewonnen werden. Im Grunde hatte ich den Zugang zum vorliegenden Problem von Wahrheit und Wahrscheinlichkeit schon vor über zehn Jahren in der *Ordnung* erkannt und dann in der *Biologie* entwickelt, aber es war nicht rezipiert worden. Auch die Biologen drückten sich um das entsprechende einführende Kapitel in der *Ordnung* herum. Und die Wohlmeinenden empfahlen, wie man sich erinnert, das Buch überhaupt von den letzten Kapiteln her zu lesen.

Nun hatte mich in der Zwischenzeit schon Günter WAGNER, nun mein Assistent, darauf aufmerksam gemacht, dass in dem Konzept mehr steckte, als ich ausgeführt hätte. Übrigens ein Fall der Weiterführung, in der sich Günter an einigen meiner Themen auszeichnete. Man musste der Sache systematisch an den Leib gehen, den komplexen Berechnungen mit Hilfe des Computers nicht mehr ausweichen und den ganzen Gegenstand formalisieren. Ich gewann den Arzt Gerhard MEDICUS und den Psychologen und Informatiker Gerhard ACKERMANN als Forschungsassistenten für die Experimente mit Krallenäffchen und Menschen, interessierte meinen Doktoranden Ludwig HUBER und später noch den Neurologen Wolfgang LALOUSCHEK und die Untersuchungen entwickelten sich in zureichender Breite.

Den Drehpunkt unserer Untersuchungen bildete die Entwicklung von Algorithmen, also Rechenanleitungen, die es ermöglichten, den rationalen und dagegen den ratiomorphen Weg der Lösungsfindung von Tieren und Versuchspersonen prognostizieren und aus den empirischen Daten bestätigen oder falsifizieren zu können. Die ratiomorphe Lösung operiert, wie schon angedeutet, kybernetisch als eine Wechselverrechnung enttäuschter versus bestätigter Erwartungen, die rationale nach Art der mathematischen Wahrscheinlichkeits-Theorie. Beide Lösungsfindungen enthalten eine Variable mit symmetrischen Konsequenzen.

Ratiomorph ist es die Gedächtnislänge (und Aufmerksamkeit), rational die Komplexität, welche man einer erwarteten Gesetzlichkeit zudenkt. Ratiomorph wird bei kurzem Gedächtnis Gesetz für Zufall gehalten, dagegen ein Widerspruch zur Gesetzeserwartung bald vergessen. Rational dagegen wird bei der Erwartung komplexer Gesetzlichkeit der Zufall nicht erkannt, dahingegen eine Gesetzesreihe mit einer einzigen Abweichung für Zufall gehalten. Die Symmetrie der Fehler jeweils der induktiven und der deduktiven Lösungen ist damit experimentell nachgewiesen.

Eine der verwendeten Reihen, welche die beiden Lösungen gut diskriminiert, im Laborjargon 'die 11er-Serie', gebe ich hier wieder, weil man das an seinen Freunden selbst überprüfen kann:

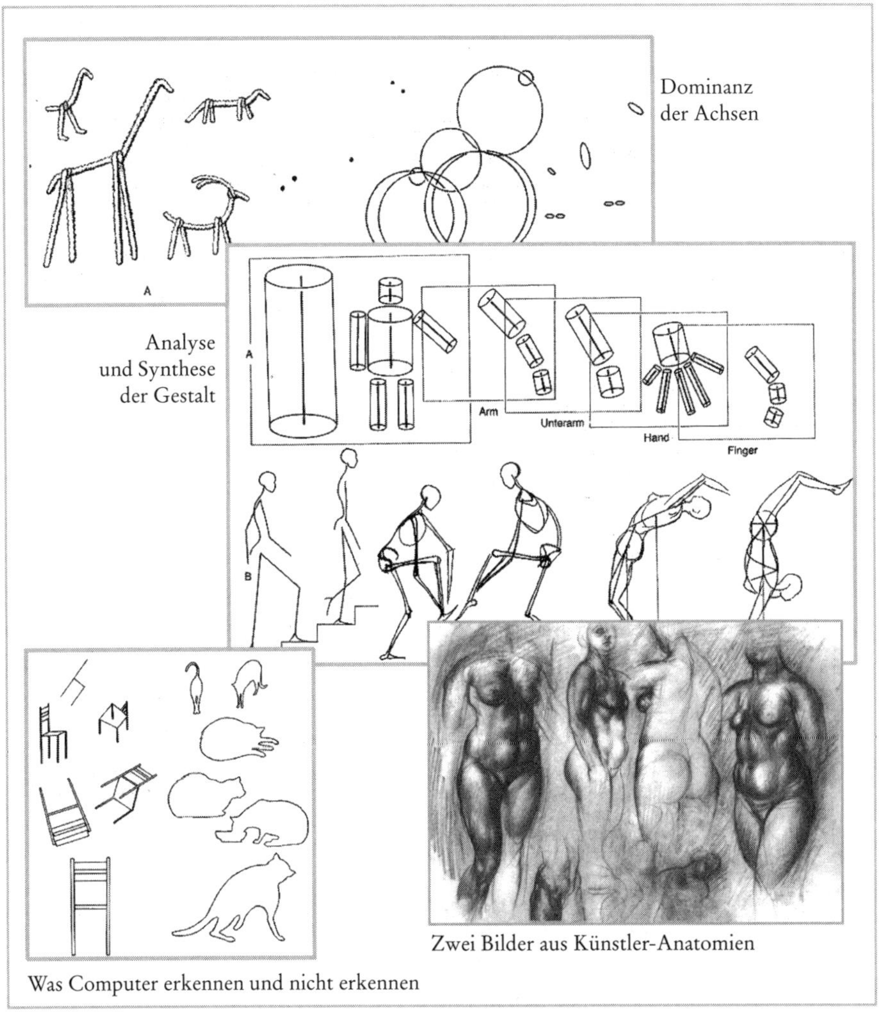

Abb. 47: Die Analyse von Gestalten erweist sich als Umkehrung dessen, wie man die Komposition von Gestalten unterrichtet. (Grafiken aus *Begriff und Welt.*)

1. 5. 10. 15. 20. 25. Ereignis
O x x O x x O x x O O x O x x O x x O x x O x x O x x O x x ...

Die Reihe stellt beide Lösungsformen vor Probleme. Deckt man die Zeichen (in 10-Sekunden-Abständen) der Reihe nach auf und verlangt von den Versuchspersonen, sich jeweils, entlang eines Gradienten, für das Herrschen von Zufall oder Gesetzlichkeit zu entscheiden, so entwickeln beide Lösungen bis Position 10 Gesetzeserwartung. Bei 11 wird die ratiomorphe Lösung gedämpft, erholt sich aber zunehmend und wird von der folgenden Gesetzlichkeit überzeugt; die rationale stürzt ganz ab, sucht bis 22 eine Lösung und wendet sich dann ganz dem Herrschen von Zufall zu.

Die Korrelation der Lösungsformen mit dem Alter und Bildungsgrad, genauer: mit dem Vertrauen in deduktive Lösungen, wie diese durch die Gesetze von Syntax, Logik und Mathematik in unserer Kultur durchgesetzt werden, ist eindeutig. Wie sich's schon bei der Bearbeitung der *Biologie* andeutete, verschiebt sich die Lösungsart von den Unter- und Obergymnasiasten, Biologie- und Mathematikanfängern zu den Mathematikprofessoren schrittweise von einer eindeutigen Häufung ratiomorpher zu einer solchen rationaler Lösungen. Und es zeigt sich, dass mit den alternativen Lösungsstrategien, wie LALOUSCHEK erarbeitet hat, sogar unterschiedliche Hirnregionen befasst sind.

Psychologen sind mir in dieser Einsicht nicht gefolgt. Ich glaube, sie lesen derlei nicht oder halten sie für ein Artefact; vielleicht, weil sie gewohnt sind, sich mit der Rezeption unserer sprachlichen Artefacte zu befassen.

Der angeborene 'gesunde Hausverstand' wird vom Vertrauen in die Logik, die wir unterrichten, überbaut. Die Grundlage unserer Vernunft stammt also von den Säugetieren, der Überbau aus der Kultur unserer Sprache. Kein Gegenstand, der vielen Psychologen nahe liegt.

Da sind wir nun bis ins Fundament der uns angeborenen Hypothesen gelangt. Und ich hatte vorausgesehen, dass die weiteren Hypothesen, welche uns Lösungen für Vergleichbarkeit, Ursachen und Zwecke vorbereiten, hier aufbauen. Für mich war das Thema gerundet.

Freilich bleibt noch allerlei offen. So ist das Verständigungsproblem mit den Psychologen noch nicht gelöst. Dort ist man gewohnt, vergleichbare Leistungen des Menschen informationstheoretisch, also rationalistisch, darzustellen. Und es mag sein, dass unsere Untersuchungsergebnisse noch

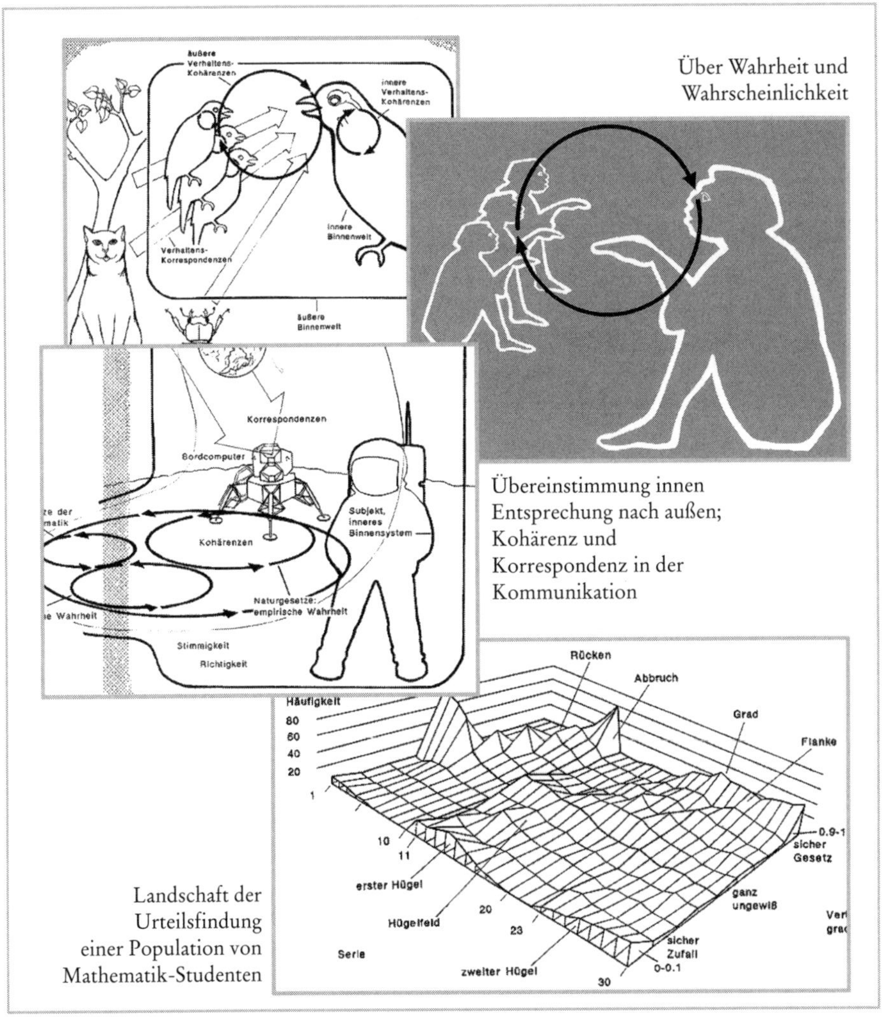

Über Wahrheit und Wahrscheinlichkeit

Übereinstimmung innen
Entsprechung nach außen;
Kohärenz und
Korrespondenz in der
Kommunikation

Landschaft der
Urteilsfindung
einer Population von
Mathematik-Studenten

Abb. 48: Ein Beitrag zu den Paradoxien der Wahrheit. 'Kollektive Wahrheit', d.h. zu meinen, was alle meinen, steht der empirischen und logischen Wahrheit nochmals gegenüber, die dasselbe Phänomen als Zufall oder aber als Notwendigkeit begründen kann. Beispiele aus *Wahrheit und Wahrscheinlichkeit.*

weiterhin für Artefakte gehalten werden. Aber die, freilich noch dünne, Rezeption von *Wahrheit und Wahrscheinlichkeit* ist jedoch noch freundlicher als die von *Begriff und Welt*. Man begrüßt bislang den neuerlichen Nachweis der Einheit der Natur und die angebotene Synthese. Das Thema scheint nun ein rein akademisches zu sein.

Was aber diese Symmetrie der Irrungen aus den alternativen Lösungen für unser Weltbild und unser Umgehen mit dieser Welt bedeutet, das sieht noch niemand. Und auch ich ahnte das erst. Und es kommt mir wie ein Streich des Schicksals vor, dass ich bei dieser Ahnung nicht bleiben durfte, mich vielmehr die Zeitläufte des kommenden Jahrzehntes herausforderten, sowohl über die 'Adaptierungsmängel' unserer ratiomorphen Ausstattung als auch über die Irreleitungen, die unsere rationale Reflexion vorsieht, weiterzudenken.

7. Licht in die Gesellschaft (1985–1995)

'Sind wir des trocknen Tons nun satt?' Im vergangenen Jahrzehnt hatte ich mich meist um akademische Angelegenheiten zu bemühen und ich hatte wenig Ursache anzunehmen, dass sich das ändern werde. Aber so, wie Geistesgeschichte fortgesetzt irgendwelchen Wandel vollzieht, wird man auch als Kreatur Teil desselben oder doch für einen Teil solchen Wandels gehalten.

Freilich, wir werden das akademische Terrain, mit all seinen Beschränkungen, nicht ganz verlassen, dennoch aber in eine Lebenswelt driften, die jenes Terrain in nützlicher Weise relativieren lässt. Als Schachfigur auf dem schon entwickelten Brett meines Trabs durchs Lebens muss jemand auf den Gedanken gekommen sein, dass ich mich von den Bauern, die man leichter opfert, zu – sagen wir – einem Läufer gemausert hätte, und entsprechend wurden mir neue Funktionen zugedacht. Dem 'Peter-Prinzip' sind wir ja schon begegnet.

Nun hinkt der Vergleich freilich auch darin, dass sich Schachfiguren nicht wandeln, wir selbst aber, von allerlei Absichten und Zielen gelenkt, zudem an diesem Wandel mitwirken. Aber kein Einzelner vermag viel zu bewegen, wenn die Bewegung nicht von seinem Milieu mitgetragen wird. Kurzum, man dachte mir neue Funktionen zu. Dass eine Art 'Läufer-Opfer' folgen werde, ahnte ich noch nicht.

Zwentendorf und Hainburg

Meine Geschichte beginnt mit zwei Dörfern in den Donau-Auen. In gefährlicher Nähe oberhalb Wiens, in Zwentendorf, war ein Kernkraftwerk errichtet worden und die warnenden Stimmen der Umweltschützer waren bald nicht mehr zu überhören. Wir 'Altenberger' wurden in die Schlacht gezogen, Konrad hielt ein Brandrede dafür, Vernunft walten zu lassen. Eine Volksabstimmung wurde zugelassen, Bundeskanzler KREISKY legte sein Gewicht und das seiner Sozialisten in die Waagschale und verlor (knapp). Das Werk, obwohl so gut wie fertig, wurde nie in Betrieb genommen. Als 'Eins-zu-eins-Modell' steht es noch immer da; ein Mahnmal für eine vernünftigere Zukunft.

Also bekamen die Stromerzeuger aus Wasserkraft, die Donau-Kraftwerke-AG, Auftrieb und wurden legitimiert, in Hainburg, unterhalb Wiens, in der letzten noch ungestörten großen Au zu schlägern. Nun war alles alarmiert. Viertausend Studentinnen und Studenten hielten sich an den Bäumen fest, wir mitten darunter. Studenten, ein Gutteil ehemals meine eigenen, entfachten ein 'Konrad-LORENZ-Volksbegehren', Kollegen gründeten das 'Forum Österreichischer Wissenschaftler für den Umweltschutz' und machten mich zu ihrem Präsidenten. Meine Redeweise und populären Schriften mochten das angeleitet haben.

Damit begannen auch meine Pendelmissionen zwischen den einschlägigen Ministern und Industriekapitänen; mit einer Fülle neuer Erfahrungen im Gefolge.

Ich begriff die Enge deren Zugzwänge. Ein Rückgang des Waschmittelkonsums, wenn auch nur von wenigen Prozenten, eine Folge des laut gewordenen Umweltthemas, wurde für den Hauptkonzern dieser Produkte bereits bedrohlich. In der gegebenen Ratlosigkeit vermutete man ausländische Kommunisten als Anstifter. Der Präsident der Nationalbank beschrieb mich als Kriegstreiber.

Ich hatte im Namen des 'Forums' Bundespräsident KIRCHSCHLÄGER zu besuchen. Es war Weihnachtszeit, man hatte Hundertschaften von Gendarmen aufgeboten, die Au-Schützer wegzutragen, aber es gab nur blutige Köpfe. Man zeltete weiter in nassem Schneewetter, zwischen den Bäumen, und es war abzusehen, wie viele Eierstockentzündungen das setzen werde. Ich sollte um Weihnachtsfrieden bitten.

KIRCHSCHLÄGER empfing mich achtungsvoll, sagte aber gleich: „Ich schätze Ihre humanitären Absichten, aber die jungen Leute übertreten österreichisches Recht.“ (Die Baugenehmigung für das Kraftwerk war ja bereits erteilt.) Auf diesen Rechtsstandpunkt war ich vorbereitet und sagte, dass man das verstünde, die Öffentlichkeit es aber als ein größeres Unrecht empfände, die letzte unserer großen Auen zu zerstören, ohne sie zu befragen. Auch das wurde verstanden. Kardinal KÖNIG rief mich an, er hatte in gleicher Sache nach mir Audienz.

Aber viertausend Studenten in der Au machten der Exekutive noch keinen Eindruck. Wir traten im Fernsehen auf, Franz KREUZER dirigierte das Für und Wider, tags darauf waren vierzigtausend Wiener um den Stephansplatz, die Regierung bestimmte Weihnachtsfrieden und eine Nachdenkpause; heute ist die Hainburger Au ein wundervolles Naturschutzgebiet.

Was für eine seltsame Welt. Ich glaube, dass ich wie ein Kind in sie hineingelaufen bin. Was also ist Vernunft? Hatte ich mit dem Thema nicht schon längst zu tun; und war es nicht an der Zeit, den Schutz akademischer Erwägungen zu verlassen? Hatte ich ihn nicht ohnedies schon verlassen?

Adaptierungsmängel der Vernunft

Fragt man, wie es denn mit der menschlichen Vernunft so unvernünftig zugehen kann, dann zeigt sich's, dass von zweierlei Vernunft die Rede sein muss. Einmal geht es um den klaren Verstand gegenüber dem dummen Vieh, ein andermal um Bedingungen kollektiver Lebensqualität. Die Sache verdiente, bedacht zu werden.

Nun sind wir Menschen zwar alle possessiv und streben nach Sicherheit und Anerkennung, aber Bösewichte sind wir gewöhnlich nicht. Woher kann die Diskrepanz kommen? Zumal nach unserer evolutionären Lehre die angeborene Ausstattung der Kreatur durch Anpassung entstanden sein muss. So besehen muss die Differenz auf den Unterschied zwischen Natur und Kultur zurückgehen; Anpassung ist ein Jahrmillionen-Prozess, Entwicklung von Zivilisation einer der Jahrhunderte. Wir mögen als Raubaffe und Frühmensch noch vorzüglich angepasst gewesen sein, so wie wir es noch von Schimpansen, Bonobos und Naturvölkern kennen; mit einer Überlebensstrategie nämlich, die nun von der Massenzivilisation überrannt und pervertiert worden ist. Ich will einige Beispiele ausführen:

Unsere soziale Anpassung wurde an der Kleingruppe erzogen. Rang und Risiko waren in der Gruppenhierarchie korreliert. Das überlegten wir schon. In unserer anonymen Massengesellschaft kamen die Hochgerangten auf den nahe liegenden Gedanken, ihren hohen Rang zur Reduktion ihres Risikos zu verwenden.

Ferner besitzen wir, wie erinnerlich, Reste 'angeborener Tötungshemmung'. Die Fernwaffen schalten die Hemmung aus. Das wusste schon Konrad. Der bravste Mann kann, unter Kommando, Bombenteppiche über Städte legen; und noch keine Armee hat auf Bomben und Granaten weinende Kindergesichter malen lassen.

Noch gefährlicher, weil schon zu Selbstverständlichkeiten gerechnet, ist die Umkehrung des Verhältnisses von Verantwortungsgefühl und Verantwortungsumfang. Man nehme die absichtsvolle Schädigung des Nachbarn. Im Familienkreis gilt dies als moralische Katastrophe. Falliert ein Kaufmann und schädigt hunderte, redet man nicht mehr von Moral, sondern von Fahrlässigkeit (fahrlässige Krida). Schädigt der Kollaps einer Großbank tausende, ist das gar nichts mehr. Einer wird frühpensioniert und das Kapital wird aufgefüllt. Und wenn ein ganzer Staat einen ganzen Nachbarstaat absichtsvoll zu schädigen trachtet, gilt das als eine Form der Vernunft: heißt nämlich Staatsräson.

Ich muss mir damals vorgestellt haben, dass sich das herumsprechen und man es für nützlich finden werde, dies schon den Vierzehnjährigen zu unterrichten; zumal das doch alles einer humanen Zivilisation im Wege ist. Ich glaube sogar, dass ich verstanden wurde, hatte aber noch wenig Vorstellung von der Situation der Pädagogik; vielleicht, weil ich nichts von Pädagogik hielt.

In meiner Studienzeit gab es nämlich zwei Pflichtvorlesungen in diesem Fach: allgemeine und spezielle Pädagogik. In der ersten erfuhr man, wann die Schulgesetze erlassen wurden, in der zweiten, wann das in Österreich war. Das konnte gegenüber den vielen quirligen Geistern auf den Schulbänken wohl nicht genügen.

Heute weiß ich, dass Pädagogen das verstehen würden, könnten sie den Hintergrund der Lehre sozialer Adaptierung über natürliche Selektion akzeptieren. Wird aber das Thema Auslese berührt, kommt vielen Auschwitz vor Augen; und das Thema ist beendet.

Dass ich eine Literaturgruppe 'Evolutionäre Pädagogik' anführen würde, war noch nicht zu erwarten. Und die Lehrplan-Kommissionen sind der Sache weiterhin fern.

Unsere kognitiven Adaptierungsmängel scheinen auf den ersten Blick weniger dramatisch, sind es aber nicht. Im Grunde steuern sie mit an der Verwirrung unserer Zivilisation.

Wir sind darauf angelegt, bei der Bestätigung von Prognosen das Eintreten der Folgeprognose für verlässlicher zu halten; man erinnert sich, aus dem letzten Kapitel, an RUSSELLs Huhn. Das leitet zu der Ansicht, dass ein Mehr des Guten zum Besseren führen müsse, ohne sich einzugestehen, dass wir noch an jeglicher Überfülle erstickt sind: sei es heute an Macht, Großstadtwachstum oder Verkehr. Wie bei jenem Huhn muss unsere Voraussicht am Gipfel der gewonnenen Überzeugung zusammenbrechen.

Wir haben auch für das Auftreten neuer Qualitäten kein Sensorium;

nicht einmal dafür, dass schon quantitative Änderungen zu neuen Qualitäten führen. 'Mal zwei' gilt uns in jeder Größenordnung als identische Operation. Jener 'Multi', der seinen Jahresumsatz von ein- auf zweihundert Milliarden ($2x10^{11}$) vergrößert, mag der Ansicht sein, dass sich nichts anderes ereignete, als wie er seinerzeit, als Hausierer in New York, seinen Wochenumsatz von zehn auf zwanzig Dollar verbessert hat. Die ungeheure Wirkung der Größenordnungen ist kaum mehr überblickbar. Vergrößerten wir unseren Körper zweihundert Milliarden Mal, bräuchten wir uns nur etwas zu strecken und erreichten den Durchmesser des inneren Sonnensystems ($2{,}3x10^{11}$Meter). Wir wären dann nicht einmal mehr Materie; unsere Riesenmasse führte zu einem Loch im Kosmos.

Unser Ursachenkonzept simplifiziert die Welt in dreifacher Weise: Wir stellen uns lineare Zusammenhänge vor, reden von Ursache und Wirkung, als ob, wie im selbst gebastelten Experiment, ein erster Anfang einem folgenlosen Ende gegenüberstünde, und wir scheuen die Vorstellung rekursiver Kausalität, dass es im Grunde keine Wirkung gibt, die nicht letztlich auf die eigene Ursache zurückwirkt. – Beim Kegeln gilt uns die Handhabung der Kugel als Alleinursache, das Fallen der Kegeln als letzte Wirkung. Was aber muss alles geschehen, damit einer bereit ist, zu kegeln; und welche Fülle an Wirkungen setzt sich vom Fallen der Kegeln auf den Besitzer der Kegelbahn fort, auf seine Kinder und Mitarbeiter? Und wenn er aufgeben muss und alles verfällt, wird auch die Absicht zu kegeln nicht zum Kegeln führen, weil keine Bahn da ist, auf der man kegeln kann. – Tatsächlich haben alle Industrien über ein Jahrhundert Ursachenketten gerade gerichtet, Materialien ein- und Produkte ausgeworfen und nicht beachtet, wie das, was herauskommt, auf das wirkt, was hineingesteckt wird.

Und zuletzt ist auch unser Konzept von der Hierarchie der Zwecke in der komplexen Welt unangepasst, anthropozentrisch verdreht. Fragen wir einen, warum er Ziegel in ein Wäldchen karrt, wird er's auf sein Bauen, das nächste Obersystem, zurückführen, den Zweck des Baues auf seine Bedürfnisse, seinen eigenen Zweck noch bestenfalls auf Wertschöpfung; fragt man aber weiter nach den Zwecken seiner Gesellschaft und der Biosphäre, wird sich die Zweckvorstellung umkehren. Er wird annehmen, dass die Gesellschaft für seine Zwecke, die Biosphäre zum Zweck seiner Gesellschaft da wäre; wo er doch ganz offenbar, selbst ein Teil seiner Gesellschaft und der Biosphäre, für deren Erhaltungsbedingungen beizutragen hat. Ein Gutteil der Umweltproblematik geht auf solche Anthropozentrik zurück.

Meine Artikel zu diesem Thema wurden, wie keine anderen, deutsch und englisch und an verschiedenen Orten abgedruckt; und wieder einmal zog ich als Wanderprediger herum. Derlei kannte ich schon; ab den Sechzigerjahren war es die Misere des Mediterrans, ab den Siebzigern die der Vernunft und nun die Misere der Gesellschaft. Nur das Publikum wechselte. Nun war es das obere Management von Öl-, Auto- und Computerkonzernen; mit der Paradoxie, dass ich der adaptiertesten Population unserer Zivilisation über Adaptierungsmängel sprach. Man hat mir aber ebenso aufmerksam wie überrascht zugehört, manche wurden sogar nachdenklich; aber es hat überhaupt nichts genützt.

Damit war zu rechnen. Denn ich kannte schon eine Einsicht, gewissermaßen eine Verallgemeinerung der mir schon geläufigen Zugzwänge; ich glaube ich hatte sie von dem Historiker Will DURANT: „Wird das Leben eines geplagten Manager durch einen guten Witz ad absurdum geführt, einen guten Prediger oder einen philosophischen Augenblick, wird kurz gelacht, geweint oder gegrübelt, um sich nur umso selbstverständlicher in das Leben eines geplagten Managers zurückzuverfügen."

Damals begannen sich in den anschließenden Diskussionen die Fragen zu häufen, ob ich wohl meinte, mit meinen Predigten Erfolg zu haben. Was war zu antworten? Sollte man, wie Faust, ausweichend sagen: „Ich bild' mir nicht ein, ich könnt etwas lehren, – die Menschen zu bessern und zu bekehren." Schon Konrad nannte das ja einen feigen Standpunkt. Wir wollten doch lehren, bessern und bekehren. Aber schließlich sagte ich meist: „Das weiß ich nicht. Aber eines möchte ich haben, dass meine Enkel einmal sagen, wenn sie auch nicht wüssten, ob ich Erfolg gehabt hätte, aber dass ich mich ehrlich bemühte, das wüssten sie gewiss. Und wenn sich viele bemühten", so meinte ich, „müsst sich's zum Besseren wenden."

Allerlei versuchter Wiederaufbau

In diese Zeit gehören zweierlei Entwicklungen; die eine kondensierte in einem Buchtitel, die andere in einer Bücherreihe.

Konrad hatte schon 1983 ein Bändchen mit dem Titel *Der Abbau des Menschlichen* veröffentlicht und in der Zeit, von der ich erzähle, hatte es schon viele Gelegenheiten gegeben, über diesen Gegenstand zu plaudern und weiter nachzudenken. Ich hatte mich, wie geschildert, mit den Adaptierungsmängeln des Menschen, namentlich in unseren technisierten, sozial-kapitalistischen 'Erfolgsgesellschaften' befasst. Konnte das zusammen nicht Anlass sein, sich mit den Bedingungen des *Wiederaufbaus des Menschlichen* zu befassen?

An sich war mir die Sache klar; es kam nur darauf an, diesen Wiederaufbau an all jenen Stellen anzufassen, die sich als illustrier- und mitvollziehbar erweisen und eine eingängige, nicht lamentöse Sprechweise zulassen.

Aus dem Abstand von über zehn Jahren, den ich heute, da ich das referiere, besitze, mag das schon gelungen sein. Manche Politiker und Industriekapitäne – sollte das schon ein Gewinn sein – haben sogar einiges aus meiner Terminologie angenommen.

Ich sehe aber auch, dass sich etwas von der 'guten, alten Zeit' in meine Texte eingeschlichen hat und ich mich für einen Konservativen halten müsste. Das ist mir im Grunde fremd und lässt mich, wie man sieht, auch darüber reflektieren. Aber ich ahnte damals, dass sich die Naturschutz- zu einer Kulturschutz-Bewegung erweitern werde; worin mich Jörg MAUTHE, damals Stadtrat für Kultur, bestärkte und was Erhard BUSEK, wie erwähnt, attraktiv gefunden hat. Mir machte das aber auch den Begriff des 'Kulturparasitismus' greifbar. Von alledem soll noch die Rede sein.

Ich meinte damals, dass wir 'Verträge zwischen Natur und Gesellschaft' bräuchten, indem wir zunächst Verträge, die sich die Natur vorgeben hat, aufzunehmen hätten, dass wir über kollektive Inhalte, Werte und kollektives Tun nachzudenken hätten, um daraus Lernschritte für den Bürger, seine Institutionen und seinen Staat abzuleiten.

Die Aufnahme, die der *Wiederaufbau des Menschlichen* in Presse und Rundfunk fand, war sehr positiv; und man hat auch durchwegs, mehr oder weniger, verstanden, worum es geht. Aber nur wenige merkten, wie nahe ich an ROUSSEAUs *Gesellschaftsvertrag* argumentierte, nur dass ich das gepredigte Ethos nicht aus den Gesetzen des Weltenschöpfers, sondern aus der Ausstattung des Menschen abgeleitet habe; was, zugegebenermaßen, ein Thema von ungleich jüngerer Kulturgeschichte ist. Nur in den Nachrichten der Salzburger Universität wird das bemerkt, aber hingenommen:

„Das Werk", heißt es dort, „stellt einen gewissen Gegensatz zu J.J. ROUSSEAUs *Gesellschaftsvertrag* dar: „Wir wissen", so wird zitiert, „heute um so viel mehr, wie die Welt gemacht ist und was im Menschen verankert bleibt, dass wir angeben können, was unsere Gesellschaft vom Menschen noch nicht versteht und der Mensch noch nicht von seiner Welt." Ich glaube heute noch, dass es darum geht. – Und eine neue Gründung wird sich aus dem Thema entwickeln.

Was ich auch nochmals aufbauen wollte, war das Gespräch der Wiener Fakultäten über Wissenschaftstheorie. Ich hatte den 'Wiener Kreis' vor Augen, der, Anfang des letzten Jahrhunderts, zunächst mit Ludwig BOLTZMANN und Ernst MACH, neuen Geist und Schwung in das Thema brachte. Ich wusste auch, wie nahe mein Konzept den beiden war; zumal ich schon damals mit dem Theoretischen Physiker Dieter FLAMM befreundet war. Zwar hat deren empiristischer bis sensualistischer Positivismus, über die Philosophen CARNAP, SCHLICK und Viktor KRAFT (bei dessen Rigorosum ich, wie man sich erinnert, durchgefallen bin) in einen logischen Neopositivismus gewechselt, aber einige Persönlichkeiten, wie besonders Otto NEURATH, hatten die Gabe, das Thema bis in die entstehende 'Wiener Volksbildung' zu verlängern. Damit war nicht nur der Philosophiegeschichte, sondern auch der Kulturgeschichte Wiens ein kräftiger Akzent gesetzt.

Ich muss einräumen, dass ich das alles mehr geahnt und mitgehört als wirklich durchgedacht hatte. Aber es wollte mir scheinen, dass mit der Evolutionären Erkenntnistheorie, mit POPPER, LORENZ, OESER, WUKETITS und meiner Personalität, in Wien etwas Ähnliches entstand, das man mit unseren Fakultäten in Verbindung bringen sollte.

Kurzum, wir erfanden, als interdisziplinäres Gespräch, *Wiener Studien zur Wissenschaftstheorie*, geistig freilich vorbereitet durch die OESER-RIEDL-SEXL-Seminarien, in welchen, wie schon berichtet, auch Peter MARKL und andere Kollegen mitwirkten. Jedes Thema wurde wöchentlich über zwei Semester, erst im Seminar, schließlich im Großen Hörsaal des 'Biozentrums', den ich damals zur Verfügung hatte, durch Referate und Diskussion behandelt. Tatsächlich hatten wir das Auditorium meist voll, was den Gedanken unterstützte, jedes Thema in einer Reihe von Bänden erscheinen zu lassen.

So konzipiert, entwickelten sich die Dinge auch bis zu meiner Emeritierung, die mich schließlich ganz von Wien nach Altenberg lenken wird. Schon der erste Band befasste sich mit der Entwicklung der *Evolutionären Erkenntnistheorie*, es folgten Bände über *Das Realismusproblem, Das Bewusstsein und seine Umwelt, den Reduktionismus*, als Nachzügler die Frage *Wie das Neue in die Welt kommt* und die Beziehung zwischen *FREUD, PIAGET und LORENZ.*

Zum Formalen meines Planes gehörte es auch, dass die Herausgabe jedes Bandes jeweils von einem Mitglied unserer Fakultäten gemeinsam mit einem Studiosus unternommen werden sollte, zunächst mit Elfriede-Maria BONET, um Verantwortung und Herausgeberarbeit aufzuteilen. Das bewährte sich nicht; die Professoren wollten unter sich bleiben. Und es bewährte sich auch wenig, wiewohl zur Identifikation mit der Sache gedacht, die Herausgabe jeweils anderen Kollegen zu überlassen. Ich lernte bald, dass sie ihre Fächer doch ungleich mehr befassten als die Interdisziplinarität. Zur Herausgabe hatte ich immerhin OESER, KRATKY und GUTTMANN gewonnen, später die jüngeren wie Ludwig HUBER und Manfred WIMMER.

So nehme ich heute an, dass sich die Bändereihe nicht weiter fortsetzen wird, aber ich tröste mich mit der Einsicht, dass die geschlossene Publikationsreihe des 'Wiener Kreises', *Erkenntnis*, auch nur wenige Jahre währte.

Ich glaube, dass wir damals alle viel gelernt haben. Für die Studenten gab es neuen Stoff und natürlich die Attraktion, ihre Professoren einmal miteinander diskutieren zu hören. Aber auch den gereiften Dignitäten im Hörsaal war deutlich so manches neu. Naturgemäß nahmen die Sprachanpassungen Zeit in Anspruch, da jeweils ein Gegenstand über mehrere Fächer abgehandelt wurde. Erhard OESER, was schon Konrad bemerkte, erwies sich immer wieder als ordnender Geist. Freilich will auch anerkannt sein, dass die Lernbereitschaft der Professoren abnimmt; nicht so sehr mit dem Alter als mit der Komplettierung ihres Weltbildes. Und es kann sein, dass man eher das aufnimmt, was das eigene, ohnedies schon komplizierte Paradigma weiter stützt.

Für meine Person will ich nur einige Beispiele geben. Durch Dieter FLAMM begriff ich die Quälereien, die das BOLTZMANNsche Leben umgeben hatte, und erinnerte mich, wie schon oft, der Ansicht meines Vaters, dass die großen Schritte in unserer Kulturgeschichte nur über Opfer und Plagen vollzogen werden. Ich konnte diese Sicht nicht leiden, muss aber eingestehen, dass sich dafür immer mehr Beispiele fanden.

Der Anthropologe Eike WINCKLER, auch einer, der mir ans Herz gewachsen war, machte mit Konrads Begriff der Fulguration ein Ende, indem er die ungeheuer schleppenden Übergänge in der physischen und frühkulturellen Entwicklung des Menschen darstellte. Es war ja gar nicht zu fassen, wie lange der Mensch brauchte, etwa die Faustkeile der Altsteinzeit zu überwinden, um endlich brauchbare Schaber und Steinmesser zu entwickeln.

Gravierender noch war für mich Walter THIRRINGs Kosmologie. Zwar in kühler Weise dargestellt, wurde für mich die Einsicht erlösend, dass auch die Phasen der Entwicklung des Kosmos von historischer Art sind. Ein Jahrhundert lang war man der Ansicht, dass Historizität, die Nicht-Umkehrbarkeit und Nicht-Wiederholbarkeit von Phänomenen, erst mit dem Lebendigen begänne. Das schien die Physiker mit ihren 'eternalen Gesetzen' von den Biologen als Geschichtenerzähler zu unterscheiden. Endlich erwies sich das als falsch; die Gesetze der Physik waren nur älter. Die Biologen konnten sich der 'guten Gesellschaft' wieder nähern.

Die Liste ließe sich fortsetzen. Aber diese Beispiele sollten, wie ich denke, genügen um anzudeuten, dass auch meine Lerngewinne weniger in Umbrüchen als in Ergänzungen und Ausfütterungen meines Weltbildes bestanden. Natürlich war noch vielerlei anregend und manches blieb offen. Aus der Physik etwa erfuhr man, dass Turbulenzen zu höheren Ordnungsformen führen; mochte sich da, fragte ich mich, ein Grundprinzip verbergen, das auch für die Höherentwicklung der Organismen gelten könnte? Alles in allem war's ein Gewinn. Namentlich durch die evolutionistische Perspektive, die sich durch alle Gegenstände zog.

Was ich damals hätte vor Augen haben sollen, aber mich seltsamerweise darüber hinwegtäuschte, war der Umstand, dass man als Lehrer der Zoologie keine Schüler in Erkenntnistheorie aufbauen kann. Diese Einsicht war mir durch den Umstand verstellt, dass sich eine ganze Reihe meiner Schüler dafür durchaus interessierten und in einigen Themen bewährten. Manfred WUKETITS, Robert KASPAR, Günter WAGNER, im weiteren Sinn auch Gerd MÜLLER gehörten dazu; um nur vier der auffallendsten zu nennen. Aber die Ersteren, die sich näher der Theorie verschrieben, kamen aus der Zoologie in der Philosophie nicht mehr an, die Letzteren, die mehr zu Biologie und Anatomie neigten, mussten sich ihren Fächern wieder adaptieren.

Der Tod von Konrad Lorenz und das KLI

Im Februar 1989, mitten im Böhmerwald, im Hochwald Adalbert STIFTERs, bei einem Waldschützertreffen mit tschechischen, deutschen und österreichischen Biologen, wo ich wiederholt gerne gewesen bin, meldet sich die Redaktion einer Wiener Tageszeitung: Ich möge bitte umgehend einen Nachruf schreiben, Konrad LORENZ sei verstorben.

Einige von uns weinten. Ich konnte damals nicht weinen und war wie gelähmt. Nachdem ich mich gefangen hatte, rief ich zurück und empfahl einige Namen; ich glaube, es waren der Philosoph WUKETITS, der Journalist NENNING, der Biologe LÖTSCH, vielleicht noch andere. Noch für einige Tage nahm mich der verschneite Hochwald auf und das Häuschen, in dem Adalbet STIFTER geboren wurde, bis, zurück in Wien, die Realität wieder unabweislich wurde.

Der erste Nachruf, den ich las, war von Günther NENNING. Im Wesentlichen sagte er: 'Euch Politikern und Machern ist der unbequeme Mann rechtzeitig gestorben.' So war es. Sollte sich Bequemlichkeit wieder ausbreiten? Namentlich in einem Österreich, in dem sich die Koalitionsparteien ihre Sache gewiss nicht unbequem machten?

Selbst konnte ich keinen Nachruf schreiben. Ich empfand, dass das Werk fortgesetzt werden müsse. Es war ja eine ganze Denkrichtung entstanden, die sich um den Zusammenhang von Erkenntnis, Menschenbild und 'eine besseren Welt' bemühte. Keiner von LORENZ' ethologischen Schüler war ihm darin gefolgt; auch meine Schüler im Grunde noch nicht. Zu offensichtlich war noch ein langer Weg zu gehen.

Nun war Konrad zwar verschieden, nicht aber unser Weltbild mit seiner Verantwortlichkeit; und es gab für mich auch noch drei wichtige Anliegen: Konrads Anwesen, die Freunde des 'Altenberger Kreises' und Peter ENGELHORN. Auch ihm sind wir schon begegnet.

Im Folgenden habe der Leser etwas Geduld mit Lokalgeschichte, die ich aber nicht überlaufen will; einmal, weil sie auf mein spätes Leben großen Einfluss nahm, ein andermal, weil sie sonst kaum verzeichnet ist.

Zunächst sah ich Peter ENGELHORN und wir fragten uns, ob man unsere Arbeiten nicht über Konrads Tod hinaus fortsetzen sollte. „Da machen Sie sich nur um Ihre Forschungsmittel ja keine Sorge", meinte er, was mir, wie man sieht, noch heute im Ohre klingt; etwas wie ein Märchen schloss sich an oder doch wieder ein, selbst für einen gereifteren Lehrer, wahr-

Süd- und Nordseite

Schüler zu Besuch

Abb. 49: Peter ENGELHORN hatte Bedenken, uns in dem alten, reparaturanfälligen LORENZ-Haus einzumieten. Bald bestätigte sich aber, dass das Haus erhalten werden konnte und das Ambiente für alle unsere Gäste mindestens ebenso attraktiv war wie wir Mieter.

'Lorenz-Hall'

Peter Engelhorn und

Traudl Engelhorn-Vechiatto

Gäste

Vorlesungen und Seminarien

Abb. 50: Nicht minder eigneten sich Halle und Bibliothek, die großen und kleinen Räume für Empfänge, Kollegs und als Arbeitszimmer; das LORENZ-Fluidum und die wunderlich aufwändige Ausstattung hatten Anziehungskraft.

nehmbarer Lebenshöhepunkt. Vom Umfang der geplanten Stiftung war nicht die Rede. Ich sollte nur einmal etwas zusammenstellen.

Was ich damals noch nicht wusste: Ich war seiner späteren Frau Traudl VECHIATTO begegnet, noch bevor er sie kannte. Das muss 1950 oder 1951 gewesen sein, im Ullstein Verlag, wohin mich mein Freund Herbert TICHY mit meinem Manuskript über Sizilien empfohlen hatte. Peter ENGELHORN hat seine Stiftung des 'LORENZ-Institutes' nur wenige Jahre überlebt. Seine Frau Traudl hat sie weiter betreut und stand ihr noch lange zur Seite. Wir rekonstruierten und erinnerten uns dann gerne jener frühen Begegnung.

Sollte man das LORENZ-Haus nicht für ein kleines Forschungsinstitut anmieten? Konrads Töchter Agnes von CRANACH in Bern und Dagmar LORENZ-QUADRINI in Florenz waren die Haupterben. Gespräche begannen. Freilich war man zögerlich; die Enkel hatten Bedenken. Könnten sie das Anwesen nicht selbst erhalten? Bei näherer Betrachtung war das unwahrscheinlich. An wen aber sollte vermietet werden? Ich sprach mit Peter ENGELHORN. Auch er war skeptisch. War man nicht zu fern von den Universitäten, musste die Erhaltung des großen, alten und komplizierten Hauses nicht zu viel verschlingen? Natürlich war beides richtig. Er riet mir die Doktoren NEKVASIL und GASSAUER-FLEISSNER, die Teile seines Vermögens und seine Rechte verwalteten. Mein Argument, die Wirkung des Namens, des Ambientes mit der Erhaltung von Geist, Bibliothek und Sammlungen zu bedenken, gab den Ausschlag; ein Hauserhaltungsfonds wurde die formale Lösung.

Dann bat ich ein Gründungskomitee aus unseren Fakultäten zusammen; mit ENGELHORN, NEKVASIL, GASSAUER und Dr. PFLAUM, als Vertreter der Familie LORENZ, mit Erhard OESER, dem Ethologen Wolfgang SCHLEIDT, dem Soziologen Leopold ROSENMAYR und dem Anthropologen Eike WINCKLER. Ein 'Konrad-LORENZ-Institut (KLI) für Evolutions- und Kognitionsforschung' wurde als Verein gegründet, weitsichtige Statuten gebastelt, OESER, GASSAUER, NEKVASIL, SCHLEIDT zum Vorstand und ich zum Vorsitzenden gemacht, ein Wissenschaftlicher Beirat erdacht, ein Großteil des Hausees gemietet und die ersten Mitarbeiter bestellt. Große Euphorie.

Aus den Statuten des Vereines 'Konrad-LORENZ-Institut für Evolutions- und Kognitionsforschung' vom 25.1.1990: II. Zweck: Ad. 2:
„Der Verein bezweckt die Förderung der Wissenschaft. In erster Linie bezweckt er die Forschung auf dem Gebiet der Evolutionären Erkenntnistheorie, wie diese von Konrad LORENZ begonnen wurde. In zweiter Linie bezweckt er die Forschung auf jenen Gebieten, aus denen sich die Evolutionäre Erkenntnistheorie konstruiert (vor allem Ethologie, Erkenntnistheorie, Evolutionsbiologie, kognitive Psychologie und Anthropologie). In dritter Linie bezweckt er die Forschung auf jenen Gebieten, in die die Evolutionäre Erkenntnistheorie hineinwirkt (vor allem Logik, Mathematik, Physik und Kulturwissenschaften wie insbesondere Pädagogik, Soziologie und Rechtstheorie) und die Weiterentwicklung der Wissenschaft und Forschung auf diesen Gebieten."

Ein lang gehegter Wunsch hatte sich erfüllt. Man erinnert sich, dass schon die erste meiner Aufsatz-Sammlungen, die 1982 erschien, den Titel *Evolution und Erkenntnis* trug. Mit den Schriften, die der Band versammelte, war über ein Jahrzehnt meines Denkens und Publizierens in diese Wechselwirkung von Evolutions- und Erkenntnistheorie eingegangen. Und nun konnte ein ganzes Institut dies fortsetzen. Manfred WUKETITS, meinen früheren Schüler, gewann ich als Generalsekretär und gründete mit ihm meine zweite Zeitschrift: *Evolution and Cognition*. Alles war installiert.

Unsere ersten offiziellen Gäste waren mein Ressortchef Erhard BUSEK und der Vize-Landeshauptmann Erwin PRÖLL, der uns auch noch begegnen wird, unser erster Gastprofessor ein alter LORENZ-Schüler, Sverre SJÖLANDER; auch die ersten Stipendiaten zogen ein. Ich war noch Vorstand der Zoologie in Wien und pendelte.

Falls mein Lebensgefühl von damals interessiert, so pendelte auch dieses, und zwar zwischen Erfolgserlebnis und einer gewissen Schüchternheit gegenüber der zugelegten Aufgabe. Die LORENZschen Hallen mit ihrer Familiengeschichte, ihren Wand- und Deckengemälden, die Achtung gebietende Bibliothek, sein (noch) unberührter Schreibtisch, seine Archive und seine Korrespondenz. Hatte ich jene Abmessungen, das angemessen mit neuem Leben füllen zu können? Auch die Geschichte war zu wahren und ich gewann Agnes von CRANACH als Ratgeberin und Monika KICKERT als Archivarin, die nacheinander über vierzig Jahre Konrads Sekretariat und Korrespondenz geführt hatten.

Aus der heutigen Perspektive scheint das gelungen zu sein. Einige Stipendiaten haben sich vorzüglich entwickelt und fanden auch wieder Anker an Universitäten; weit über die Welt verstreut. Die Zeitschrift entfaltete sich, erst mit Manfred WUKETITS, dann mit Manfred WIMMER, akademisch färbig und lebendig.

Nicht vorherzusehen war der Zuspruch an Gastprofessoren; sprühende Geister, die, als die Mittel für sie kaum mehr reichten, bald mit ihren eigenen Bezügen kamen und die Perspektive des Hauses in herzerwärmenden Weise erweitern. Ihnen allen bin ich wärmstens verbunden; was haben sie doch alle meiner eigenen Weltsicht hinzugefügt!

Unerwartet war aber auch das spätere Drängen seitens anderer Schulen. Die Humanethologen, mächtiger noch die Biochemiker und Molekulargenetiker dürften zur Meinung gekommen sein, dass der interdisziplinäre Holismus, der bei uns gefördert wird, bestenfalls an den Rand der Wissenschaften gehört. Von deren Durchsetzungsvermögen wird zu berichten sein.

Wie das alles auf mein Weltbild gewirkt haben mochte, von dem dieses Buch erzählen will, vermag ich hier kaum anzugeben. Ich war schon seit dem Verfassen der *Strategie der Genesis* und der *Spaltung des Weltbildes* nicht mehr zimperlich, mich auch in andere Disziplinen zu wagen, da mir Kollegen der Fakultät hingebungsvoll zur Hand gingen. Nun wurde durch unsere Gastprofessoren, aber auch durch Themen unserer Stipendiaten alles nochmals weiter; und ich vertröste den wohlmeinenden Leser auf die Themen, die nun noch folgen werden. Jedenfalls war mir diese gescheite Geselligkeit ein Dorado.

Der Kulturzeitschrift *morgen* gab ich alle paar Jahre einen Bericht über unsere Entwicklung; den ersten unter dem Titel: *Eine österreichische Nostalgie.* Karl (POPPER) sandte ich ein Exemplar und er schrieb mir darauf:

„Lieber Rupert, Welcomes Road 31-5-90

Vielen Dank für Deine 'Österreichische Nostalgie'. Sie hat in mir auch Nostalgie hervorgerufen. Altenberg (...) spielte eine große Rolle in meiner Kindheit. Dort wohnte eine gewaltige Erscheinung – ein mächtiger Rübezahl (Adolf LORENZ), ein Übermensch und sein Sohn (Konrad), der lustig und nett war, aber (...) mit höchst ungewöhnlichen, prinzlichen Kräften. (...)
Ich gratuliere Dir und Deinen Mitarbeitern zu Rettung des Reiches Rübezahl. Dass so etwas in Österreich gelingen konnte, ist unglaublich. Und ich danke Dir, dass Du in diesem Zusammenhang an mich gedacht hast: eine große Ehrung!
Alles Gute Dein

Karl"

Norbert BISCHOF dagegen, in seinem Psychogramm des Konrad LORENZ (*Gescheiter als alle die Laffen*, 1991) reagiert auf denselben Aufsatz anders (Seite 17): „In Felix Austria gedeiht eben manches zur Operette."

Dreierlei neue Perspektiven

Unsere Töchter waren herangewachsen und so schlecht es ihnen, wie ihrem Vater, in der Mittelschule gegangen war, so gut passten sie in die Institute der Universität. Zunächst riet ich ihnen, zwei Semester zu verbummeln; das lohnte sich für später. Ich würde ihnen gut ein Dutzend der interessantesten Professoren der Wiener Universitäten nennen und sie sollten sich einmal das alles anhören. Freilich klappte das nicht lange; irgendwo wollte man hingehören.

Barbara begann mit Biologie, wanderte von Auszeichnung zu Auszeichnung; und so groß und differenziert das Institut auch war – damals schon siebenundsiebzig ständige Mitarbeiter in der Zoologie –, wurde doch von der Tochter des Chefs gemunkelt. Barbara, die bei uns auf 'Besslein' hört, ging das auf die Nerven; sie wechselte in der Mitte des Studiums und promovierte in Anthropologie oder, wie es damals schon hieß: Humanbiologie.

Man erinnert sich, dass auch ich das Fach studiert hatte und ob seiner Bedeutung für das Verständnis der Position des Menschen schätze. Hinzu kam, dass Anthropologie der Naziprogrome wegen in Misskredit geraten war, zu verfallen drohte und daher umso mehr umsichtiger Förderung bedurfte. Die Fakultät bat mich in den Siebzigerjahren dem Institut einige Zeit vorzustehen: ich kannte es also.

Bald zeigten sich Barbaras auffallende Talente; das 'apollinische Wesen' unserer Familie. Ähnlich ihrem Großvater, der, wie erzählt, seine Figuren mühelos in einem Steinblock 'sah', erwies sie sich bei der Rekonstruktion der zerdrückten, fossilen Schädel als unerreicht. Auch für mich blieb und bleibt es ein Erlebnis, zu sehen, wie sie die oft nur münzengroßen Bruchstücke mit Sicherheit an die richtige Stelle setzt und gleichzeitig Missbildungen und Krankheiten erkennt. Kein Wunder also, dass sie heute die gesuchte Bearbeiterin fossiler Dokumente im Lande ist.

Sabina ähnelt in einer Weise DARWIN; sie hat eine Fülle von Dingen studiert und nichts abgeschlossen. Da gab es die Europäische Seketärinnen-Akademie, das Institut 'Dante Alighieri' in Rom, Anglistik, das Dolmetschinstitut und anderes. Bald war sie im Österreichischen Fernsehen an der Synchronisation von Naturfilmen aus aller Welt tätig, sah, wie man Dokumentarfilme macht, und machte sie bald selbst besser als ihre Umgebung.

Als man die Qualität erkannte, akzeptierte man große Filmprojekte und bald flog Sabina – sie hört auf 'Bienchen' – mit ihrem Mini-Aufnahme-Team die Welt ab; das 'dionysische Wesen' der Familie. Die Abenteuer im Jemen, in New York, Ägypten, Kuba, der Türkei, Oman, Aufnahmen im Parabelflug, in gespenstischen Forschungsinstituten sind kaum mehr zu zählen.

Was aber zu erzählen bleibt, ist die synoptische Weise, in der sie ihre Filme entwirft; wie der Großvater im Steinblock, wie ich später meine 'gläsernen Biotope', sieht sie offenbar Geschichte, Bild, Text, Dramaturgie und Musik ihrer Filme ineinander hinein, woraus lauter ganze Dinge werden. Man erinnert sich an den Film *Leben im Riff*, den ich gemeinsam mit ihrer Mutter machte; wie viel an Vergleichbarem muss da veranlagt und tradiert worden sein!

Beide jungen Damen erwiesen sich auch schon lange als grafische Talente. Da wird auch viel von den Begabungen ihrer Mutter kommen; zudem Tradierung oder Prägung in Wertschätzungen dieser Künste, die sich in der Familie erhalten haben. Das ist auch der Punkt meiner Erzählung. Beidem ist nicht auszukommen; beides zieht sich wie ein Schicksal durch eines Existenz, hat Freud und Leid, Selbstverständlichkeiten der Werthaltung und vorgefertigte Hindernisse gleichermaßen zur Hand.

Was ich hätte ahnen sollen, aber verdrängte, waren solche Belastungen, die kommen mussten; und so glücklich wir mit unseren begabten und motivierten Töchtern sind, leiden wir mit ihnen mit, als wären diese nicht vorherzusehen gewesen. Auch kleine Überhöhungen landläufig fachlicher Qualität in unserem Kulturbetrieb werden durch Mobbing heimgezahlt.

In meinem eigenen Leben habe ich das nicht reflektiert, weil man sich zu nahe am Geschehen fühlt. Die Wiederholung desselben bei meinem Vater und meinen Töchtern gibt zu denken. So viel unser kleines Land, schon aus der Größe der Monarchie, an Talenten auf sich gezogen hat; es muss die Neidgemeinschaft gefördert haben, die hier ebenso auffallend ist.

Welchen Frieden mir ihre kulturellen Leistungen in meinem Senium bringen werden, war noch nicht zu sehen.

Als wäre diese Lehre, die vergleichend über die Generation und über Österreich hinausgeht, noch nicht genug, holte mich meine alte Liebe, aus Wahrnehmungen Perspektiven und aus diesen Filmentwürfe zu machen, wieder ein. Ein alter Freund, Peter FLEMING, lud mich ein, mit ihm für die BBC Entwürfe für Dokumentarfilme zu machen.

Also streuten sich über sieben Jahre immer wieder Flugreisen ein, die uns nach Korsika, Malta, Andalusien, Portugal, Südmarokko, die Südstaaten und die Seychellen brachten; und meinen Hang zu Naturgeschichten in einer beglückenden Weise stimulierten. Was man da, als eine Erweiterung der Seele, wie osmotisch aufnimmt, kann nicht Sache meiner Geschichte sein. Nur das, was man Streiflichter nennt, sei wiedergegeben.

In Südportugal erlebte ich das Zusammentreffen von glühendem Strand und den eisigen Wellenkämmen des Atlantik. Sah man flach über eine lange Sandbucht und die angeschwemmten Riesentange hinweg, war diese, Wellenzunge für Wellenzunge, rhythmisch in Dampf gehüllt. – Südmarokko erwies sich, hinter faden Küsten, zwischen Polizeistreifen und Tuaregs, als ein Lehrbuch der Geologie und ein Dorado für Mineralogen; und kaum eine der halsbrecherischen Passstraßen war ohne einen Beduinen, der die köstlichsten Drusen und Kristallformen anbot. In der Euphorie des Unglaublichen erwarben wir, für ein paar Groschen, blauen Bergkristall; so blau, wie bald unsere Finger wurden – er war mit Indigo gefärbt. – In Georgia, wo es um die Spartinasümpfe der Küste und die Zedernsümpfe der anschließenden Wälder ging, war der nachgerade unfasslichen Kraft eines Hurricans gerade noch zu entkommen.

Bei Malta, auf Gozo, fanden sich an einsamen Felsküsten, in der Macchia verwachsen, aus Steinen geschlichtet, tiefe, vertikale Tunnel, die bis zum Wasserspiegel reichten. Steinzeitliche Brunnen? Nichts war über sie zu erfahren. – In den Seychellen, auf La Digue, mit dem pittoreskesten tropischen Strand, den ich kenne, war bald der Wundervogel, ein Fliegenschnäpper, im Geäst zu sehen, dessen Loopings tatsächlich dem Fliegenfang gelten. Wir entdeckten uns Küstenschnecken, die sich an den Felsen über die Zeit des Niedrigwassers mit einem fingerdicken Sandschild gegen die Hitze schützen; und ein Fischchen, das an den Felsen lebt und sich vor ankommenden Wogen schützt, indem es sich seitlich auf die Wasserfläche wirft und wie ein 'ditschender' Kiesel dem Brecher entgeht.

Also war auch die Welt selbst wieder rund, bunt und voll der neuen Eindrücke geworden, die Seele ausgelüftet. Und von dort nahm sich unsere Industriegesellschaft wie ein kapitales Missverständnis aus, ein lokales Getriebe, das der Teufel erfunden haben mochte.

Nun waren aber auch selbst noch Filme zu machen. Franz KREUZER riet dem Österreichischen Fernsehen, den schon gereiften RIEDL seine Erfahrungen mit dem schon sehr belasteten Mittelmeer zusammenfassen zu lassen. Wieder war ich in meinem Element, von dem ich nicht dachte, dass es mich nochmals einholen würde.

Mit Freude und leichter Hand machte ich fünf bis in Sekunden detaillierte Drehbücher: 'Die Gärten des Poseidon. Wie lebt und stirbt das Mittelmeer'. Je einer der Filme war den Sand- und den Felsküsten gewidmet, den Tiefenböden und dem Wasserkörper und der letzte fasste deren Vernetzungen zusammen. Tatsächlich waren es vierzig Jahre Erfahrung, die mit meinen ersten Reisen begannen und mit jenen meiner meereskundlichen Söhne und bereits Enkel zusammengefasst werden konnten.

Professor Alfred VENDL von der Universität für Angewandte Kunst führte die Kamera, eigene Filme und solche meiner Schüler wurden eingefügt und wir drehten mit einem liebenswerten, kompetenten Mini-Team an italienischen, dalmatinischen und griechischen Küsten und Inseln; wieder in einer bunten Welt, wie ich sie lieben lernte.

Nur die mir gewohnten Improvisationen mit minimaler Tauchausrüstung kamen nicht mehr in Frage. Ich wurde angeschirrt wie ein Pfingstochse, mit allem, was Tauchamateure heute für nötig halten und was in den Taucherläden von der Stange zu haben ist. Das war, neben den weiter gewachsenen Verheerungen an Küsten und Seeböden, vielleicht das einzige Zeichen, dass sich die Welt weitergedreht hatte. Tauchanzug mit Socken und Kapuze, Pressluft, Tauchretter und Tauchermesser hingen an

Blick ins neue Vivarium; Landeshauptmann eröffnet. Rechts: Alex Erlach. Unten: Einer der 'Zöglinge'.

Das Filmteam zu 'Gärten des Poseidon' Unten: Graues Haupt nochmals im Taucheranzug

Abb. 51: Wieder Tiere und aquatische Welten. Franz KREUZER brachte das Österreichische Fernsehen dazu, mich zur Entwicklung und Inszenierung eines Mehrteilers über das Mittelmeer einzuladen. Und nach Demontage des Konrad'schen Aquariums entstand ein neues Vivarium in Altenberg.

mir, Taucheruhr, Tiefenmesser und Dekompressionsrechner an den Handgelenken. Und aus alledem blickte verbindlich, aber verzwickt ein schon grau gewordenes Haupt.

Was mich, nach allem Wiedersehen mit Seegang, Sedimenten und Getier, beschäftigte, war die neuerliche Einsicht in die Zwänge der Industrie, hier der Öl-, Touristen- und Schwerindustrie, nunmehr aber gegenüber der erschreckenden Adaptierbarkeit menschlicher Populationen. Dass die Konkurrenz der Industrie in dem Maße sinkt, als man sie Dreck absetzen lässt, war bekannt; dass die Touristenindustrie der Anrainerstaaten des Mittelmeers in der zwischenstaatlichen Konkurrenz zum Gleichen gezwungen werden wird, hätte man sich denken können; dass aber Swimmingpools billiger kommen als Kläranlagen, war neu. Also wird das Meer nicht geschont, sondern zudem mit Chlor belastet.

Die Populationen aber migrieren. Als es, um es grob zu sagen, den Chefs in der Nordadria zu dreckig wurde, zogen sie nach Mallorca und weiter nach Gran Canaria; es folgten die Werkmeister nach Mallorca. Und nun finden wir die übrigen braven Deutschen und Skandinavier, mit ihren kleinen Wichten, am Ort. Ordentlich wie sie sind – denn so eben scheint die Welt zu sein –, räumen sie den Mist weg und die Teerbatzen und breiten dann ihre Badetücher aus.

Mir ist das nahe gegangen; und ich hab' mir vorgenommen, das nicht zu vergessen und wann immer die Möglichkeit kommen sollte, meinen Mitbürgern die Gefahr ihrer Adaptierbarkeit aufzuschließen, das auch zu tun. Wieder eine Selbstprägung, deren Perspektive mich nicht mehr losgelassen hat.

Aber die Filme haben die Leute gemocht; die Printmedien lobten, das Fernsehen sich selbst und sogar die Meereskundler waren, bis auf die Buntheit der Grafiken, mit allem einverstanden. Ich mag diese Filme heute noch; sie sind explanativ, färbig und echt, lassen keine entscheidende Sache aus und sind ehrlich; und so weit es die Darstellung der Zusammenhänge in der See betrifft, noch lange nicht überholt. Schulen und Universitätsinstitute verwenden sie heute noch.

Sie gefielen den Leuten so, dass auch ein Buch mit gleichem Titel daraus zu machen war; mein viertes Meeresbuch.

Das Volumen der Rezensionen, die mir zu Film und Buch gegeben wurden, übertraf das von Drehbuch und Buch bei weitem. Die Aufnahme war freundlich, illustrativ und auf den Bestsellerlisten ziemlich anhaltend.

Man soll aber nicht vergessen, dass diese Listen, nachdem sie nach den Angaben von Buchhändlern erstellt werden, von zweierlei Art sind: nach Büchern, die viel verkauft werden, und nach solchen, von welchen die Buchhändler zu viele eingekauft haben.

Auf einem der Schiffe waren wir mit einem deutschen Meereskurs beisammen; wie üblich brachte die Dredsche einen Viertelkubikmeter Schlamm und Getier auf Deck, der Bootsmann überspritzt mit dem Schlauch, die Kursteilnehmer, mit meinem Mittelmeerführer in der Hand, drängen um die zappelnde Masse. Da ruft einer: „Pass auf, mach meinen RIEDL nicht nass." Sie kannten mich nicht mehr, wussten auch nicht, ob der alte Autor noch lebte; das Buch aber war ein Klassiker geworden.

In dieser Zeit bemühte ich mich um den Bau eines Vivariums. Das Seewasseraquarium, das Konrad mit den Mitteln seines Nobelpreises gebaut hatte, musste aufgegeben werden. Aus nicht unberechtigter Angst vor der Katastrophe ausbrechenden Seewassers in die Fundamente der Villa wurde es in einem Nachbargebäude installiert, das nicht zum Familienbesitz gehörte. Alexander ERLACH baute es mit großer Könnerschaft. Nach Konrads Tod war die Delogierung nicht aufzuhalten. Das Panzerglas des Großaquariums musste man sogar sprengen, um es loszuwerden.

Ich gewann die Familie LORENZ, vertreten durch Konrads ältere Tochter Agnes von CRANACH dafür, ein Gebäude im Garten zur Verfügung zu stellen, die Förderungsmittel und auch Alex ERLACH, Bau und Einrichtung zu dirigieren. Wir bauten ein Glashaus dazu und bald zogen Schützenfische, Schlammspringer, Pinseläffchen und Tintenfische ein. Landeshauptmann PRÖLL kam zu einer lustigen Eröffnung und heute noch ist es, vorwiegend für Lernexperimenten, in Betrieb.

Über Kulturparasitismus

Am Deckblatt der Zeitschrift *morgen*, in der ich schon über das KLI publiziert hatte, erschien ein grafischer Zusammenhang „*LORENZ, RIEDL, Annäherung an NITSCH*". Das war nicht in Ordnung. NITSCH war und ist noch immer ein Aktionist, der über nackten Mädchen Schafe ausweidet, sich und sein sensationslüsternes Publikum an den Blut- und Gedärm-Überrieselungen begeilt und sich damit in unserer Gesellschaft verlustigt. Freund Hans MAGENSCHAB, Redakteur des Blattes, bat ich, mich aus seiner Mitarbeiterliste zu streichen. Er aber meinte, ich sollte besser zur Feder greifen. So schrieb ich über 'Kulturparasitimus'.

Wohlmeinende Freunde rieten mir, dieses Thema in meiner Biografie wegzulassen; es sei nicht zeitgemäß und zeige mich als reaktionären Narren. Ich will aber auch in dieser Erfahrung ehrlich sein und zeigen, was ich daraus begriffen habe.

Man wird sich vielleicht jener von mir lange verdrängten Episode erinnern, in welcher ich erlebte, wie Wiener Künstler der noch gegenständlichen Periode lächerlich gemacht wurden; nun war die Herausforderung da. Was also wandelt Kultur? Ich hatte in dieser Frage schon aus meiner Studentenzeit, aus Plaudereien daheim etwas Übung. Was hat die Gotik beendet und was dann die Renaissance? Zunächst das Zusammentreffen vorerst voneinander unabhängiger Strömungen. Das mag noch trivial und angelesen gewesen sein. Nun aber war man bei einem solchen Wandel selbst fast dabei und es öffnet sich die Einsicht in die unglaubliche Dominanz dessen, was ich als das Absurde 'kollektiver Wahrheit' vorgestellt habe.

Wieder ist es fast trivial, dass die Abkehr vom Gegenstädlichen, durch den Impressionismus und Expressionismus vorbereitet, die Abscheu vor der Kriegszivilisation und dem satten Bürger und auch die Foto-Grafik zusammenwirkten, dass philosophierende Künstler 'entropische Kunst' und 'Art brut' verbalisierten. Aber noch eines kam dazu: Kunst war zum Spekulationsobjekt geworden.

Der alte Wechselbezug zwischen Künstler und Auftraggeber war in einen neuen, eskalierenden Kreislauf geraten, der, durch die Medien ermöglicht, nun vom Künstler über den Kritiker zu den Medien, zum Galeristen und gleich wieder und wiederholt zur Wertschätzung des Künstlers zurückführt. Auf solchen Pfaden kann Biederkeit nicht glänzen; nur das Auffälligere, Extremere, Schrillere schließlich Schockierendere kann in solcher Spirale zum Erfolg führen. Dazu kommen die staatliche und mediale Kunstförderung, die es nicht wagen, einander im Zeitgemäßen nachzustehen. Es folgt ein Teufelskreis, der bei NITSCH endet. Der Bürger wird zur Lächerlichkeit. Selbst der Kultusminister vermutete, dass diejenigen, die solcherart Getriebe für eine Schweinerei halten, selbst die Schweine sein könnten.

Wirklich aufschlussreich ist aber die Wirkung der kollektiven Wahrheiten. Wenn man nachweist, dass sich schon die ersten, auch schreiblustigen Helden DUCHAMP, DUBUFFET, PICASSO in erster Linie über ihr Publikum lustig machten, um aus den Narren Gelt zu ziehen, wird einem dies als boshafte Unterstellung ausgelegt; obwohl man das alles in den Originalen oder kompakt bei Ephrahim KISHON in *Picasso war kein Scharlatan* nachlesen kann. Das war beim Ringen eines VAN GOGH wohl anders.

Wo aber steckt der Parasitismus? Er steckt in der Ausnützung des noch geläufigen Kunstbegriffs. Mit der Behauptung: 'Kunst ist, was ein Künstler macht', wissen die meisten nichts anzufangen. Hinge eine blaue Platte mit dem Titel 'Übermalte Madonna' nicht in einem Bilderrahmen und in einem Saal, über dem 'Zeitgenössische Kunst' zu lesen ist, läge sie auf einem Abfallhaufen, man würde sie zur Kunst nicht rechnen. – Das aber entspricht dem Parasitismusbegriff. Parasiten können ihre Differenzierung, bis auf Speck und Gonade (Gewinn und Ansehen), beliebig reduzieren, denn sie leben von der Differenzierung ihres Wirtes.

Das mag unfreundlich klingen. Aber wem ist der Spiegel vorzuhalten als unserer Gesellschaft? Es lenkt zur Frage, was Kultur wandelt, was sie sein soll und wie wir in ihr dahintreiben.

Doktrinen, Dogmen und Symposien

In manch einem Leben bereiten sich geistige Abenteuer vor, als ob sie bestellt gewesen wären. Ich hatte zwar eine Vorstellung von der Funktion der Morphologie sowie von ihrem Beitrag für das Verständnis unserer Erkenntnisprozesse; ich ahnte aber erst, wie diese in unsere Gesellschaft wirken. Meine Pflichten an der Universität verdünnten sich und immer regelmäßiger arbeitete ich im KLI.

Mit der Reihe unserer Gastprofessoren lernte ich, in wie vielen Wissenschaften unsere EE, die Evolutionäre Erkenntnistheorie, schon begonnen hatte Früchte zu tragen. Ein zweites EE-Symposion sollte nun zeigen, wie weit das gediehen war. Das sieht theoretisch aus, ließ aber weit in die Seele der Wissenschaftspraxis hineinsehen.

Zur gleichen Zeit kam das Amt des Bundeskanzlers VRANITZKY auf mich zu, für das Treffen in Rio eine 'Umwelt-Doktrin' zu entwickeln; und der damalige Unterrichtsminister SCHOLTEN um eine 'Umwelt-Bildungs-Charta' zusammenzustellen. Dass ich noch Präsident des 'Umweltforums' war, mag zu diesen Einladungen geführt haben. Peter LÜFTENEGGER war darin einer meiner Generalsekretäre gewesen und ich war froh, ihn nun für diese Projekte zu gewinnen. Diese sehen nun praktisch aus, ließen aber weit in die Theorie von Bildung und internationalen Zwängen hineinsehen.

Für die 'Bildungscharta' organisierte mir Peter Sitzungen mit Schuldirektoren, Lehrer- und Schülervertretern, Lehrbuchautoren und Schulbau-Architekten; und wir dachten, den Rest des erforderlichen Sachverstands selbst beizubringen. Wieder eine bunte Welt. Was in diesem Produkt mein Verständnis für unsere Gesellschaft besonders erweiterte, hängt, überraschenderweise, mit der gepflogenen Einschätzung von induktiven versus deduktiven Prozessen zusammen, also von Kreativität versus Gesetzesbefolgung.

Ich nahm Gelegenheit, mir z.B. auch die Repetentenraten in den Gymnasien zusammenstellen zu lassen; also den Prozentsatz derer, die im Laufe der acht Schuljahre auf Grund welchen Schulfaches wiederholen müssen oder ausscheiden. Das wieder sieht technisch aus, ließ aber weiter in unsere Gesellschaft blicken: Mathematik 30–33%, alte Sprachen 20–25%, es folgt Deutsch, dann alles andere, zuletzt Biologie ca. 3%, Bildnerische Erziehung 0. Ich fragte nach, was geschieht, wenn ein Zeichenlehrer einen Schüler durchfallen lassen möchte; dann wird er zum Direktor gebeten und der empfiehlt ihm, das zu lassen, das hätte wohl keinen Sinn.

Dieses Gefälle der 'Gefährlichkeit' korreliert direkt mit dem deduktiven Gehalt der Fächer. Natürlich enthält auch Mathematik schöpferische Elemente. Gar keine Frage. Aber bis dorthin reicht der Unterricht selten. Entscheidend ist, ob den Gesetzen der Arithmetik gefolgt wurde. Natürlich kann im Mitvollzug von HORAZ oder LIVIUS Schöpferisches erwartet werden; aber in dem 'roten Meer', das die Aufsätze korrigiert, dominieren die Mängel in Syntax und Semantik das Notenmaß. Wie aber, umgekehrt, soll der Zeichenlehrer die Kreativitätsmängel eines Schülers quantifizieren? Und, Hand aufs Herz: Was bedeutete schon der Mangel an zeichnerischer Begabung für den Lebenserfolg?

Heraus kommt eine 'linkshemisphärische Schlagseite' unserer Kultur. Unsere Begabungen sind ja zum Gutteil nach unseren Hirnhälften sortiert. Die rechte ohne Sprache, aber kombinatorisch-schöpferisch, während die linke Sprache enthält und die logische Kontrolle, vorgegebenen Gesetzen zu folgen. Gesetze, ob Algorithmen, lateinische Syntax, selbst Jahres- oder Bevölkerungszahlen, sind verbal eindeutig mitteilbar und die Abweichungen metrisch zu beurteilen. Schöpferisch ist beides nicht. Und die entstehende Schlagseite muss sich schon seit den Schreibschulen des HAMMURABI gebildet und entwickelt haben.

Darauf ist wieder unsere ganze Gesellschaft adaptiert. Wir werden zu 90 Prozent von Juristen regiert, welchen wir fast ausschließlich die Beachtung von Gesetzen delegieren. Man munkelt, dass selbst den Staatenlenkern die Gesetzesbefolgung einer Population lieber ist als deren schöpferische Fantasien. So als ob wir die Lebensprobleme unserer Gesellschaft eher durch Differenzialrechnung und den Ablativus lösen könnten und nicht durch schöpferische Entwicklungen. Für mich ein Augenöffner; und, wie ich uns wünsche, hoffentlich auch bald für viele andere.

Das Erlebnis mit der 'Umwelt-Doktrin' war von anderer Art. Mit Ökologie kannte ich mich aus, war in ihrer Praxis aufgewachsen und habe ihre Rezipierbarkeit über jahrelange Vorlesungen einschätzen gelernt. Ich konnte sie auch längst auf den Punkt bringen; den zweiten Hauptsatz der Thermodynamik. Er besagt, dass wir zu unserer Erhaltung Ordnung fressen müssen und eine größere Menge an Unordnung abzuführen haben, als wir zu Erhaltung und Aufbau unserer Ordnung benötigen. Es schreibt sich damit ein Verhältnis von Leistung und Ansprüchen vor; man kann auf Dauer nicht vom Kapital leben.

Im Grunde wäre es einfach, dies wahrzunehmen, ist aber eine Sache von Bildung versus Zugzwängen. Die Lösung des Umweltproblems ist zunächst ein Bildungsproblem; dann ein Problem der Zwänge, in die sich unsere sozial-kapitalistischen Industriegesellschaften hineinmanöveriert haben.

In Rio soll mein Opus von einigen unserer Repräsentanten vertreten worden sein; und eine ganze Reihe von Staaten hätten sich angeschlossen. Als man aber dem Vertreter der USA über Energieverschwendung in seinem Staate sprach, erfuhr man: „*American way of life is no issue for negotiation.*" Darüber verböten sich die Verhandlung.

Nun ist das nicht reine Bösartigkeit, vielleicht Bildungsmangel; in erster Linie diktieren das Zugzwänge. Die Bahnen sind dort heruntergekommen, der Güterverkehr donnert über Highways, ein Gutteil der Bevölkerung lebt in heißem Klima, viele Millionen Aircoditioner blasen zusätzliche Hitze in die heiße Luft, das wieder lässt kaum isolierten Hausbau zu, denn, und das ist der Schlüssel zu dieser Perspektive: Energie ist zu billig und kann verschwendet werden, die Atmosphäre verderben und die Ozonschicht durchlöchern. Und böse Stimmen sagen, man subventionierte den Erhalt billiger Energie auch durch die 'Marines' und die 'Sechste Flotte'.

Wer also sollte das abstellen? Sollten Zugzwänge, die in diesen Teufelskreis führen, nur durch Bildung zu korrigieren sein, dann mögen wir alle zu spät kommen. Was aber sonst? Revolutionen schätzen wir nicht. Und außerdem: Wer hätte die Macht, mit der Macht zu brechen? Ist also das Gefälle von Macht und Kapital das Problem? Ich werde schließlich auch zu dieser Frage geführt werden.

Im Thema *Die Ursachen des Wachstums* werden wir dem Gegenstand nicht nur wieder begegnen, sondern ihn auch, so weit die Sicht der einschlägigen Experten reicht, aufschließen. Aber zu jener Zeit, in der ich mit Peter LÜFTENEGGER die Umweltdoktrin verfasste, hatte ich noch nicht einmal eine Ahnung davon, dass ich diesen Experten noch begegnen und für gemeinsame Untersuchungen gewinnen würde.

Das ergab sich, wie eine Fügung, aus dem folgenden Symposium. Es behandelte zwar Erkenntnisfragen, aber das Gespräch, über viele Fächer hinweg, wurde durch einen gemeinsamen Denkhintergrund, die EE, zu einer gemeinsame Sprache geführt, was die Verständigung sehr erleichterte. Und aus eben dieser Gruppe wird sich der harte Kern für die Untersuchungen über das Wachstum zusammensetzen.

Da war unser zweites EE-Symposium dagegen ein Labsal. Wie viel an Gescheitheit und Kennerschaft kam da zusammen! Und ich selbst – was für einen, der sich dem Siebziger nähert – ein großes Glück ist, gewann nochmals einen neuen Freundeskreis. Ich sagte schon, dass ich sehr viel in meinem intellektuellen Leben sehr gescheiten Freunden verdanke; nochmals kam eine Zuwaage.

Wem ich in diesem Zusammenhang am meisten verdanke, ist nicht leicht zu sagen. Zunächst wohl dem Konzept der EE, das Persönlichkeiten aus weit gestreuten Fächern überhaupt erst tief reichende Verständigung ermöglicht. Wir hatten über die EE einen sehr vergleichbaren erkenntnistheoretischen Hintergrund. Persönlichkeiten dagegen, die jeweils einem Platonismus, Neukantianismus oder Existentialismus anhingen, wie das bei Treffen von Mathematikern, Psychologen und Soziologen erwartbar ist, fänden diese gemeinsame Basis kaum. Die Sprachschwierigkeiten wären zu groß.

Etwas hatte ich aus dem Zusammenwirken gelernt, aus welchem die erwähnte Bändereihe *Wiener Beiträge zur Wissenschaftstheorie* entstanden war. Aber ich darf nicht behaupten, dass sich die weitere Entwicklung aus weiser Voraussicht bildete. Der gemeinsame Hintergrund aber war

Die EE, die Evolutionäre
Erkenntnistheorie, unser Kongressband

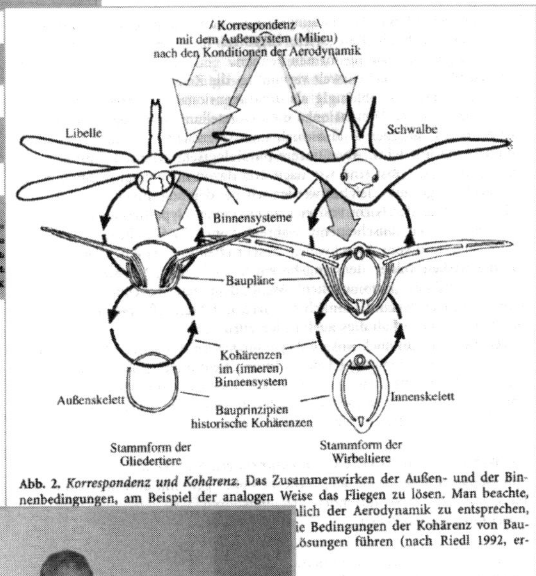

Außen-Anpassung
und Binnen-Abstimmung
in der Evolution

Sir
Karl Popper
bei unserem
Kongress

Abb. 52: Aus dem Symposium *Die EE und die Wissenschaften.* Nun kam mir auch Sir Karl POPPER nahe.

überraschend stark – genug, um einen Freundeskreis Gleichgesinnter zu bilden, der das intellektuelle Niveau des KLI ebenso erweitern wird wie die Möglichkeit, erweitere Themen anzufassen.

Mir schien damals die Erweiterung der Fragestellung naturgegeben. Man bedenke aber, wo ich da, in anderer Augen, hingeraten bin. Schon als ich vor rund zwanzig Jahren an der *Ordnung des Lebendigen* arbeitete, war ich für Fachkollegen ins Philosophieren abgeglitten. Jene Doktrinen und Dogmen mochte man einem, der sich in Ökologie und Umweltfragen auskannte, gerade noch zubilligen; aber ob das, was ich nun machte, noch Wissenschaft war, wollte man wohl bezweifeln.

Vor all diesem theoretischen Hintergrund dominierten die Szene lebendige Geister, die sich alle schon dadurch auszeichneten, dass sie den überkommenen akademischen Zopf ihrer Fächer überstiegen hatten und sich zudem in der Lage fanden, noch immer dazuzulernen. Mein Lerngewinn war natürlich besonders über jene Fächer beglückend, von welchen ich noch am wenigsten verstand. Und man erinnert sich der frühen Empfehlung meines Vaters, gerade solche Fächer besonders zu achten.

Helmut HELSPER brachte die Rechtstheorie in unseren Kreis und ließ begreifen, was z.B. die 'Allmende', die gemeinsam genützte Dorfwiese, für einen erzieherischen Wert besaß, der droht, verloren zu gehen. Max LIEDKE brachte gerade in die Pädagogik, über die ich mich jüngst noch lustig machte, neue, überzeugende Dimensionen ihrer Anlage und Geschichte. Willi MAYERTHALER machte mir, mit seinen 'Sprachuniversalien' ein Tor in die Welt auf, das mich bald den entscheidenden Unterschied zwischen angeborenen Anschauungsformen und sprachabhängiger Logik verstehen lassen wird. Die Politologie Werner PATZELTs machte uns die Systemzusammenhänge unserer Gesellschaft, Jehuda RAV das Begründungsproblem der Mathematik klar und Manfred SLIWKA das Dilemma der Wirtschaftswissenschaften; dass beispielsweise eine Haushälterin, wird sie geheiratet, aus dem BNP, dem Brutto-National-Produkt, verschwindet, obwohl sie als Mutter ein Vielfaches an Wertschöpfung für unsere Gesellschaft leisten wird. Auch in den Bänden *Ursachen des Wachstums, Zufall–Chaos–Sinn* und *Strukturen der Komplexität* wird das seinen Niederschlag finden.

Hier muss ich schließen, denn über weitere zwanzig Geister, von denen ich gelernt habe, wäre zu berichten. Der Band ist mit Überraschung aufgenommen worden. Unsere EE hatte die entscheidendste Probe bestanden; nicht in den Diskussionen der Philosophen, sondern in der Praxis der Wissenschaften.

Zu den Einsichten in das Bildungssystem unserer Gesellschaft kam also noch eine in die kulturkritischen Positionen vieler Wissenschaften. Und das kondensierte zu einem Unwohlsein beim Rundumblick in gotterbärmlichen Schlendrian und die Empfindungslosigkeit für Verantwortung, was ich aber damals noch nicht zu formulieren wusste.

Darwin, Zeus und Russells Huhn

Was mir beim Fassen des Gedankens half, war die wunderbare Atmosphäre im LORENZ-Haus, wo ich nun schon fast täglich arbeitete. Zunächst führte meine Fahrt von meinem Häuschen am Stadtrand in Neustift am Wald durch die prächtigen Buchenwälder des Wienerwalds. Konrads früheres Schlafzimmer war, mit Adaptierungen, zu meinem Arbeitszimmer geworden, der Erker, der meinen Arbeitstisch aufnahm, ragte wie ein Baumhaus in die Krone eines hundertjährigen, exotischen Nussbaums des blumenstrotzenden Parks (bei Agnes von CRANACH, die sich seiner Pflege annahm, heißt er noch 'Garten').

Was also besser, als sich locker zu fühlen; und da begriff ich den Zusammenhang, der sich hinter meiner weiteren, noch dunklen Besorgnis verbarg: Manche Menschen leben für den Aufbau unserer Kultur, viele von ihrem abbauenden Konsum.

Schon die ersten Skizzen lehrten zweierlei: Die Behandlung eines solchen Themas droht lamentös zu werden und die Berührungsflächen der beiden Typen streuen über so gut wie alle Gegenstände unserer Kultur, sodass viele berührt werden müssen, um sich verständlich zu machen. Nun lud schon die Stimmung im Hause, die gescheiten und witzigen Plaudereien mit unseren Gastprofessoren und Stipendiaten entlang der Mittagsrunde, dazu ein, mein Thema von der komischen Seite her aufzurollen; und das Wohlgefühl, mich den Höhen eines GALILEIschen Dialogus zu nähern.

Ich erfand einen 'Skepticus', mich selbst, gegenüber einem 'Pragmaticus'. Diese Benennungen sind zwar nicht sehr glücklich, aber bessere fand ich auch später nicht. Man versteht aber bald, wenn man bemerkt, dass der Skepticus, der blauäugig am Aufbau der Kultur zu wirken trachtet, gegenüber ihren Umtrieben skeptisch sein muss; Freund Pragmaticus hingegen, gewitzt genug, nimmt, was die Gesellschaft ihr zu nehmen gerade noch toleriert. Das zu schreiben war ein Spaß. In eineinhalb Dutzend möglichen und unmöglichen Situationen ließ ich die beiden einander begegnen, plaudern, Standpunkte erzwingen, um sich im gegenseitigem Verständnis unvereinbarer Perspektiven zu verabschieden.

Natürlich straft das meine Lebenshaltung Lügen. Man darf sein Gegenüber nicht für jenen geschickten Schwindler halten der sich nur über klug vorbereitete Abkommen und Unterschleife hinaufturnt. Man muss allen lautere Opferbereitschaft zudenken. Allerdings mit der Bereitschaft, wiederholt Täuschungen hinzunehmen. Denn auch die Enttäuschung legitimiert keine Abschätzigkeit und Misanthropie.

Um den Trott zu lockern, fielen mir 'Gespräche im Himmel' ein; etwa mit der Frage, wie ließe sich urteilen, wenn man, schon im Himmel, von wo aus man alle irdischen Ereignisse besieht, wieder im Gespräch, zu Überlegungen herausgefordert würde. Zum Buchteil 'Wissen und Erkenntnis' ließ ich ARISTOTELES mit GALILEI plaudern, zu den 'Künsten' MICHELANGELO mit PICASSO und zur 'Kultur im Allgemeinen' MACHIAVELLI mit ROUSSEAU. Das war ein besonderer Spaß; und, um sicherzugehen, dass man das alles nochmals relativieren muss, wenn man unsere Seele betrachtet, zog ich noch einen Rahmen um das Ganze: ein Gespräch zwischen meinen beiden Hemisphären.

Nun war ich, ich weiß nicht was geworden: ein schriftstellernder Biologe, ein universalistischer Kulturkritiker, ein witzelnder Sachbuchautor? Meinem 'Image', wie man sagt, als 'seriöser Wissenschaftler' kann das nicht genützt haben. Aber wo gäbe es Wissenschaft, wenn es nicht auch Gelächter gäbe? Und wenn das Produkt 'künstlich' sein sollte, ist doch die Kunst das Salz der Wissenschaft. Das Buch ist gut aufgenommen worden, obwohl es wahrscheinlich auch manchem Leser einen Spiegel vor die Nase hält. Es war länger auf der Bestsellerliste und einige Rezensionen sind so ehrend, dass ich schamrot würde beim Abschreiben. Nur von einer, vom erwähnten Helmut GANSTERER, Chefredakteur des Wiener *trend*, bringe ich zwei Ausschnitte, weil er meine Position in dieser Zeit wohl treffend erfasste:

Abb. 53: Um dem Gespräch von Pragmaticus und Skepticus noch einen Hintergrund zu geben, erfand ich Gespräche im Himmel, wo man annehmen konnte, dass alle alles wissen.

Im *trend*, 9/49, 1994
„Ich stelle hier erstmals ein so genanntes Sachbuch vor. Es ist nur keines.(...) Es ist von eigener Art. Es ist ein 'RIEDL'. Rupert RIEDL ist aufregend, hat daher Feinde und Aficionados und nichts dazwischen. Die Feinde halten ihn für einen Geisteshalunken, der verantwortungslos Brücken schlägt von den Geisteswissenschaften zu den Naturwissenschaften. Seine Anhänger hingegen halten ihn für 'papabile'; jenen einen unter den Österreichern, der seit Jahren ein potenzieller Nobelpreisträger ist. (...)
RIEDL umgibt seit langem eine gewisse Trauer. Umso schöner, dass in diesem Buch ein Witz aufschießt, der nur einem Menschen möglich ist, der noch Hoffnung hat.“

Gewiss: Diese Welt wird erträglich, wenn man wahrnimmt, wie komisch sie ist; gestattet ist das allerdings nur, wenn man sich selbst nicht zu ernst nimmt. Das Thema selbst ist aber ernst genug. Man darf nicht zulassen, dass eine Mehrheit nur vom Abbau einer Kultur lebt. Das sagt schon der Entropie-Satz; ein kosmisches Gesetz der Erhaltungsbedingungen unserer Existenz. Man erinnert sich auch an einen Rat meines Vaters. Ich habe ihn befolgt, habe an dieser Kultur nicht Maß genommen, mich keinem Klubzwang eingeordnet, mich nicht gefürchtet und wurde nicht einordenbar.

Das Käferbuch

Etwa zur gleichen Zeit spielte eine andere Geschichte, die, wie alle Geschichten, selbst wieder Geschichte hat; denn sie begann zwei oder drei Jahre früher. Günther WAGNER war, bevor er als Professor in die USA ging, noch Assistent in meiner Abteilung für 'Theoretische Biologie' an der Zoologie in Wien und meinte, ich müsse einmal eine 'Morphologie der Erkenntnis' schreiben. Wir verstanden darunter so etwas wie den Bauplan unserer Erkenntnismöglichkeiten. Ich wusste zwar schon, dass in der Grundstruktur dieses Bauplans unsere erbliche Ausstattung ihrem kulturellen Überbau gegenübergestellt werden müsse, was schon trivial war, weniger trivial aber war die Frage, wie etwa unserer Logik zuzubauen wäre.

Eine Begründung der Logik ist nie gelungen und es war unwahrscheinlich, sie nunmehr begründen zu können. Dachte man sie für der

Welt vorgegeben, sitzt sie unbegründbar 'im Gefängnis der Metaphysik'; wollte man sie aus unserer Psyche erklären, sitzt sie 'im Gefängnis der Psychologie' und ist ebensowenig begründbar, weil man ihre unwandelbaren Gesetze nicht aus einer sich wandelnden Psyche begründen kann. Ich ließ die Sache also vorerst sein.

Anders wurde es, als Willy MAYERTHALER als Gastprofessor ins KLI kam; und von da an will ich meinen Erfahrungsgewinn rekonstruieren. Man erinnert sich an Willy aus dem zweiten EE-Symposium. Seine Diskussionsbeiträge in der Mittagsrunde des KLI waren fabelhaft und wurden, bei seinem Temperament, buchstäblich in Tanzschritten vorgetragen. Ich hatte mir mit den Büchern *Spaltung* und *Begriff und Welt* schon einiges zum Thema erarbeitet, nun aber rundete sich Folgendes:

Zu den Universalien menschlicher Sprachen, auch der exotischsten, zählt die Trennung von Nomen und Verben. Das betrachteten wir näher, denn wir konnten sie bald auf unsere Ausstattung zurückführen, weil die Nomen über Gestaltwahrnehmung typologisch gebildet werden, die Verben aber nicht. Denkt man sich nun Nomen und Verben als Häufungen auf einer Achse ihrer Verwandtschaft, so unterscheiden sich die sprachlichen Großfamilien. Bei den zirkumpazifischen, etwa im Chinesischen, überlappen die Häufungen, bei den zirkummediterranen Sprachen, wie sie vom Griechischen beeinflusst sind, überlappen sie kaum. Um sie zu verbinden, entstand ein Kunstwort, die '*copula*', unsere Worte 'ist' und 'sein'; das suggeriert Bestimmbarkeit und leitete zum griechischen Aussagesatz (z.B. 'alle Menschen sind sterblich').

Nun lasse man sich von der Selbstverständlichkeit, mit welcher wir solche Ausdrücke verwenden, nicht täuschen. Zur vorläufigen Orientierung mag das angehen, eine Begründung dagegen enthält die '*copula*' nicht. Denn schon die Griechen hätten die Grenze sterblicher Menschen gegenüber ihren zahlreichn Halb- und Viertelgöttern und deren Verwandtschaft nicht zu ziehen vermocht.

Der Aussagesatz leitet, grob gesagt, zum Syllogismus, dem logischen Schluss. Das klassische Beispiel ist zu zitieren: „SOKRATES ist ein Mensch, alle Menschen sind sterblich, ergo ist SOKRATES sterblich". Aber schon die Griechen konnten nicht wissen, ob SOKRATES nicht doch ein Halbgott war. Den Schluss sichert nicht mehr, als seine Annahmen enthalten; denn der wahrheitserweiternde Schluss, wie wir ihn vom Beispiel von 'POPPERS Schwänen' schon kennen, ist nicht möglich. (Meine Sekretärin tippte solch eine Passage einmal als 'POPPERS Schweine'! Auch nicht unzutreffend). Der Grund des Beweises, wenn es überhaupt einer sein könnte, ist erschlichen; das ist die *'petitio principii'*, wie das schon die Skeptiker in der Antike wussten.

In der Bemühung, die Sprache von den ihr möglichen Widersprüchen zu säubern (wie im Satz: „Ich bin ein Lügner"), sollte es, nach der Vorstellung ARISTOTELES', nur Wahres und Falsches geben. Eine dritte Möglichkeit sei ausgeschlossen: das *'tertium non datur'*. Das ist als Wunsch nach einer eindeutigen Sprache, der klassischen zweiwertigen Logik, so verständlich, wie es der allgemeinen Unsicherheit aller Wahrnehmungs- wie Erkenntnisvorgänge aller Kreatur, so auch des Menschen, widerspricht. Man muss die Entstehung der Logik also aus einer ganz anderen Wurzel verstehen, als die unserer Formen der Anschauung.

Als ich an dem Text arbeitete, hieß das entstehende Opus im Laborjargon 'das Käferbuch', und zwar deshalb, weil es mit einer Käfergeschichte beginnt:

Ich sitze in meiner kleinen Wiese. Neben mir ein leer getrunkenes Wasserglas. Plumps!, fällt ein großer Käfer hinein; und es ist bald offensichtlich, dass er das Glas nie mehr würde verlassen können. Die Fernsinne zeigen ihm den Wald der Wiesengräser, in den er zum Überleben wieder hinein müsste, die Nahsinne deuten ihm eine unverstehbare, undurchdringliche Wand. Meine Frage nun: Vor welcher unsichtbaren Wand krabbeln wir, wenn wir unsere Logik mit unserer Anschauung nicht zu vereinigen vermögen? Haben wir unseren Sinnen oder aber unserer Vernunft zu trauen; den Empiristen oder den Rationalisten?

Dabei sind Käfer die erfolgreichste aller Tiergruppen; von den zwei Millionen Arten sind eine Million Insekten und von diesen achthunderttausend Käfer. Sie haben sich an alle Lebensräume der Erde angepasst, aber selbst wenn Gott ein Käferfreund, ein 'Coleopterophile', sein sollte, eine Glaswand begreifen sie nicht. Und zwar deshalb, weil Glaswände in der Evolution der Käfer nicht vorgekommen sind. Das Problem war nicht da, konnte darum nicht erkannt und daher auch nicht gelöst werden.

Die Lösung steckt in den Evolutionsgesetzen; vorausgesetzt, man erkennt, dass es zweierlei Formen des Selektionsdruckes gibt. Druck auf 'Korrespondenz', ähnlich der Marktselektion, wirkt einseitig vom Milieu auf den Organismus und führt zur Anpassung; Druck auf 'Kohärenz', ähnlich der Betriebsorganisation, wirkt wechselseitig, kommunizierend zwischen den Bauteilen und führt zu Bauplänen und deren Abstimmung.

Die Bedingungen der ersten können wechseln: wie vom Fisch zum Landtier und zurück zum Delfin; die der zweiten hängen, wie das nicht mehr abwerfbare Innenskelett der Wirbeltiere und das Außenskelett der Käfer, schicksalsbestimmend am System.

Unsere Anschauungsformen, als Produkt der Anpassung, operieren kybernetisch typologisch; alle Kommunikation dagegen, von der frühesten chemischen Orientierung über die Körpersprache zu den Lautsprachen, ist ein Produkt von Wechselverständigung. Sie alle entsprechen nicht der Welt, sondern stehen unter der Bedingung von Eindeutigkeit und operieren definitorisch, typologisch. Die Selbstverständlichkeit unserer Worte lässt das nicht gleich sehen, man wird aber zugeben, dass die Buchstabenformen von M, K, W und B mit den Formen eines Mannes, Kindes, Waldes oder Baumes nichts zu tun haben. Sie lassen auch keine Übergänge zu, wiewohl eine große Baumgruppe größer sein kann als ein winziges Wäldchen.

Dies suggeriert den Irrglauben, auch polymorphen Systemen durch Schärfung der Ränder des Begriffes, durch Definitionen, zu entsprechen, wo eine transitorische Logik, wie im Chinesischen, nicht eine definitorische am Platze wäre.

Das Buch hatte diese Diskrepanz natürlich aus der Geistes- und Philosophiegeschichte nachzuweisen. Das ist sein größter Teil und hier freilich nicht vorzuführen; nur der Gedankengang war nachzuzeichnen. Misstraut man den Anschauungsformen, so bleibt als Anker nur eine der Welt wunderlicherweise vorgegebene Vernunft. Misstraut man der Vernunft, bleibt nur die immer unsichere, wandelbare Erfahrung. Dennoch ziehen die Schulen der Rationalisten und der Empiristen in fast unversöhnlicher Weise durch unsere ganze Kulturgeschichte; obwohl die Lebenspraxis zeigt, dass Logik und Mathematik, aus der Vernunft unseres Sprachdenkens, und die sich allmählich den Gegenständen der Welt anpassende Erfahrung einander stets wechselweise zu kontrollieren haben.

Geht es um ein gefährliches Experiment, wie einen Mann auf den Mond zu setzen und ihn wieder heil zurückzubringen, müssen wir der Empirie der Gravitationstheorie ebenso trauen, wie sich der Bordcomputer nicht verrechnen darf; und das, obwohl noch niemand ein Graviton gesehen hat und sich die Logik empirisch nicht begründen lässt.

Die Rezension des Buches war schwach. Ich hätte gedacht, dass das Wissenschaftstheorie, Linguistik oder Erkenntnistheorie zum Gespräch führen könnte. Die wenigen Reaktionen sind zwar freundlich, gehen aber an der Sache ganz vorbei. Es mag sein, dass schon der Titel *Mit dem Kopf durch die Wand*, den der Verlag durchgesetzt hat, die Kollegen verscheuchte. Aber eher denke ich, dass man entweder Rationalist oder aber Empirist zu sein meint und mit der Verbindung in seiner Forschungspraxis heute noch nichts anfängt.

Die Ursachen des Wachstums

Man kann sich natürlich fragen, ob ein Verständnis für jenen 'Bauplan unserer Erkenntnismöglichkeiten' irgendjemandem von Nutzen sein könnte. Das mögen sich Leser auch gefragt haben und ebenso die potenziellen Käufer des Buches. Und man übersehe nicht, dass ich mich das selbst gefragt habe. Freilich begann ich jede meiner Arbeiten nicht nur mit der Erwartung, mir selbst etwas dabei zu entdecken, sondern auch damit, wem auch immer nützlich zu werden; sonst würde man sie wohl nicht publizieren. Aber jede größere Arbeit endete mit Erschöpfung; im Grunde mit dem Selbstvorwurf, schon wieder Jahre mit einer solchen Trivialität zugebracht zu haben. Wobei man geflissentlich übersieht, dass die Trivialität erst dadurch entsteht, dass ein bisher unentdeckter oder unverstandener Zusammenhang nun völlig klar erscheint. Von Erich JANTSCH habe ich schon erzählt, der über solcherart Erschöpfung zugrunde gegangen ist.

Angst vor Erschöpfung mag sich sogar in jene verkappten Gründe einreihen, welche die meisten Kollegen vor einem größeren Opus zurückschrecken lässt. Denn an unsere kleineren Aufsätze wird ein solcher Anspruch nie gestellt. Auch der bedeutungsloseste Winkel der Welt scheint es wert, durchleuchtet zu werden; das war, wie man sich erinnert, auch die Rechtfertigung meiner Jünglings-Produkte.

Aber jener seltsame 'Lebensplan', den ich, wie erzählt, noch in der Kriegszeit in einen kroatischen Kalender schrieb und der vorsieht, von der Vergleichenden Anatomie über die Ökologie (Meeresökologie mit Kulturfilmen) und die Evolutionstheorie zur Theoretischen Biologie voranzukommen, lenkte selbst schon in erweiterte Gegenstände. Nur, dass es beschieden war, bis in die Kulturkritik 'voranzukommen', das hat sich schließlich nur so gefügt.

Nun also: Wozu eine 'Morphologie der Erkenntnis'? Ich bin, als ich, einige Jahre davor, die *Adaptierungsmängel der menschlichen Vernunft* zusammenstellte, schon den Unbilden begegnet, welche sie unserer Gesellschaft vorbereitet haben. Und so etwas sitzt. Bewusst oder nicht, wird derlei weitergedacht; und ich ahnte, dass da noch einiges kommt. Im 'Käferbuch' war's dann gefasst: in den Schlusskapiteln, die sich mit den Schäden befassen, welche die Empirismus/Rationalismus-Spaltung unserer Gesellschaft antut. Meinen Rezensenten war das nicht aufgefallen, aber einigen Freunden: dass eine Priorität der einander widersprechenden Philosopheme eine Falle ist, Kultur ohne Natur nicht durchschaut werden kann, eine Trennung von Natur und Geist in gefährliche Ideologien treibt und dass wir Menschen überhaupt, da wir unser Weltverständnis überschätzen, in selbst gemachtes Unheil treiben. Eine 'Kulturtheorie' wird fast schon greifbar.

Verstanden wurde das von jenen Geistern, die sich über die EE eine 'naturalisierte', von jenen Schismen abgehobene Weltsicht erarbeitet hatten und damit auch über eine gemeinsame Sprache verfügten. Es war der 'harte Kern' aus jenem zweiten EE-Symposium: auch mit Helmut (HELSPER), Werner (PATZELT) und Manfred (SLIWKA). Einige Kolleginnen und Kollegen aus der naturalisierten Industrie-, Finanz-, Umwelt- und Kulturschutz-Szene schlossen sich an. Dennis MEADOWS, seinerzeit der Jüngste im 'Club of Rome', kam mir sehr nahe, half in den vorbereitenden Arbeitskreisen mit und ließ uns Fachleute mit seinen Computerspielen in dieselben Fallen tanzen, gegen die wir uns verbünden wollten. Also war besondere Vorsicht am Platze.

Im Unterschied zu den Grenzen des Wachstums, wie sie der 'Club of Rome' bearbeitet, wollten wir die Ursachen des Wachstums mit ihren Folgen verstehen lernen.

Und ich glaube, dass ich damals noch nicht ahnte, dass das alles noch eine Fortsetzung finden werde, es gerade die Erfahrensten in der Gruppe waren, die später auf Weiterarbeit drängten. Zunächst war eine Durchdringung des Themas angezielt, und dessen Veröffentlichung in Buchform. Wir mögen gedacht haben, damit unseren Teil getan zu haben.

Dass sich das gefährliche Wachstum aus zwei Grundkomponenten zusammensetzt – Bevölkerungswachstum und Wachsen der Ansprüche –, war klar. Überraschend dagegen war, dass sich die Wachstumsbedingungen von Populationen relativ leicht verstehen ließen, uns aber jene der Ansprüche in höchst verwickelte Systemzusammenhänge führten. Wobei, jedenfalls im Augenblick, die Schäden durch das Bevölkerungswachstum in der Dritten Welt von den Schäden, welche die wachsenden Ansprüche der Bevölkerung in den Industriestaaten stiften, nochmals übertroffen werden.

Ich versuchte mich zum Zweck einer Gesprächsgrundlage mit einem Strukturentwurf der Zusammenhänge. Er erwies sich als brauchbar. So beginnt unsere Analyse mit (A) systemischen Prozessen und der Ausstattung der menschlichen Kreatur. Dann trennen sich (B) die Wechselbezüge des Wachstums der Weltbevölkerung von (C) jenen der Ansprüche, mit den (C1) Vorbedingungen aus der Kultur- und Gesellschaftsgeschichte und (C2) den Bedingungen erster Ordnung: Energiespeicher (Geld), Spekulation (Zins), Fremdenergie und Medien (Werbung). Darüber bauen sich (D) 'eingeflochtene Systeme'. In diesem Rahmen zweiter Ordnung (D1) Wirtschaft (Handel, Dienstleistung), Mobilität (Verkehr), Management und Industrie (mit der Forschung); und in einem Rahmen dritter Ordnung (D2) die Wirkungen von Kapital (sog. Sicherheit), politischen Systemen, Recht (Gerechtigkeit?) und der Konkurrenz nationaler Ökonomien.

Nie hätte ich an die Gelegenheit gedacht, einen so weiten Zusammenhang synoptisch wahrnehmen zu lernen; aus den gläsernen Organismen, Biotopen, Ausstattungs- und Erkenntnisstrukturen war etwas wie eine gläserne Gesellschaft geworden. Das Abenteuer, das einen dabei umgibt, wie viele Schuppen einem dabei von den Augen fallen, ist nicht recht wiederzugeben. Am deutlichsten in Erinnerung ist mir die Stimmung in diesem Zusammenwirken; die Überraschungen, die aus den mir so geschätzten ferneren Gebieten auftauchten, Emotion und Sendungsgefühl, Motivation und Toleranz, die dosiert werden mussten.

Wieder ist es nicht der Inhalt des entstandenen Buches, der hier darzustellen ist, vielmehr das Prinzip der vollzogenen Lernschritte. Wir hatten uns vorgenommen, uns nicht in die Utopia verführen zu lassen und auf Rezepte und Ratschläge zur Gegensteuerung ganz zu verzichten. Das war ebenso akademisch wie diszipliniert, nahm aber unserer Darstellung zwar nicht den Schwung, aber dem Buch doch viel von seiner möglichen Wirkung.

Entsprechend war die umfangreiche Rezeption. Nur ein Rezensent nannte das Produkt ein 'Ideologisches Brevier für Öko-Neurotiker'. Der

Über
Die Ursachen des Wachstums

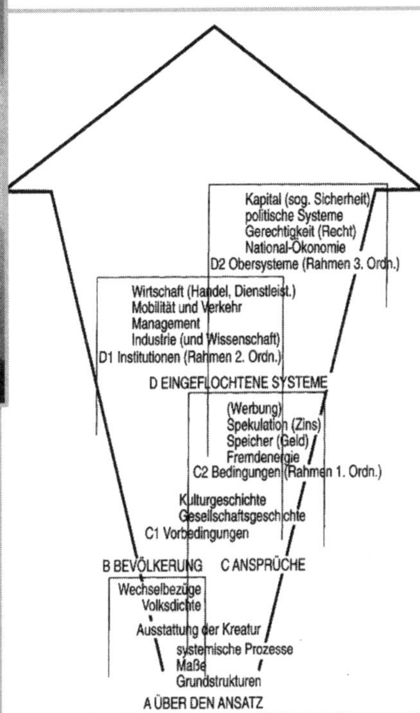

Zusammenhang der
wachstumsfördernden
Systeme

Die hässliche
und eine schöne Welt

Abb. 54: Treffender hätte das Buch 'Die Ursachen und bösen Folgen des Wachstums' heißen sollen. Verlage wollten 'Lebenshilfebücher' und damals lies wohl Bescheidenheit solch einen Titel noch nicht zu.

allgemeine Tenor aber war: 'Wenn Sachbücher heute noch etwas bewegen, dann solche'. Aber der Untertitel, den sich der Verlag in seinem Geschäftssinn ausgedacht hatte: *Unsere Chancen zur Umkehr*, mit denen sich das Buch gar nicht beschäftigt, interessierte mehr als die aufgeschlossenen Zusammenhänge. Und ich werde noch zu erzählen haben, was uns das noch abverlangen wird.

Natürlich war es eine zentrale Aufgabe, im Netz der Zusammenhänge nicht nur Knotenpunkte und die Transfer-Strecken der Zugzwänge zu finden, sondern auch das, was man in der Systemtheorie 'stabile Attraktoren' nennt, also Orte von steter und ursprünglicher Wirkung. Und da erwiesen sich, neben einem eher allgemeinen Sicherheits- und Geltungsbedürfnis der menschlichen Kreatur, die Erfindung von Geld und Zins sowie die Entstehung der Globalisierung als permanent treibende Bedingungen.

Geld stellt eine höchst verkappte Form von Macht dar, weil es in unbeschränkter Menge und unverrottbar angehäuft, versteckt, transportiert und transferiert, zu Spekulation und Erpressung verwendet werden kann. Und die Zinsnahme treibt weiter zu Wachstum von Kapital. Nun wussten schon die Griechen, dass man für die Ausgabe einer Armensuppe nicht demnächst zwei zurückverlangen kann, und die Kirche erkannte, dass Zinsnahme mit christlichem Ethos unvereinbar ist. Man hat sie zunächst nur den Juden gestattet. Als sich aber zeigte, wie viel Macht damit zu gewinnen ist, hat auch unsere christliche Welt, wie man mir bestätigen wird, dieses Ethos 'gelockert'.

Unter Globalisierung verstanden wir damals das Wachsen internationaler Verflechtungen überhaupt; als Gegensatz zu Regionalisieruung und Autonomie. Sie führt, im Maße der entstandenen Wechselabhängigkeiten, dazu, dass die Entwicklung lokaler Vernunft kaum mehr Chancen hat. Weltvernunft zu predigen ist aber Utopie.

Man muss sich darum eingestehen, dass Kapital und dessen Verflechtungen dazu führen, dass auch Staaten einen Großteil ihrer Autonomie verlieren und deren Regierungen zunehmend von dort aus regiert werden. Ist also das Gefälle von Macht die zentrale Ursache? Wir haben das nicht ausgesprochen; einmal weil die Systemzusammenhänge komplizierter sind, nichts im Ganzen alleinige Schuld trägt und weil das Bild zu düster würde. Aber wir sind ehrlich geblieben und haben Wahrheit – was das auch immer ist (eher: '*state of the art*') – von Machbarkeit unterschieden.

Erst in der Retrospektive habe ich vor Augen, dass ich auch damals noch nicht sauber genug zwischen den Vorgängen des Erkennens und des Erklärens unterschieden habe. 'Sauber' meint: mit methodisch angebbarer Schärfe. Und das, obwohl mich der Rahmen des Themas schon mindestens seit meiner Ägyptenreise begleitet hat. Erst Jahre später werde ich mich mit dem Band *Strukturen der Komplexität* zur Formulierung zwingen.

Ich erwähne das deshalb, weil es sich zeigt, dass unser 'ratiomorpher Apparat' das, selbst in so hoher Komplexität wie im vorliegenden Thema, ganz gut schafft; allerdings in einer intuitionistischen, im Streitfall unentscheidbaren Weise. Ein Problem, das wir schon seit meiner Studienzeit kennen.

Meine Schilderung dieses siebenten Lebensjahrzehntes hat in Aussicht gestellt, 'Licht in die Vernunft' zu bringen. So weit das die Entwicklung der Evolutionären Erkenntnistheorie betrifft, möchte ich das hoffen. Im Hinblick auf die Tagespraxis ihrer Anwendung hat es 'Licht in die Unvernunft' gebracht. Ich hätte wohl damit rechnen sollen, dass die Suche nach dem einen das andere aufdecken werde; aber gerechnet habe ich damit nicht.

Für mich persönlich ist es eine erweiterte Sicht auf die Einbettung und die Funktionen der Wissenschaft in unserer Gesellschaft geworden. Nämlich mit der Frage, ob wir denn redliche Makler des Wissens sind oder doch auch von einer Welt voll Unvernunft getrieben werden.

Das entstandene Buch ist freundlich aufgenommen worden. Nur wir, die Autoren, hatten die ehrlich Einsicht, dass das Produkt nur ein Ansatz sein konnte und wir den Filz der Zusammenhänge, welcher diese Gesellschaft zu ihrem eigenen Übel antreibt, immer noch nicht zureichend verstehen; und dass man das vielleicht in einem 'Club of Vienna' fortsetzen sollte.

Jedenfalls ist der Freundeskreis, der sich wie ein 'Club of Vienna' fühlte, beisammen geblieben; Ideen und Korrespondenzen, die von Wien ausgingen, verknüpften unsere geistigen Mitstreiter aus einem weiten Kreis im deutschen Sprachraum.

8. Etwas Licht in die Welt (1995–2005)

„Dann hast du die Teile in der Hand ...“

Ist aus all den Teilen ein Zusammenhang geworden? Kann man aus ihnen etwas Brauchbares zusammenfügen? Was lässt sich aus dem silbernen Licht in den Meereshöhlen, den gläsernen Lebensräumen und Anatomien, aus den neuen Perspektiven hinsichtlich der Evolution, der Erkenntnis, der Gesellschaft zusammenbauen? Ich denke: Ein verlässliches Weltbild ist aus sich weitender Erfahrung entstanden. Doch eben aus dieser nicht allein.

Das aber vor einem kaum aufschließbaren Hintergrund aus jenem unbestimmten Sammelsurium, in dem wir Wertungen, Kreativität und Befindlichkeit vermuten. Kurz: Ich bekam eine Ahnung davon, wie viel wir, während wir wach sind, träumen: Wie viel sich im Nicht-, Vor- oder Unterbewussten – was immer das sein soll – abspielt, ohne dass wir, unsere Gesellschaft oder eine Kultur das bemerkte.

Ich greife etwas vor, denn der Anlass, dem nachzugehen, waren Gäste im KLI: Brigitte HOLZINGER, Stipendiatin aus Wien, sowie David KHAN und Allan HOBSON, Gastforscher aus USA, die sich mit Rem-Schlaf, Tag- und Klarträumen, mit dem Nichtbewussten und mit abweichenden Formen des Bewusstseins befassten; neurologisch und demoskopisch. Ich nehme das den Tagesereignissen vorweg, weil diese Erfahrung allem Weiteren unterlegt wurde und mir mich selbst besser verstehen machte.

Ein Beispel: Um verlässlich einschlafen, vom Tage abschalten zu können, bedarf ich der Lektüre. Sie muss etwas wie eine geistige Entspannung entstehen lassen. Sie darf meinen Interessen nicht so ferne sein, dass mich Ärger über meine Zeitverschwendung wach hält, aber auch nicht so einschlägig, dass ich dazu neigte anzustreichen oder Notizen zu machen. Bei solchen Texten aber, die ich gelernt habe richtig zu wählen, geschieht es mir immer wieder einmal, dass ich mich befremdet frage: ‘Was für einen

Unsinn liest du denn da!' Wobei sich herausstellt, dass ich nicht mehr gelesen, sondern im Zusammenhang weitergeträumt habe, aber noch so weit klar war, den Wandel kritisch zu bemerken.

Natürlich bietet der Traum eines des aufschlussreichsten Fenster ins Nichtbewusste; und von ihm weiß man, dass sich weniger die Gegenstände der Erfahrung ändern als deren konventionelle Eigenschaften. Autos können in die Wolken abheben, Freunde im Boden verschwinden. Wie von einem schlimmen Kind werden die Spielsachen aus unserer reflektierten Welt durcheinandergebracht. Wenn sich aus dem Traum selbst gemachte Schwierigkeiten ergeben, wird versucht ihnen zu entgehen. Mit einer unbehülfigen Logik. Aber doch mit einer gewissen, wenn auch meist erfolglosen Konsequenz.

Oft wird bemerkt, dass eine lange Traumgeschichte auf ein Ereignis zuläuft, das sich als real erweist: Ein Buch fiel auf den Kopf. Gibt es im Traum darum eine Zeitumkehr? Ich glaube das nicht. Vielleicht träumen wir in der Form eines detailreichen Gemäldes, das, im Nachhinein bewusst gemacht, die Zeilenform einer Geschichte annehmen muss.

Ich glaube darum, dass es mit unseren Erfahrungsinhalten, mit deren Hilfe wir hoffen, uns einem 'Verständnis der Welt' zu nähern, ähnlich sein kann. Gegenstände, die der Kanon unserer Kultur längst auf getrennte Schienen gesetzt hat, begegnen einander, zumeist zu unsinnigen, doch gelegentlich zu höchst erhellenden Zusammenhängen.

Abschied vom Hörsaal I

Sobald die Semester im Jahr meines 70. Lebensjahres endeten, wurde ich vom ordentlichen zu einer Art unordentlichem, zum 'emeritierten Professor'. Der Vorgang war völlig unspektakulär. Ich hatte längst meine weiteren Vorlesungen und Seminarien angekündigt, um sie künftig entweder an der Universität oder im LORENZ-Haus in Altenberg zu halten. Das sogar mit dem befreienden Gefühl, gegen all den uns Lehrern aufgepfropften Widersinn nicht mehr auf die Barrikaden zu müssen und auch, wie noch zu erzählen sein wird, den 'spanischen Sticfeln' der Studienordnungen entkommen zu sein.

Ich ging also auch ungerührt, begleitet von meinem treuen Assistenten Ludwig HUBER, ein letztes Mal zu den Hundertschaften im großen Hörsaal I unseres Institutes, wo ich ein viertel Jahrhundert und stets mit einer gewissen Spannung vorgetragen hatte; wohl wissend, dass man als Lehrer nicht nur am Ende des Semesters, sondern in jedem Kolleg seine Prüfung zu bestehen hat. Die Vorlesung 'Einführung in die Evolutionstheorie' war abzurunden; wie schon so oft mit einem Rückblick auf das Werden von uns selbst und auf die Hoffnungen und Sorgen, die sich aus einem vertieften Menschenbild ergeben.

Schließlich sagte ich noch, man könne befürchten, dass man mit meinem Abgang auch das Thema meiner Lehrkanzel 'Theoretische Biologie' abschaffen werde und dass sie sich wehren sollten, falls das tatsächlich in Aussicht käme. Als ich dann den langen Weg zu den oberen Ausgängen durchlief, wurde nicht wie üblich getrommelt, sondern applaudiert. Erst standen einige auf, dann standen alle zweihundertfünfzig und ich hörte sie noch applaudieren, als ich schon längst durch die Türe war. Das war dann doch ein seltsames Gefühl.

Ich erinnerte mich nämlich der alten Erfahrung, dass Söhne ihrer Zeit oft ähnlicher sind als ihrem Vater. Für akademische Söhne gilt das sicher. Sie müssen sich mit ihrer Zeit arrangieren, wollen sie in den Kongressen nicht untergehen und in den Kumpaneien des Zeitstromes geborgen sein. Vielleicht ist das bei akademischen Enkeln anders.

Man mag sich erinnern, dass mich eine tiefere Weisheit der Wiener Fakultät auf eine Lehrkanzel für 'Biologie der Meerestiere' berufen hatte. Ich betrieb das auch. Aber bald kam ich der 'Theoretischen Biologie' wieder nahe. Und da sie in Wien durch BERTALANFFY entstand, vertrieben wurde und sich in aller Welt missverstanden ansiedelte, war es mir ein Bedürfnis, sie in Wien wieder anzusiedeln.

Die Durchsetzung dauerte Jahre. Die Dummen meinten, das hätten wir noch nie gehabt, die Gescheiten ahnten eine unbequeme Kontrollinstanz. Anatomie und Phylogenie waren durch meine Schüler etabliert, zudem musste ich auch mit Jörg OTT eine Abteilung für Meeresbiologie und mit Traudl KLEPAL eine für Ultrastruktur-Forschung ausgliedern, damit der Rest 'Theoretische Biologie' heißen konnte.

Das KLI in Altenberg nahm mich dann zur Gänze auf und mein alter Mercedes trug mich bald täglich von daheim durch die Tälchen und Höhen des wunderschönen Wienerwalds zu Freunden und Arbeit. Diese jeweils halbe Stunde fast reiner Natur mit ihren prächtigen Jahreszeiten, wo schon manche der Bäume von alten Bekannten auch zu Freunden wurden, erweiterte zudem das Lebensgefühl; und wohl auch jenes Weiterdenken, von dem ich noch erzählen will.

Gäste und neue Freunde

Bevor ich aber zu jenem mir so aufschlussreichen Weiterdenken komme, ist noch eine Entwicklung zu reflektieren, die darauf großen Einfluss genommen hat: die Welle der Gastprofessoren im ersten Jahrzehnt des KLI. Da wir uns mehrere Professorengehälter auf Dauer nicht leisten konnten, unsere interdisziplinären Gespräche aber bekannt wurden und einen gewissen Ruf gewannen, kamen bald alle weiteren Professoren mit ihren eigenen Mitteln.

Was ich erlernte, war interdisziplinäre Weite einer evolutionären Weltsicht; etwas wie eine Synthese aus Weltbildern. Die Mittagsrunde gab dazu besondere Gelegenheit. Neuankömmlinge stellten ihre Interessen vor, Fortschritte wurden berichtet, Ideen präsentiert, die jeweils in ein 'brainstorming' ausliefen, bei dem ein Thema aus den verschiedensten Disziplinen durchdacht wurde. Das alles mit einer gescheiten, hintergründigen Heiterkeit. Meine Tagebücher enthalten Stichworte davon. Und als mich einer unserer Gäste, der Physiker Olav DIETTRICH, einmal bat, ihm diese zusammenzustellen, ergaben sich über hundert wertvolle interdisziplinäre Themen pro Jahr: ein klassischer Übergang von der Ausbildung zur Bildung.

Was ich gelernt habe, kann man als ein Netz von geistigen Zusammenhängen bezeichnen. Freilich ist das zu allgemein gesagt und ich will versuchen, wenigstens etwas konkreter zu werden. Freilich eine Aufzählung; aber aus dankbarer Verbundenheit.

Früh waren Ethologen bei uns. Sverre SJÖLANDER, von dem ich schon erzählte, kam aus Schweden. Durch ihn begriffen wir z.B. das Werden der 'Intermodalität'. Eine Schlange etwa muss eine Maus zuerst sehen, dann berühren und schließlich so liegen haben, dass sie sie züngelnd riechen und verschlingen kann. Kommt die Reihenfolge durcheinander, kann sie die Maus gewissermaßen schon 'unterm Arm' haben, um sie immer noch züngelnd zu suchen. Die Sinne teilen einander noch nichts mit. Bei uns ist Intermodalität, so weit wir sie überhaupt wahrnehmen, schon weit gediehen: etwa die Wahrnehmungen von Auge, Ohr und Gleichgewicht zu verknüpfen. Und wenn etwas nicht stimmt, wie Bildfeld und Gleichgewicht in der Schiffskabine, kann die folgende Übelkeit wahrscheinlich als Warnsignal verstanden werden. Wirken nun schon alle unsere Sinne zusammen? – Ann RASA, aus Südafrika, ebenso frühe Schülerin Konrads, hatte damals schon die deutsche Fassung ihres Buches über Zwergmungos herausgegeben. Wir lernten, wie hoch die soziale Organisation werden kann, wie sich beispielsweise Wächter für die Gruppe exponieren und wie sehr das Warnsystem sogar zwischen Mungos und Vögeln zusammenwirkt. Gibt es moralanaloges Verhalten schon bei Tieren? Hat unsere Moral tiefere Wurzeln? – 'Ron', Ronald SCHUSTERMAN aus den USA, kam später; damals lebten schon Tintenfische in unserem Vivarium. Und die Frage ergab sich für unserer Experimente, ob sie wohl schon Intermodalität und höhere Verhaltensmuster besitzen; denn dann mussten diese unabhängig von jenen der Wirbeltieren entstanden sein. Gibt es übereinstimmende Pfade kognitiver Entwicklung? – Aber ich sehe, ich muss kürzer werden.

Olav DIETTRICH, aus Belgien, entwickelte eine 'Konstruktivistische EE', Werner EBELING (Berlin) eine Theorie der Komplexität, Werner MENDE (Berlin) eine vom Energieempfang der Erde und Jehuda RAV (Paris), den ich auch schon zu nennen hatte, eine EE der Mathematik. Von den gemeinsamen Themen sei nur eines, wenn auch sehr verkürzt, genannt: Wie ließe sich die Logik und, vor allem, die Mathematik begründen? Muss man darauf verzichten, formale Wissenschaften rational begründen zu können?

Dann die Biologen: Meinen früherer Schüler Wolfgang STERRER (Bermuda) befasste die Bedeutung der Individualität für die Evolution, meinen alten Freund Steve WAINWRIGHT (USA) die Grundprinzipien organismischen '*designs*' und Heinz PENZLIN (Jena) die Frage nach den Funktionen einer 'Theoretischen Biologie'. Und was ist überhaupt vom Theoriendefizit aller Wissenschaften vom Komplexen zu halten?

'Laco' Ladislav KOVAC (Bratislava), ein besonders lebendiger Geist, vertrat die molekulare Genetik und ließ uns eine große Studie mit der Frage zurück, ob denn Information (Instruktion) nicht schon im Bereich der Moleküle begänne. Ließe sich also die Welt aus einem Transfer von Information ebenso wie aus einem der Energie beschreiben? Das fragte ich mich früher schon selbst.

'Luc' Luciano CIOMPI, Psychiater (Bern), schrieb bei uns sein zweites Buch über die Bedeutung von Stimmung, Motivation und Affekt für die Vernunft und die Logik des Alltags; und wir begannen zu verstehen, dass selbst die Narreteien des Schizophrenen als Adaptierung einer gestörten Seele an eine nicht mehr verstehbare Welt aufzufassen sind. Mit Manfred WIMMER, der eine 'Evolutionäre Theorie der Emotionen' entwickelte und schon seit Jahren unser Journal *Evolution and Cognition* führte, strukturierte er ein einschlägiges Symposion. Man kann sich denken, dass wir uns fragten, was Normalität und Weltsicht eigentlich seien und wie wir uns in diesen befänden.

Willy MAYERTHALER (Südbayer aus Klagenfurt), den wir schon kennen, brachte uns den Relativismus der Sprachen bei; 'definitorische' trennende und 'transitive' Logiken. Was also, wenn die Widersprüche allen Philosophierens nur als die Anpassungsmängel unserer Sprachen gegenüber der Welt zu verstehen seien?

Aus den Sozial- und Literaturwissenschaften waren Wolfgang LIPP (Linzer aus Würzburg) und Manfred EICKHÖLTER (Lübeck) bei uns. Wolfgang fragte sich, was es bedeutete, wenn unsere Familienstrukturen tiefe Anker in unserer biologischen Ausstattung hätten; Manfred, was es für die 'Hermeneutik', den Vorgang 'wechselseitiger Erhellung', bedeutet, zu einer Philosophie geworden zu sein. Wenn unsere hermeneutische Verstehensweise als Methode zu rechtfertigen ist, liegt sie nicht letztlich allem Denken zu Grunde?

Aus dem Gebiet der Pädagogik waren Annette SCHEUNPFLUG und Alfred TREML (Hamburg) bei uns und Uwe KREBS (Regensburg). Sie hatten über ihren akademischen Senior, meinen Freund Max LIEDKE (Nürnberg), bereits eine 'Evolutionäre Pädagogik' entwickelt und wir begannen zu diesem Thema ein weiteres Symposium auszudenken. Wenn auch Pädagogik so recht erst aus ihrer Geschichte und diese aus der Ausstattung des Menschen zu verstehen sei, welche Verbindung ließe sich dann zu ihren geisteswissenschaftlichen Schulen bilden? Was, wie wir es entwickelten, wenn man nun auch KANTs *Kritik der praktischen Vernunft,* also nicht nur unsere Verstandesbegriffe, sondern auch die unserer Vernunft, von Ethos und Moral evolutionär betrachtete?

Auch mein 70. Geburtstag, der in diese Zeit fiel, war durch solcherart Freunde geistig erhellt. Alle unsere Gäste, ob sie zwei Wochen oder zwei Jahre bei uns waren, erwiesen sich als bedeutende Prüfer unseres gemeinsamen Anliegens. Viele hinterließen wertvolle Schriften für unser Journal; manche nannten den Aufenthalt die schönste Zeit ihres Lebens; einige weinten fast, als sie wieder gingen; viele kamen zurück. Wenn der Volksmund meint, dass man im Alter keine Freunde mehr machen könne, so irrt er.

Strukturen der Komplexität

Schon meiner Art zu referieren mag man entnommen haben, dass ich mich in meiner Haut wohl fühlte. Was mir zunehmend abzugehen begann, das war der Mangel an physischen Abenteuern, mein amphibisches Leben an mediterranen Küsten. Ich hatte aber deutlich vor Augen, dass nach all der gemachten Erfahrung noch eine Synthese fehlte: ein allgemeiner Aufschluss der Komplexität. Wieder ist nicht der Inhalt wiederzugeben, vielmehr gerade hier das Zulaufen auf Einsichten.

Um mir treulich 'auf der Spur' zu bleiben, habe ich die Abfolge der gewonnenen Einsichten in meinen Tagebüchern nachschlagen und ich finde darin eine Reihung, die noch am ehesten einer Ausgrabung entspricht; also durchaus nicht logisch ansetzt und dennoch zu einem Ganzen führt.

Dass man Erkennen und Erklären unterscheiden muss, war mir evident. Dass die Unterscheidung aber mit unserer kognitiven Ausstattung zu tun haben muss, mit zweierlei Vorgängen und Produkten, das ahnte ich nur. Der Groschen fiel erst, als mir David HUME wieder in den Sinn kam. Man erinnert sich, dass er KANT maßgeblich beeinflusste. Es war die Passage vom *post hoc* zum *propter hoc*. Man könne, stellt er fest, nur beobachten, dass der Stein warm wird, 'wenn' die Sonne scheint, das 'weil' ist eine Konstruktion, die wir hinzufügen. Das betrifft also Kausaldenken; die Erwartung gesetzlichen Nacheinanders. Und da begriff ich, dass im Erkennen, gelenkt von der Gestaltwahrnehmung, dem *post hoc* auch ein *simul hoc*, die gesetzliche Gleichzeitigkeit, zur Seite zu stellen ist; und dass dieses ebenso ein *propter hoc* suggeriert.

Dieser komplexe Vorgang ist uns fast zur Gänze vorbereitet, spielt sich weitgehend im Nichtbewussten ab, ist uns kaum evident und funktioniert so gut, dass er für selbstverständlich genommen, als Kenntnis gewinnender Mechanismus nicht erkannt wurde. Die Terminologie, ihn zu beschreiben, ist nicht der Logik, sondern der Ethologie, der Lern- und Wahrnehmungstheorie, zu entnehmen.

„Trifft man diese Unterscheidung nicht, läuft man weiterhin Gefahr, Erkennen durch das uns durchsichtigere Erklären ersetzen zu wollen, ohne begründen zu können, worauf da im Komplexen das zu Erklärende begründet werden soll."

Die Einsicht in diese Kenntnis gewinnende Ausstattung ließ mich bald begreifen, dass man auch die Vorgänge des Erkennens und Erklärens von deren Produkten unterscheiden muss.

Wenn man bloß einmal bedenkt, dass es in unseren Gehirnen ziemlich still und völlig finster ist, wir aber in einer Welt voll der Geräusche und Töne, voll der Farben und Lichter leben, wird es nahe liegend, die Operationen in unseren Köpfen von den Produkten zu unterscheiden, nach welchen wir uns in dieser außersubjektiven Wirklichkeit orientieren.

Und wenn das noch trivial erscheinen sollte, sind die Prozesse des Erkennens und Erklärens schon so verschieden wie Gestaltwahrnehmung und Logik, Kybernetik und Wahrscheinlichkeitstheorie, Hermeneutik und Kausalistik. Was ebenso wenig ein geschlossenes Bild ergeben kann wie die einander widersprechenden Deutungen der Welt.

Freilich sind viele unserer Fähigkeiten an dieser Wirklichkeit ausgebildet und erst dann durch Sprache und bewusste Reflexion überbaut worden, aber Gehirne sind nicht die Welt; es sind ihnen aber jene Fähigkeiten eingebaut worden, die uns passabel überleben ließen. Es sind uns für unser Weltverständnis die dem Gehirn möglichen Symbole entstanden; beziehungsweise wir haben sie auf dieser Basis weitergebaut.

„Bedenkt man dies nicht, wartet auf einen entweder die Falle des naiven Realismus, der Materie für rot, laut oder süß halten kann, oder, am anderen Ende, der 'Solipsismus', der die Annahme erlaubt, dass nur der Leser dieser Zeilen existiert, der sich alles übrige ausgedacht hat: beides Forschungshemmnisse."

Damit war die Vierteilung des Themas vorgezeichnet: Erkennen und Erklären gegenüber Natur- und Denkmustern. Das Folgende wurde zu dessen Differenzierung.

Als Nächstes wurde mir die Unterscheidung von Struktur- und Klassenhierarchien klar. Dass unser Erkennen eine Hierarchie von Zusammenhängen erwarten lässt. Wie die Theorien des Erklärens ein hierarchisches Muster bilden, das wusste ich schon. In der *Spaltung des Weltbildes* stellte ich das dar. Dort aber stehen Struktur- und Klassenhierarchien noch durcheinander. Das ist nicht falsch, aber in nächster Ebene noch nicht geklärt.

Nun hatte ich in meinen frühen Studien vergleichender Anatomie die universelle Bedeutung des hierarchischen Baues der Strukturen komplexer Gegenstände gewiss aufgeschlossen; und dem gegenüber mit der *Fauna und Flora des Mittelmeeres* die universelle Bedeutung der Hierarchie von Klassen. Nämlich wie man in der Systematik Arten, Gattungen, Familien, Ordnungen usf. ineinanderschachtelt, um der natürlichen Ordnung der Ähnlichkeiten zu entsprechen.

Aber ich dachte mir, wie wohl meine Kollegen, dass solche Klassen nur für ganze Organismen gelten; bis ich endlich begriff – und das nach Jahrzehnten –, dass alle Strukturen eines hierarchischen Baues in einer eigenen Klasse stehen. Der Schädel beispielsweise einer Katze ist sowohl Teil ihres Skeletts, wie er gleichzeitig aus typischen Teilen besteht. Aber es muss nicht nur tausende Katzen geben, um diesen Klassenbegriff zu rechtfertigen, sondern auch tausende Katzenschädel und deren Unterkiefer, um solche Begriffe zu rechtfertigen.

Struktur und Klassenbegriffe stehen ineinander. Will man die Zueinanderordnung anschaulich machen, kann man sich ihre Ebenen einander im rechten Winkel schneidend denken. Freilich so, dass sich die Schnittlinien über alle Höhen der zusammenpassenden Strukturen und Klassen verschieben, beziehungsweise über diese hinweg gelten können. Der Vorstellung helfen Bleistift und Papier.

„Bedenkt man diesen Zusammenhang nicht, so kann man nicht rechtfertigen, warum jede Struktur einer Hierarchie die Bildung eines verallgemeinernden Begriffes zulässt und, verkehrt herum, warum Klassenbegriffe eine Hierarchie bilden müssen."

Das war noch im Jahr 1995. Das Folgende schließt erst 1996 an. Man kann kaum glauben, wie lange so etwas dauert. Viel an Kollegs, Korrespondenz und Administration muss gebremst haben.

Auf einer parallelen Strecke des Denkens tauchten bald wieder die vier *causae* des ARISTOTELES auf, die mich schon lange beschäftigt hatten. Intuitiv kann man sie miterlebbar machen. Ich wusste auch schon, dass sie nach der Richtung, in die sie in einem hierarchischen System wirken, sowie danach zu unterscheiden sind, ob sie uns Schicht für Schicht unterschiedlich oder aber in allen Schichten mit derselben Begrifflichkeit erscheinen.

Nun begriff ich selbst, dass sich diese Vierteilung nicht nur strukturell anschaulich machen lässt, sondern dass sie sich aus unseren Denkformen erklärt; wie sich diese sogar in der Syntax und Semantik unserer Sprache niedergeschlagen hat. Die Sache klärte sich also auf:

Materialien und Formen (Produkte der causa *materialis* und *formalis*) erleben wir als Gegenstände, die in jeder Ebene anders aussehen, und bezeichnen sie mit Nomen; Kräfte und Zwecke (*causa materialis* und *finalis*) erleben wir als Vorgänge oder Funktionen, verwenden für sie Verben, welche alle Ebenen in gleicher Art durchziehen.

Demgegenüber erleben wir Material und Form als innerhalb eines Systems und uns aktiv zugänglich – wie im Bau eines Organismus oder in Bauten, die wir selbst aufführen –, Kräfte und Zwecke jedoch als von außen kommend, passiv. So, wie die Kräfte, die uns bewegen oder uns einen Bau errichten lassen, außerhalb von uns aus unserer Nahrung, letztlich aus der Sonnenenergie kommen und wie die Zwecke von uns selbst oder von unseren Bauten auf unsere Familie, Gesellschaft und Kultur zurückgehen.

„Bedenkt man diesen Zusammenhang nicht, kann man weiter darüber rätseln, warum es viererlei Ursachen geben soll und welche dieser Ursachen die Ur-Ursache der übrigen Ursachen sein müsste."

Nun verlässt meine Ausgrabung ihre Systematik ganz; sollte das Skelett freigelegt sein, will man doch noch nach Artefakten sehen.

Schon seit zwei Jahrzehnten hatte ich mich mit dem Erkennen der Hierarchie komplexer Strukturen und deren Erklärungsmustern befasst, seit zwei Jahren Struktur- und Klassenhierarchien zu unterscheiden gelernt. Auf meinen Fahrten durch den Wienerwald musste mir dies, vermischt gewiss mit vielerlei anderem, durch den Kopf gegangen sein, bis mir aufging, dass alle vier Deutungen in jeglicher Komplexität auftreten.

Alle Orientierung in dieser Welt, ob Erwartungshaltung oder Theorie, zielt auf Extrapolation. Das heißt, dass aus bereits bekannten Fällen Verallgemeinerungen entwickelt werden, die Vermutungen suggerieren, mögliche Voraussicht über die nächsteinschlägigen Fälle zu gewinnen. Das ist logisch freilich nicht begründbar, aber so alt wie notwendig, weil nur richtige Prognostik Lebenserfolg sichert.

Um der Gefahr zu entgehen, die wir schon von RUSSELLs Huhn kennen, dass auch uns der vermeintliche Wohltäter doch in den Suppentopf stecken wird, bedarf es Rahmenerwartungen: der Obertheorien. Der Apfel und die Birne machen nur auf Obstbäumen Sinn, wie Obstbäume Apfel- und Birnbäume einschließen müssen; Wurfparabel und Kometenbahn rechtfertigen sich erst im Gravitationsgesetz, wie das Gravitationsgesetz sich sowohl in der Wurfparabel als auch in der Kometenbahn bestätigen muss. Im Erkennen heißt das Hermeneutik oder 'wechselseitige Erhellung', im Erklären Subsumption, 'die Ineinanderordnung von Theorien'.

Im Prinzip wusste ich das schon bei der Abfassung der *Spaltung des Weltbildes*, aber erst die Sortierung von Erkennen/Erklären, Vorgang/Produkt und die Begründung der vier *causae* machte mich sicher.

„Beachtet man das nicht, kann man weiter darüber rätseln, warum die

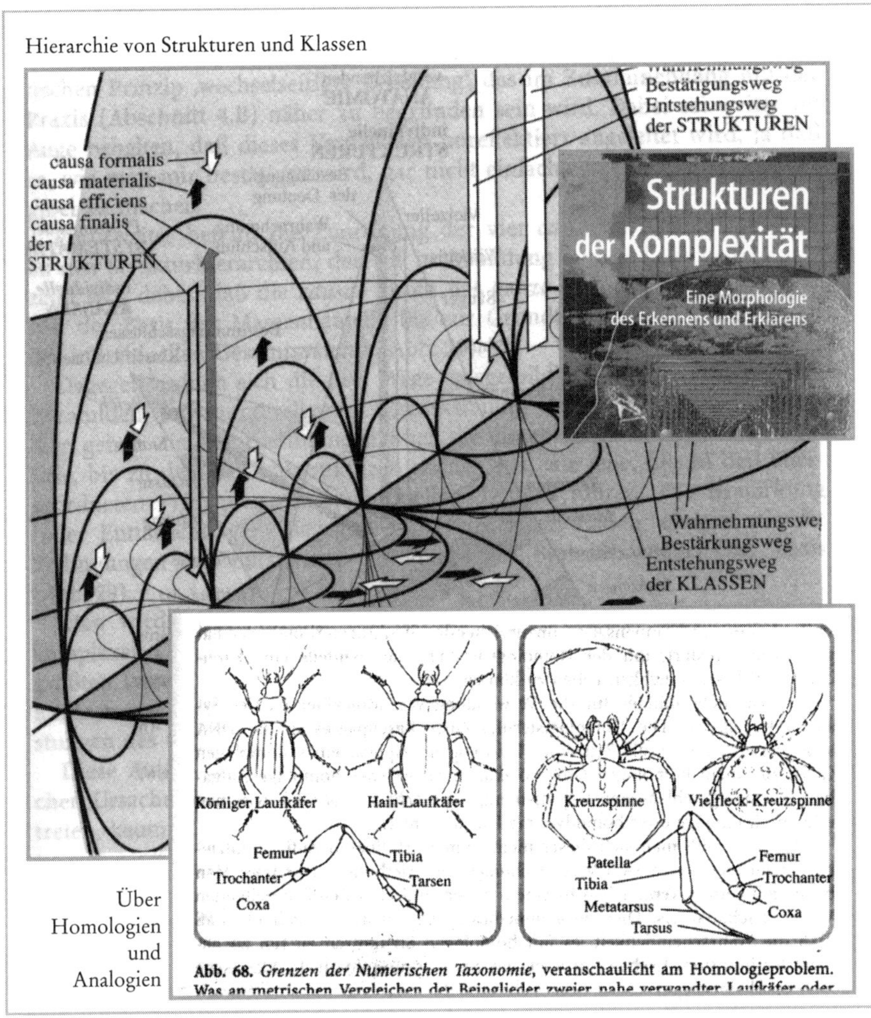

Abb. 55: Beispiele aus *Strukturen der Komplexität*, den Zusammenhang von Struktur- und Klassenhierarchien zu verstehen, die Tiefenschicht hinter denselben und das Herrschen der gleichen Prinzipien.

Welterklärungen der Natur- und Geisteswissenschaften einander ausschließen; wiewohl Natur- und Geisteswissenschaftler gleiche Gehirne haben und sich, jedenfalls experimentell, noch als kreuzbar erweisen."

Neben den vielen Grafiken, die zur Veranschaulichung all solcher Durchdringungen notwendig wurden – es sind schließlich 110 geworden –, sind wir damit schon im Jahr 1997. Da traten noch zwei Überraschungen auf:

Dass unsere Ordnung der Dinge wie die Theorien über sie eine Doppelpyramide bilden, wusste ich also schon. Dutzende hatte ich schon publiziert und wohl über eine Hundertschaft von ihnen, bewusst oder nicht, reflektiert. Beide Pyramiden gehen von der Vielfalt der uns greifbaren Dinge aus und reichen, hierarchisch geschichtet, hinauf in den Kosmos, hinunter in die Quanten; ebenso gipfeln sie oben in der Relativitätstheorie, unten in den SCHRÖDINGER-Gleichungen, welche Aufenthalt-Wahrscheinlichkeiten von Quanten beschreiben.

Was aber jetzt erst in mich einsickerte, war die Wahrnehmung, dass die Pyramiden der Strukturen nach oben in allen Schichten stets unauswechselbare, einmalige und unwiederholbare Gegenstände dieser Welt beinhalten, die Pyramiden nach unten aber auswechselbare Massenbauteile.

Näher betrachtet ist das höchst merkwürdig. Die breite Basis der beiden Pyramiden entspricht zwar weitgehend der größten Mannigfaltigkeit der uns wahrnehmbaren Dinge: ob Himmelskörper, Landschaften, Arten, mögliche Sätze oder Maschinen; dass aber an dieser Schnittstelle das historisch Einmalige, Unwiederholbare direkt an die auswechselbaren Massenprodukte der Moleküle, Verbindungen, identischen Individuen, Worte und unsere Massenprodukte schließt, ist auffallend.

„Beachtet man diesen Gegensatz nicht, wird man auch nicht wahrnehmen, wo wir in die Welt nicht eingreifen dürfen, ohne das Unwiederbringliche zu zerstören."

Zuletzt eine noch merkwürdigere Sache. Ich hatte schon verstanden, dass die Wege des Erkennens und Erklärens einander entgegenlaufen. Der Weg des Erkennens läuft in beiden Fällen von der Vielfalt der Dinge, der Basis der beiden Pyramiden, zu deren Spitze, je nach dem *'state of the art'*, unserem Wissensstand, zum Gipfel erkannter Zusammenhänge. Der Erklärungsweg läuft umgekehrt, von den umfassendsten Theorien zur Basis, den erklärten Einzeldingen.

Das gilt für alle Formen der nun unterschiedenen Hierarchien: die mit *simul hoc* wie mit *post hoc* operierenden, für Struktur- wie Klassenhierarchien, die der Individualitäten wie der Massenbauteile, im Anorganischen hinauf zu den Eigenschaften des Kosmos, hinunter zu jenen der Quanten, im Organischen vom 'Leben als Kenntnis gewinnendem Prozess' bis zu den molekularen Kodizes, in den Kulturen von ihrem Kanon bis zu ihren physischen Möglichkeiten.

Hat man das vor Augen, dann zeigt es sich, dass die beiden Erkenntniswege jenen parallel laufen, nach welchen, soweit wir das heute begreifen, die Dinge der Welt entstanden sind. Sagt man, dass das Allgemeinste oder Grundlegendste aller Differenzierung vorangehen muss, so klingt das trivial; sagt man aber, dass unsere Wege des Erklärens das Werden der Dinge rekapitulieren, dann scheint uns das überraschend.

„Kennt man diesen Zusammenhang nicht, so behält unsere Vorstellung von Gesetzlichkeit wie von der 'Ordnung der Dinge' weiterhin den Charakter begrifflicher Erfindungen oder Zufälligkeiten; tatsächlich aber rekapituliert diese Vorstellung das Werden der Welt. Wir können ihr also eher vertrauen."

Über Reaktionen auf den Band *Strukturen der Komplexität* ist nichts zu berichten; und das wird auch noch länger so bleiben. Auch der Leser wir abgeschätzt haben, wie viel an Weg meine Kollegen noch zu gehen haben würden, um das hier Verstandene mitzuvollziehen. Die Kapazitäten des Themas, welchen ich den Band überreichen ließ, haben dessen Erhalt, vorsichtshalber, zunächst einmal nicht bestätigt.

Die 'spanischen Stiefel' abgestreift

Wie wohlig war's in der Kumpanei der Meereskundler, wie geborgen auch noch im Freundeskreis des LORENZ-Seminars, selbst im Kreise der Gastprofessoren im KLI mag man mein Heimatgefühl noch mitempfunden haben. Wie anders nun, in den einsamen, kühlen Höhen von Fragen, das Komplexe dieser Welt zu begreifen.

Ich wäre in meinem Senium in jenen kühlen Höhen der Erkenntnisfragen im KLI wohl ganz gut konserviert worden und ahnte offenbar nicht, dass wieder rauer Wind einziehen werde. Die Gesellschaft, wie sie eben gemacht ist, wird ihn entfachen. Die Frage nach dem Sinn meines Tuns sprang wieder aus ihrer Schachtel.

Wo befand ich mich? Schon die *Ordnung des Lebendigen* hielt man ja für ein verfrühtes Alterswerk, seit der *Biologie der Erkenntnis* begann man sich in Fachkreisen zu wundern; und seit der *Spaltung des Weltbildes* hat man mir eigentlich kaum mehr zugehört. Ich glaube, dass meine Kollegen nicht gestört werden wollten. Wie sollte aber – die alte Frage – ein Schachspieler wissen, ob er gut spielt, wenn niemand bereit ist, mit ihm zu spielen?

Sollte ich nun nicht zusehen, was die Jungakademiker unserer Fakultäten bewegt?

Jedenfalls bot ich 1997, mit dem Gefühl, die 'spanischen Stiefel' von Universitätsfächern nun ganz abstreifen zu können, ein Kolleg mit dem provokanten Titel 'Über Gott und die Welt; die Paradigmen der Wissenschaften' an.

Das schien an Freiheit genug zu bieten um herauszufinden, was, jenseits meines eigenen Denkens, unsere angehenden Akademiker (die Akademikerinnen natürlich immer mitgedacht) heute bewegt. Die Vorlesung war auch in dem Sinne ungewöhnlich, als nicht ich den Inhalt des Kollegs vorgab, vielmehr die Studenten ihre Fragen stellten. Diese ließ ich von den dreißig Höhersemestrigen, die ich im Bibliotheksaal des KLI in Altenberg aufnehmen konnte, niederschreiben. Erst daraus machte ich mir einen zusammenhängenden Kontext für die Vorlesung und die Diskussion. Und ich versprach, keine Frage zu übergehen, sie nach unseren heutigen Kenntnissen getreulich zu beantworten oder ihre Unbeantwortbarkeit als derzeitig oder prinzipiell zu begründen. Gelegentlich musste ich bei Kollegen nachfragen, in der Kosmologie bei Dieter FLAMM, in den Sprachwissenschaften bei Willy MAYERTHALER. Aber im Großen und Ganzen hatten mich fast alle Fragen, die da kamen, schon einmal fachlich beschäftigt; wie ich das seit der *Strategie der Genesis*, seit nun drei Jahrzehnten gewohnt war.

An die dreihundert Fragen kamen jeweils zustande. In den Semestern 1998 bis 2000 bot ich das Kolleg wieder an. Somit wurden mir bisher rund tausend Fragen gestellt; und heute weiß ich, was mein Denken noch immer in unsere akademische Jugend einbettet.

Was den Rahmen um diese Fragen bildet, weiß ich nun auch. Man hätte das früher eine 'philosophische Anthropologie' genannt. Aber bei meiner Skepsis gegenüber philosophischen Konstruktionen und meinem Vertrauen auf eine aus der Erfahrung prüfbare Erkenntnislehre wurde es ein 'Evolutionäres Zeit- und Menschenbild'. Das ist ein Thema, das jedenfalls unsere Universitäten nicht anbieten. Dabei geht es um berührende Fragen, die den jungen Leuten an die Seele, sogar an den Nerv gehen; und die sie an den Universitäten gar nicht stellen, weil sie gewohnt sind, dass ihnen fachliches Einzelwissen, Berufsausstattung unterrichtet wird, und sie gelernt haben, dass sie Fragen, die sie in Wahrheit bewegen, gar nicht beantwortet bekämen.

Vielleicht sollte man die Zulassung zu hohen Studien da nicht nur von einer Physik-, dort von einer Lateinprüfung abhängig machen.

Es war unschwer, herauszufinden, worum es geht: nämlich um Leere oder Unsicherheit, um das Woher und Wohin von uns Kreaturen, um alles Werden und um Sinn und Fruchten der Gesellschaft, die uns da herumtreibt. Die Sache war also geschichtlich anzufassen: von der Kosmologie über das Entstehen des Lebens, des Menschen, seines Bewusstseins, seiner Sozietät und Sprache eben zu Fruchten und Übel seiner Vernunft, Wissenschaft und Gesellschaft.

Aber weil all das verlangt, seine Optik zu deklarieren, war das Thema Metaphysik, mit der Religio und den metaphysischen, also aus der Erfahrung nicht aufklärbaren Hintergrundannahmen auch unserer wissenschaftlichen Paradigmen, voranzusetzen.

Nun ist wieder nicht der Inhalt des daraus entstehenden Buches zu referieren, vielmehr das, was ich meine, aus den geäußerten Anliegen gelernt zu haben; und zwar hinsichtlich der Anliegen, der Problematik und jener aus Widersprüchen entstandenen Leere im zeitgenössischen Weltbild.

Erst nach einem Gespräch über Metaphysik konnte man eben von der Entstehung des Kosmos, des Lebens, des Menschen und seines Bewusstseins ausgehen, um über Sprache, Vernunft und Wissenschaft zur Kultur aufzubauen und zu deren metaphysischen Voraussetzungen zurückzukehren. Tiefe Skepsis und Unsicherheit hat alle ihre existenziellen Fragen begleitet. Und noch zwei Erfahrungen kann ich anschließen: Kein Thema steht dem Menschen für sich. Sie sind im Ganzen nicht trennbar. Und es sind Produkte einer Halbbildung, die der Bildung bedürfen, um einen denkenden Menschen und eine Kultur zu befriedigen.

So konnte ich mich zuletzt fragen, was von der neuen Generation zu lernen war. Was hat ihre Welt verändert? Wo bleiben unter den Säulen, die eine Kultur tragen, Religion und Kunst? War es zu Recht, nur der Wissenschaft ein eigenes Kapitel zu widmen? Aber sind die beiden anderen nicht dabei, den Menschen zu verlieren; die Kirche durch neuen Konservativismus, die Kunst als Bürgerschreck? Und sollten sie den Bürger nicht verloren haben, was hätten sie in einer skeptisch und damit unsicher gewordenen Gesellschaft aufgebaut?

Nichts aber hat dieser Jugend ihre Welt so nachhaltig verändert wie die Wissenschaft, sogleich mit der Technik im Gefolge; heute von Wirtschaft und Machtentfaltung angetrieben. Zusammen hat das den Menschen gegängelt und in eine andere Welt manipuliert. Fast schon ein Gemeinplatz. Ebenso wie die Feststellung, dass Wissen Macht bedeutet. Und dennoch sollte sich hier nur jenes lebenserhaltende Prinzip fortsetzen, dass richtige Prognostik Erfolg bedeutet. Derzeit mit beängstigenden Erfolgen.

Natürlich wird die Welt heute von der Wirtschaft dirigiert, von Kapital und Zinsen; und durch die Heimsuchungen von der Atom- zur Gentechnik. Denn Wissenschaft steuert sich längst nicht mehr selbst. Sie ist zerteilt und kann regiert werden, gesteuert von Interessen, Einfluss und Macht. Die geistigen Höhen, die noch viele Fächer erreichen, werden dagegen belanglos; vergangene Dekoration eines vermeintlichen Ethos. Und dennoch sind es wieder bestimmte Wissenschaften, die das erkennen können. Diese muss man fördern.

Demgegenüber werden nun mit zunehmender Selbstbildung überall die Unsicherheiten deutlich. In einer säkularisierten Welt meint man, die Unsicherheiten des Metaphysischen zurücklegen zu können; ebenso wie jene des physikalischen Zufalls als kreatives Element aller Schöpfung; den Zusammenhang zwischen notwendigem Zufall und zufälliger Notwendigkeit und die Frage, ob wir uns selbst als Irrläufer oder Konzept Gottes verstehen sollten.

Und wenn das auch alles noch wie akademisches Gerede wirken kann, sobald es uns in unserer Gesellschaft betrifft, sieht das schon anders aus. Was begründet, dass wir diese Welt verstehen, die Dilemmata des Bewusstseins, die uns zum Zauberlehrling dieser Evolution machen, den Sprach- und den Kultur-Relativismus?

Was begründet Verstand, Vernunft und Wissenschaften? Ist auf sie Verlass, unsere Einsicht in das Wechselverhältnis von Bürger und Staat? Haben wir die Missadaptierung für unsere anonyme Massengesellschaft verstanden; die Rolle von Phasenübergängen, Emergenzen und Historizität, das Unreparierbare, historisch Gewordene komplexer Systeme? Treiben uns Kapitalflüsse, Macher und beliebige Freiheiten der Machtentfaltung in einen Teufelskreis? Wie haben nochmals zuzulernen.

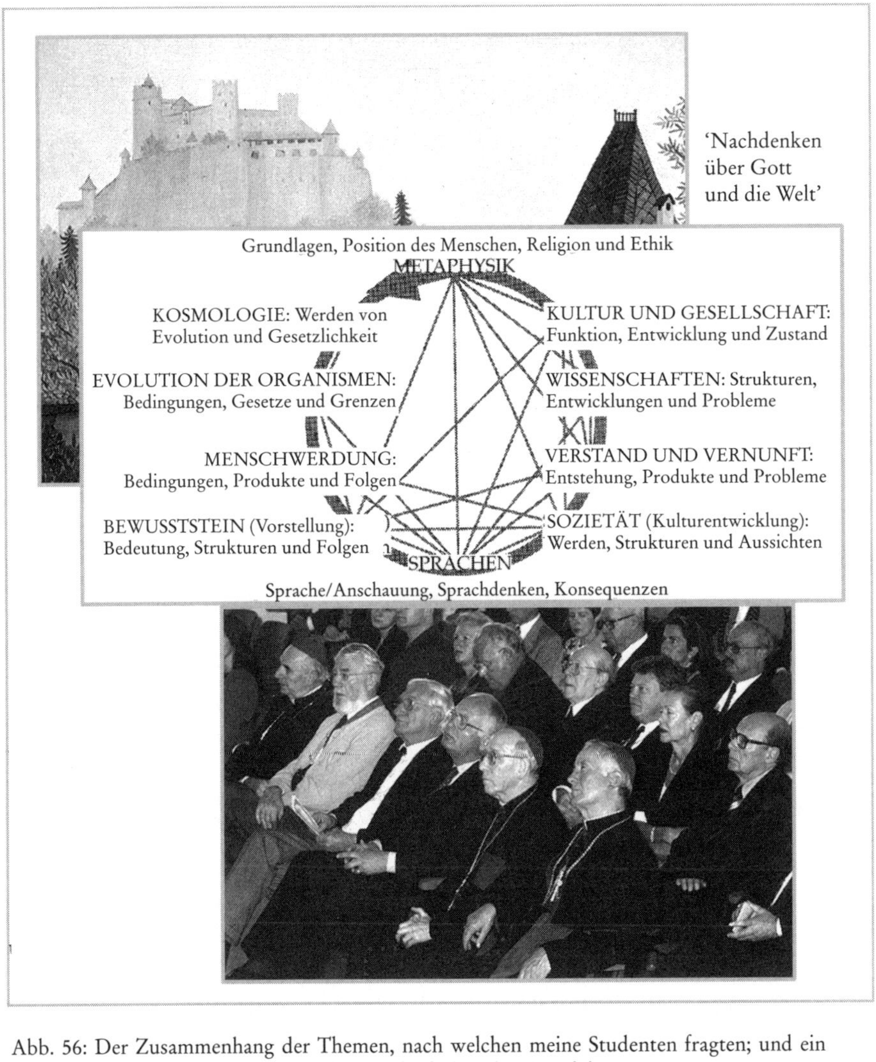

Abb. 56: Der Zusammenhang der Themen, nach welchen meine Studenten fragten; und ein Ausschnitt meines Auditoriums bei den Hochschulwochen in Salzburg.

Wie nahe ich der Einsicht in die Notwenigkeit der Lösung solcher Fragen schon war, glaube ich zur Zeit dieses Kollegs 'Über Gott und die Welt' auch noch nicht gewusst zu haben. Ähnlich wie in meinem Weiterwandern von der Komplexität der Ökologie zu jener der Evolutions- und dann der Erkenntnis-Theorie. Und wiewohl die Zeitspannen eines Berichtes aus dem Alter auch kürzer werden, es bedurfte doch noch einiger weniger Jahre, um aus den Höhen der Theorien die geplagten Menschen im Vordergrund zu sehen.

Auf der Abschussliste

Nun war's doch einmal genug. Ich entdeckte mich auf der Abschussliste unbequemer Wissenschaftler; und es war zu komisch, das erst jetzt zu bemerken. Antje BULTMANN hat zu dem Thema zwei mutige Bücher geschrieben.

Deutsche Biochemiker und Molekularbiologen hatten sich, wie man mir sagte, längst zusammengetan, den Störenfried aus seiner Position in Altenberg zu vertreiben. Die wohlmeinende Traudl ENGELHORN – ihr Mann Peter lebte nicht mehr – überzeugte man, dass ich nun endlich meine verdiente Ruhe genießen müsse. Ich wurde zum 'Ehrenpräsidenten' des KLI isoliert und machte davon nicht viel Aufhebens, weil ich mich durch Protest und Austritt für den vorherzusehenden Niedergang nicht mitverantworten durfte. Nämlich den Niedergang jener Ambition, gegen den Unfung opportunistischer Strömungen einzutreten; unser ganzheitliches Verstehen von Wissenschaft, Kultur und Welt trotz aller Risiken zum Nutzen unserer Gesellschaft und unserer Umwelt einzusetzen. Ich ging einfach nicht mehr nach Altenberg. Man darf sich nicht verkaufen.

In gewisser Weise war die Vertreibung zu erwarten gewesen. Im Zusammenwirken von reduktionistischen Wissenschaften und den Konzernen ging es, wenn auch nicht sehr weitsichtig, unmittelbar um viel Prestige, sehr viele Mitarbeiter und außerordentlich viel Kapital.

Was aber sollte mir geschehen? Im Grunde war ich nur nochmals aufgeweckt worden.

Auf meiner Wanderung in die jeweils weiteren Rahmen dessen, was Tun und Denken rechtfertigen könnte, wäre ich vielleicht in den kühlen Höhen akademischer Erkenntnisfragen verblieben und dort, wie schon vermutet, ganz gut konserviert worden. Aber ich wurde aufgescheucht. Oder eigentlich wurden Ahnungen, die mich schon begleitet hatten, zur Wahrnehmung höchst konkreter Teile meiner Welt.

Abb. 57: Im Untertitel setzte man durch: *Die Helden, ihre Irrungen und Einsichten.* 'Helden' war in meinem Sinne, 'Irrungen' nicht. In allem steckt Weisheit und Voraussicht. Hier füge ich Porträts aus der ersten, 'heroischen' Phase hinzu.

Was ich im vergangenen Jahrzehnt des 'Konrad-LORENZ-Instituts' an gesamtheitlicher Weltsicht publizierte, im 'Käferbuch', in *Gott und die Welt* in den *Strukturen der Komplexität* und mit vielen Autoren in unserer Zeitschrift *Evolution und Cognition* – erst mit Manfred WUKETITS, dann mit Manfred WIMMER –, war dem *'main stream'* der Macher schon lange gegen den Strich gekämmt.

Das wussten wir und taten es, weil unsere holistische Perspektive der Wahrheit näher sein musste und die Übel als Folge reduktionistisch legitimierten Eingreifens schon längst in unserer Welt sichtbar waren. Davon war schon die Rede. Gewiss umfasst der pragmatische Reduktionismus, wie man sich erinnert, viel der analytischen Forschungspraxis, er lenkt aber zum Irrtum des ontologischen Reduktionismus, dass das schon alles wäre, zur Machbarkeits-Ideologie, zur Legitimation, in die komplexe Welt einzugreifen, ohne der Bereitschaft, sie verstehen zu müssen.

Bislang waren die Widerstände gegen uns Holisten kaum merkbar. Diskussion gab es keine. Was auch wäre zu entgegnen gewesen? Auch das hat Vorteile. Abweichler wie Giordano BRUNO, um mich in interessante Gesellschaft zu bringen, hat man noch verbrannt, ROUSSEAU und VOLTAIRE bereits flüchten lassen, nach Holland und in die Schweiz, und nur ihre Bücher verbrannt. Heute wird sogar das Verbrennen von Büchern, zuletzt bei den Nazis, als unfein empfunden. Es genügt, die Abweichler totzuschweigen. Über Sozialversicherung und Rechtsstaat bleiben sie ungeschoren, aber auch Helden entstehen damit keine mehr.

Nur die Dokumentation hat sich umgekehrt. Die Entscheidung über BRUNOs Verbrennung hat sich längst im Filz lang zurückliegender Querelen in der Kurie verloren, auch die Verbrennung der Bücher von ROUSSEAU und VOLTAIRE verliert in den Wirren jener Zeit Konturen, das Totschweigen hingegen ist nach Autor und Jahreszahl in allen einschlägigen Bibliotheken dokumentiert und kann stets nachgeschlagen werden. Und vielleicht folgt eine Generation, die daraus lernen wird.

In dieser Zeit übernahm Dr. CZESCHLIK im modernistischen Springer-Verlag Heidelberg einen zweiten Text von mir. Im Kern meine langjährige Evolutionsvorlesung. Diese Liberalität überraschte mich, denn der Kontext ist der Zeitströmung wieder gegen den Strich gekämmt. Ein bisschen Distanz nahm man aber doch, indem der Band *Riedls Kulturgeschichte der Evolutionstheorie* genannt wurde. Aber er erschien.

Im Wesentlichen geht es mir darum, dass die Evolutionstheorie von heute aus ihrer Geschichte verstanden werden muss, diese verschiedene 'Zeitgeister' durchläuft und sich mit diesen von einer ganzheitlichen Sicht schrittweise zu einer technischen verengt. Sie wird damit dem Lebendigen nicht mehr gerecht und bedarf wieder einer Phase systemischer Zusammenschau.

Club of Vienna 2

Von der 'unheiligen Allianz' zwischen der Industrie und jenen Wissenschaften, aus denen Kapital zu machen ist, hatte ich schon eine gewisse Ahnung, aber immer noch in einer akademischen Weise. Vom Umfang an Kapital und Macht, um die es dabei geht, hatte ich noch kaum eine Vorstellung. Tatsächlich entspricht der Umfang an wirtschaftlicher Macht eines multinationalen Konzern der eines kleinen Staates. Als ich das verstand, begann ich aus der Einsicht in diese 'Allianz' den Text eines kleinen Buches.

Das Konzept der Gründung des KLI, nämlich aus der Gesamtsicht von den Bio- zu den Sozialwissenschaften unserer Gesellschaft behilflich zu sein, war gestrichen. Aber Freunde des alten Gedankens waren noch da. Namentlich jener Kreis, der sich ohnedies schon als 'Club of Vienna' fühlte. Man musste daraus etwas Greifbares machen.

Um diese Zeit empfing ich einen besonders schönen Orden der Stadt Wien und Bürgermeister Michael HÄUPL zeigte in seiner Laudatio, wie viel er noch von den Abenteuern und Ambitionen wusste, die er in meinen Studenten-Exkursionen erlebt hatte. Ich schrieb ihm folgenden Brief:

„Sehr geehrter Herr Bürgermeister,
lieber Herr Doktor HÄUPL!

Ich möchte 'meinen Club of Vienna' in Ihre persönliche Nähe bringen. Als alter Emeritus kann ich zwar nicht mehr viel, habe aber jene Glaubwürdigkeit und Perspektive, um bedeutende Fachleute für die Bearbeitung übergreifender Themen unserer Gesellschaft zu gewinnen.

Da es um die Lösbarkeit von Problemen geht, welche die Zivilisation unseren Bürgern beschert, glaube ich mich damit Ihren sehr nahe; und vielleicht wollen Sie den Attraktionen Wiens, neben dem Riesenrad und den Lipizzanern, noch eine intellektuelle, zeitgemäße hinzufügen.
Mir ist das ein Anliegen; und ich bitte Sie, mir einen Gesprächstermin geben zu lassen. Mit herzlichen Grüßen
Ihr – Rupert RIEDL"

Umgehend hatte ich meinen Termin, legte ihm kurz meinen Plan auseinander und er fand: „Das machen wir."

Im Unterschied zum 'Club of Rome', der sich um die 'Grenzen des Wachstums' bemühte, geht es uns im 'Club of Vienna' also um die 'Ursachen des Wachstums'. Das ist kein technisches, sondern eine soziologisch-politologisches Problem; mit der Frage, wie denn und über welche Mechanismen der Wachstumszirkus unserer Gesellschaft angetrieben wird, wie er über die Pressionen der Wirtschaft und die Pervertierungen von Bildung und Forschung zum Ozonloch und über die Verpestung unserer Umwelt bis zum Neokolonialismus führt. Nach meiner Meinung geht das auf den Übergang vom Neoliberalismus zum Turbo-Kapitalismus zurück. Aber auf dem Weg aus dieser Vermutung bleiben viele Frage offen, die alle kompetent zu klären sind. Ich wollte mit den jeweiligen Kapazitäten jene Themen bearbeiten, welche Fachinstitute nicht anfassen können, Politiker nicht anfassen wollen, die aber uns alle plagen.

Ich bat den Bürgermeister, mich einer Person seines Umkreises zu empfehlen, die wüsste, wie man mit der Rathausverwaltung umgeht. Ich dachte an einen seiner Sekretäre, aber er empfahl mich unserem ehemaligen Finanzminister Rudolf EDLINGER. Das war sehr weitsichtig. Mein Budgetentwurf wurde angenommen und nahm seinen Weg. Freilich, in dem großen Apparat des Rathauses nicht so einfach wie seinerzeit mit dem Budget von Peter ENGELHORN.

Aber das Kulturamt der Stadt übernahm die Administration, Stadtrat MAILATH-POKORNY und unser Betreuer Professor Hubert EHALT erwiesen sich als kooperativ, der Club wurde zum Verein öffentlichen Rechts. Ein Präsidium war zu bilden; Klaus WOLTRON lud ich als Kassier, Hermann KNOFLACHER als Schriftführer ein, ich wurde wieder einmal Präsident und die Mittel begannen zu fließen. Wir schrieben Stellen für das Sekretariat aus, ich stellte meine Emeritus-Kammer in der Zoologie als Sekretariat zur Verfügung und wir begannen zu arbeiten. Na also!

So schrieb ich jubilant an unsere alten Mitstreiter und erhielt von rundum Glückwünsche und freudige Zustimmung. Aus der Schweiz machte sogleich Professor Matthias BINSWANGER mit, aus Deutschland Helmut HELSPER, Manfred SLIWKA, Werner PATZELT und neben ihnen eine ganze Reihe Österreicher.

Noch ein paar Pläne

In der Zwischenzeit hatte ich eine Reihe von Projekten entworfen; neben einem Dutzend Themen für Plenar-Veranstaltungen drei Buch-Ideen. Zunächst beschäftigte mich Werden und Wandel unserer Einrichtungen für Forschung und Bildung.

Im Nachschatten meiner Erfahrung in Altenberg fragte ich mich, wie es dazu kommen konnte, dass Universitäten mit ihrem Bildungsauftrag zu Stätten bloßer Ausbildung verkommen konnten. Und es zeigte sich bald, welchen Einfluss die Antike, dann die Kirche, Fürsten und schließlich Nationalstaaten auf ihre Bildungsinstitutionen nahmen. Von dem Wunsch nach einem einheitlichen Weltbild wandelte sich dieser, angetrieben durch Konkurrenz um materielle Dinge, zum Wunsch nach Einfluss und wirtschaftlicher und staatlicher Macht. Die Disziplinen zerteilten sich in allmählich sterbende Orchideenfächer und zunehmend ausgefütterte Elefanten, die, von der Wirtschaft immer stärker finanziert, nun der Wirtschaft zu legitimieren hatten, in diese Welt einzugreifen, noch bevor diese verstanden wurde. Die Achtung vor dem Unwiederbringlichen ging verloren und das Ethos aller Wissenschaft, das zum Mindesten noch alle Ergebnisse allen zu Kritik und Nutzung frei zur Verfügung standen, begann in den Tresoren der Industrien zu verschwinden, um dann patentiert auf den Mark zu kommen.

Mein Bändchen erschien mit dem Titel *Die unheilige Allianz; Bildungsverluste zwischen Forschung und Wirtschaft*. Und was ich für mich am Wege dieser Arbeit gelernt hatte, war die Einsicht, dass Bildung überhaupt unser letztes Korrektiv zu sein scheint zwischen all den uns umgebenden Formen von Humbug und Betrug.

An einem zweiten Buch hat mir Werner PATZELT geholfen. Mich hatte schon lange ROUSSEAU beschäftigt; besonders sein *Gesellschaftsvertrag*.

Im allgemeinen Aufwind der Aufklärung vertritt er die Ansicht, dass zwischen Bürger und Staat so etwas wie ein sozialer Vertrag geschaffen werden müsse. Ich war solchen Gedanken schon in den 1980er-Jahren mit meinem Buch *Wiederaufbau des Menschlichen* nahe; mit dem Untertitel: *Wir brauchen Verträge zwischen Natur und Gesellschaft.* Nun, nach einem Dutzend Jahren, über die *Ursachen des Wachstums* und die Freunde im Club war die Perspektive weiter geworden.

Natürlich hatte ROUSSEAU in jener Feudalzeit Recht, wenn er die Schaffung neuer Verträge für unsere Gesellschaft verlangte, aber vier Dinge haben sich seit der Aufklärung verändert. Wir Bürger seien zum Souverän geworden. Seit der Globalisierung ist es nicht mehr nur unser Staat, mit dem zu verhandeln ist, es sind zudem die Staaten, in deren Hegemonien, deren Machtgefälle er eingebunden wurde. Es ist nicht mehr nur Gott als metaphysisches Prinzip, auf das sich unsere Ansprüche als Kreatur berufen können, wir können sie mit unserer Forschung seit LORENZ objektiv begründen. Und was die Ideologie der Aufklärung betrifft, so war sie damals ebenso berechtigt, wie sie uns über gut zwei Jahrhunderte in jene Machbarkeits-Ideologie lenkte, die uns heute so zu schaffen macht. Sie muss einer 'Abklärung' weichen, die die Grenzen unserer Möglichkeiten und Ansprüche deutlich macht.

Man wird sich erinnern, dass der Begriff 'Abklärung' von Gräfin DÖNHOF stammt, entlang eines Spaziergangs zum Vatikan. Ich redete damals von einer zweite Aufklärung. In der Zwischenzeit erschien von ihr der Band *Zivilisiert den Kapitalismus.* Wir waren uns näher als ich damals denken konnte. Sie lebt heute nicht mehr.

Im Wesentlichen dreht sich unsere Argumentation um unsere Adaptierungsmängel. Namentlich ist unsere Sozialisation an der Kleingruppe durch die Bedingungen der anonymen Massenzivilisation überrannt worden. Hoffnungsvoll gaben wir den Titel *Kein Ende der Genesis; wir und unsere Staaten.* Und wenn man zu ROUSSEAUs Zeit noch darüber diskutieren konnte, ob die Völker- und Menschenrechte aus Gottes Plan zureichend zu begründen wären, mit Kenntnis der Ausstattung menschlicher Kreatur sind sie glattweg zu fordern.

Der dritte Titel heißt *Regieren gegen den Bürger* und hat mir mit rund einem Dutzend Mitarbeitern die meiste Mühe gemacht. Ernst GEHMACHER, Sozialwissenschaftler, und ich waren uns in der Sache einig. Im 'Club' aber fürchtete man unsere Unbefangenheit. Dabei geht es im Prinzip um die Paradoxie, dass selbst in den parlamentarischen Demokratien gegen den als solchen gedachten Souverän, den Bürger, selbst gegen die Interessen aller regiert werden muss; letzten Endes also darum, die Vertreter unserer Staaten durch die öffentliche Meinung in ihrer Aufgabe zu stärken, sich auch übernational für Vernunft einzusetzen.

Ich gewann für sechs Sachthemen die jeweiligen Kapazitäten, die Gegnerschaft der Bürger gegen Kernenergie, Genmanipulation, Tierquälerei, Transitlawinen, Globalisierung und Naturzerstörung darzustellen. Themen, die wir persönlich gut kennen und die in allen Fällen nicht nur zu blutigen Köpfen führen – was ich trachtete genüsslich zu illustrieren –, sondern uns auch allen schaden. Ernst GEHMACHER und ich führten in das Thema ein, Werner PATZELT und Herbert RAUCH fassten die politischen Perspektiven zusammen.

Was hinter dem Ganzen steht, ist der Wunsch nach einer höheren Moral, die sich aus der Vernunft des Menschen eher begründet als aus den Zugzwängen von Wirtschaft und Staat. Ich wusste schon, dass wir mit diesem Thema den Drachen noch nicht am Kopf gefasst hatten; aber ein Anfang war zu machen.

Ein (R)evolutionist?

In der Praxis der Zusammenarbeit mit den Persönlichkeiten im 'Club of Vienna' ging mir endlich noch ein Licht auf; gottlob spät genug. Ich war in meinem Leben nicht nur Evolutionist, sondern, ohne es wahrzunehmen, offenbar auch immer Revolutionist gewesen und hatte an den empfangenen Püffen und dem Verlust an Kumpaneinen, der Entfremdung von Freunden, dem Zerreißen menschlicher Bande wohl zunehmend gelitten, aber keinen Schaden genommen.

Das habe ich versucht getreulich darzustellen; wie wenig mir der Hinauswurf aus Neapel, das Unverständnis gegenüber meiner Evolutionstheorie, die Befremdung, welche die Erkennistheorie nach sich zog, Eindruck machte. Nun in der Gesellschaftstheorie bemerkte ich endlich, dass ich in keinem mutigen Kreise lebte, dass man sich vor heiklen Themen scheute und meine Perspektiven nach Stil und Konzept in eine Richtung drängte, welche meine Sache nicht sein konnte. Und wieder zog ich mich zurück, diesmal auf einen 'Gründungspräsidenten'.

Es muss sich bei mir um eine eher erratische Figur handeln, die sich in keiner Ebene als domestizierbar erweist. Vielleicht war ich meiner Zeit hinterdrein, da man sich über Verbündete und Seilschaften seine Karriere sicherte; vielleicht war ich ihr auch stets um eine Nasenlänge voraus, was bei meiner Nase zu viel gewesen sein mochte. Wie auch immer; ich bin dem Schicksal dankbar und allen, denen ich begegnet bin, die mich eine so bunte Welt aufmachen ließen.

Wie schließt man solch eine Geschichte?

Ich denke, dass ich der Weisheit meiner Verlegerin folgen soll, die meinte, dass volle acht Jahrzehnte gerade passten. Ich glaube das auch. Aber natürlich hege ich weitere Pläne. Wenn man so vieles mehr über unsere menschliche Ausstattung weiß, kann man auch gegen die großen Plagen unserer Gesellschaft über neue Einsichten auch neue Hoffnung geben.

Etwa: *Was ist Wirtschafts-Terrorismus?* Es kann sein, dass der Bomben-Terrorismus dessen Folge ist, folglich am falschen Ende bekämpft und in Wahrheit geschürt wird. – *Was unterscheidet Patriot und Terrorist?* Zumal diese diametralen Eigenschaften stets ein und derselben Kreatur zugedacht werden. – Wie vergleichen sich *Rom und Washington?* Mit der Frage, was aus Imperialismus zu lernen ist. Was ist von Rom geblieben? Verdrehtes Latein – sodass sich Portugiesen und Rumänen nicht mehr verstehen –, überholte Rechtsformen und Ruinen. Was sich aber erhielt, hat sich aus Opposition durchgesetzt, eine höhere Moral: das Christentum. Und wie vergleichen sich die Anliegen unserer NGOs – von den Walschützern bis zu den Globalisierungsgegnern – mit der Handelsmoral der 'kleinen Leute' im Islam? Es geht wieder um eine höhere Moral gegen Zins, Wucher und Plünderung. – Und was wäre *Vernunft durch Autonomie?* Wenn eine Weltvernunft nicht zu erreichen ist, kann man nicht zeigen, dass es im Kleinen besser gehen kann? – Und überhaupt: *Was ist Lebensqualität?* Wer kann stetes Wachstum wollen, wissend, dass jedes System, das von Wachstum leben muss, allein an seinem Wachstum zu Grunde gehen muss; wer kann einen Kapitalismus wollen, der alle in die Fron zwingt?

Der verbliebene 'Club of Vienna' wird diese Themen nicht schaffen. Man muss das selbst anfassen. Ob mir noch Teile eines neunten Jahrzehnts vorgesehen sind, kann man nicht wissen. Sollte sich aber noch einiges entwickeln, so mögen andere darüber schreiben.

Auf Erwin SCHRÖDINGER habe ich mich oft bezogen, weil ich mich seiner *Weltansicht* sehr verwandt fühlte. So publizierte ich jüngst auch *Meine Sicht der Welt.* Eine seiner Töchter, Ruth BRAUNITZER, kam einmal auf mich mit der Sorge zu, dass sich eine entstehende SCHRÖDINGER-Biografie so läse, als ob er zu jeder neuen Theorie auch einer neuen Liebe bedürfte. Ich sah mir das an; es war nicht aufdringlich.

Doch um „ein echtes Lebensbild zu schaffen", sagt er in seiner Autobiographie, fehlt „die Möglichkeit, weil das Fortlassen der Beziehungen zu Frauen (...) eine große Lücke ergibt, andrerseits geboten erscheint, erstens des Klatsches wegen, zweitens weil sie kaum genügend interessant sind, drittens weil in diesen Dingen kein Mensch wirklich ganz aufrichtig ist oder auch nur sein darf." Auch das verstehe ich gut.

Das Trefflichste, in dem ich mich dankbar eingebettet fühle, ist ein opferbereiter, kreativer Strom, in dem ich mich heute als einen Abschnitt meiner Familie sehe; da nun auch meine Töchter Barbara und Sabina neue, vertiefte Blicke in den Menschen und seine Gesellschaft tun, die in guten Buchauflagen vertrieben werden.

Es bleibt auch nett, sich zu fragen, wer in der Kette unserer Generationen welche Werte geschaffen hätte. Und freilich ist das im Grunde nicht bestimmbar. Wovon könnte man ausgehen? Ist es die Pflege der Kinder und deren kulturelle Weckung, sind es Buchauflagen oder ist es Kunst in der Öffentlichkeit, die generationenlang gesehen wird, wie das von ihrem Großvater, dem Bildhauer Josef Franz, verblieb. Seine *Autobiographie*, die ich aus seiner Handschrift zusammenstellte, lässt sich nachlesen.

Wenn es um die Auflagen ginge, würde ihr Urgroßvater, der Bildhauergehilfe Josef RIEDL, alle ausstechen, dessen Jugendstil-Sonne sich, zu Geländer-Feldern in Eisen gegossen, in der Monarchie in hunderttausend Exemplaren von Wien bis Lemberg und Dubrovnik verbreitete. Und wie viele Intarsien von ihrem Ururgroßvater, dem Kunsttischler Franz-Xaver, in Währing verblieben sein mögen, wissen wir freilich nicht mehr.

Nach meinen Vorträgen an Universitäten und Bildungsinstituten wurde ich ja oft gefragt, ob ich wohl mit meinen Missionsreisen Erfolg hätte. Wie wäre das zu messen? Das werden auch meine Enkel noch nicht abschätzen können. Nur, dass sich auch ihr Großvater bemüht hat, werden sie wissen; und wenn sich viele bemühen, zu Kultur und dem Verstehen dieser Welt beizutragen, ist alles in Ordnung.

Ich weiß schon, dass unsere Gesellschaft immer noch Unheil, selbst Völkermord zulässt und unter solchen Umständen schon das Überleben eine

Die Autorinnen
Sabina (links) und
Barbara (rechts)

Abb. 58: Verlage und Buchhändler haben aus den beiden die 'Science-Sisters' gemacht; und ich selbst staune darüber, wie viel an differenzierten Anlagen eine Anthropologin und eine Wissenschafts-Journalistin inmitten von Mutterpflichten zu solch gemeinsamen Leistungen führt.

bewundernswerte Leistung ist. In unseren satten Sozialstaaten scheint mir dagegen das Überleben des Einzelnen noch kein Achtung gebietendes Ergebnis. Zugegeben, wir haben den Menschen und seine Ausstattung nicht erfunden, er ist ein seltsames Getier und ich bin es auch. Wenn man aber an den Sinn eines Lebens denkt, dann ist dieser wohl daran zu messen, wie viel es an Humanität und Kultivierung, mit einem Wort 'zu einer besseren Welt', beigetragen hat.

Register

In poesiehaft verdichteter Form berührt der Autor auf seinem Streifzug entlang der Küste Siziliens Fragen der Wissenschaften und der Metaphysik, des menschlichen Bewusstseins, von Vernunft, Verstand und Gemeinschaftslebens.

168 Seiten, gebunden mit Schutzumschlag
ISBN 3 902406-05-4

Mit seiner pointiert vorgetragenen Weltansicht liefert der Rupert Riedl einen provokanten Beitrag zur Debatte um die alt bekannten Grundfragen unseres Daseins. In seinen Antworten erweist er sich als einer der wenigen universellen Denker unserer Zeit.

192 Seiten, gebunden mit Schutzumschlag
ISBN 3 902406-09-7

Seifert Verlag